ΣBEST シグマベスト

JN056365

必修整理ノート

化学

文英堂

本書の特長と構成

1 見やすくわかりやすい整理の方法を提示

本書では，「化学」の全内容について図や表を生かした最も適切な整理の方法を示し，それによって内容を系統的に理解できるようにしました。

---

2 書き込み・反復で重要事項を完全にマスター

本書では，学習上の重要事項を空欄で示しています。空欄に入れる語句や数字を考え，それを書き込むという作業を反復することで，これらの重要点を完全にマスターすることができます。

---

3 特に重要な内容をわかりやすく明示

出る　テストによく出題される範囲です。

重要　最低限覚えておかなければならない重要事項です。

発展　「化学」の範囲外ですが重要な内容です。

---

4 重要実験もしっかりカバー

重要実験　テストに出そうな重要な実験のコーナーを設け，操作の手順や注意点，実験の結果とそれに対する考察などを，わかりやすくまとめました。

---

5 精選された例題・問題で実力アップ

ミニテスト　学習内容の理解度をすぐに確認できるように，各項目ごとに設けました。

例題研究　必要に応じて本文に設け，模範的な問題の解き方を示しました。

練習問題　章ごとに設けています。定期テストに頻出の問題を精選し，実戦への応用力が身につくようにしました。

定期テスト対策問題　編ごとに設けています。実際のテスト形式にしてあるので，しっかりとした実力が身についたかどうか，ここで確認できます。

目次

1編 物質の状態と変化

2編 化学反応とエネルギー

3編　化学反応の速さと化学平衡

4編　無機物質

5編 有機化合物

1章 有機化合物の特徴

2章 酸素を含む有機化合物

3章 芳香族化合物

6編 高分子化合物

1章 天然高分子化合物

2章 合成高分子化合物

■ 別冊 解答集

物質の状態変化

1 物質の三態

〔解答〕別冊p.2

A. 物質の三態

❶**1** 同温であっても，物質がもつエネルギーは，**固体<液体<気体**となる。

1 物質の三態――物質は温度や圧力により，固体，液体，気体のいずれかの状態をとる。この3つの状態を**物質の**（❶　　　　）という。[1]

2 物質の三態と粒子の集合状態

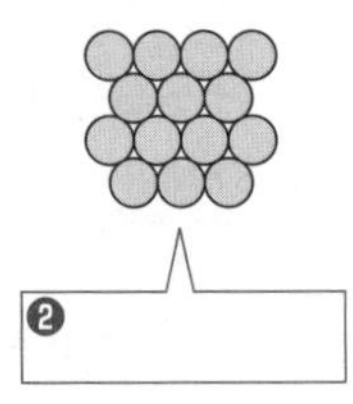

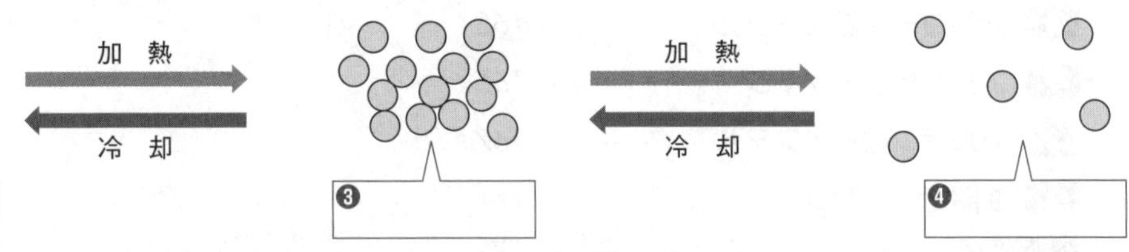

❷　　　　　❸　　　　　❹

❶**2** 固体では，粒子は定位置を中心に，わずかに振動している。

❶**3** 液体では，粒子の配列に乱れがあり，ところどころに空所がある。これを利用して粒子が相互に移動できる。

① **固体**…物質を構成する粒子が**規則正しく配列しており**，その位置は一定である。[2] よって，固体は一定の形と（❺　　　　）をもつ。
（粒子→原子・分子・イオンなど）

② **液体**…粒子は衝突しながら**互いの位置を変えている**。よって，液体は一定の体積をもつが，（❻　　　　）は変化でき，**流動性**を示す。[3]

③ **気体**…粒子は**空間を自由に運動している**。よって，気体は一定の形や体積をもたない。気体の体積は，同じ物質の固体や液体に比べて，はるかに（❼　　　　い）。

B. 物質の状態変化 出る

1 物質の状態変化――物質を加熱すると，物質を構成する**粒子の**（❽　　　　）**が激しくなり**，物質の状態が変わる。このように，物質の三態の間での変化を，**状態変化**という。

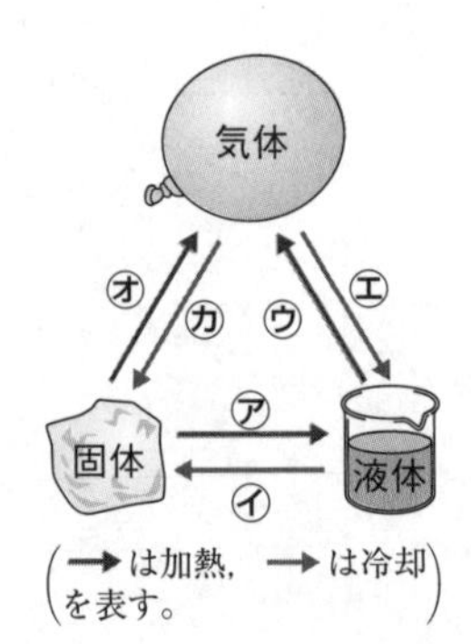

① 左図の㋐で示した状態変化を（❾　　　　）といい，そのときの温度を**融点**という。㋑で示した状態変化を（❿　　　　）といい，そのときの温度を**凝固点**という。純物質では，融点と凝固点は（⓫　　　　）。

② 左図の㋒で示した状態変化を（⓬　　　　），㋓で示した状態変化を（⓭　　　　）という。また，㋔で示した状態変化を（⓮　　　　），㋕で示した状態変化を（⓯　　　　）という。

2 状態変化とエネルギー

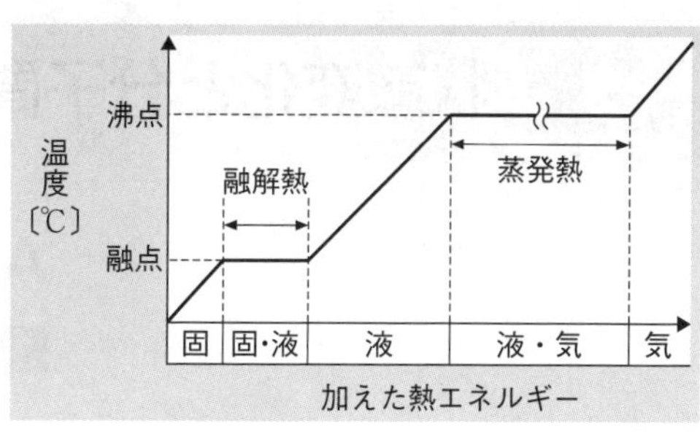

状態変化とエネルギーの関係

① 融点において，**固体 1 molが液体になるときに吸収する熱量**を（⑯　　　　）という。

② 液体の内部からも蒸発が起こる現象を（⑰　　　　）といい，このときの温度を（⑱　　　　）という。

③ **液体 1 molが気体になるときに吸収する熱量**を（⑲　　　　）という。[4]

④ 同じ物質では，融解熱より蒸発熱のほうが（⑳　　　　い）。

例題研究　状態変化と熱量

0 ℃の氷45 g（物質量は2.5 mol）を加熱して100℃の水蒸気にするのに必要な熱量は何kJか。ただし，水の融解熱を6.0 kJ/mol，蒸発熱を41 kJ/mol，比熱を4.2 J/(g･℃)とする。

解き方

融解に必要な熱量は，6.0 kJ/mol×（㉑　　　　mol）＝15 kJ

温度上昇に必要な熱量は，**熱量〔J〕＝比熱〔J/(g･℃)〕×質量〔g〕×温度変化〔℃〕**より(p.52)，

（㉒　　　　J/(g･℃)）×45 g×100℃＝1.89×10^4 J＝18.9 kJ

蒸発に必要な熱量は，（㉓　　　　kJ/mol）×2.5 mol＝102.5 kJ

したがって，必要な熱量は，15 kJ＋18.9 kJ＋102.5 kJ＝（㉔　　　　kJ）…答

3 状態図

状態図――温度と（㉕　　　　）の変化によって，物質がどのような状態で存在するかを示した図を，（㉖　　　　）という。

状態図では，3つの状態が3本の曲線で区切られている。固体と液体の境界線を（㉗　　　　曲線），液体と気体の境界線を（㉘　　　　曲線），固体と気体の境界線を（㉙　　　　曲線）といい，**各境界線上では，2つの状態が共存している**。また，3本の曲線の交点を（㉚　　　　）といい，**この点では，3つの状態が共存している**。

[4] 蒸発熱は，通常，沸点での値を示す。蒸発は沸点未満の温度でも起こり，そのときの値は沸点での値とは少し異なる。

蒸気圧曲線が途切れた点を（㉛　　　　）といい，これ以上の温度・圧力では，物質は液体と気体の区別がつかない（㉜　　　　）とよばれる状態になる。このような状態にある物質を，（㉝　　　　）（液体と気体の中間的な性質をもつ）という。

例 右の状態図から，二酸化炭素CO_2を液体にするには，（㉞　　　　Pa）以上の圧力が必要であることや，ドライアイスは，1.0×10^5 Paでは（㉟　　　　℃）で昇華することがわかる。

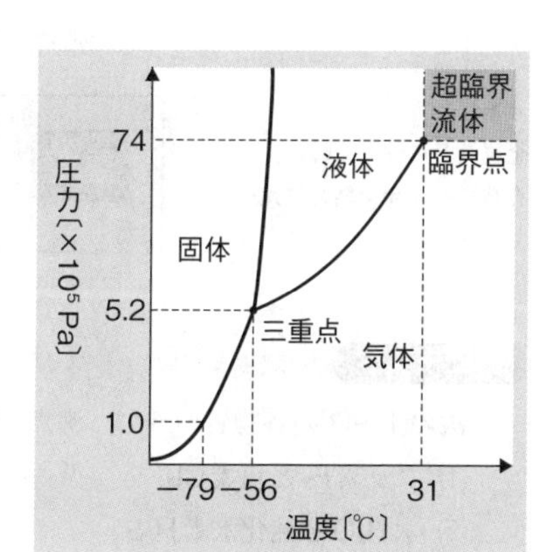

二酸化炭素の状態図

2 状態変化と分子間力

[解答] 別冊p.2

A. 分子間力と融点・沸点の関係

1 分子間力——分子間にはたらく弱い引力を（❶　　　　）といい，**分子間力が強くはたらく物質ほど融点や沸点が**（❷　　　　い）。

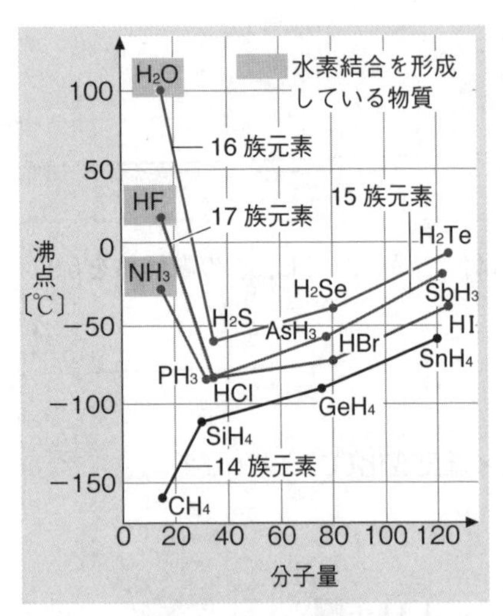

水素化合物の分子量と沸点

2 ファンデルワールス力と沸点の関係

① 無極性分子（水素 H_2 など）の間にはたらく弱い引力（**分散力**）と，極性分子（塩化水素 HCl など）の間にはたらく静電気的な引力をまとめて，（❸　　　　）という。

② 分子構造が似た物質では，（❹　　　　）が大きくなるほど，沸点が高い。

③ 分子量が同程度の極性分子と無極性分子を比較すると，（❺　　　　）のほうが沸点が高い。

例 無極性分子の14族の水素化合物よりも，極性分子の15，16，17族の水素化合物のほうが，沸点が高い。

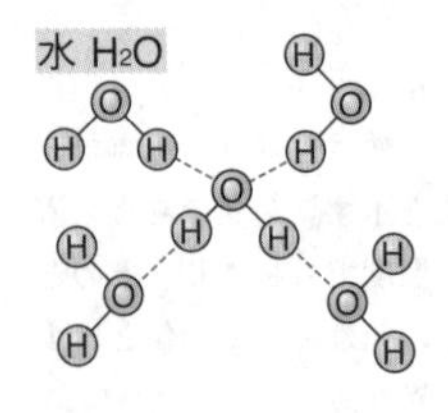

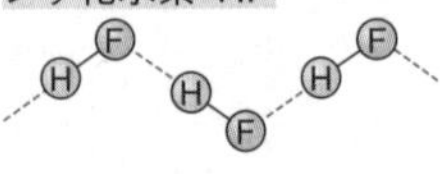

水素結合
-----は水素結合を示す。

3 水素結合——電気陰性度が（❻　　　　い）原子（F，O，N）に結合したH原子は正に帯電し，隣接する分子中のF原子，O原子，N原子（負に帯電する）との間で，一般の極性分子よりも（❼　　　　い）静電気的な引力で引き合う。このような，**H原子を仲立ちとした分子間の結合**を（❽　　　　）という。

① 水素結合は，化学結合（イオン結合，共有結合，金属結合）よりはるかに（❾　　　　い）が，ファンデルワールス力より（❿　　　　い）。

② フッ化水素HF，水 H_2O，アンモニア NH_3 は水素結合を形成するので，沸点がほかの同族元素の水素化合物より著しく（⓫　　　　い）。

◈1
金属結合の強さの幅は，共有結合やイオン結合に比べて大きい。

> **重要** ［粒子間にはたらく力の強さ］
> **共有結合＞イオン結合・金属結合[1]≫水素結合＞ファンデルワールス力**（水素結合・ファンデルワールス力：分子間力）

ミニテスト

[解答] 別冊p.2

次の(1)〜(3)の各物質のうち，沸点が高いのはどちらか。

(1) フッ素 F_2 と塩素 Cl_2 （　　　　）

(2) 水 H_2O と硫化水素 H_2S （　　　　）

(3) 塩化水素HClとフッ化水素HF （　　　　）

3　粒子の熱運動と蒸気圧

［解答］別冊p.2

A. 拡散と粒子の熱運動

1 拡散――臭素Br_2の入った集気びんと，空気の入った集気びんを右図のように重ねてしばらく放置すると，赤褐色の(❶　　　　)分子は，2つの集気びん全体に広がる。

このように，物質の構成粒子が自然にゆっくりと広がっていく現象を(❷　　　　)という。拡散は，気体だけでなく，溶液中の分子やイオンでも見られる。[◈1]

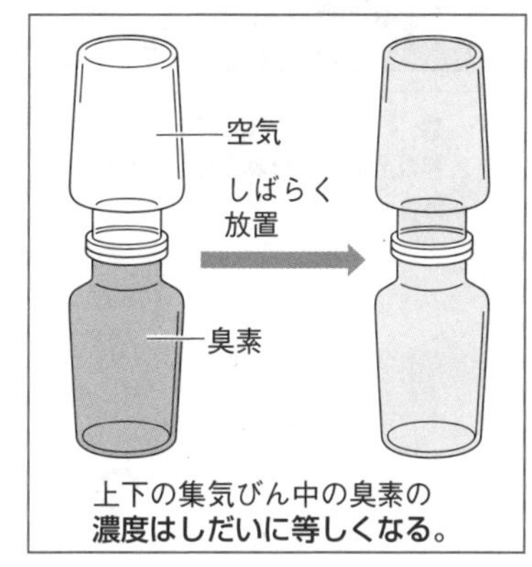

拡散のようす

2 粒子の熱運動――拡散は，物質の構成粒子がその温度に応じた運動エネルギーをもち，常に不規則に運動しているために起こる。この粒子の運動を(❸　　　　)という。

◈1
溶液中での拡散は，気体中での拡散よりもはるかに遅い。

重要
拡散……粒子が自然にゆっくりと全体に広がる現象。
熱運動…粒子が温度に応じて行う不規則な運動。

B. 気体分子の運動と圧力

1 気体分子の運動

① 同じ温度でも，すべての気体分子の速さは(❹同じ　　　　)。右図のような，**一定の山形の分布をもつ。**

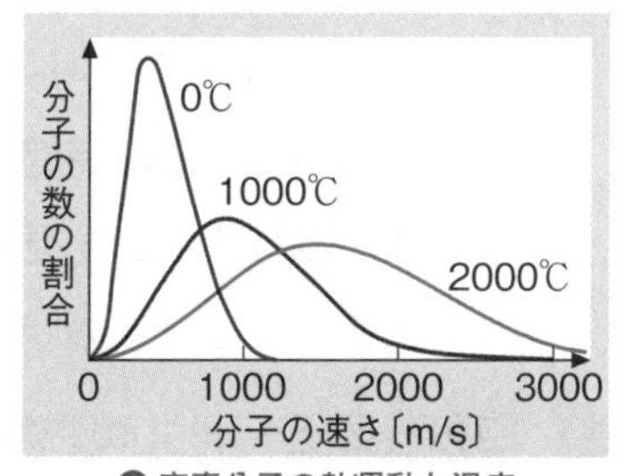

窒素分子の熱運動と温度

② 温度が高くなると，気体分子の運動エネルギーの平均値は(❺　　　　く)なり，平均の速さは(❻　　　　く)なる。

③ 同じ温度では，分子量が小さい気体ほど，平均の速さは大きい。[◈2]

◈2
0℃のときの分子の平均の速さ〔m/s〕

気体	分子量	速さ
H_2	2.0	1840
O_2	32.0	461
CO_2	44.0	394

同じ温度では，気体の種類によらず，平均の運動エネルギー$E=\frac{1}{2}mv^2$は等しい。

2 気体の圧力――気体分子は激しく(❼　　　　**運動**)している。

① 気体分子が容器の壁(器壁)に衝突するとき，単位面積あたりにおよぼす力を，**気体の**(❽　　　　)という。

② 国際単位系(SI)では，圧力は**パスカル**(記号**Pa**)という単位で表される。1 Paは，1 m^2の面積に1 N(ニュートン)の力が加わるときの圧力である。すなわち，1 Pa=1(❾　　　　)となる。
└→単位

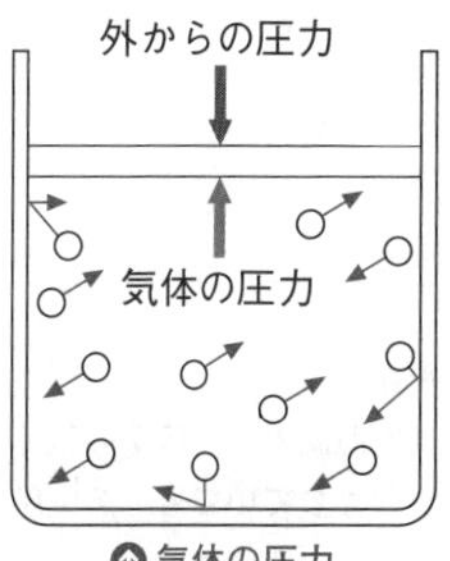

気体の圧力

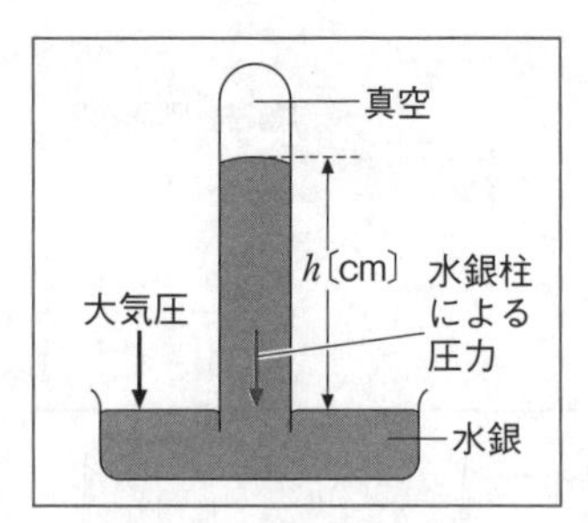

⬆トリチェリーの実験

ガラス管の上部はほぼ真空で，トリチェリーの真空とよばれる。

3 大気圧――地球をおおう大気による圧力を（⑩　　　　）という。

① イタリアのトリチェリーは，左図のような方法で大気圧の大きさを測定した。このとき，水銀面では，大気圧と高さ h〔cm〕の（⑪　　　　）による圧力がつり合っている。

② 海面上での大気圧の平均値（**標準大気圧**）は 1.013×10^5 Pa である。この圧力を（⑫　　　　）といい，**1 atm** とも表記する。

③ 1 mm の水銀柱が示す圧力を 1 mmHg（ミリメートル水銀柱）と表す。1 気圧は（⑬　　　　**mmHg**）である。

標準大気圧 $=1.013\times10^5$ Pa $=1$ atm $=760$ mmHg

C. 蒸気圧

1 蒸発――容器に液体を入れて放置すると，液面付近では，大きな運動エネルギーをもつ分子が，分子間力を断ち切って空間に飛び出し，気体になる。この現象を（⑭　　　　）という。

⬆気液平衡の状態

2 気液平衡――密閉容器に少量の液体を入れ，温度を一定に保って放置すると，単位時間あたりに液体の表面から飛び出す（蒸発する）分子の数は常に（⑮　　　　）である。一方，液体の表面に衝突して液体に戻る（凝縮する）分子の数は，空間中に存在する分子の数が増えるにつれて（⑯　　　　）する。

やがて，**単位時間あたりに蒸発する分子の数と凝縮する分子の数が等しくなり**，見かけ上，蒸発も凝縮も起こっていないような状態となる。この状態を（⑰　　　　）という。[3]

[3] 開放容器の場合は，常に蒸発する分子の数のほうが凝縮する分子の数より多くなるので，液体はやがてなくなる。

3 飽和蒸気圧――気液平衡のとき，空間を満たす蒸気（気体）が示す圧力を，その液体の（⑱　　　　）または，**蒸気圧**という。

> **重要** **飽和蒸気圧（蒸気圧）…蒸発する分子の数と凝縮する分子の数が等しくなったときに，蒸気（気体）が示す圧力。**

D. 蒸気圧と沸点 出る

1 蒸気圧の性質

① 一定温度では，蒸気圧は物質ごとに決まっており，液体の量や気体の占める体積によっては変化しない。[4]

② 蒸気圧は，温度が高くなるほど（⑲　　　　く）なる。

[4] 一定温度では，ほかの気体が共存していても，蒸気圧は変わらない。

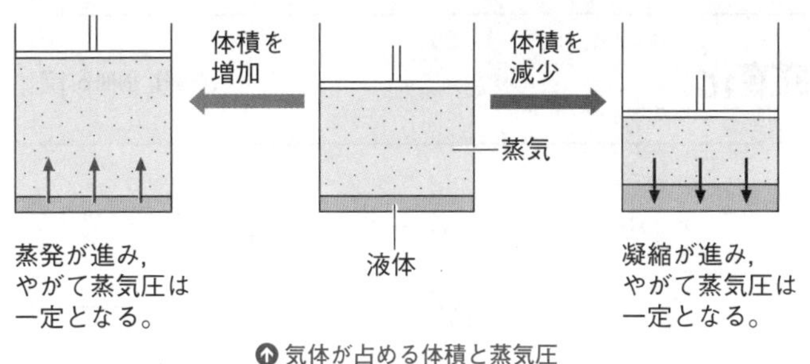

気体が占める体積と蒸気圧

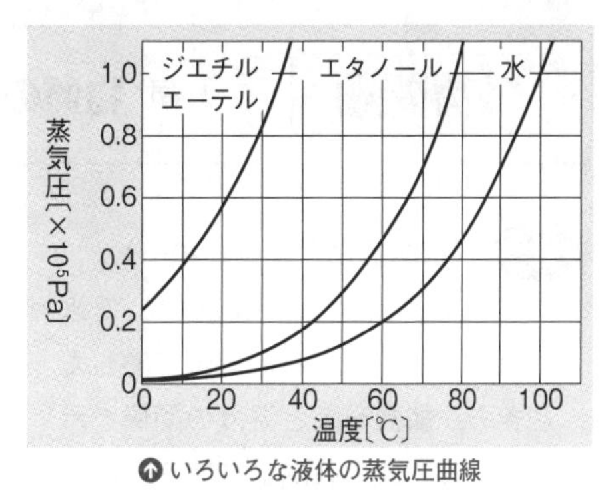

いろいろな液体の蒸気圧曲線

2 蒸気圧曲線

蒸気圧曲線——蒸気圧と温度の関係をグラフに表したものを（⑳　　　　　　）という。

> **重要** ［蒸気圧の性質］
> **温度が一定ならば，液体の量や容器の体積，ほかの気体の有無によって変化しない。**

3 蒸気圧と沸点

蒸気圧と沸点——液体の蒸気圧が大気圧（外圧）に等しくなると，**液体内部からも気泡（蒸気）が発生し始める。**この現象が（㉑　　　　）であり，このときの温度をその液体の（㉒　　　　）という。

（大気圧：大気が液面を押す圧力）（気泡：液体内部から発生した蒸気が大きな気泡となって見える）[5]

① 一般に，外圧が低くなると沸点は（㉓　　　　く）なり，外圧が高くなると沸点は（㉔　　　　く）なる。[6]

例 水の沸点は，外圧が1.0×10^5 Paのときは100℃であるが，外圧が6.0×10^4 Paのときは約86℃である。

② 液体の沸点は，通常，外圧が（㉕　　　　Pa）のときの値で示す。（標準大気圧）

例 エタノールの沸点は約（㉖　　　　℃）である。（上の蒸気圧曲線から読みとる）

> **重要**
> **沸騰…液体内部からも蒸気（気体）が発生する現象。**
> **沸点…沸騰が起こる温度で，液体の蒸気圧が外圧（大気圧）と等しくなっている。**（ふつうは，大気圧が1.0×10^5 Paのときの値で示す）

[5] **沸騰の原理**

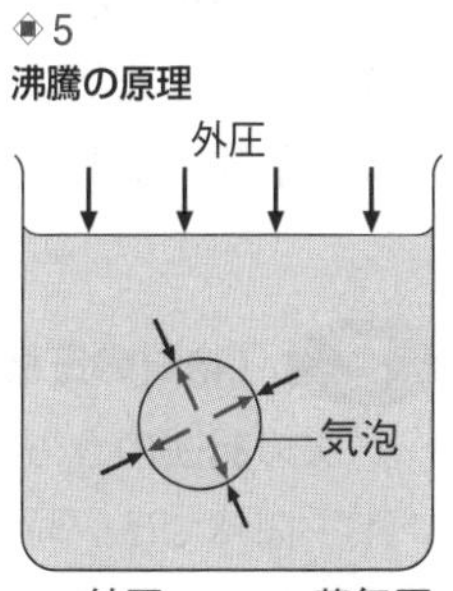

（蒸気圧）＝（外圧）になると気泡は押しつぶされずに**沸騰が起こる。**

[6] 外圧が高くなると，その分，液体の蒸気圧を高くしないと沸騰しないので，温度を高くする必要がある。

ミニテスト

［解答］別冊p.2

気体分子の熱運動に関する次の記述のうち，正しいものをすべて選べ。（分子量；HCl＝36.5，NH_3＝17）

（　　　　　）

ア 気体分子は，いろいろな向きにいろいろな速さで熱運動をしている。
イ 気体分子の熱運動は，温度が高くなるほど激しくなる。
ウ 2種類の気体を容器に入れて放置すると，分子量の大きい分子が下方により多く集まる。
エ 同じ温度では，塩化水素分子HClのほうがアンモニア分子NH_3よりも，平均の速さが大きい。

練習問題　1章 物質の状態変化

[解答] 別冊p.17

1 〈状態変化とエネルギー〉

▶わからないとき→p.6～7

右図は，1.0×10^5 Paのもとで氷1.0 molを毎分2.0 kJの割合で熱したときの，加熱時間と温度の関係を示している。次の各問いに答えよ。

分子量；H_2O＝18

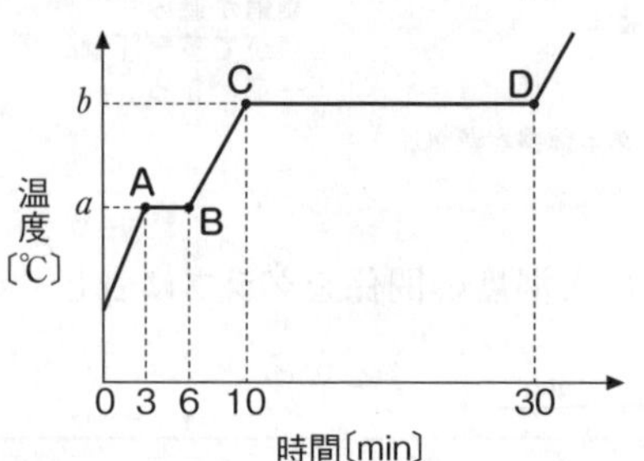

(1)　*a*，*b*の温度はそれぞれ何℃か。

(2)　AB間，CD間で起こる現象を何というか。

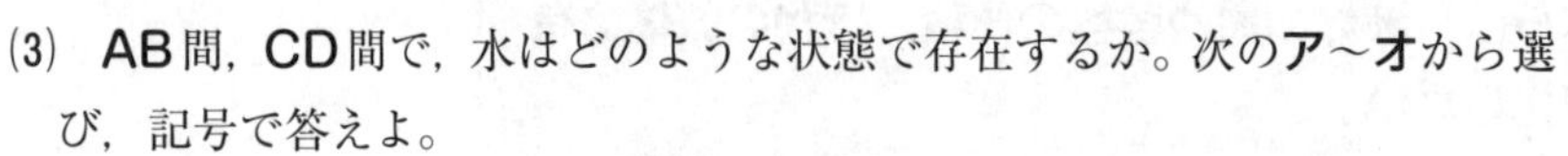

(3)　AB間，CD間で，水はどのような状態で存在するか。次の**ア**～**オ**から選び，記号で答えよ。

ア　すべて固体　　**イ**　すべて液体　　**ウ**　すべて気体

エ　固体と液体が共存している　　**オ**　液体と気体が共存している

(4)　水の蒸発熱は何kJ/molか。

(5)　液体の水1.0 gの温度を1℃上昇させるのに必要な熱量は何Jか。

2 〈物質の三態〉

▶わからないとき→p.6～7

次の記述のうち，正しいものには○，誤っているものには×をつけよ。

(1)　固体では，粒子が一定の位置に固定されて静止している。

(2)　液体では粒子間に引力がほとんどはたらかず，粒子は自由に移動できる。

(3)　物質の密度は，一般に，固体，液体，気体の順に小さくなっていく。

(4)　物質がもつエネルギーは，固体，液体，気体の順に大きくなっていく。

(5)　気体分子の平均の速さは，温度が高いほど小さくなる。

(6)　温度が一定ならば，圧力を変化させても状態変化を起こすことはできない。

ヒント　物質の状態は，粒子の熱運動の激しさと粒子間にはたらく引力の大小関係で決まる。

3 〈状態図〉

▶わからないとき→p.7

右図は，水の状態と，温度と圧力との関係を示している。次の各問いに答えよ。

(1)　点O，Aを何というか。

(2)　曲線OA，OB，OCを何というか。

(3)　領域Ⅰ～Ⅲが示している状態(固体，液体，気体)は何か。

(4)　領域Ⅳの状態にある物質を何というか。

(5)　圧力を大きくすると，水の融点，沸点はどうなるか。

ヒント　曲線OA，OB，OC上では2つの状態，点Oでは3つの状態が共存している。

1

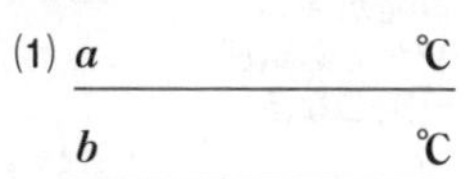

(1) *a* ＿＿℃
b ＿＿℃

(2) AB ＿＿
CD ＿＿

(3) AB ＿＿
CD ＿＿

(4) ＿＿kJ/mol

(5) ＿＿J

2

(1) ＿＿
(2) ＿＿
(3) ＿＿
(4) ＿＿
(5) ＿＿
(6) ＿＿

3

(1) O ＿＿
A ＿＿

(2) OA ＿＿
OB ＿＿
OC ＿＿

(3) Ⅰ ＿＿
Ⅱ ＿＿
Ⅲ ＿＿

(4) ＿＿

(5) 融点 ＿＿
沸点 ＿＿

4 〈気液平衡と沸騰〉

▶わからないとき→p.10～11

次の文章中の(　　)に適する語句を入れよ。

液体を密閉容器に入れて放置すると，やがて，単位時間あたりに蒸発する分子の数と(①)する分子の数が等しくなる。この状態を(②)という。このときに蒸気が示す圧力を(③)といい，温度が高いほど(④)くなる。

液体を開放容器に入れて加熱すると，液体の表面から分子が空間へ飛び出す。この現象を(⑤)といい，さらに温度を高くすると，液体の内部からもさかんに気泡(蒸気)が発生するようになる。この現象を(⑥)といい，このときの温度を(⑦)という。液体が沸騰するのは，その(⑧)が外圧と等しくなるときである。したがって，高山では，液体の沸点が(⑨)くなる。

4
①
②
③
④
⑤
⑥
⑦
⑧
⑨

5 〈蒸気圧の測定〉

▶わからないとき→p.10～11

1.0×10^5 Pa，30℃で，水銀で満たしたガラス管を水銀槽に倒立させると，**図1**のようになった。さらに，管の下から水を注入すると，**図2**のようになった。次の各問いに答えよ。ただし，**図2**の水の質量と体積は無視できるものとする。また，表は，水の飽和蒸気圧を示している。

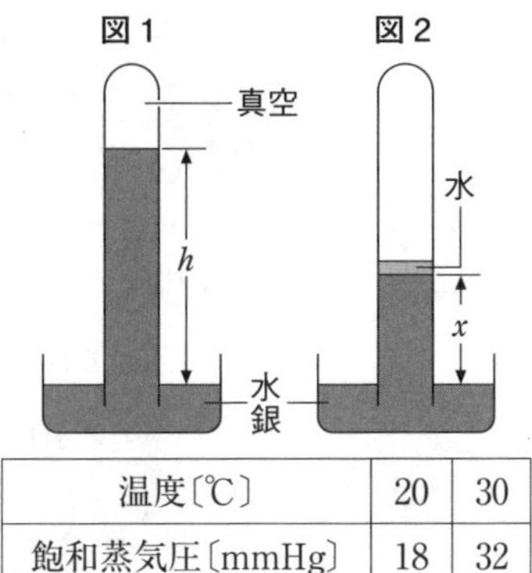

温度〔℃〕	20	30
飽和蒸気圧〔mmHg〕	18	32

(1)　**図1**の水銀柱の高さhは何mmか。

(2)　**図2**の水銀柱の高さxは何mmか。

(3)　温度を20℃にして同様の実験を行うと，**図2**の水銀柱の高さxは何mmになるか。

ヒント　液体の水が少量でもある場合，その容器内の水蒸気の圧力は水の飽和蒸気圧と等しくなっており，その圧力分だけ水銀柱が下がる。また，飽和蒸気圧は温度によってのみ変化し，ほかの条件の変化の影響を受けない。

5
(1)　mm
(2)　mm
(3)　mm

6 〈蒸気圧曲線〉

▶わからないとき→p.8，11

右図は，物質**A**～**C**の蒸気圧曲線である。次の各問いに答えよ。

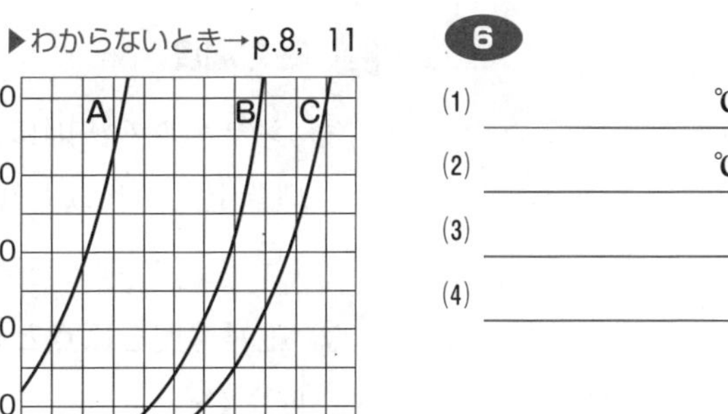

(1)　物質**A**の沸点は約何℃か。

(2)　大気圧が6.0×10^4 Paの場所では，物質**B**は約何℃で沸騰するか。

(3)　物質**A**～**C**を，分子間力が大きいものから順に並べよ。

(4)　物質**A**～**C**を，蒸発熱が小さいものから順に並べよ。

ヒント　(3)　分子間力が大きい物質ほど蒸発しにくく，同じ温度における蒸気圧が小さい。
(4)　同じ温度における蒸気圧が大きい物質ほど蒸発しやすく，蒸発熱が小さい。

6
(1)　℃
(2)　℃
(3)
(4)

2 章 気体の性質

1 ボイル・シャルルの法則

［解答］別冊p.2

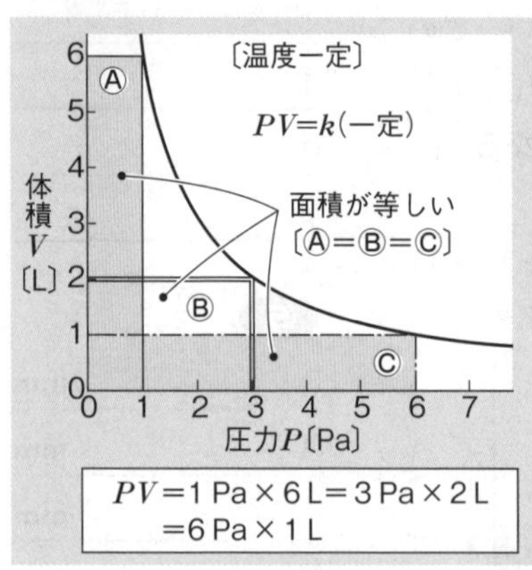

⬆ 気体の体積と圧力の関係

A. 気体の体積と圧力の関係

1 ボイルの法則――温度が一定のとき，一定量の**気体の体積Vは，圧力Pに（❶　　　　　）する。**[1]

$PV=k$（一定）

重要　［ボイルの法則］

$$P_1V_1=P_2V_2$$

例　0℃，1.0×10^5 Paで2.0 Lの気体を0℃，2.5×10^5 Paにしたときの体積をV〔L〕とすると，

1.0×10^5 Pa×2.0 L=2.5×10^5 Pa×V

V=（❷　　　　　L）

B. 気体の体積と温度の関係

1 シャルルの法則――圧力が一定のとき，一定量の気体の体積は，温度が1℃上下するごとに，0℃のときの体積V_0の（❸　　　　　）ずつ増減する。

2 絶対温度

① シャルルの法則に基づくと，気体の体積は−273℃で0となるため，理論上，これ以上低い温度は存在しない。この理論上の最低温度を（❹　　　　　）という。

② 絶対零度を原点として，**セルシウス温度**[2]と同じ目盛り間隔で表した温度を（❺　　　　　）[3]といい，単位には（❻　　　　　）（記号**K**）を用いる。

③ 絶対温度T〔K〕とセルシウス温度t〔℃〕の数値の間には，右の関係が成り立つ。

T〔K〕 =	t〔℃〕 + 273
絶対温度	セルシウス温度

④ −273℃=0 Kと定義したので，0℃=（❼　　　　　K）である。

[1] **気体の圧力と分子数の関係**
圧力は単位体積中の分子の数に比例する。温度一定で体積を$\frac{1}{2}$にすると，単位体積中の分子の数は2倍になり，圧力も2倍になる。したがって，気体の体積と圧力は反比例する。

[2] 1742年，スウェーデンのセルシウスが提唱した温度で，水の凝固点と沸点の間を100等分して，1℃の温度差を決めている。

[3] 1848年，イギリスのケルビンが提唱した温度である。

3 シャルルの法則と絶対温度――シャルルの法則は，絶対温度を用いると，次のように表すことができる。

$$V=V_0+V_0\times\frac{t}{273}=V_0\times\frac{273+t}{273}=\frac{V_0}{273}\times T=kT$$

すなわち，圧力が一定のとき，一定量の**気体の体積 V は，絶対温度 T に（❽　　　　）する。**

$V=kT$ ⇨ $\boldsymbol{\frac{V}{T}=k}$ **（一定）**

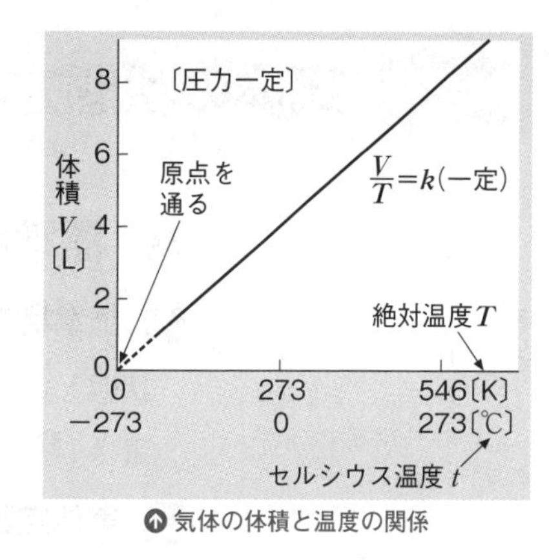

気体の体積と温度の関係

重要 ［シャルルの法則］

$$\frac{V_1}{T_1}=\frac{V_2}{T_2}$$

例 0℃，1.0×10^5 Paで5.0 Lの気体がある。この気体が27℃[4]，1.0×10^5 Paで占める体積を V〔L〕とすると，

$$\frac{5.0\ \text{L}}{(273+0)\ \text{K}}=\frac{V}{(273+27)\ \text{K}}$$　　$V≒$（❾　　　　L）

[4] **温度の単位**
気体の体積，圧力，温度に関する法則では，温度は必ず絶対温度(K)で表すこと。

C. 気体の体積・圧力・温度の関係

1 ボイル・シャルルの法則――一定量の**気体の体積 V は，圧力 P に（❿　　　　）し，絶対温度 T に（⓫　　　　）する。**
（❿→ボイルの法則，⓫→シャルルの法則）

$V=k\frac{T}{P}$ ⇨ $\boldsymbol{\frac{PV}{T}=k}$ **（一定）**

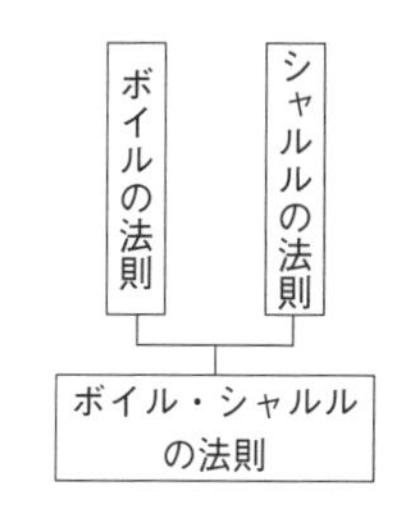

重要 ［ボイル・シャルルの法則］

$$\frac{P_1V_1}{T_1}=\frac{P_2V_2}{T_2}$$

例題研究　ボイル・シャルルの法則

27℃，1.0×10^5 Paのもとで500 mLの気体がある。この気体を87℃，6.0×10^4 Paのもとに置くと，その体積は何Lになるか。

解き方
求める体積を V〔L〕とすると，27℃＝300 K，87℃＝360 K，500 mL＝（⓬　　　　L）
ボイル・シャルルの法則より，$\frac{1.0\times10^5\ \text{Pa}\times0.500\ \text{L}}{300\ \text{K}}=\frac{6.0\times10^4\ \text{Pa}\times V}{360\ \text{K}}$　　$V=$（⓭　　　　L）

ミニテスト　　［解答］別冊p.2

27℃，1.5×10^5 Paのもとで5.0 Lの気体がある。この気体を127℃，1.0×10^5 Paのもとに置くと，その体積は何Lになるか。　（　　　　）

2 気体の状態方程式

［解答］別冊p.2

A. 標準状態と気体定数

1 標準状態——(❶　　　℃)，(❷　　　　　Pa)の状態を**標準状態**という。この状態では，気体1 mol(6.02×10^{23}個の分子)が占める体積は(❸　　　L)で，気体の種類によらず一定[◈1]である。

(❷の注：1 atm)

2 気体定数——1 molあたりの気体の体積(モル体積)vは，標準状態(0℃，1.013×10^5 Pa)で22.4 L/molであるから，これらの数値をボイル・シャルルの法則の関係式に代入してkの値を求めると，次のようになる。

$$k=\frac{Pv}{T}=\frac{1.013\times10^5\ \mathrm{Pa}\times22.4\ \mathrm{L/mol}}{273\ \mathrm{K}}$$

$$=(❹\qquad\qquad \mathbf{Pa\cdot L/(K\cdot mol)})$$

このkの値を(❺　　　　　)といい，記号Rで表す。気体定数[◈2]は，気体の種類に関係なく，一定である。

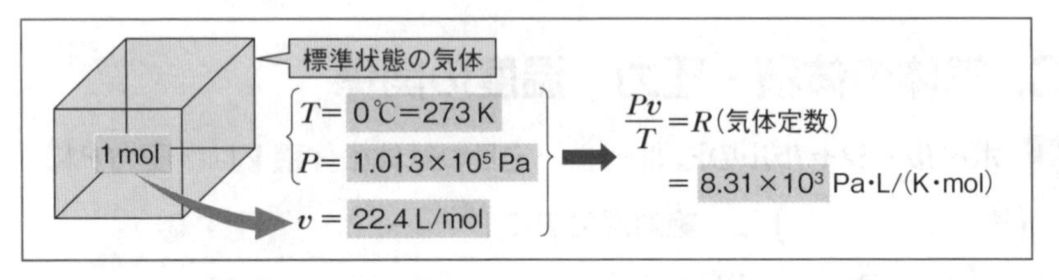

B. 気体の状態方程式 出る

1 気体の状態方程式

① 気体が1 molのときの圧力をP〔Pa〕，体積をv〔L〕，絶対温度をT〔K〕，気体定数をRとすれば，$\dfrac{Pv}{T}=R$より，

$$Pv=RT \quad \cdots(\mathrm{i})$$

② PとTが一定ならば，気体がn〔mol〕のときの体積V〔L〕は，vの(❻　　　倍)となるから，$V=nv$となる。したがって，n〔mol〕の気体について，次式が成り立つ。

(ⅰ)式の両辺をn倍し，$V=nv$を代入

$$Pnv=nRT \Rightarrow \boldsymbol{PV=nRT}$$

これを，**気体の**(❼　　　　　　)という。[◈3]

2 気体の状態方程式と分子量——モル質量M〔g/mol〕の気体がw〔g〕あるとき，その物質量n〔mol〕は$n=\dfrac{w}{M}$と表せるから，気体の状態方程式

◈1 **アボガドロの法則**
すべての気体は，同温同圧において，同体積中に同数の分子を含む。

◈2 **気体定数**
物理では，気体定数として
$R=8.31\ \mathrm{J/(K\cdot mol)}$
を用いるが，
$\mathrm{J=N\cdot m=(N/m^2)\cdot m^3}$
$\mathrm{=Pa\cdot m^3=Pa\cdot10^3\,L}$
なので，化学で用いる
$R=8.31\times10^3\ \mathrm{Pa\cdot L/(K\cdot mol)}$
と同じ値である。
なお，本書では，計算を簡単にするために，
$R=8.3\times10^3\ \mathrm{Pa\cdot L/(K\cdot mol)}$
を用いる。

◈3 **気体の状態方程式の単位**
化学では，気体定数Rの単位をPa·L/(K·mol)とし，
$R=8.3\times10^3\ \mathrm{Pa\cdot L/(K\cdot mol)}$
を用いて計算する。したがって，圧力，体積，温度の単位には，必ず次のものを用いる。
圧力 ⇨ Pa
体積 ⇨ L
温度 ⇨ K

は $PV=\frac{w}{M}RT$ と表すことができる。

これを変形して $M=$ (❽　　　　　　) とすればモル質量がわかる。
モル質量から単位を除けば，気体の (❾　　　　　　) が求められる。

重要 ［気体の状態方程式］

$$PV=nRT \qquad PV=\frac{w}{M}RT$$

※ R は気体定数。数値は，P→〔Pa〕，V→〔L〕，n→〔mol〕，T→〔K〕の単位で代入する。

例題研究　気体の状態方程式の利用

次の問いに答えよ。ただし，気体定数は $R=8.3\times10^3$ Pa·L/(K·mol) とする。

(1) 27℃，3.0×10^5 Pa で 415 mL を占める窒素の物質量を求めよ。

(2) ある昇華性の固体 1.0 g を十分な容量の広口びん A に入れ，十分な容量の広口びん B をつないで右図のような装置を組み立てた。完全に固体が消失した後，メスシリンダーには 560 mL の気体が捕集された。大気圧は 1.0×10^5 Pa，室温と水温は 27℃，空気の水に対する溶解および水の蒸気圧は無視して，この固体物質の分子量を求めよ。

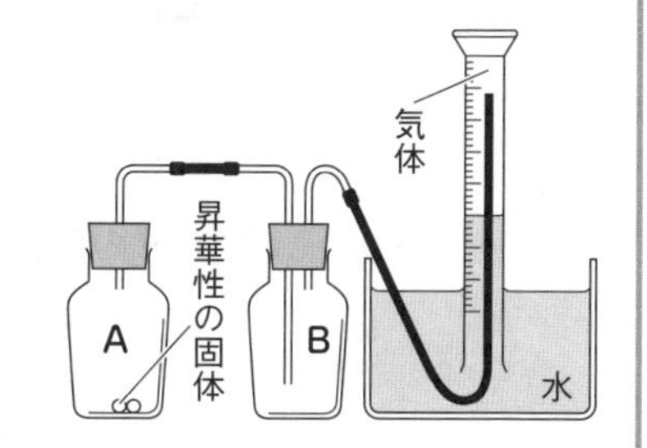

解き方

(1) 気体の状態方程式 $PV=nRT$ より，$n=\frac{PV}{RT}$

$P=3.0\times10^5$ Pa，$V=$ (❿　　　　L)，$T=$ (⓫　　　　K) を代入すると，

$$n=\frac{3.0\times10^5\ \text{Pa}\times(❿\qquad \text{L})}{(⓬\qquad \text{Pa·L/(K·mol)})\times300\ \text{K}}=(⓭\qquad \text{mol})$$ …**答**

(2) メスシリンダーには，B から押し出された空気が捕集される。その体積は，固体物質が昇華してできた気体の体積と等しい。この物質のモル質量を M〔g/mol〕とすると，気体の状態方程式 $PV=\frac{w}{M}RT$ より，$M=\frac{wRT}{PV}$

$P=$ (⓮　　　　Pa)，$V=$ (⓯　　　　L)，
$w=$ (⓰　　　g)，$T=$ (⓱　　　　K) を代入すると，

$$M=\frac{1.0\ \text{g}\times8.3\times10^3\ \text{Pa·L/(K·mol)}\times300\ \text{K}}{1.0\times10^5\ \text{Pa}\times0.560\ \text{L}}\fallingdotseq(⓲\qquad \text{g/mol})$$

よって，分子量は (⓳　　　　) である。…**答**

注
空気は水に対する溶解度が小さいので，昇華で生じた気体の体積を直接測定するよりも，空気で置換してから水上捕集することで，より正確に気体の体積を測定できる。

ミニテスト

［解答］別冊p.2

質量 2.0 g の気体 A が 27℃，9.4×10^4 Pa の条件下で占める体積は，1.2 L であった。気体 A の分子量を求めよ。
(気体定数；$R=8.3\times10^3$ Pa·L/(K·mol))　　(　　　　　)

3 混合気体の圧力

［解答］別冊p.2

A. 混合気体の圧力 出る

1 気体の拡散――互いに反応しない２種類の気体を混合すると，気体分子が（❶　　　　）して，任意の割合で混じり合う。

2 全圧と分圧

① **混合気体全体が示す圧力**を，（❷　　　　）という。

② 混合気体中の各成分気体が，それぞれ**単独で混合気体と同体積を占めたときに示す圧力**を，（❸　　　　）という。

3 ドルトンの分圧の法則(1801年)――「混合気体の全圧は，各成分気体が同体積のもとで示す圧力(分圧)の（❹　　　　）に等しい。」

したがって，２種類の気体からなる混合気体の全圧をP，成分気体A，Bの分圧をP_A，P_Bとすると，次の関係が成り立つ。

$P=$（❺　　　　　　）

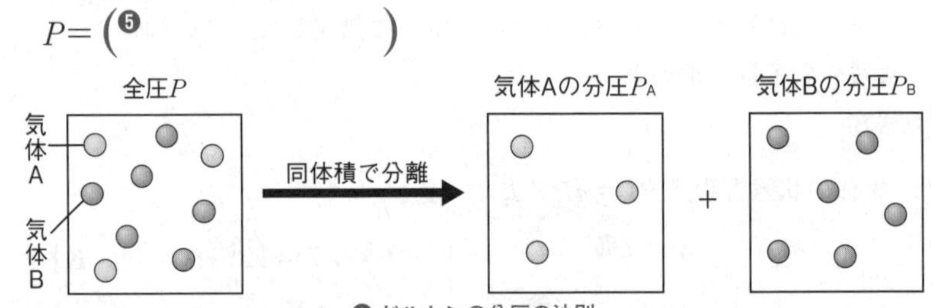

⬆ドルトンの分圧の法則

n_A〔mol〕の気体Aとn_B〔mol〕の気体Bを体積V〔L〕の容器に入れ，一定温度T〔K〕に保つ。混合気体の全圧をP〔Pa〕，成分気体A，Bの分圧をそれぞれP_A〔Pa〕，P_B〔Pa〕とすると，各成分気体および混合気体のそれぞれについて，気体の状態方程式が成り立つ。

気体Aについて，　$P_AV=n_ART$ ……(i)

気体Bについて，　$P_BV=n_BRT$ ……(ii)

混合気体について，$PV=(n_A+n_B)RT$ ……(iii)

ここで，(i)+(ii)より，$(P_A+P_B)V=(n_A+n_B)RT$ ……(iv)

(iii)，(iv)を比べると，$P=P_A+P_B$

B. 混合気体の組成と分圧 出る

1 混合気体の組成と分圧

① **同温・同体積**のとき，各成分気体の（❻　　　　）の比は，その物質量の比に等しい。したがって，成分気体A，Bの分圧をP_A，P_B，物質量をn_A，n_Bとすると，次の関係が成り立つ。

$P_A : P_B=$（❼　　　：　　　）[1]

[1] **気体の圧力と分子数**
気体の圧力は，気体分子の容器の壁への衝突によって生じる。したがって，気体の圧力は気体の種類には関係なく，温度が同じならば，容器内の分子の数に比例する。

② **同温・同圧**のとき，各成分気体の(❽　　　　)の比は，その物質量の比に等しい。したがって，成分気体A，Bの体積をV_A，V_B，物質量をn_A，n_Bとすると，次の関係が成り立つ。

$V_A : V_B =$ (❾　　　:　　　)

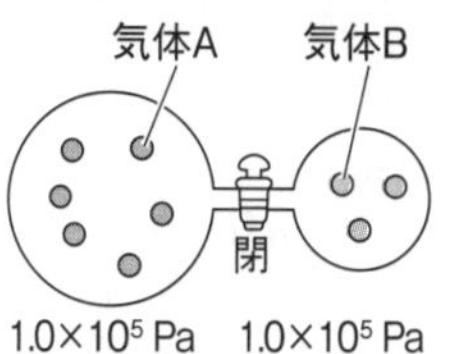

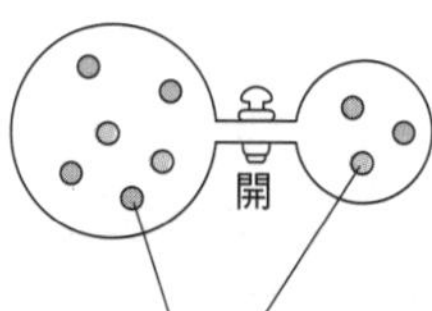

⬆ 気体の混合と分圧

重要 ［混合気体の組成と分圧］
同温・同体積のとき，分圧の比＝物質量の比
同温・同圧のとき，　体積の比＝物質量の比

2 モル分率――成分気体A，Bの物質量をn_A，n_Bとすると，混合気体の全物質量$n=$(❿　　　　)である。成分気体A，Bの分圧をP_A，P_B，混合気体の全圧をPとすると，

$P_A : P = n_A : n$ より，$P_A = P\times$(⓫　　　　)

$P_B : P = n_B : n$ より，$P_B = P\times$(⓬　　　　)

$\frac{n_A}{n}$，$\frac{n_B}{n}$は，**混合気体の全物質量に対する各成分気体の物質量の割合**を示す。これを各成分気体の(⓭　　　　)という。[2]

3 混合気体の平均分子量――混合気体を1種類の仮想の分子からなると考えたときの見かけの分子量を(⓮　　　　)という。[3]

例えば，空気を窒素(分子量28.0)と酸素(分子量32.0)の物質量比4：1の混合気体と考えると，空気の平均分子量$\overline{M}$は，成分気体のモル分率を用いて次のように求められる。

$$\overline{M} = 28.0\times\underbrace{\frac{4}{4+1}}_{\text{窒素のモル分率}} + 32.0\times\underbrace{\frac{1}{4+1}}_{\text{酸素のモル分率}} = 28.8$$

[2] すなわち，混合気体中の各成分気体の分圧は，全圧を成分気体の物質量の割合で比例配分したものに等しくなる。

[3] 平均分子量$\overline{M}$を用いると，混合気体であっても，気体の状態方程式を適用できる。
$PV=\frac{w}{\overline{M}}RT$

例題研究　分圧・全圧と物質量の関係

二酸化炭素CO_2 2.2 g，一酸化炭素CO 2.8 gを含む混合気体の27℃における全圧は2.4×10^5 Paであった。各成分気体の分圧をそれぞれ求めよ。(原子量；C＝12，O＝16)

解き方

分子量はCO_2＝44，CO＝28であるから，各気体の物質量は，

CO_2；$\frac{2.2\text{ g}}{44\text{ g/mol}}=$(⓯　　　　mol)，CO；$\frac{2.8\text{ g}}{28\text{ g/mol}}=$(⓰　　　　mol)

成分気体の分圧＝全圧×モル分率　が成り立つから，

$P_{CO_2} = 2.4\times10^5\text{ Pa}\times\frac{(⓯\qquad \text{mol})}{0.050\text{ mol}+0.10\text{ mol}} =$ (⓱　　　　Pa) …答

$P_{CO} = 2.4\times10^5\text{ Pa}\times\frac{(⓰\qquad \text{mol})}{0.050\text{ mol}+0.10\text{ mol}} =$ (⓲　　　　Pa) …答

C. 水上捕集した気体の圧力

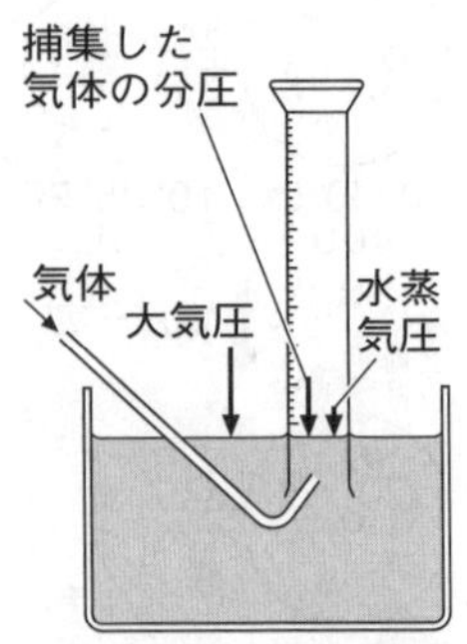

⬆ 水上捕集した気体の分圧

1 水上捕集した気体の圧力——水素や窒素のように水に溶けにくい気体は（⑲　　　**置換**）で捕集されることが多いが，捕集容器内の気体は，実際には捕集した気体と（⑳　　　）の混合気体である。左図のように，**捕集容器内外の水面の高さを一致させると，捕集容器内の気体の全圧と大気圧が等しくなる**。このとき，捕集した気体の分圧は，大気圧から水の飽和蒸気圧を引いた値となる。

（捕集した気体の分圧）＝（大気圧）－（飽和水蒸気圧）

例題研究　気体の水上捕集

水素を水上置換で捕集したところ，27℃，1.0×10^5 Paのもとで0.83 Lであった。27℃での飽和水蒸気圧を4.0×10^3 Paとして，捕集した水素の物質量を求めよ。（気体定数；$R=8.3\times10^3$ Pa·L/(K·mol)）

解き方

捕集した容器内には，水素と水蒸気が混合しており，その全圧は大気圧に等しい。

よって，**（水素の分圧）＝（大気圧）－（27℃の飽和水蒸気圧）**より，

水素の分圧＝1.0×10^5 Pa－4.0×10^3 Pa＝（㉑　　　**Pa**）

これを気体の状態方程式$PV=nRT$に代入して，水素の物質量nを求めると，

$$n=\frac{PV}{RT}=\frac{9.6\times10^4\ \text{Pa}\times0.83\ \text{L}}{8.3\times10^3\ \text{Pa·L/(K·mol)}\times300\ \text{K}}=$$（㉒　　　**mol**）…答

D. 飽和蒸気圧と気体の圧力

1 揮発性物質の気体の圧力——揮発性の液体（→有機溶媒など）を密閉容器に入れると，その一部または全部が気体となる。このときの気体の圧力（蒸気圧）は，**液体が残っているなら飽和蒸気圧と等しくなり**，[4] **液体が残っていないなら気体の状態方程式にしたがう。**

[4] このとき，液体と気体の間で，気液平衡が成り立っている。

2 気液の判定——揮発性の液体がすべて気体になったと仮定して求めた圧力P〔Pa〕（→気体の状態方程式から求める）と，その温度での飽和蒸気圧P_V〔Pa〕を比較する。

① $P>P_V$なら，容器内に液体が（㉓**存在して**　　　）。
その気体（蒸気）の圧力は，P_Vと等しい。

② $P\leqq P_V$なら，容器内に液体が（㉔**存在して**　　　）。
その気体（蒸気）の圧力は，Pと等しい。

ミニテスト　［解答］別冊p.3

5.0×10^4 Paの水素H_2 1.5 Lと1.0×10^5 Paの窒素N_2 1.2 Lを混合し，温度一定で容積が3.0 Lの容器に入れた。混合気体の圧力は何Paか。　（　　　）

4 理想気体と実在気体

［解答］別冊p.3

A. 理想気体と実在気体

1 理想気体――気体の状態方程式に完全にしたがうと仮想した気体を（❶　　　　）という。

① 分子自身の体積が（❷　　　）である。

② 分子間力が（❸　　　　　）。

2 実在気体――実際に存在する気体を（❹　　　　）という。

└→ 分子が体積をもち，分子間力がはたらく

3 理想気体と実在気体の違い――圧力一定で，一定量の気体の温度を下げていくと，理想気体では，シャルルの法則にしたがって体積Vが減少し，0 KでV=（❺　　　）となる。一方，実在気体では，途中で凝縮や凝固が起こり，0 KでもV=0とはならない。

4 実在気体の理想気体からのずれ――理想気体では，圧力Pが変化しても，$\frac{PV}{nRT}$の値は（❻　　　）で一定である。

① 実在気体では，高圧になるほど，$\frac{PV}{nRT}$の値は1.0からのずれが（❼　　　く）なる。⇨ 高圧では，単位体積中の分子の数が（❽　　　く）なり，分子自身の体積の影響が大きくなるため。

② 実在気体では，低温になるほど，$\frac{PV}{nRT}$の値は1.0からのずれが（❾　　　く）なる。⇨ 低温では，分子の熱運動が（❿　　　　）なり，分子間力の影響が大きくなるため。

重要 ［実在気体の理想気体からのずれ］
高温・低圧ほど，理想気体に近づく。
低温・高圧ほど，理想気体から外れる。

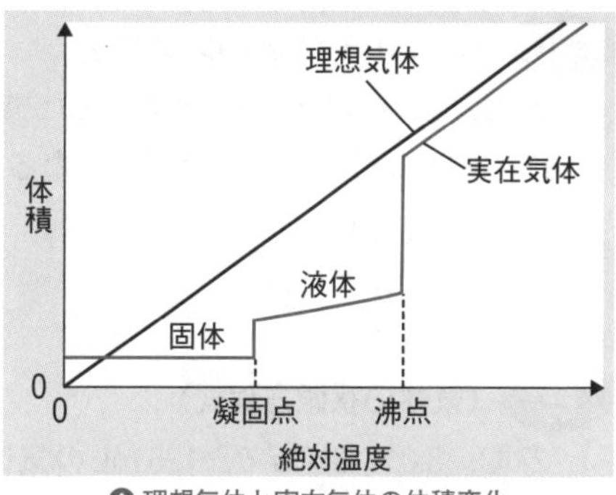

⬆ 理想気体と実在気体の体積変化

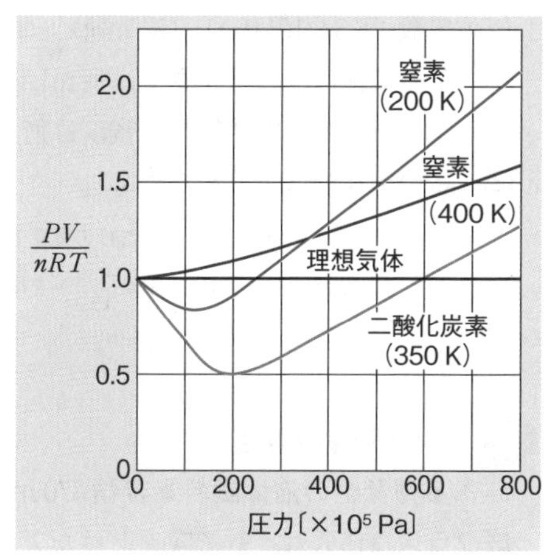

⬆ 圧力と$\frac{PV}{nRT}$の関係

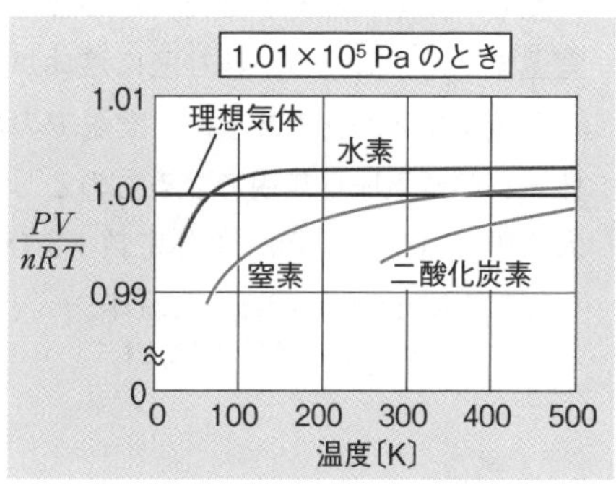

⬆ 温度と$\frac{PV}{nRT}$の関係

ミニテスト ［解答］別冊p.3

実在気体が次の**ア**～**エ**の状態にあるとき，理想気体に最も近いふるまいをするのはどれか。（　　　）

ア 200 K，1.0×10^5 Pa　　**イ** 200 K，1.0×10^7 Pa

ウ 400 K，1.0×10^5 Pa　　**エ** 400 K，1.0×10^7 Pa

練習問題　2章 気体の性質

［解答］別冊p.18

❶〈ボイル・シャルルの法則〉

▶わからないとき→p.15

27℃，1.0×10^5 Paのもとで，6.0 Lを占める気体がある。この気体を227℃，2.0×10^5 Paにすると体積は何Lになるか。

ヒント　求める体積をV〔L〕として，ボイル・シャルルの法則の関係式に代入する。

❶ ＿＿＿＿ L

❷〈気体の状態方程式〉

▶わからないとき→p.16～17

27℃，8.0×10^4 Paで，125 mLの気体がある。この気体の質量は0.184 gである。次の各問いに有効数字2桁で答えよ。

気体定数；8.3×10^3 Pa·L/(K·mol)

(1)　この気体は，標準状態では何mLの体積を占めるか。

(2)　この気体の標準状態での密度は何g/Lか。

(3)　この気体の分子量を求めよ。

ヒント　(2)　気体の密度は，1 Lあたりの質量で表される。

(3)　気体の分子量は，$PV=\frac{n}{M}RT$を用いると求められる。

❷
(1) ＿＿＿＿ mL
(2) ＿＿＿＿ g/L
(3) ＿＿＿＿

❸〈分子量の測定〉

▶わからないとき→p.17

ある揮発性の液体試料を容積370 mLの丸底フラスコに入れ，針で穴をあけたアルミニウム箔を口にかぶせて右図のように97℃の水に浸し，完全に蒸発させた。その後，すぐに室温まで冷やしたら，再び底に液体がたまり，その質量は2.00 gであった。室温でのこの液体試料の蒸気圧は無視できるものとして，この液体試料の分子量を求めよ。

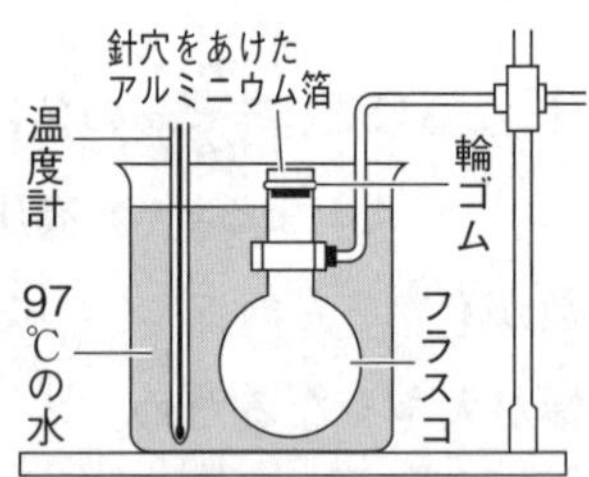

大気圧；1.00×10^5 Pa，気体定数；8.3×10^3 Pa·L/(K·mol)

ヒント　97℃の水の中では，液体試料はすべて蒸発している。フラスコ内の空気はすべて追い出され，試料の蒸気で満たされている。この蒸気の圧力が大気圧とつり合っている。

❸ ＿＿＿＿

❹〈混合気体の分圧〉

▶わからないとき→p.18～19

二酸化炭素CO_2 2.2 g，水素H_2 0.30 g，窒素N_2 5.6 gをある容器に入れて27℃にすると1.2×10^5 Paとなった。この容器の容積，および各気体の分圧はそれぞれいくらになるか。原子量；C＝12，H＝1.0，O＝16，N＝14，気体定数；8.3×10^3 Pa·L/(K·mol)

ヒント　混合気体についても気体の状態方程式が適用できる。
分圧＝全圧×モル分率　の関係より，各気体の分圧が求められる。

❹
容積 ＿＿＿＿ L
CO_2 ＿＿＿＿ Pa
H_2 ＿＿＿＿ Pa
N_2 ＿＿＿＿ Pa

5 〈水上捕集した気体の圧力〉

▶わからないとき→p.20

27℃，大気圧1.0×10^5 Paで一酸化炭素COを右図のような方法で捕集したところ，380 mLの気体を得た。捕集した一酸化炭素の質量を求めよ。水の飽和蒸気圧(27℃)；4.0×10^3 Pa，原子量；C＝12，O＝16，気体定数；8.3×10^3 Pa·L/(K·mol)

ヒント　水上置換で捕集された気体は，水蒸気と一酸化炭素の混合気体であり，その全圧が大気圧とつり合っている。一酸化炭素についての気体の状態方程式を立てる。

5 ＿＿＿＿ g

6 〈気体の凝縮と圧力〉

▶わからないとき→p.18～20

窒素N_2と水蒸気H_2Oを体積比4：1で混合した気体がある。この混合気体の圧力を1.0×10^5 Paに保ったまま，温度を100℃から下げていくと，60℃で水蒸気の凝縮が見られた。次の各問いに答えよ。

(1)　60℃における水の飽和蒸気圧は何Paか。

(2)　1.0×10^5 Pa，60℃の混合気体を温度一定に保って，体積を半分にすると，この混合気体の全圧は何Paになるか。

ヒント　(1)　体積の比が4：1なので，物質量の比も4：1である。
(2)　実在気体は，飽和蒸気圧に達するとそれ以上の圧力にはなれずに凝縮し，液体になる。

6
(1) ＿＿＿＿ Pa
(2) ＿＿＿＿ Pa

7 〈気体の混合と圧力〉

▶わからないとき→p.18～20

右図のようなコックで仕切られた2個の容器がある。この容器の一方にメタンCH_4が，もう一方に酸素O_2が入っている。次の各問いに答えよ。原子量；C＝12，H＝1.0，O＝16

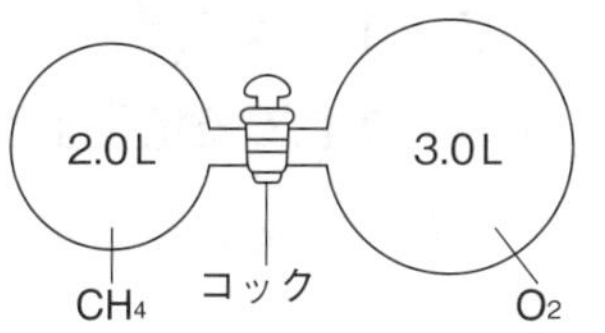

(1)　27℃で，メタンの圧力は1.0×10^5 Pa，酸素の圧力は1.5×10^5 Paであった。27℃に保ったままコックを開いて気体を混合したとき，各気体の分圧はそれぞれ何Paになるか。

(2)　この混合気体の平均分子量はいくらか。

(3)　この混合気体を高温にして完全に燃焼させた後，27℃に戻した。反応後の容器内の全圧は何Paか。27℃の水の飽和蒸気圧は4.0×10^3 Paとする。

ヒント　(2)　分圧から各気体のモル分率を求め，平均分子量を求める。
(3)　各気体の分圧は物質量に比例するので，分圧を物質量と同じように扱って量的計算をすればよい。

7
(1) CH_4 ＿＿＿＿ Pa
O_2 ＿＿＿＿ Pa
(2) ＿＿＿＿
(3) ＿＿＿＿ Pa

8 〈理想気体と実在気体〉

▶わからないとき→p.21

理想気体と実在気体に関する記述のうち，正しいものをすべて選べ。

ア　実在気体では，いくら圧縮しても凝縮は起こらない。

イ　実在気体は低温・高圧になるほど状態方程式からのずれが大きくなる。

ウ　理想気体は分子自身の体積や分子にはたらく分子間力が無視されている。

エ　水素と二酸化炭素では，二酸化炭素のほうが分子量が大きいので，理想気体に近い。

オ　理想気体は絶対零度のとき，体積が0になる。

8 ＿＿＿＿

3 章 溶液の性質

1 溶解と溶解度

[解答] 別冊p.3

A. 物質の溶解

1 溶解と溶液――物質が液体中に拡散し，均一に溶けこむ現象を（❶　　　）といい，液体に溶けている物質を（❷　　　），物質を溶かしている液体を[1]（❸　　　）という。

また，溶解によってできた均一な混合物を（❹　　　）といい，溶媒が水である溶液を特に（❺　　　）という。

> **重要** 溶液 { **溶質…液体に溶けている物質。** **溶媒…物質を溶かしている液体。**

2 イオン結晶の溶解――塩化ナトリウム$NaCl$は**電解質**[2]で，電離で生じた各イオンは，（❻　　　**的な引力**）**によって極性のある水分子に取り囲まれて安定化する**。この現象を（❼　　　）という[3]。

一般に，溶質粒子が溶媒分子に取り囲まれて安定化する現象を，**溶媒和**という。

[1] 溶質は固体，液体，気体のいずれでもよいが，溶媒は液体だけである。なお，液体どうしの溶解では物質量の多いほうを溶媒とする。

[2] **電解質と非電解質**
水に溶けてイオンに分かれる物質を**電解質**，水に溶けても分子のままである物質を**非電解質**という。

[3] 水和されたイオンを**水和イオン**という。

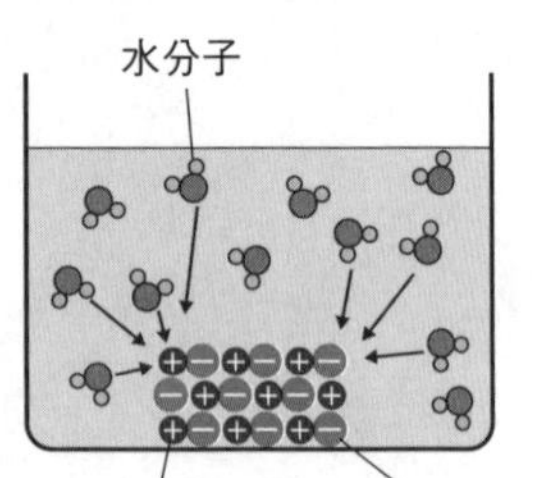

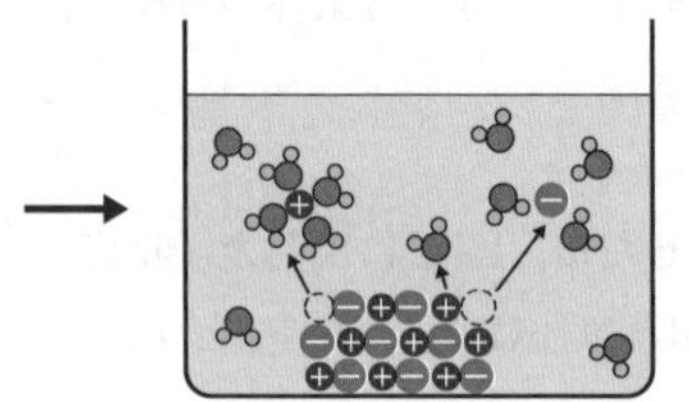

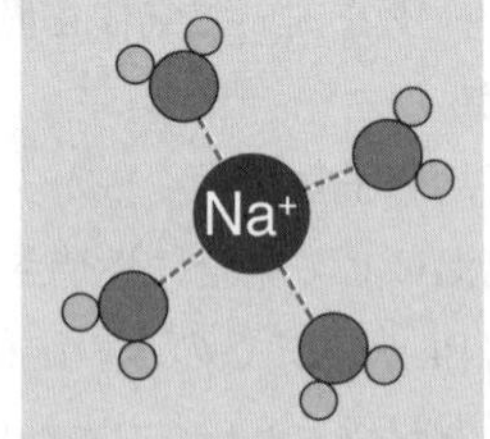

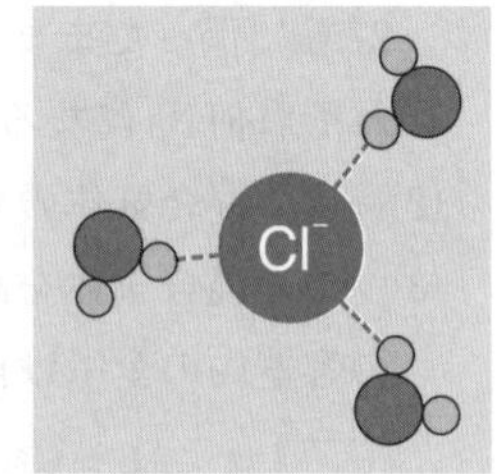

----は静電気的な引力による水和を表す。

塩化ナトリウムが溶解するようす

3 分子結晶の溶解――グルコース$C_6H_{12}O_6$は**非電解質**[2]であるが，分子中の**ヒドロキシ基－OH**の部分は極性をもち，**極性のある水分子と**（❽　　　**結合**）**によって水和される**。そのため，水に溶けやすい。

一方，ヨウ素I_2やナフタレン$C_{10}H_8$は，水には溶けにくい。しかし，ヘキサンC_6H_{14}やベンゼンC_6H_6などの無極性の溶媒には，分子間力によって溶媒和されるため，溶けやすい。

グルコースの構造

4 **物質の溶解性の一般原則**——物質が溶媒に溶けるかどうかは，主に溶質と溶媒の極性の大小で決まる。

溶質＼溶媒	イオン結晶（塩化ナトリウム）	極性物質（グルコース）	無極性物質（ヨウ素）
極性溶媒（水）	溶けやすい	❾	❿
無極性溶媒（ヘキサン）	溶けにくい	⓫	⓬

> **重要**　［溶解性の一般原則］
> **極性が似たものどうし……溶けやすい**
> **極性が異なるものどうし…溶けにくい**

H–C–C–C–C–C–C–H（各Cに上下H）

ヘキサンの構造

B. 固体の溶解度 出る

1 **溶解度**——一定量の溶媒に溶ける溶質の量には，限度があることが多い。この限度量をその物質の（⓭　　　　　）といい，溶解度まで溶質を溶かした溶液を（⓮　　　　　）という。

飽和溶液では，**単位時間に結晶から溶解する粒子の数と結晶へ析出する粒子の数が等しく**，見かけ上，溶解が停止したような状態にある。この状態を（⓯　　　　　）という。[4]

2 **固体の溶解度**——固体の溶解度は，一般に，**溶媒100 gに溶ける**（⓰　　　　　）の最大質量〔g〕の数値で表す。

一般に，固体の溶解度は，高温になるほど大きくなる。

3 **溶解度曲線**——溶解度と温度の関係を表すグラフを（⓱　　　　　）という。

4 **再結晶**——溶液中から溶質を結晶として析出させる操作を（⓲　　　　　）という。再結晶は，固体の分離や精製に利用される。

① **冷却法**…温度による溶解度の差が（⓳　　　　　い）溶質の場合，高温の飽和溶液をつくって冷却すると，溶質が結晶となって析出する。

② **濃縮法**…温度による溶解度の差が（⓴　　　　　い）溶質の場合，飽和溶液を加熱して（㉑　　　　　）を蒸発させると，溶けきれなくなった溶質が結晶となって析出する。

[4] 溶解平衡の状態

スクロース分子
水
飽和水溶液
スクロースの結晶
v_1＝スクロースの溶解速度
v_2＝スクロースの析出速度
$v_1=v_2$のとき溶解平衡

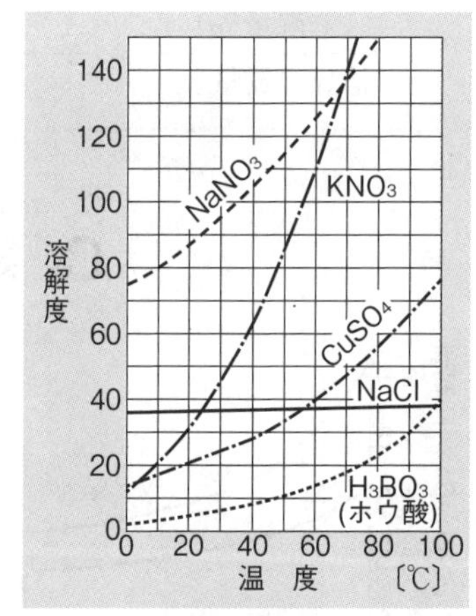

溶解度曲線

硫酸銅（Ⅱ）五水和物$CuSO_4・5H_2O$のような水和水をもつ物質の溶解度は，飽和溶液中の水100 gに溶けている無水塩の質量〔g〕で表す。

例題研究 固体の溶解度と再結晶

次の各問いに整数で答えよ。ただし，硝酸カリウムKNO_3の水への溶解度を，20℃で32，60℃で110とする。

(1) 60℃の水100 gに硝酸カリウム100 gを溶かした溶液を20℃まで冷却すると，何gの硝酸カリウムの結晶が析出するか。

(2) 60℃の硝酸カリウムの飽和溶液100 gを20℃まで冷却すると，何gの硝酸カリウムの結晶が析出するか。

(3) 60℃の硝酸カリウムの飽和溶液100 gから，温度一定のまま水20 gを蒸発させると，何gの硝酸カリウムの結晶が析出するか。

解き方

(1) 20℃の水100 gには（㉒　　　g）のKNO_3しか溶けない。よって，**最初に溶かした質量と20℃の水に溶けている質量の差**が析出量になる。

100 g－32 g＝（㉓　　　g）…答

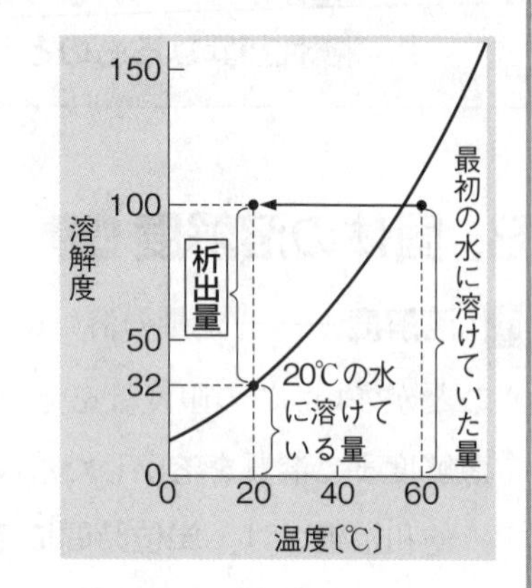

(2) 60℃の水100 gを用いた場合，KNO_3 110 gが溶けて飽和溶液は210 gできる。この210 gの飽和溶液を20℃に冷却すると，析出するKNO_3の質量は，60℃と20℃における溶解度の差となるから，

110 g－32 g＝（㉔　　　g）

したがって，60℃の飽和溶液100 gから析出するKNO_3の質量をx〔g〕とすると，

$$\frac{析出量〔g〕}{溶液の質量〔g〕}=\frac{(㉔\quad g)}{210\ g}=\frac{x}{100\ g}\qquad x\fallingdotseq(㉕\quad g)$$ …答

(3) 蒸発させた60℃の水20 gに溶けていたKNO_3が結晶として析出するから，析出したKNO_3の質量をy〔g〕とすると，

$$\frac{溶解量〔g〕}{溶媒の質量〔g〕}=\frac{(㉖\quad g)}{100\ g}=\frac{y}{20\ g}\qquad y=(㉗\quad g)$$ …答

C. 気体の溶解度

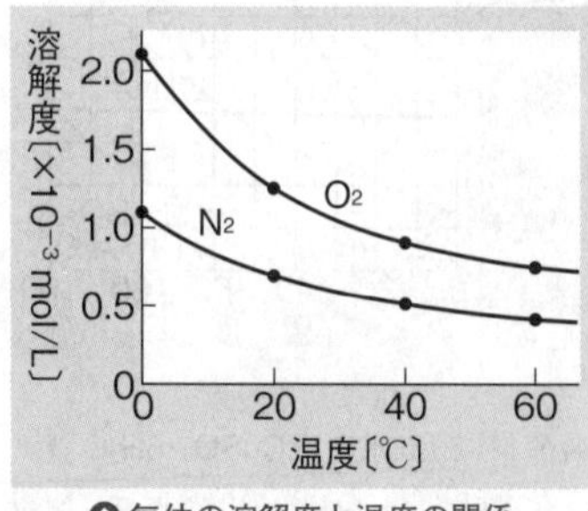

気体の溶解度と温度の関係

1 気体の溶解度――気体の溶解度は，その気体の圧力（分圧）が（㉘　　　Pa）のときに，溶媒1 Lに溶ける気体の物質量〔mol〕および，体積〔L〕（0℃，1.013×10^5 Paに換算した値）で表すことが多い。

2 気体の溶解度と温度の関係――一般に，気体の溶解度は，高温になるほど（㉙　　　く）なる。これは，高温になるほど気体分子の熱運動が激しくなり，溶液中から飛び出しやすくなるためである。

3 気体の溶解度と圧力の関係——気体の溶解度は，高圧になるほど（㉚　　　く）なる。[5]

4 ヘンリーの法則——溶解度が比較的小さい気体の場合[6]，気体の溶解度と圧力[7]の間には，次の関係が成り立つ。

① 一定温度で，**一定量の溶媒に溶ける気体の物質量(質量)は，その気体の（㉛　　　）に比例する。**
② 一定温度で，一定量の溶媒に溶ける気体の体積は，溶解した圧力のもとでは，圧力に関係なく（㉜　　　）である。

この関係を（㉝　　　**の法則**）という。

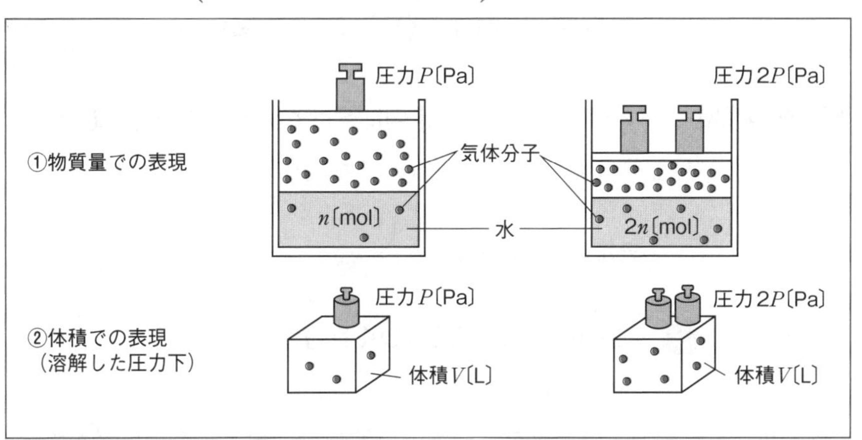

ヘンリーの法則　温度は一定とする。

◈5
炭酸飲料水の栓をあけるとさかんに気泡が発生するのは，圧力が下がって溶解度が小さくなり，溶けきれなくなった二酸化炭素が発生するからである。

◈6
アンモニアNH_3や塩化水素HClなど，溶解度が大きい気体は，水H_2Oに溶けると水と反応して電離するため，ヘンリーの法則が成り立たない。

◈7
混合気体の場合は，各成分気体の分圧に比例する。

例題研究　気体の溶解度

0℃，1.0×10^5 Paの酸素O_2は，水1.0 Lに2.2×10^{-3} mol溶ける。0℃の水10 Lに2.0×10^5 Paの空気が接しているとき，この水に溶けている酸素の質量は何gか。ただし，空気は窒素N_2と酸素の体積比4：1の混合気体とする。(分子量；O_2=32)

解き方

酸素の分圧P_{O_2}は，**分圧＝全圧×モル分率**より，

$P_{O_2}=2.0\times10^5$ Pa×（㉞　　　）$=4.0\times10^4$ Pa

溶解する酸素の質量は，酸素の圧力(分圧)だけでなく，溶媒の量にも比例するから，

酸素のモル質量O_2=32 g/molより，

$2.2\times10^{-3}\text{ mol}\times\dfrac{4.0\times10^4\text{ Pa}}{1.0\times10^5\text{ Pa}}\times\dfrac{10\text{ L}}{1.0\text{ L}}\times$（㉟　　　**g/mol**）≒0.28 g　…答

ミニテスト

［解答］別冊p.3

(1) ホウ酸H_3BO_3の水への溶解度は，60℃で15である。60℃のホウ酸の飽和水溶液100 g中には，何gのホウ酸が含まれているか。（　　　）

(2) 0℃，1.0×10^5 Paの窒素N_2は，水1.0 Lに22.4 mL溶ける。0℃，5.0×10^5 Paの窒素で飽和した水10 Lに溶けている窒素の質量は何gか。(分子量；N_2=28)（　　　）

2 溶液の濃度

［解答］別冊p.3

A. 濃度の表し方 出る

1 質量パーセント濃度[1]──**100 gの溶液に溶けている**（❶　　　）（溶媒＋溶質）**のグラム数**で表した濃度。単位記号は%（パーセント）を用いる。

$$\text{質量パーセント濃度〔\%〕} = \frac{（❷\quad）\text{の質量}}{（❸\quad）\text{の質量}} \times 100$$

例 水100 gに食塩25 gを溶かした溶液の質量パーセント濃度は，

$$\frac{25\ \text{g}}{（❹\quad \text{g}）} \times 100 \fallingdotseq （❺\quad \%）$$

2 モル濃度──**溶液**（❻　　L）**中に溶けている溶質の物質量**で表した濃度。単位記号は（❼　　　）を用いる。

$$\text{モル濃度〔mol/L〕} = \frac{（❽\quad）\text{の物質量〔mol〕}}{（❾\quad）\text{の体積〔L〕}}$$

3 1.0 mol/L 水溶液のつくり方

① 溶質1.0 molを正確に量り取る。

② この溶質をビーカーで適当量の純水に完全に溶かす。

③ その溶液と洗液（ビーカーを純水で洗った液）をすべて1 Lの（❿　　　）に入れ，標線まで純水を加える。（その後，栓をしてよく振り混ぜる）

4 質量モル濃度──**1 kgの**（⓫　　　）**に溶けている溶質の物質量**で表した濃度。[3] 単位記号はmol/kgを用いる。

$$\text{質量モル濃度〔mol/kg〕} = \frac{（⓬\quad）\text{の物質量〔mol〕}}{（⓭\quad）\text{の質量〔kg〕}}$$

例 水200 gに水酸化ナトリウム NaOH 2.0 gを溶かした溶液の場合，溶質の物質量は2.0 g÷40 g/mol（モル質量40 g/mol）＝（⓮　　mol）であるから，質量モル濃度は，

$$\frac{（⓮\quad \text{mol}）}{（⓯\quad \text{kg}）} = （⓰\quad \text{mol/kg}）$$

重要 **質量パーセント濃度…溶液100 g中の溶質のグラム数で表す。**
モル濃度…溶液 1 L中の溶質の物質量で表す。
質量モル濃度…溶媒 1 kgに溶けている溶質の物質量で表す。

[1]
質量パーセント濃度を求めるときの注意点
① 溶質は何で，溶媒は何であるかを判断し，その量的関係を明確にする。
② 質量パーセント濃度の数値は，溶液100 gあたりに含まれる溶質の質量である。

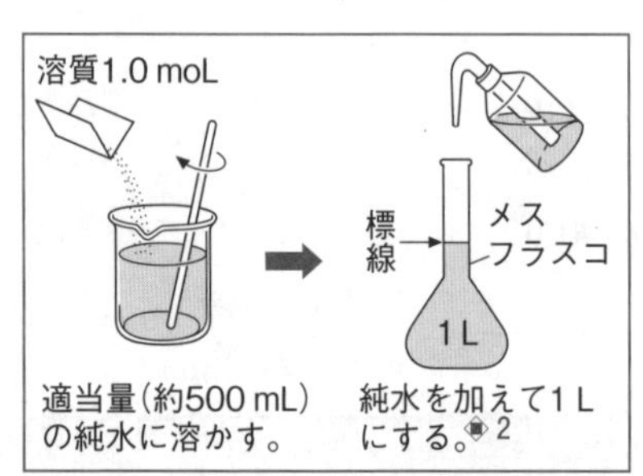

1.0 mol/L 水溶液のつくり方

[2]
水1 Lの中に溶質1 molを加えて溶かしてはいけない。全体で1 Lにしているというところがポイントである。

[3]
溶液の体積を基準として求められたモル濃度と異なり，溶媒の質量を基準としているので，温度が変化しても値が変化しないという特徴をもつ。

B. 溶液中の溶質の量と濃度の変換

1 溶質の量を求める方法◆4

① **溶液の質量パーセント濃度と質量**が与えられたとき，

溶質の質量〔g〕＝溶液の質量〔g〕× $\frac{\%の数値}{100}$

② **溶液の質量パーセント濃度と体積と密度**が与えられたとき，

溶質の質量〔g〕＝（⑰　　　　）〔g/mL〕×溶液の体積〔mL〕× $\frac{\%の数値}{100}$

③ **溶液のモル濃度と体積**が与えられたとき，

溶質の物質量〔mol〕＝（⑱　　　　）〔mol/L〕×溶液の体積〔L〕

↳モル濃度から溶質の物質量を求める公式　↳必ず単位はL

2 質量パーセント濃度とモル濃度の変換――質量パーセント濃度では溶液の量は特に決まっていないが，モル濃度では溶質の量が体積1Lと決められている。そこで，質量パーセント濃度↔モル濃度の相互変換では，いずれも**溶液1L(＝1000 cm³)あたりで考える**とよい。

◆4
質量パーセント濃度は，質量〔g〕が基準の濃度であるから，溶液の量が体積で与えられた場合は，
質量＝密度×体積
の式で体積を質量に変換する。
モル濃度は，体積〔L〕が基準の濃度であるから，溶液の量が質量で与えられた場合は，
体積＝質量÷密度
の式で質量を体積に変換する。

例題研究　質量パーセント濃度とモル濃度

次の各問いに答えよ。(原子量；H＝1.0，O＝16，Na＝23)

(1) 0.50 mol/Lの水酸化ナトリウムNaOH水溶液200 mL中には，NaOHが何mol溶けているか。また，その質量は何gか。

(2) 20 %の水酸化ナトリウム水溶液(密度1.2 g/cm³)のモル濃度は何mol/Lか。

解き方

(1) 200 mL＝0.200 Lより，NaOHの物質量は，

0.50 mol/L×0.200 L＝（⑲　　　　mol）…答

NaOHのモル質量は40 g/molだから，求めるNaOHの質量は，

40 g/mol×（⑲　　　　mol）＝（⑳　　　　g）…答

(2) モル濃度は**溶液1Lあたりの溶質の物質量**で表した濃度である。

まず，溶液の密度を使って，溶液1L(＝1000 cm³)あたりの質量を求めると，

（㉑　　　　g/cm³）×1000 cm³＝（㉒　　　　g）

このうち20 %がNaOH(溶質)だから，NaOHの質量は，

（㉒　　　　g）× $\frac{20}{100}$ ＝（㉓　　　　g）

NaOHのモル質量は40 g/molだから，求めるNaOHの物質量は，

$\frac{（㉓　　　　g）}{40\,g/mol}$ ＝（㉔　　　　mol）

よって，この水溶液のモル濃度は（㉕　　　　mol/L）…答

ミニテスト　[解答] 別冊p.3

49 gの純硫酸H_2SO_4を水に溶かして200 mLとして，希硫酸(密度1.2 g/mL)をつくった。次の濃度を求めよ。(分子量；H_2SO_4＝98)

(1) モル濃度　（　　　　）　(2) 質量モル濃度　（　　　　）

3 希薄溶液の性質

［解答］別冊p.3

A. 蒸気圧降下

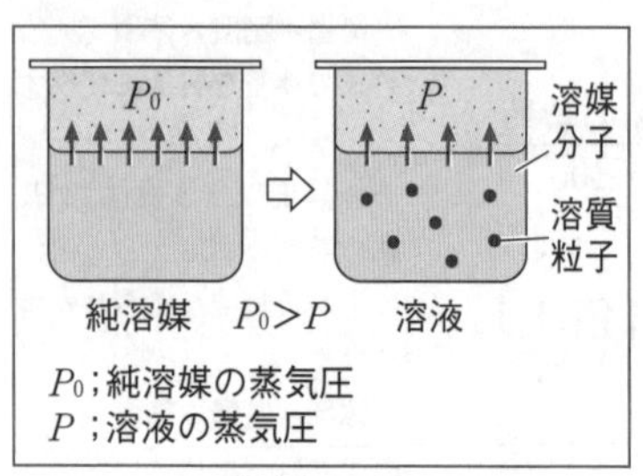

蒸気圧降下

1 蒸気圧降下――塩化ナトリウムやスクロースのような不揮発性の物質を溶かした溶液では，純粋な溶媒(純溶媒)に比べて，蒸発する(❶　　　　)分子の数が少なく，蒸気圧が低くなる。[1] このように，**溶液の蒸気圧が純溶媒の蒸気圧よりも低くなる**現象を(❷　　　　　　)という。

例 海水でぬれた布は，真水でぬれた布より乾きにくい。

B. 希薄溶液の沸点・凝固点 出る

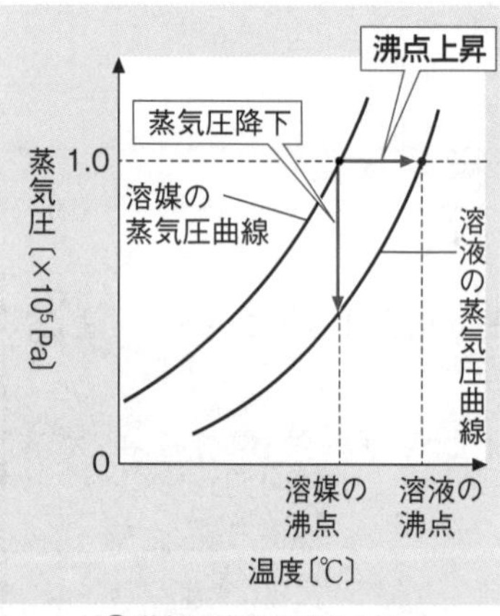

蒸気圧降下と沸点上昇

1 沸点上昇――不揮発性物質を溶かした溶液の蒸気圧は，純溶媒の蒸気圧より低くなる。したがって，**溶液では純溶媒よりも(❸　　　　い)温度にならないと沸騰が起こらない。** この現象を(❹　　　　　)という。

2 凝固点降下――水は0℃で凝固するが，海水は0℃以下に(約−2℃)ならないと凝固しない。このように，**溶液の凝固点が純溶媒の凝固点より低くなる**現象を(❺　　　　　　)という。

3 沸点上昇・凝固点降下の大きさ[2]――希薄溶液の沸点上昇や凝固点降下の大きさΔt_b〔K〕，Δt_f〔K〕[3]は，**溶質の種類に関係なく，溶液の質量モル濃度m〔mol/kg〕に(❻　　　　)する。**

$$\Delta t_b = k_b \times m \qquad \Delta t_f = k_f \times m$$

① 上の式の比例定数k_b，k_fをそれぞれ**モル沸点上昇**，**モル凝固点降下**といい，(❼　　　　)の種類によって固有の値となる。[4]

② 溶質のモル質量をM〔g/mol〕，溶質の質量をw〔g〕，溶媒の質量をW〔kg〕とすると，沸点上昇や凝固点降下の大きさΔt〔K〕は，次式で表される。この関係を用いると，溶液の沸点上昇・凝固点降下の測定により，溶質の分子量を求めることができる。

> **重要**　［沸点上昇・凝固点降下の大きさ］
> $$\Delta t = \frac{kw}{MW}$$　k：モル沸点上昇またはモル凝固点降下

[1] **蒸気圧が降下する理由**
溶液では，溶液全体の粒子の数に対して溶媒分子の割合が減るため，蒸気圧が下がる。

[2] 単に沸点上昇，凝固点降下ともいう。

[3] 温度差を表すときは，単位として℃ではなくK(ケルビン)を用いる。

[4] モル沸点上昇・モル凝固点降下は，質量モル濃度が1 mol/kgのときの沸点上昇・凝固点降下の大きさを表す。単位はK·kg/molである。

4 電解質水溶液の沸点上昇・凝固点降下――電解質の NaCl を水に溶かすと，$NaCl \longrightarrow Na^{+} + Cl^{-}$と電離する。そのため，水溶液中の溶質粒子の数は（❽　　倍）になる。つまり，**非電解質の場合に比べて，全溶質粒子の濃度は（❾　　倍）になる**ので，沸点上昇・凝固点降下の大きさも（❿　　倍）になる。[5]

[5] $CaCl_2 \longrightarrow Ca^{2+} + 2Cl^{-}$
1 mol　　1 mol　2 mol（3 mol）
塩化カルシウム $CaCl_2$ 1 mol は，非電解質 3 mol と同じ効果を示す。

重要実験

凝固点降下の測定

方法（操作）

(1) 試験管に水 10 g を入れる。
(2) 右図のように寒剤（砕いた氷に食塩を混ぜて少量の水を加えたもの）に入れ，撹拌棒でゆっくり混ぜながら，一定時間ごとに温度を測定する（A）。
(3) (2)の凍った水を寒剤から出して液体にし，尿素 0.30 g を入れる。
(4) この溶液について，(2)と同様の操作を行い，温度を測定する（B）。

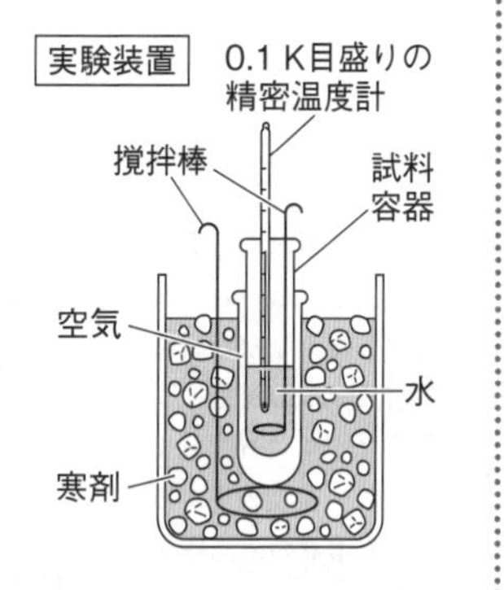

結果と考察

① A と B の結果をグラフに表すと下図のようになる。このようなグラフを**冷却曲線**という。⇨水平な部分のあるグラフが（⓫　　）のものである。
② 凝固点を読み取る。
　t_1；（⓬　　）の凝固点
　t_2；（⓭　　）の凝固点
③ t_1=0.2℃，t_2=−1.1℃のとき，この溶液の凝固点降下 Δt は（⓮　　K）である。

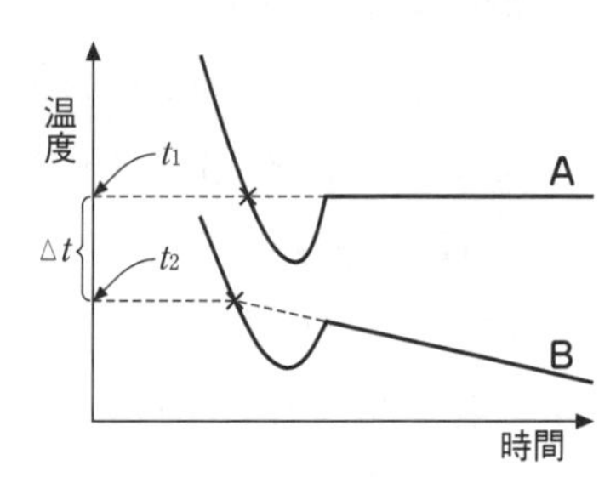

注 溶液の凝固点は，グラフの後半の直線部分を左方向に延長し，それがもとの冷却曲線と交わった温度である。

例題研究　沸点上昇と溶質の分子量

水 1.0 kg にグルコース $C_6H_{12}O_6$ を 9.0 g 溶かした水溶液と，水 1.0 kg に尿素 3.0 g を溶かした水溶液の沸点は同じであった。このことから，尿素の分子量を求めよ。（分子量；$C_6H_{12}O_6$=180）

解き方

沸点が同じだから，（⓯　　）が同じである。また，**グルコースも尿素も非電解質**だから，尿素のモル質量を x〔g/mol〕，水のモル沸点上昇を k〔K·kg/mol〕として，両者の関係を式に表すと，

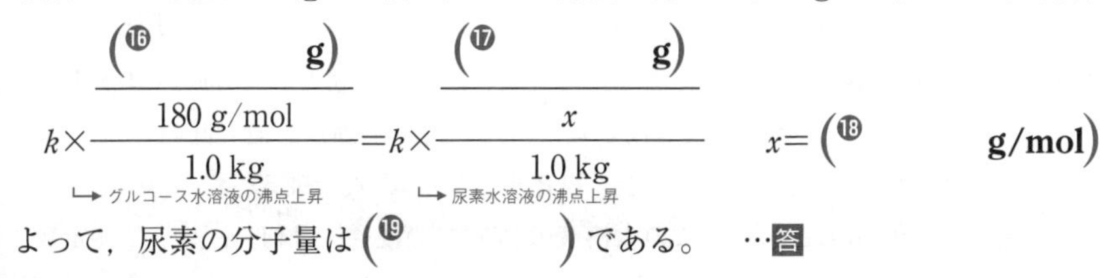

$$k \times \frac{\dfrac{(⓰\quad g)}{180\ g/mol}}{1.0\ kg} = k \times \frac{\dfrac{(⓱\quad g)}{x}}{1.0\ kg} \qquad x = (⓲\quad g/mol)$$

└→ グルコース水溶液の沸点上昇　　└→ 尿素水溶液の沸点上昇

よって，尿素の分子量は（⓳　　）である。　…**答**

C. 浸透圧

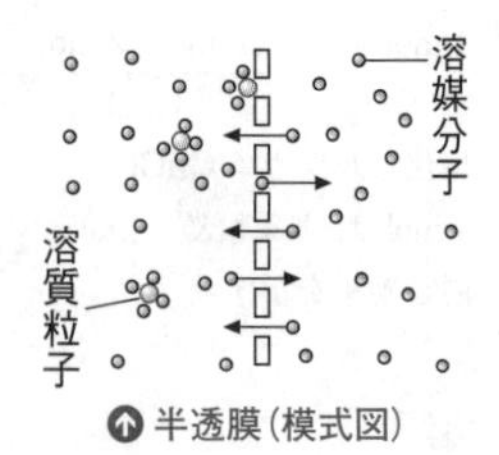

半透膜（模式図）

1 半透膜――（⑳　　　**分子**）や小さな溶質粒子は通すが，大きな溶質粒子は通さない膜。 例 セロハン膜，ぼうこう膜

2 浸透――溶液と純溶媒を半透膜によって仕切ると，（㉑　　　**分子**）が半透膜を通って，溶媒側から溶液側へと移動する。この現象を溶媒の（㉒　　　）という。

3 浸透圧――溶媒の浸透を阻止するには，下図(c)のように，溶液側に余分な圧力を加える必要がある。この圧力と等しい，溶媒が浸透しようとする圧力を溶液の（㉓　　　）という。

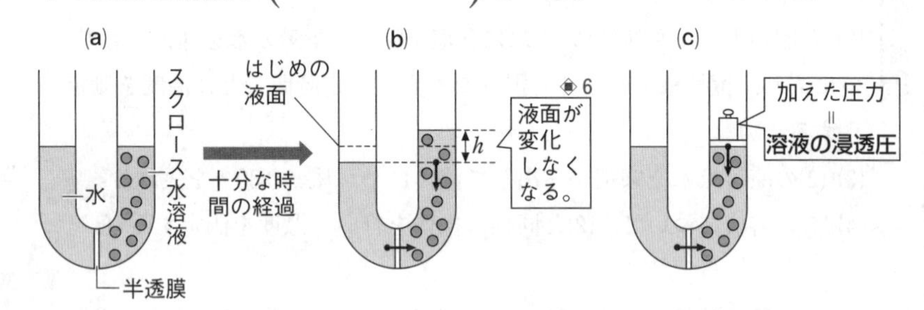

◈6
(b)は，水と水溶液の液面差hに基づく圧力によって，液面が変化しなくなった状態で，水溶液は水の浸透によって薄くなっている。薄まった水溶液の密度とhから，薄まった水溶液の浸透圧を求めることができる。

4 ファントホッフの法則――一般に，**希薄溶液の浸透圧は溶質の種類には無関係で，溶液の**（㉔　　　）[7]**と絶対温度に比例する。**

◈7
溶質が電解質の場合は，非電解質の場合に比べて溶質粒子の濃度が大きい。そのため，同じ濃度の非電解質溶液に比べて，電解質溶液のほうが浸透圧は大きくなる。

モル濃度がC〔mol/L〕，絶対温度がT〔K〕のとき，溶液の浸透圧Π〔Pa〕は，気体定数$R=8.3\times10^3$ Pa・L/(K・mol)を用いて次のように表される。

$$\boldsymbol{\Pi=CRT}$$

溶液V〔L〕中にn〔mol〕の溶質が含まれるとき，モル濃度C〔mol/L〕は$C=\dfrac{n}{V}$で表されるから，

$$\Pi=\frac{n}{V}RT \quad ⇨ \quad \boldsymbol{\Pi V=nRT}$$

> **重要** ［ファントホッフの法則］
> $$\boldsymbol{\Pi=CRT \qquad \Pi V=nRT}$$

5 逆浸透――上図(c)で，溶液側に溶液の浸透圧よりも大きな圧力を加えると，溶媒分子が溶液側から溶媒側へ移動する。この方法は**逆浸透法**とよばれ，（㉕　　　）の製造や果汁の濃縮などに利用されている。

ミニテスト ［解答］別冊p.3

(1) 次の**ア**～**ウ**の各物質10 gを1 kgの水に溶かしたとき，沸点が最も高い溶液，凝固点が最も低い溶液はそれぞれどれか。 沸点が最も高い（　　　） 凝固点が最も低い（　　　）
ア グルコース(分子量180)　**イ** 尿素(分子量60)　**ウ** 塩化ナトリウム(式量58.5)

(2) グルコース0.10 molを水に溶かし，500 mLとした。この水溶液の27℃での浸透圧は何Paか。（気体定数：$R=8.3\times10^3$ Pa・L/(K・mol)）（　　　）

4 コロイド溶液

［解答］別冊p.4

A. コロイド溶液とは

1 コロイド粒子——直径が（❶　　　m）～（❷　　　m）程度の大きさの粒子を**コロイド粒子**という。

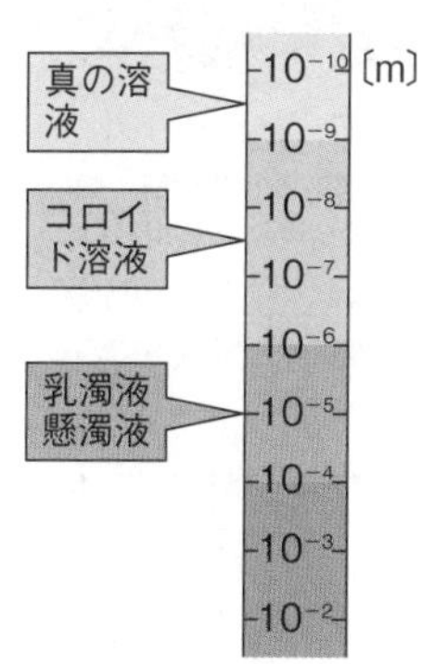

↑コロイド粒子の大きさと溶液の種類

2 コロイド溶液——コロイド粒子が液体中に分散した溶液を（❸　　　）という。また，比較的小さな分子やイオンが液体中に均一に分散したものを**真の溶液**という。

例 コロイド溶液…セッケン水，デンプンやタンパク質の水溶液
　 真の溶液…塩化ナトリウム水溶液，水酸化ナトリウム水溶液

3 ゾルとゲル——デンプン水溶液のように，流動性のあるコロイドを（❹　　　），豆腐やゼリーのように，流動性を失ったコロイドを（❺　　　）という。[1]

[1] ゼラチンや寒天などの濃厚な水溶液を冷やすと固まる。これを**ゲル**という。ゲルを乾燥させたものを**キセロゲル**という。

4 コロイド溶液のつくり方——沸騰水に少量の塩化鉄(Ⅲ) $FeCl_3$ 飽和水溶液を加えると，赤褐色の（❻　　　）のコロイド溶液が得られる(右図)。

$$FeCl_3 + 2H_2O \longrightarrow FeO(OH)^{[2]} + 3HCl$$

[2] $Fe_2O_3 \cdot nH_2O$ と表すこともある。

B. コロイド溶液の性質 出る

1 チンダル現象——コロイド溶液に横から強い光を当てると，**光の進路が明るく輝いて見える**。これは，コロイド粒子がふつうの分子やイオンよりも（❼　　　い）ために，光がよく（❽　　　）されるからである。このような現象を（❾　　　）[3]という。

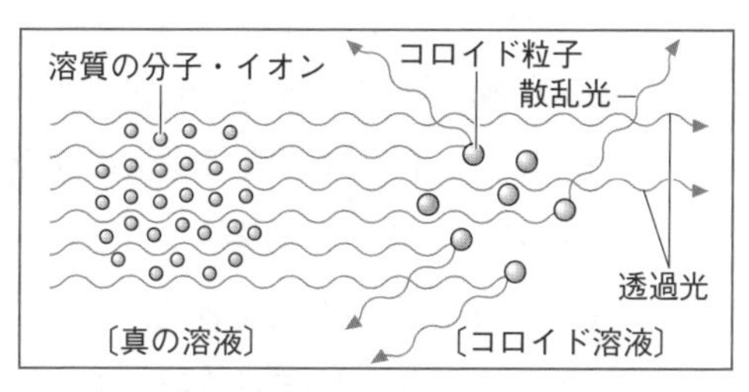

[3] **チンダル現象の例**
① 霧の日に，自動車のヘッドライトの光の進路がよく光って見える。
② セッケン水に横から光を当てると，光の進路が光って見える。

2 透析——小さな分子やイオンは（❿　　　膜）であるセロハン膜を（⓫通過　　　）が，コロイド粒子は（⓬通過　　　）。このことを利用して，コロイド溶液中に不純物として含まれる小さな分子やイオンを除く操作を（⓭　　　）という。透析は，コロイド溶液の精製に利用される。
（精製：小さな溶質粒子を取り除く）

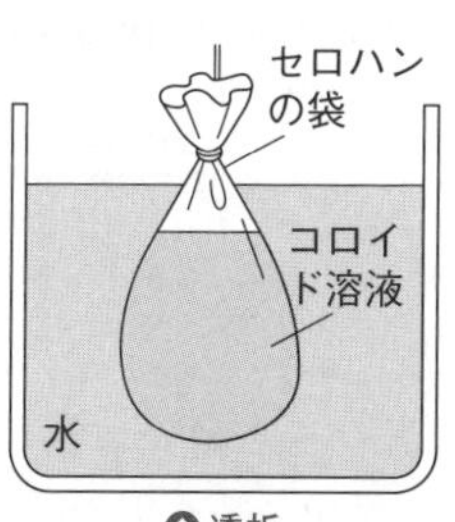

↑透析

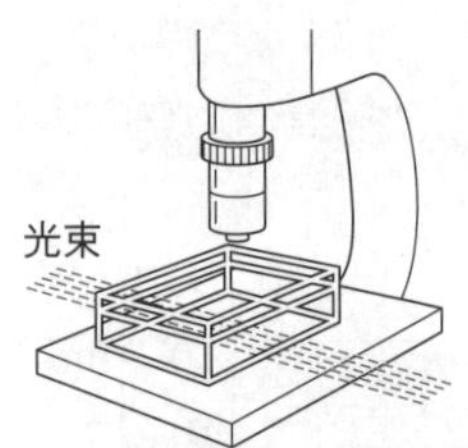

⬆ 限外顕微鏡
チンダル現象を利用して，小さなコロイド粒子の存在を光の点として観察できる。

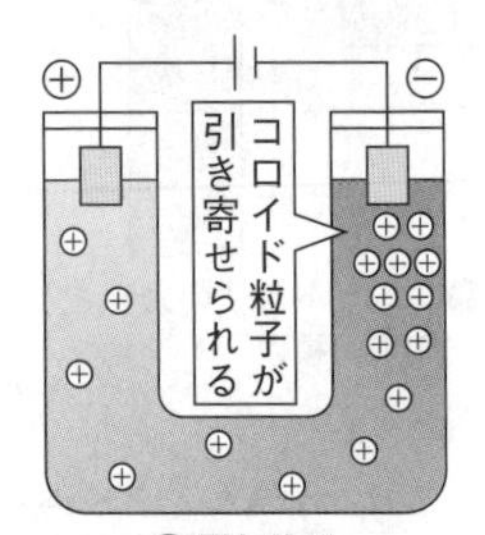

⬆ 電気泳動
酸化水酸化鉄(Ⅲ)FeO(OH)のコロイド粒子は，正の電荷を帯びているため，陰極側へと移動する。

3 ブラウン運動――チンダル現象を**限外顕微鏡**(げんがい)で観察すると，コロイド粒子が不規則なジグザグ運動をしているのがわかる。このような運動を(⑭　　　　　　)という。ブラウン運動は，(⑮　　　　　　)している水分子がコロイド粒子に不規則に衝突するために起こる。

4 電気泳動――コロイド粒子は，正・負いずれかに帯電しているために，コロイド溶液に電極を浸して直流電圧をかけると，**コロイド粒子は自身がもつ電荷とは反対符号の電極へ向かって移動する**。このような現象を(⑯　　　　　　)という。

① **正コロイド**(正に帯電)…$Al(OH)_3$，$FeO(OH)$など

② **負コロイド**(負に帯電)…Ag，Ag_2S，S，粘土，デンプンなど

［コロイド溶液の性質］

チンダル現象…コロイド粒子が光を散乱するために起こる現象。

透析…半透膜を使い，コロイド溶液から不純物を除く操作。

ブラウン運動…水分子の熱運動によって起こる，コロイド粒子の不規則な運動。

電気泳動…直流電圧をかけると，コロイド粒子が一方の電極へ移動すること。

C. 凝析と塩析 出る

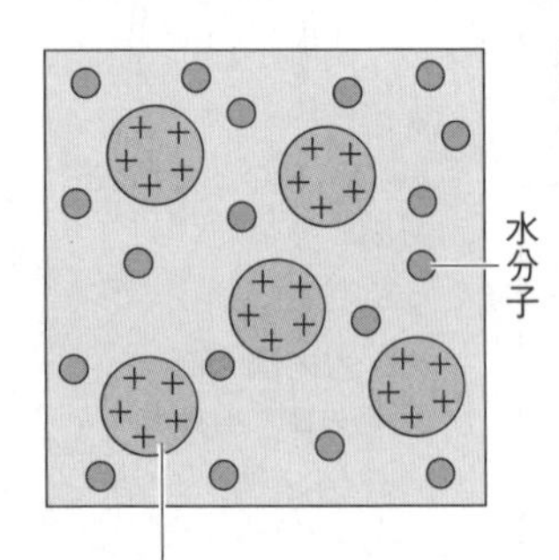

⬆ 疎水コロイド
疎水コロイドは，**水との親和力が小さく**，その周囲を取りまく水分子は少ない。

1 疎水コロイドと凝析――水との親和力が小さく，少量の電解質を加えると沈殿するコロイドを(⑰　　　　　　)という。

例 金属，硫黄，粘土，酸化水酸化鉄(Ⅲ)のコロイド溶液

① 疎水コロイドの溶液に少量の電解質を加えると，コロイド粒子に反対符号のイオンが吸着され，コロイド粒子間の電気的な反発力が弱まり，互いに集合して沈殿する。この現象を(⑱　　　　)という。

② コロイド粒子と**反対符号で価数の**(⑲　　　　い)**イオンほど，凝析の効果(凝析力)は強くなる。**

例 正コロイドには，$Cl^- < SO_4^{2-} < PO_4^{3-}$
　　負コロイドには，$Na^+ < Mg^{2+} < Al^{3+}$　　の順に凝析力が大。

③ 河口付近では，海水中のイオンによって粘土のコロイド粒子が凝析し，三角州ができる。

④ 粘土のコロイド粒子で濁った河川水にAl^{3+}を加えて，清澄な水道水をつくる。

2 親水コロイドと塩析――水との親和力が大きく，少量の電解質を加えても沈殿しないコロイドを(⑳　　　　　　　　)という。親水コロイドは多数の水和水をもつので，少量の電解質を加えただけでは沈殿しない。

例 セッケン，デンプン，タンパク質などのコロイド溶液

① 親水コロイドの溶液に**多量の電解質**を加えると，コロイド粒子を取り巻いている(㉑　　　　　)が除かれ，コロイド粒子が沈殿する。この現象を(㉒　　　　　)という。

② セッケン液に飽和塩化ナトリウム水溶液を加えて塩析させ，セッケンの固体をつくる。

③ ゼラチン水溶液に飽和硫酸ナトリウム水溶液を加えると，ゼラチンが沈殿する。

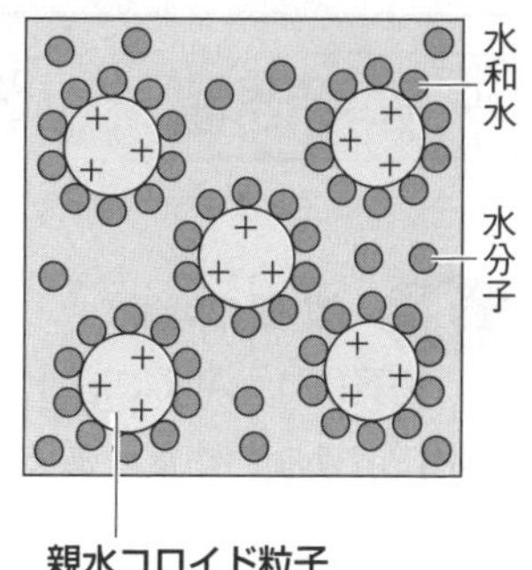

親水コロイド

親水コロイドは，**水との親和力が大きく**，その周囲を取り巻く水和水は多い。

> **重要**
> **疎水コロイド…水との親和力が小さいコロイド。**
> **親水コロイド…水との親和力が大きいコロイド。**
> **凝析…少量の電解質で疎水コロイド粒子が沈殿する。**
> **塩析…多量の電解質で親水コロイド粒子が沈殿する。**

3 保護コロイド――(㉓　　　　　**コロイド**)に，適当な親水コロイドを加えると，少量の電解質を加えても(㉔　　　　　)が起こりにくくなることがある。これは，**疎水コロイドの粒子を親水コロイドの粒子が取り囲む**からである。このようなはたらきをする親水コロイドを，特に(㉕　　　　　　　)という。

例 **墨汁…炭素**(疎水コロイド)に**にかわ**(親水コロイド)

　絵の具…色素(疎水コロイド)に**アラビアゴム**(親水コロイド)

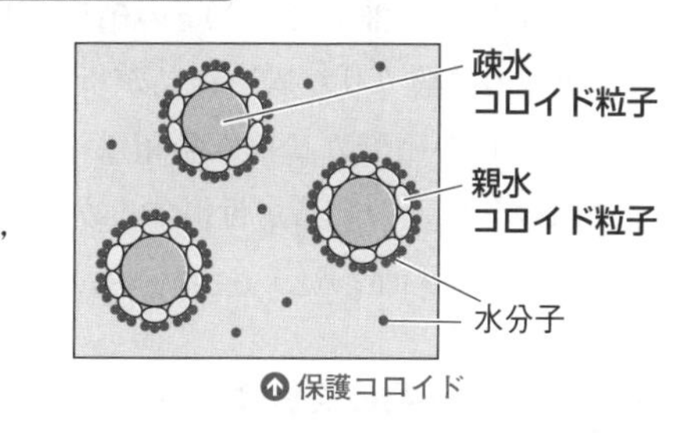

保護コロイド

> **重要**
> **保護コロイド…疎水コロイドを沈殿(凝析)しにくくするために加えた親水コロイド。**

ミニテスト　　　　［解答］別冊p.4

次の**ア**～**ク**の各物質を熱水に溶かした溶液について，あとの各問いに答えよ。

ア デンプン　**イ** 塩化ナトリウム　**ウ** 硫黄　**エ** セッケン　**オ** 酸化水酸化鉄(Ⅲ)
カ 卵白　**キ** 硫酸銅(Ⅱ)　**ク** 粘土

(1) 親水コロイドであるものをすべて選べ。　(　　　　　)
(2) 少量の電解質で沈殿するものをすべて選べ。　(　　　　　)
(3) チンダル現象を示さないものをすべて選べ。　(　　　　　)

練習問題　3章 溶液の性質

[解答] 別冊p.19

1 〈物質の溶解〉

▶わからないとき→p.24

物質には，Ⓐ水に溶けて電離する物質，Ⓑ水に溶けるが電離しない物質，Ⓒ水に溶けない物質がある。次の各問いに答えよ。

(1) Ⓐ，Ⓑの物質は，一般に何とよばれるか。

(2) 次の①～⑦の物質は，Ⓐ～Ⓒのどれにあてはまるか。

① ヨウ素　② 塩化ナトリウム　③ スクロース(ショ糖)
④ 塩化水素　⑤ エタノール　⑥ ナフタレン
⑦ 硫酸銅(Ⅱ)

ヒント イオン結晶は水に溶けて電離する。水に溶ける有機物は，分子中にヒドロキシ基ーOHをもち，水和されて水に溶けやすいものが多いが，電離はしない。

1
(1) Ⓐ
Ⓑ
(2) ①　②
③　④
⑤　⑥
⑦

2 〈固体の溶解度〉

▶わからないとき→p.25～26

次の各問いに整数で答えよ。ただし，硝酸カリウムの溶解度を，10℃で22，60℃で110とする。

(1) 60℃の硝酸カリウム飽和水溶液250 gには，何gの硝酸カリウムが溶けているか。

(2) 60℃で水200 gに100 gの硝酸カリウムを溶かした後，10℃まで冷却した。何gの硝酸カリウムの結晶が析出するか。

(3) 60℃の硝酸カリウム飽和水溶液200 gを，10℃まで冷却した。何gの硝酸カリウムの結晶が析出するか。

ヒント 水が100 gのときの溶質や溶液の質量を基準に考える。

2
(1) g
(2) g
(3) g

3 〈水和物の溶解度〉

▶わからないとき→p.25～26

硫酸銅(Ⅱ)五水和物$CuSO_4 \cdot 5H_2O$の結晶は，80℃で水50 gに何gまで溶かすことができるか。整数で答えよ。ただし，80℃における硫酸銅(Ⅱ)無水塩$CuSO_4$の水への溶解度は56である。

式量・分子量；$CuSO_4$＝160，H_2O＝18

ヒント $CuSO_4 \cdot 5H_2O$の結晶x〔g〕が水50 gに溶けるとすると，溶質(無水物)は$\frac{160}{250}x$，飽和水溶液の質量は50 g＋xと表せる。

3
g

4 〈混合気体の溶解度〉

▶わからないとき→p.26～27

0℃，1.0×10^6 Paで空気が10 Lの水と接しているとき，水に溶ける①酸素O_2と②窒素N_2それぞれの標準状態に換算した体積〔L〕と質量〔g〕を求めよ。ただし，空気はO_2とN_2の体積比1：4の混合気体とし，0℃，1.0×10^5 Paで水1.0 LにO_2は2.2×10^{-3} mol，N_2は1.1×10^{-3} mol溶けるものとする。

分子量；N_2＝28，O_2＝32

ヒント ヘンリーの法則より，気体の溶解度(物質量)はその気体の圧力(混合気体の場合は各成分気体の分圧)に比例する。

4
① L
g
② L
g

5 〈溶液の濃度〉

▶わからないとき→p.28～29

次の各問いに答えよ。

(1) グルコース(分子量180)36 gを，水500 gに溶かした溶液の質量パーセント濃度，および質量モル濃度を求めよ。

(2) 硫酸銅(Ⅱ)五水和物$CuSO_4 \cdot 5H_2O$の結晶25 gを水に溶かして400 mLにした溶液のモル濃度と質量パーセント濃度を求めよ。ただし，水溶液の密度は1.0 g/cm^{3}とする。式量・分子量；$CuSO_4$＝160，H_2O＝18

ヒント (1) 質量モル濃度は，溶媒1 kgあたりの溶質の物質量で表す。
(2) 水和水をもつ結晶(水和物)を溶かした水溶液の濃度は，無水物の濃度で表す。

5
(1) ＿＿＿＿ %
＿＿＿＿ mol/kg
(2) ＿＿＿＿ mol/L
＿＿＿＿ %

6 〈蒸気圧と沸点〉

▶わからないとき→p.30～31

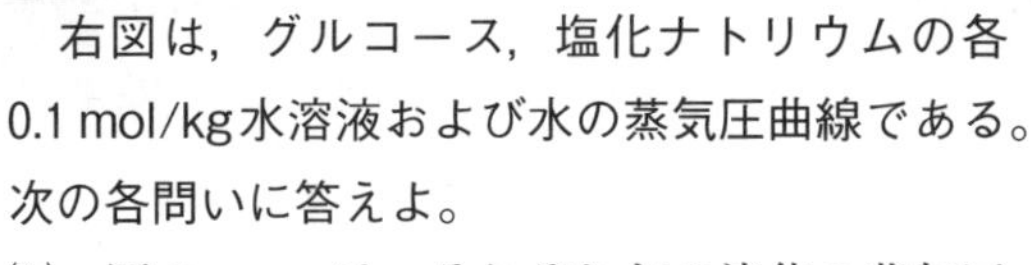

右図は，グルコース，塩化ナトリウムの各0.1 mol/kg水溶液および水の蒸気圧曲線である。次の各問いに答えよ。

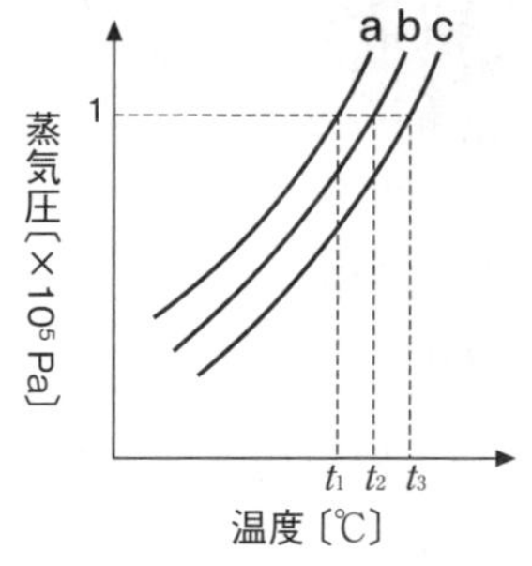

(1) 図の**a**～**c**は，それぞれどの液体の蒸気圧曲線に相当するか。

(2) t_1は何℃か。

(3) t_1とt_2の差が0.05 Kのとき，t_3は何℃か。

(4) 上記の3つの液体のうち，凝固点が最も高いもの，および最も低いものはどれか。

ヒント 水溶液の蒸気圧は，溶液の濃度が大きいほど低くなる。グルコースは非電解質だが，塩化ナトリウムNaClは$NaCl \longrightarrow Na^+ + Cl^-$と電離し，溶質粒子の数が2倍に増加する。

6
(1) a ＿＿＿＿
b ＿＿＿＿
c ＿＿＿＿
(2) ＿＿＿＿ ℃
(3) ＿＿＿＿ ℃
(4) 高い ＿＿＿＿
低い ＿＿＿＿

7 〈浸透圧〉

▶わからないとき→p.32

27℃で0.10 mol/L尿素水溶液と同じ大きさの浸透圧を示す塩化カルシウム$CaCl_2$水溶液がある。この水溶液100 mL中には何gの塩化カルシウムが含まれているか。式量；$CaCl_2$＝111

ヒント 溶液の浸透圧はモル濃度と絶対温度に比例する(ファントホッフの法則)。$CaCl_2$は水溶液中では$CaCl_2 \longrightarrow Ca^{2+} + 2Cl^-$と電離し，溶質粒子の数が3倍に増加する。

7
＿＿＿＿ g

8 〈コロイド溶液〉

▶わからないとき→p.33～35

次の文章中の(　　)に適する語句を入れよ。

塩化鉄(Ⅲ)水溶液を沸騰水に加えると，(①)色の酸化水酸化鉄(Ⅲ)コロイド溶液となる。このコロイド溶液に横からレーザー光線を当てると(②)現象を示し，セロハン袋に入れて純水に浸すと(③)することができる。また，このコロイド溶液に直流電圧をかけると，コロイド粒子は陰極側に移動する。この現象を(④)といい，酸化水酸化鉄(Ⅲ)のコロイド粒子が(⑤)に帯電しているために起こる。

酸化水酸化鉄(Ⅲ)のコロイド溶液は(⑥)コロイドのため，少量の電解質を加えると(⑦)が起こるが，ゼラチンを加えておくと沈殿しにくくなる。このようなはたらきをするコロイドを(⑧)コロイドという。

ヒント 多くの有機物のコロイド⇨親水コロイド⇨多量の電解質で沈殿⇨塩析
多くの無機物のコロイド⇨疎水コロイド⇨少量の電解質で沈殿⇨凝析

8
① ＿＿＿＿
② ＿＿＿＿
③ ＿＿＿＿
④ ＿＿＿＿
⑤ ＿＿＿＿
⑥ ＿＿＿＿
⑦ ＿＿＿＿
⑧ ＿＿＿＿

4 章 固体の構造

1 結晶と非晶質

［解答］別冊p.4

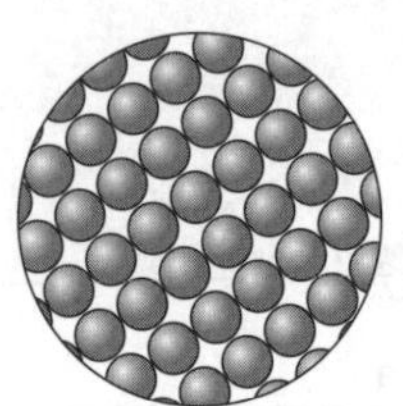
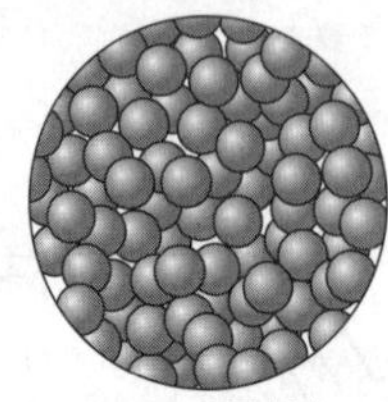
⬆ 金属結晶（左）とアモルファス金属（右）

A. 結晶の種類と性質 出る

1 結晶――多くの固体物質では，原子・分子・イオンなどの粒子が規則正しく配列している。このような固体を（❶　　　　）といい，決まった外形と一定の融点をもつ。

2 非晶質――原子・分子などが規則正しく配列していない固体を（❷　　　　）または**アモルファス**という。非晶質は決まった外形と一定の融点をもたず，加熱すると，ある温度幅で（❸　　　　）する。

例 ガラス，プラスチック，すす，アモルファス金属

3 結晶の種類――結晶は，構成粒子や結合の種類によって，次の4種類に分類される。

◈1
結合力の強い共有結合の結晶が最も高く，結合力の弱い分子結晶が最も低い。

性質＼種類	分子結晶	共有結合の結晶	イオン結晶	金属結晶
結合の種類	❹	共有結合	❺	❻
構成粒子	分子	❼	陽イオン，陰イオン	原子
機械的性質	軟らかく砕けやすい	極めて硬い	硬く，もろい	展性・延性に富む
融点◈1	❽	❾	高い	高い～低い
電気伝導性	❿	なし（黒鉛はあり）	固体…なし，液体…あり	⓫
水に対する溶解性	溶けにくいものが多い	溶けない	溶けやすいものが多い	溶けない
物質の例	ヨウ素，ドライアイス，ナフタレン，氷	ダイヤモンド，黒鉛，水晶	塩化ナトリウム，塩化カリウム	銅，鉄，アルミニウム，銀，金
構成元素	非金属元素	おもにCやSi	金属元素，非金属元素	金属元素

ミニテスト

［解答］別冊p.4

次の(1)～(4)の結晶にあてはまる物質を，あとの**ア**～**ク**からすべて選べ。

(1) イオン結晶（　　　　）　(2) 金属結晶（　　　　）

(3) 分子結晶（　　　　）　(4) 共有結合の結晶（　　　　）

ア ダイヤモンド　**イ** ナトリウム　**ウ** 塩化カリウム　**エ** ナフタレン

オ アルミニウム　**カ** 酸化カルシウム　**キ** ドライアイス　**ク** 二酸化ケイ素

2 結晶の構造

［解答］別冊p.4

A. 金属結晶の構造 出る

1 単位格子――結晶を構成する粒子の規則的な配列構造を（❶　　　　）といい，その最小の繰り返し単位を（❷　　　　）という。

2 金属結晶――金属の単体では，金属原子が規則正しく並んでいる。このような金属結合でできた結晶を（❸　　　　）という。

3 金属結晶の種類――多くの金属は**体心立方格子**，**面心立方格子**，**六方最密構造**[◈1]のいずれかの結晶格子をとる。

（❹　　　　）と六方最密構造は，同じ大きさの球を最も密に空間に詰めこんだ構造で，（❺　　　　）という。

4 配位数・充填率――結晶中のある粒子に隣接するほかの粒子の数を（❻　　　　）という。また，単位格子中に占める粒子の体積の割合を（❼　　　　）という。

① 体心立方格子は，配位数が（❽　　　　），充填率が68％である。

② 面心立方格子と六方最密構造は，いずれも配位数が（❾　　　　），充填率が74％であり，最密構造である。

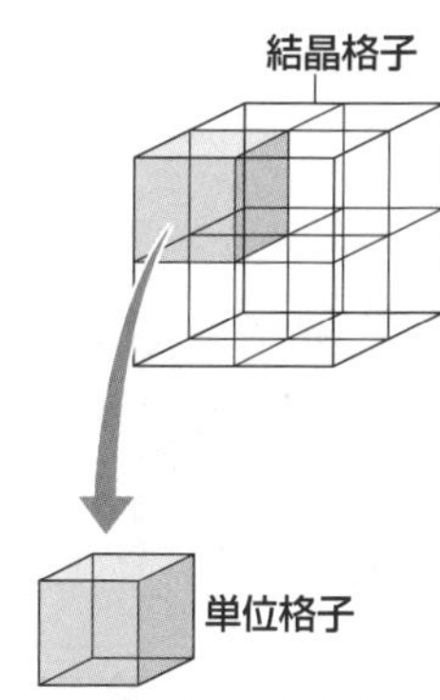

結晶格子と単位格子の関係

◈1
下の六方最密構造の図を見るとわかるように，六方最密構造の正六角柱は，単位格子ではない。正六角柱の$\frac{1}{3}$が単位格子であることに注意する。

結晶格子名	❿	⓫	⓬
単位格子の構造	単位格子　$\frac{1}{8}$個　1個	単位格子　$\frac{1}{8}$個　$\frac{1}{2}$個	単位格子　$\frac{1}{12}$個　1個分　$\frac{1}{6}$個
所属原子数	$\frac{1}{8}\times8+1=2$	$\frac{1}{8}\times8+\frac{1}{2}\times6=4$	$\frac{1}{6}\times4+\frac{1}{12}\times4+1=2$
配位数	8	12	12
金属の例	Na，K，Ba，Fe	Al，Cu，Au，Ag	Mg，Zn，Be

金属の結晶格子

重要　［単位格子中に含まれる原子の数え方］

1個（中心）

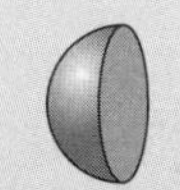

$\frac{1}{2}$個（面の中心）

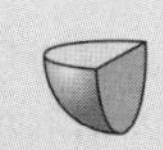

$\frac{1}{4}$個（辺の中心）

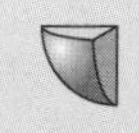

$\frac{1}{8}$個（頂点）

5 単位格子の一辺の長さaと原子半径rの関係

① **面心立方格子**　下図のように，原子は面の対角線上で接している。面の対角線の長さAFをaで表すと（⑬　　　　）であり，これは原子半径の4倍に等しい。よって，$\sqrt{2}a=4r$の関係がある。

② **体心立方格子**　下図のように，原子は立方体の対角線上で接している。立方体の対角線の長さAGをaで表すと（⑭　　　　）であり，これは原子半径の4倍に等しい。よって，$\sqrt{3}a=4r$の関係がある。

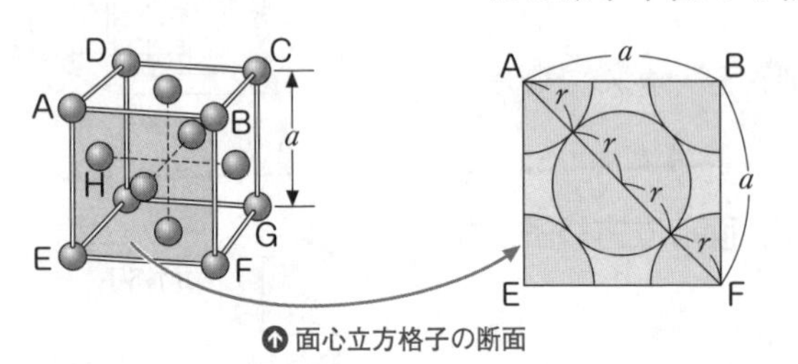

面心立方格子の断面

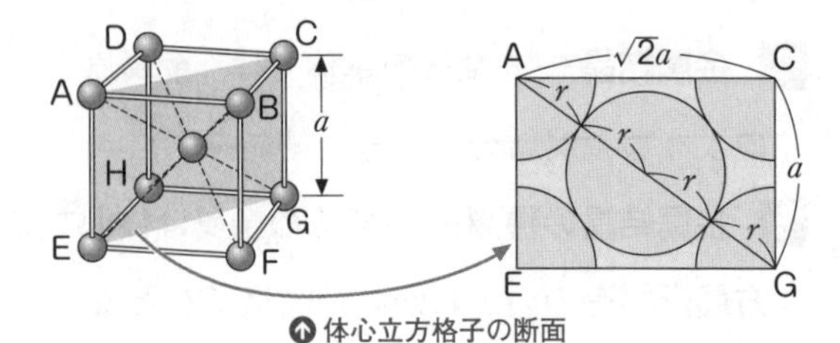

体心立方格子の断面

例題研究　アルミニウムの結晶構造

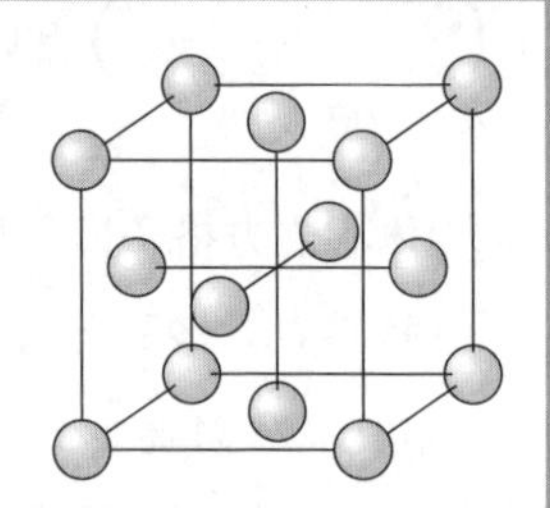

金属のアルミニウムAlは，右図のような単位格子をもつ結晶で，その一辺の長さは0.405 nmである。$\sqrt{2}=1.41$，$4.05^3=66.4$，$1\text{ nm}=1\times10^{-9}\text{ m}=1\times10^{-7}\text{ cm}$として，次の各問いに答えよ。（原子量：Al=27，アボガドロ定数；$N_A=6.0\times10^{23}$/mol）

(1) アルミニウムの原子半径は何nmか。

(2) この単位格子中に含まれるアルミニウム原子の数は何個か。

(3) アルミニウムの結晶の密度は何g/cm³か。有効数字2桁で答えよ。

解き方

(1) **面心立方格子では，原子は各面の対角線上で接している。**

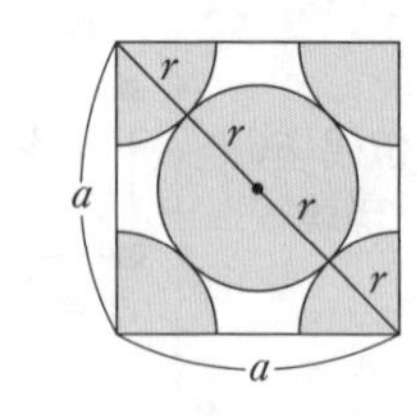

単位格子の一辺の長さaと原子半径rの関係は，

$$4r=\sqrt{2}a$$

$$r=\frac{\sqrt{2}a}{4}=\frac{1.41\times0.405\text{ nm}}{4}\fallingdotseq (⑮\qquad\text{nm})$$ …答

(2) 面心立方格子では，立方体の頂点に8個，面の中心に6個の原子が存在するから，

$$\frac{1}{8}\times8+\frac{1}{2}\times6=(⑯\qquad)\rightarrow 4\text{個}$$ …答

（$\frac{1}{8}$：頂点，$\frac{1}{2}$：各面）

(3) Al原子1個の質量は$\frac{27}{6.0\times10^{23}}$ gで，(2)より単位格子中にはAl原子が4個含まれる。

$0.405\text{ nm}=4.05\times10^{-8}\text{ cm}$なので，単位格子の体積は$(4.05\times10^{-8})^3\text{ cm}^3$である。単位格子の質量は，Al原子4個分の質量と等しいので，

$$\text{密度〔g/cm}^3\text{〕}=\frac{\text{単位格子の質量〔g〕}}{\text{単位格子の体積〔cm}^3\text{〕}}=\frac{\frac{27}{6.0\times10^{23}}\text{ g}\times4}{(4.05\times10^{-8})^3\text{ cm}^3}\fallingdotseq(⑰\qquad\text{g/cm}^3)$$ …答

B. イオン結晶の構造

1 **イオン結晶**――陽イオンと陰イオンが**イオン結合**によって規則的に配列した結晶を（⑱　　　　　）という。

2 **配位数**――イオン結晶では，あるイオンに隣接する反対符号のイオンの数を（⑲　　　　　）という。

3 **イオン結晶の種類**――陽イオンM^{n+}と陰イオンN^{n-}が1：1で結合したイオン結晶の場合，代表的な3種類の結晶格子がある。

結晶構造名	塩化ナトリウムNaCl型	塩化セシウムCsCl型	硫化亜鉛ZnS型
単位格子の構造	Na^+ Cl^- Na^+ Cl^-	Cl^- Cs^+ Cl^- Cs^+	Zn^{2+} S^{2-} S^{2-} Zn^{2+}
所属イオン数	Na^+；$\frac{1}{4}\times12 + 1 = 4$ Cl^-；$\frac{1}{8}\times8 + \frac{1}{2}\times6 = 4$	Cs^+；1 Cl^-；$\frac{1}{8}\times8 = 1$	Zn^{2+}；$1\times4 = 4$ S^{2-}；$\frac{1}{8}\times8 + \frac{1}{2}\times6 = 4$
配位数	⑳	㉑	㉒

例題研究　塩化ナトリウムの結晶構造

右図の塩化ナトリウムNaClの結晶の単位格子を見て，次の各問いに答えよ。

(1) 1個のナトリウムイオンNa^+に隣接する塩化物イオンCl^-は何個か。

(2) 単位格子に含まれるNa^+，Cl^-はそれぞれ何個か。

(3) Na^+，Cl^-のイオン半径をそれぞれa〔nm〕，b〔nm〕とすると，この単位格子の一辺の長さはa，bを用いてどのように表すことができるか。

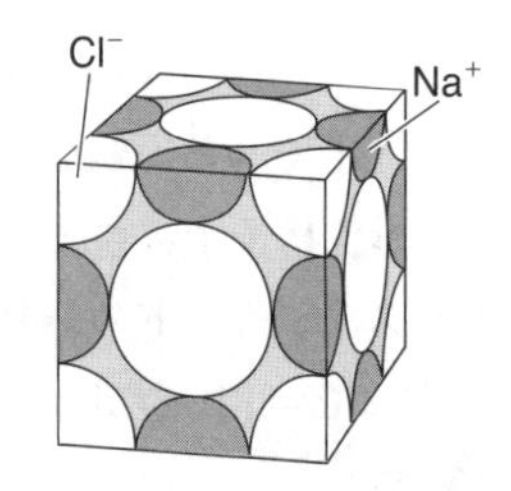

解き方

(1) 単位格子の中心にあるNa^+(図では見えない)に着目すると，これには単位格子の6つの面の中心にあるCl^-（㉓　　　個）が接している。 …答

(2) Na^+；$\frac{1}{4}\times12 + 1 =$（㉔　　　）→ 4個 …答
（各辺）（中心）

Cl^-；$\frac{1}{8}\times$（㉕　　　）$+ \frac{1}{2}\times$（㉖　　　）$= 4$ → 4個 …答
（頂点）（各面）

(3) Na^+とCl^-は，**単位格子の各辺でちょうど接している**。よって，単位格子の一辺の長さは，
$(a+b)\times2=$（㉗　　　　）…答

C. 共有結合の結晶の構造

◈2
共有結合に使われない１個の価電子がこの平面に沿って自由に動くため，黒鉛は電気をよく通す。

1 共有結合の結晶――多数の原子が共有結合によって結びついてできた結晶を（㉘　　　　　　）といい，一般に，電気を通さない。

例 ダイヤモンドC，黒鉛C，ケイ素Si，二酸化ケイ素SiO_2

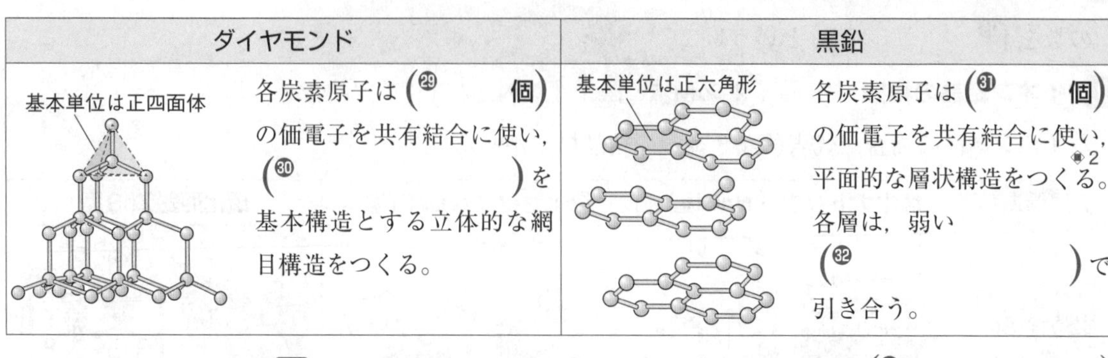

ダイヤモンド	黒鉛
各炭素原子は（㉙　　個）の価電子を共有結合に使い，（㉚　　　　　　）を基本構造とする立体的な網目構造をつくる。	各炭素原子は（㉛　　個）の価電子を共有結合に使い，平面的な層状構造をつくる。◈2 各層は，弱い（㉜　　　　　　）で引き合う。

⬆ SiO_2の構造（一例）

2 二酸化ケイ素――ダイヤモンドのC−C結合を（㉝　　　　結合）で置き換えた構造をもつ共有結合の結晶である。

例 石英，水晶，けい砂（しゃ）

> **重要**　［共有結合の結晶の性質］
> **非常に硬く，融点は極めて高い。電気を通さない。**
> **黒鉛は例外で，軟らかく，電気を通す。**

例題研究　ダイヤモンドの結晶構造

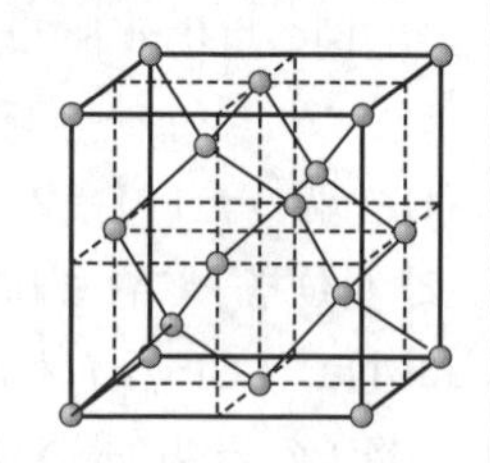

ダイヤモンドの結晶は右図のような単位格子をもち，その一辺の長さは3.6×10^{-8} cmである。次の各問いに答えよ。

(1) 単位格子中に含まれる炭素原子Cは何個か。

(2) ダイヤモンドの結晶の密度は何g/cm^3か。ただし，$3.6^3=46.7$とする。（原子量；C=12，アボガドロ定数；$N_A=6.0\times10^{23}$/mol）

解き方

(1) ダイヤモンドの単位格子では，頂点に８個，面の中心に６個，内部に４個の原子が存在するから，

$$\underset{\text{頂点}}{\frac{1}{8}\times8}+\underset{\text{面の中心}}{\frac{1}{2}\times6}+\underset{\text{内部}}{1\times4}=(㉞\quad\quad)\ \rightarrow\ 8\text{個}$$ …答

(2) C原子１個の質量は，$\dfrac{12\ \text{g/mol}}{6.0\times10^{23}/\text{mol}}=$（㉟　　　　　g）である。

単位格子中にC原子は８個分が含まれ，これが単位格子の質量と等しいから，

$$\text{密度}[\text{g/cm}^3]=\frac{\text{単位格子の質量}[\text{g}]}{\text{単位格子の体積}[\text{cm}^3]}=\frac{2.0\times10^{-23}\ \text{g}\times8}{(3.6\times10^{-8}\ \text{cm})^3}\fallingdotseq(㊱\quad\quad\text{g/cm}^3)$$ …答

D. 分子結晶

1 分子間力——分子間にはたらくファンデルワールス力と水素結合をまとめて，(㊲　　　　　)という。(p.8)
└→ 化学結合よりも，はるかに弱い引力

2 分子結晶——多数の分子が分子間力によって規則的に配列してできた結晶を(㊳　　　　　)という。

例 ドライアイスCO_2，ヨウ素I_2，ナフタレン$C_{10}H_8$，氷H_2O

二酸化炭素分子
C
O

ドライアイスの結晶構造
CO_2分子が面心立方格子の配列となっている。

3 分子結晶の性質

① 融点が(㊴　　　　く)，昇華性を示すものが多い。

② 軟らかく，砕けやすい。

③ 固体・液体ともに，電気を通さない。

④ 多くの分子結晶は，方向性がない**ファンデルワールス力**によって分子が配列しており，最密構造をとりやすい。

⑤ 氷H_2Oの結晶は例外で，方向性がある**水素結合**でできた結晶なので，結晶内の隙間が(㊵　　　　い)。
└→ そのため，氷の体積は水のときより大きくなり，密度は小さくなるため，水に浮く

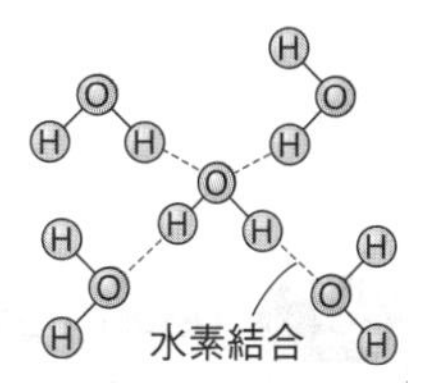

水分子間に形成される水素結合

> **重要** ［分子結晶の性質］
> **融点が低く，昇華性を示すものが多い。**

例題研究 ドライアイスの結晶構造

ドライアイスの結晶は，二酸化炭素CO_2の分子が面心立方格子と同じ位置に配置されており，単位格子の一辺の長さは5.6×10^{-8} cmである。ドライアイスの結晶の密度は何g/cm^{3}か。ただし，$5.6^3=176$とする。(分子量；$CO_2=44$，アボガドロ定数；$N_A=6.0\times10^{23}$/mol)

解き方

面心立方格子の単位格子では，頂点に8個，面の中心に6個の分子が存在するから，含まれる分子は，

$$\frac{1}{8}\times8+\frac{1}{2}\times6=(㊶\quad\quad)\rightarrow 4個$$

CO_2分子1個の質量は，$\dfrac{44\ \text{g/mol}}{6.0\times10^{23}/\text{mol}}$であり，単位格子中には$CO_2$分子が4個分含まれる。

これが単位格子の質量と等しいから，

$$密度〔\text{g/cm}^3〕=\frac{単位格子の質量〔\text{g}〕}{単位格子の体積〔\text{cm}^3〕}=\frac{\dfrac{44\ \text{g/mol}}{6.0\times10^{23}/\text{mol}}\times4}{(5.6\times10^{-8}\ \text{cm})^3}\fallingdotseq(㊷\quad\quad \text{g/cm}^3)$$ …答

ミニテスト

［解答］別冊p.4

次の記述は，面心立方格子，体心立方格子，六方最密構造のどれにあてはまるか。

(1) 単位格子は立方体で，各頂点と，各面の中心に原子が並ぶ。(　　　　　)

(2) 配位数が8で単位格子は立方体である。(　　　　　)

(3) 単位格子中には2個の原子が含まれ，原子を最も密に積み重ねた構造の1つである。(　　　　　)

練習問題　4章 固体の構造

［解答］別冊p.21

1 〈固体の構造〉

▶わからないとき→p.38

右図のA，Bは，固体を構成する粒子の配列を模式的に表したものである。次の各問いに答えよ。

A　B

(1) 構成粒子がA，Bのように配列してできた固体を何というか。

(2) Aの特徴として正しいものを，次の**ア**～**ウ**から選び，記号で答えよ。

ア　融点は，物質の種類に関係なく，同じ値を示す。
イ　融点は，物質の種類ごとに，決まった値を示す。
ウ　融点は，決まった値を示さない。

2 〈結晶の種類〉

▶わからないとき→p.38

次の文章中の(　)に適する語句を入れよ。

(1) 多数の金属原子が集まると，価電子はもとの原子から離れ，金属中を自由に動き回るようになる。このような電子を(①)といい，(①)によって金属原子が規則的に配列した結晶を(②)という。

(2) 陽イオンと陰イオンが静電気的な引力で引き合う結合を(③)といい，(③)によってできた結晶を(④)という。

(3) 分子間にはたらく弱い引力を(⑤)という。多数の分子が(⑤)によって規則的に配列した結晶を(⑥)という。

3 〈化学結合と結晶の性質〉

▶わからないとき→p.38

次の(1)～(4)の結晶の種類について，**A群**は粒子間の結合の種類，**B群**は物質の例として最も適するものをそれぞれ1つ選び，記号で答えよ。

(1) イオン結晶　(2) 共有結合の結晶　(3) 分子結晶　(4) 金属結晶

〔A群〕 **ア**　分子間力による結合　**イ**　自由電子による結合
ウ　共有電子対による結合　**エ**　静電気的な引力による結合

〔B群〕 **カ**　水晶　**キ**　塩化カリウム　**ク**　二酸化炭素　**ケ**　銅

4 〈面心立方格子〉

▶わからないとき→p.39～40

右図は，ある金属結晶の単位格子を表したものである。次の各問いに答えよ。

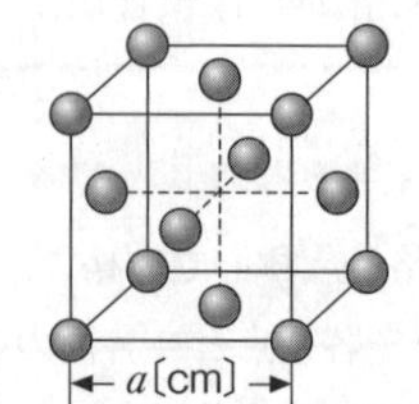

(1) この金属の結晶格子の名称を答えよ。

(2) 単位格子中には，何個の原子が含まれるか。

(3) 単位格子の一辺の長さがa〔cm〕のとき，この金属原子の半径をaを用いて表せ。ただし，平方根は外さなくてよい。

1
(1) A ＿＿＿
B ＿＿＿
(2) ＿＿＿

2
① ＿＿＿
② ＿＿＿
③ ＿＿＿
④ ＿＿＿
⑤ ＿＿＿
⑥ ＿＿＿

3
(1) ＿＿＿，＿＿＿
(2) ＿＿＿，＿＿＿
(3) ＿＿＿，＿＿＿
(4) ＿＿＿，＿＿＿

4
(1) ＿＿＿
(2) ＿＿＿個
(3) ＿＿＿

5 〈体心立方格子〉

▶わからないとき→p.39～40

ある金属の結晶構造は，右図のような体心立方格子で，その一辺の長さは3.0×10^{-8} cmである。この金属の原子量を51として，次の各問いに答えよ。
$\sqrt{2}=1.41$，$\sqrt{3}=1.73$，アボガドロ定数；$N_A=6.0\times10^{23}$/mol

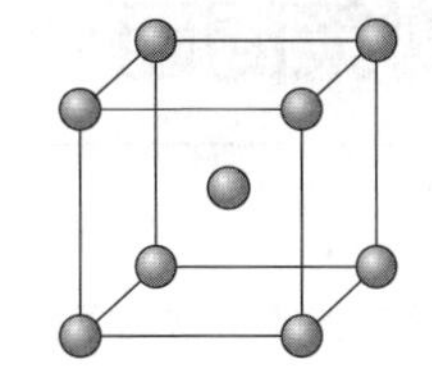

(1) この金属原子1個の質量は何gか。
(2) この金属結晶の密度は何g/cm^{3}か。
(3) この金属原子の半径は何cmか。

5
(1) ＿＿＿＿ g
(2) ＿＿＿＿ g/cm^3
(3) ＿＿＿＿ cm

6 〈六方最密構造〉

▶わからないとき→p.39～40

マグネシウムMgの結晶構造は，右図のような六方最密構造である。図中の灰色で示した，底面がひし形の四角柱が単位格子で，単位格子中には2個の原子が含まれる。$a=3.2\times10^{-8}$ cm，$b=5.2\times10^{-8}$ cmとして，次の各問いに答えよ。
$\sqrt{2}=1.41$，$\sqrt{3}=1.73$，原子量；Mg＝24，アボガドロ定数；$N_A=6.0\times10^{23}$/mol

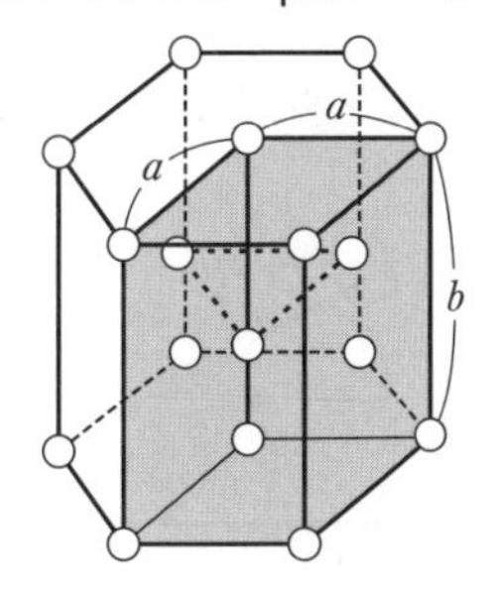

(1) この単位格子の体積は何cm^{3}か。
(2) マグネシウムの結晶の密度は何g/cm^{3}か。

ヒント 単位格子の底面のひし形は，一辺の長さがaの正三角形を2つつなげた形をしている。

6
(1) ＿＿＿＿ cm^3
(2) ＿＿＿＿ g/cm^3

7 〈イオン結晶の構造〉

▶わからないとき→p.41

右図は，銅(Ⅰ)イオンCu^+と酸化物イオンO^{2-}からなるイオン結晶の単位格子を表したものである。次の各問いに答えよ。

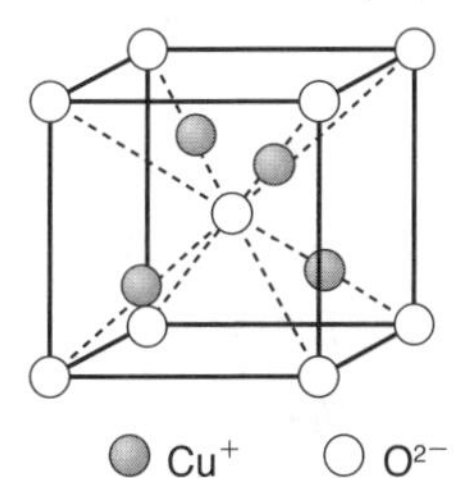

(1) 単位格子中に含まれるCu^+とO^{2-}は，それぞれ何個か。
(2) この化合物の組成式を書け。
(3) Cu^+とO^{2-}の配位数をそれぞれ求めよ。

7
(1) Cu^+ ＿＿＿＿ 個
O^{2-} ＿＿＿＿ 個
(2) ＿＿＿＿
(3) Cu^+ ＿＿＿＿
O^{2-} ＿＿＿＿

8 〈共有結合の結晶〉

▶わからないとき→p.42

次の文章中の(　)に適する語句または数を入れよ。

ダイヤモンドと黒鉛は互いに炭素の同素体であるが，その結晶構造は大きく異なり，電気伝導性にも違いがみられる。

ダイヤモンドでは，炭素原子がもつ(①)個の価電子がすべて(②)結合に使われ，(③)を基本単位とする立体的な網目構造の結晶をつくる。そのため，ダイヤモンドは電気を(④)。

一方，黒鉛では，(⑤)個の価電子が(②)結合に使われ，(⑥)を基本単位とする平面的な層状構造の結晶をつくる。(②)結合に使われなかった価電子がこの平面構造に沿って自由に動くため，黒鉛は電気を(⑦)。

8
① ＿＿＿＿
② ＿＿＿＿
③ ＿＿＿＿
④ ＿＿＿＿
⑤ ＿＿＿＿
⑥ ＿＿＿＿
⑦ ＿＿＿＿

定期テスト対策問題　1編　物質の状態と変化

［時 間］50分
［合格点］70点
［解 答］別冊p.22

1 右図は，水の状態図である。次の各問いに答えよ。

〔各2点　合計20点〕

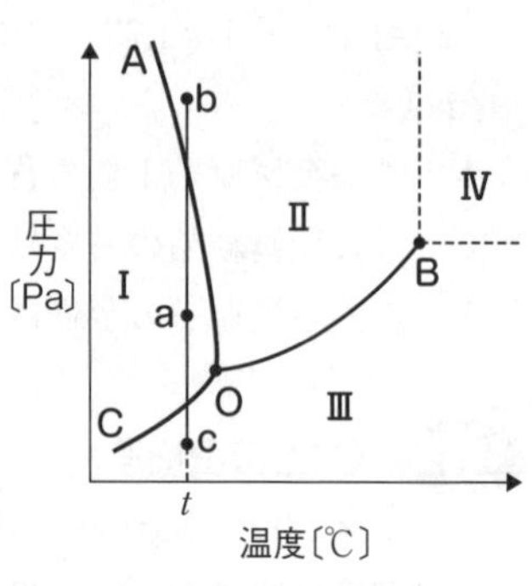

(1) 点O，Bを何というか。

(2) 領域Ⅰ～Ⅳの状態を何というか。

(3) 温度tにおいて，a→b，a→cの方向へ圧力pを変えた。

① a→b，a→cの状態変化をそれぞれ何というか。

② 水の体積vの変化は，それぞれどのような概形のグラフで表されるか。次の**ア**～**カ**から選び，記号で答えよ。

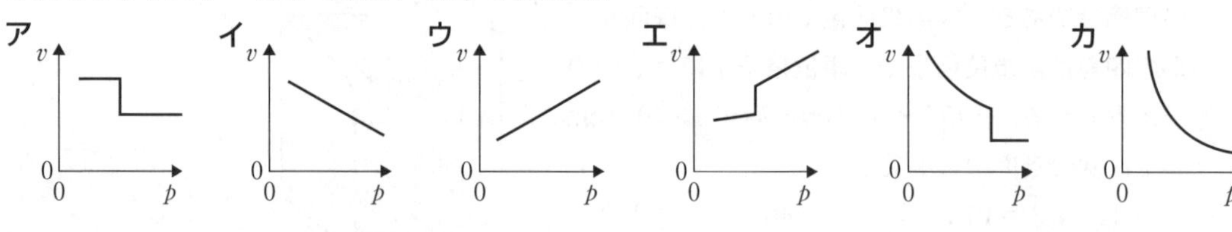

(1)	O			B		
(2)	Ⅰ		Ⅱ	Ⅲ		Ⅳ
(3)	①	a→b	a→c	②	a→b	a→c

2 右図は，14族と16族の水素化合物の周期と沸点の関係を示したものである。次の文章中の(　　)に適する語句を入れよ。

〔各2点　合計14点〕

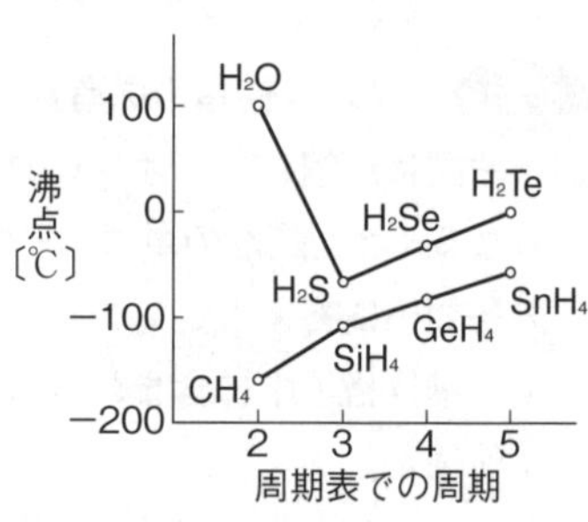

14族の水素化合物の沸点は，周期の増加とともに高くなる。これは，構造の似た分子では，(①)が大きいほど(②)が強くはたらくためである。14族と16族の第3～5周期の水素化合物を比較すると，16族の水素化合物のほうが沸点が高い。これは，14族の水素化合物は分子が(③)形で(④)分子であるのに対して，16族の水素化合物は分子が(⑤)形で(⑥)分子であるので，同一周期では16族のほうが(②)が強くはたらくためである。また，水の沸点が異常に高い温度を示すのは，分子間に(⑦)を形成するためである。

①		②		③		④	
⑤		⑥		⑦			

3 右図の装置を用いて，ボンベ内の気体の分子量を測定した。下の測定結果から，ボンベ内の気体の分子量を求めよ。なお，この気体は水に溶けず，気体の体積は容器内外の水面の高さをそろえて測定したものとする。

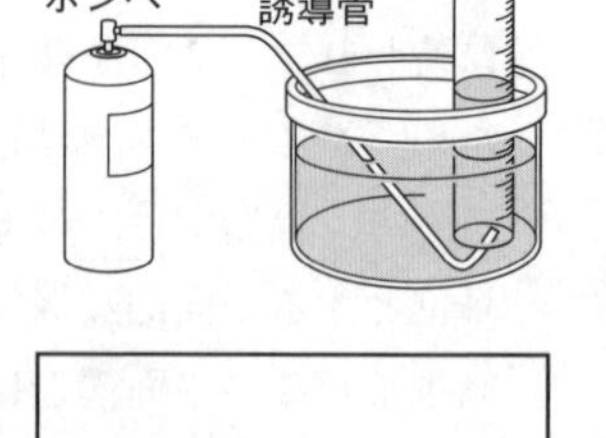

気体定数；$R=8.3\times10^3$ Pa·L/(K·mol)　〔4点〕

水温；27℃　大気圧；1.02×10^5 Pa

実験前のボンベの質量；67.40 g　実験後のボンベの質量；66.42 g

捕集した気体の体積；500 mL　27℃の飽和水蒸気圧；4.0×10^3 Pa

4 容積が2.0 Lの容器にベンゼン0.010 molと窒素0.040 molを入れて密閉し，容器全体を50℃から冷却しながら圧力を測定したところ，右図のようになった。次の各問いに答えよ。ただし，凝縮したベンゼンの体積は無視でき，10℃でのベンゼンの飽和蒸気圧は6.0×10^3 Paとする。

気体定数；$R = 8.3 \times 10^3$ Pa・L/(K・mol)　〔各4点　合計8点〕

(1) 40℃における容器内の気体の圧力は何Paか。

(2) 10℃における容器内の気体の圧力は何Paか。

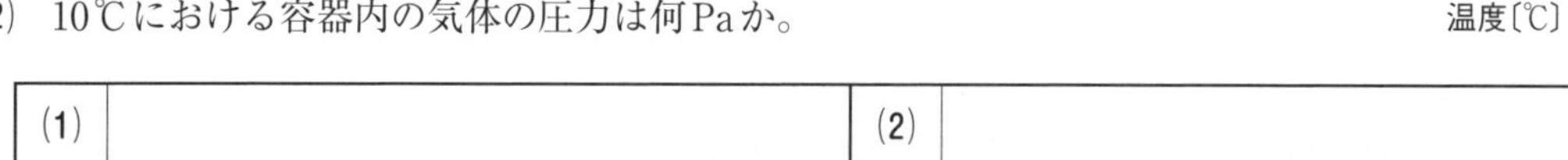

(1)		(2)	

5 右図は，3種類の実在気体**A**～**C**について，0℃における圧力Pと$\frac{PV}{nRT}$の値の関係をグラフに表したものである。次の各問いに答えよ。

気体定数；$R = 8.3 \times 10^3$ Pa・L/(K・mol)　〔各2点　合計10点〕

(1) 縦軸のZの値を求めよ。

(2) 気体**A**，**B**，**C**は，それぞれ水素，酸素，二酸化炭素のいずれかである。気体**A**，**B**，**C**の化学式を答えよ。

(3) 気体に関する次の記述のうち，誤っているものをすべて選び，記号で答えよ。

ア 圧力が低いほど，分子自身の体積が気体の全体積に対して無視できなくなる。

イ 温度が低いほど，分子間の相互作用の影響が大きい。

ウ $\frac{PV}{nRT}$の値は気体の種類によらず一定である。

エ 分子間の相互作用の強さは**A**＜**B**＜**C**である。

オ 図の点線は理想気体の場合である。

カ 100℃では，**C**のグラフは0℃のときより上方へずれる。

(1)		(2)	A	B	C	(3)	

6 右表は，1.0×10^5 Paのもとで水1.0 Lに溶ける気体の体積〔L〕を標準状態に換算したものである。次の各問いに答えよ。原子量；H＝1.0，N＝14，O＝16

〔(1)…各3点，(2),(3)…各4点　合計14点〕

温度〔℃〕	水素	窒素	酸素
a	0.016	0.011	0.021
b	0.018	0.015	0.030
c	0.021	0.023	0.049

(1) 表の温度**a**，**b**，**c**は0℃，20℃，50℃のいずれかを示している。**c**は何℃のものか。また，その理由も答えよ。

(2) 0℃，5.0×10^5 Paの水素が水2.0 Lに接している。この水に溶けている水素の質量は何gか。

(3) 空気(窒素と酸素の体積比4：1の混合気体)が，20℃，1.0×10^5 Paで水に接している。この水に溶けている窒素と酸素の0℃，1.0×10^5 Paにおける体積比を求めよ。

(1)		理由
(2)		(3)

7 水50 gを入れた試験管と，水50 gにある非電解質**X** 0.33 gを溶かした溶液を入れた試験管がある。これらを撹拌しながら寒剤(氷と食塩の混合物)で冷却し，一定時間ごとに温度を測定したところ，右図のような冷却曲線が得られた。次の各問いに答えよ。ただし，図中の曲線**A**は純水の冷却曲線，曲線**B**は水溶液の冷却曲線を示す。水のモル凝固点降下；1.85 K･kg/mol 〔各2点　合計12点〕

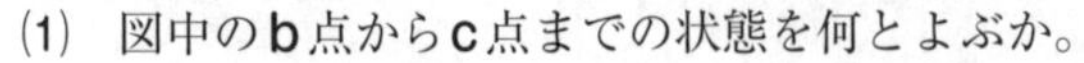

(1) 図中の**b**点から**c**点までの状態を何とよぶか。

(2) 曲線**A**で**a**点付近の温度が一定になっているのはなぜか。

(3) はじめて結晶が析出するのは，図の**b**～**e**のどの点か。

(4) 曲線**B**で**e**点付近の温度が一定にならずに，わずかずつ下がっているのはなぜか。

(5) 溶液の凝固点を示しているのは，図の**b**～**e**のどの点か。

(6) 非電解質**X**の分子量を求めよ。

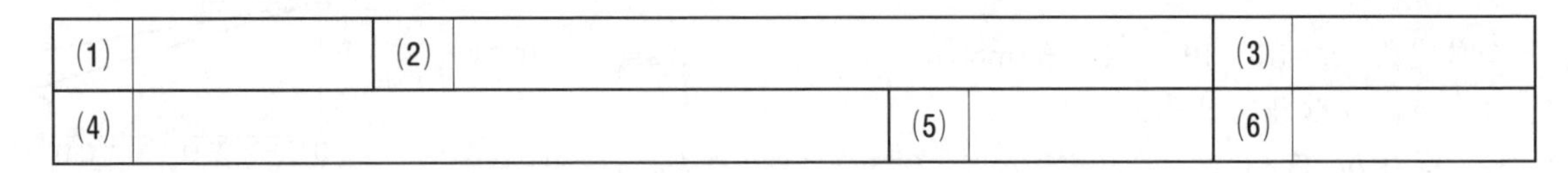

(1)		(2)		(3)	
(4)		(5)		(6)	

8 沸騰した水に塩化鉄(Ⅲ)水溶液を加え，酸化水酸化鉄(Ⅲ)のコロイド溶液をつくった。右図のような状態で10分間放置した後，ビーカーの水を試験管にとり，青色リトマス紙を浸すと赤色に変わった。また，硝酸銀水溶液を加えると白く濁った。次の各問いに答えよ。 〔各2点　合計10点〕

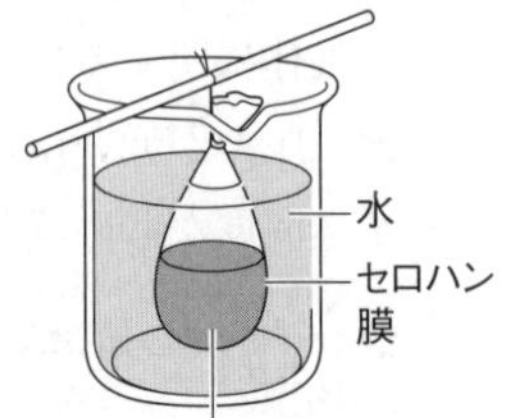

(1) 下線部の変化を化学反応式で表せ。

(2) 図のような操作を何というか。

(3) この実験で，セロハン膜を通過した粒子を化学式で2つ答えよ。

(4) 正の電荷をもつ酸化水酸化鉄(Ⅲ)のコロイド粒子を凝析させるのに最も有効な物質を，次の**ア**～**オ**から選び，記号で答えよ。また，その理由も答えよ。

ア 塩化ナトリウム水溶液　　**イ** 硫酸ナトリウム水溶液

ウ 硫酸ナトリウム水溶液とゼラチン水溶液　　**エ** 硝酸カルシウム水溶液

オ 塩化アルミニウム水溶液

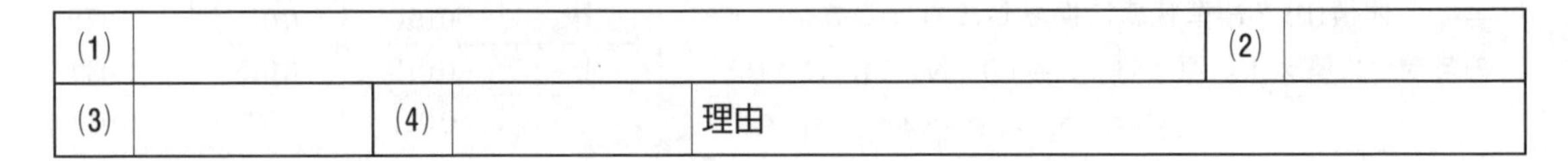

(1)				(2)	
(3)		(4)		理由	

9 右図は，塩化ナトリウムNaClの結晶の単位格子である。次の各問いに答えよ。式量；NaCl=58.5，アボガドロ定数；6.0×10^{23}/mol，$5.6^3=176$ 〔各4点　合計8点〕

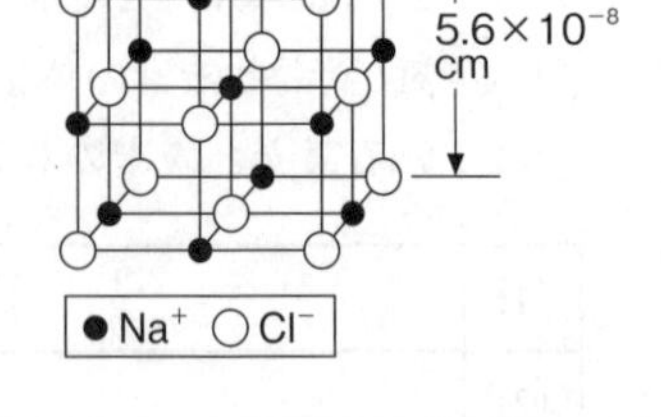

(1) 単位格子中に含まれるNa^+とCl^-は，それぞれ何個か。

(2) 塩化ナトリウムの結晶の密度は，何 g/cm³か。

(1)	Na^+	Cl^-	(2)	

化学反応と熱・光

1 エンタルピーと熱化学反応式

［解答］別冊p.4

A. 化学反応と熱の出入り

1 化学反応と熱の出入り——化学反応が起こると，熱の出入りを伴う。[1] 反応に伴って放出・吸収する熱量を**反応熱**といい，ふつう，着目する物質1 molあたりの値（単位kJ/mol）で表す。

① **熱を放出する反応**を（❶　　　　　　　）という。

② **熱を吸収する反応**を（❷　　　　　　　）という。

2 エンタルピー——すべての物質は化学エネルギーをもち，その量は温度や圧力によって変化する。物質がもつ化学エネルギーを表す量の1つに（❸　　　　　　　）（記号H，単位J）がある。

3 反応エンタルピー——一定圧力下で起こる化学反応を，**定圧反応**という。**定圧反応では，反応に伴って放出・吸収される熱量は，エンタルピーの変化量ΔHで表され**，[2] これを（❹　　　　　　　）という。

反応エンタルピーは，ふつう，着目する物質1 molあたりの値（単位kJ/mol）で表す。

重要　［反応エンタルピー］

$$\Delta H = \left(\begin{array}{l}\text{生成物の}\\\text{エンタルピーの総和}\end{array}\right) - \left(\begin{array}{l}\text{反応物の}\\\text{エンタルピーの総和}\end{array}\right)$$

① 発熱反応では，反応の進行によってエンタルピーが（❺　　　　　）する。⇨ΔHは（❻　　　　）の値となる。

② 吸熱反応では，反応の進行によってエンタルピーが（❼　　　　　）する。⇨ΔHは（❽　　　　）の値となる。

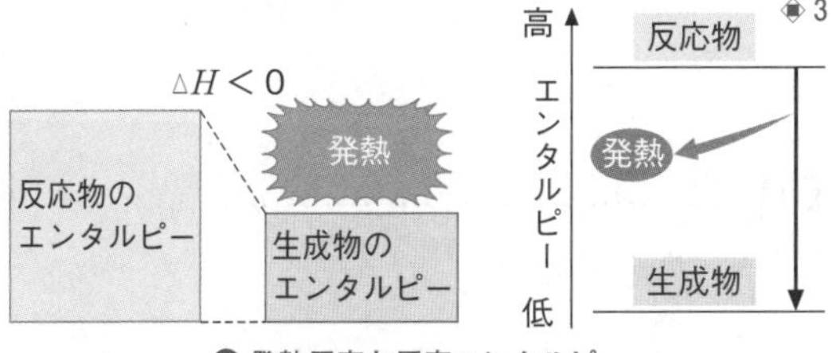

発熱反応と反応エンタルピー

$\Delta H > 0$
吸熱
反応物の
エンタルピー
生成物の
エンタルピー
高
エンタルピー
低
生成物
吸熱
反応物
3

吸熱反応と反応エンタルピー

[1] 状態変化も，熱の出入りを伴う。

[2] 本書において，化学変化に伴う熱の出入りを考える場合は，すべて定圧反応であるものとする。

[3] **エンタルピー図**
各物質のエンタルピーの大きさの大小関係を表す図を**エンタルピー図**（エネルギー図）という。
下へ向かう反応が**発熱反応**（$\Delta H<0$），上へ向かう反応が**吸熱反応**（$\Delta H>0$）である。

B. 熱化学反応式 出る

1 熱化学反応式──化学反応式に反応エンタルピーΔHを書き加えた式を**熱化学反応式**ということがある。

例 C(黒鉛) ＋ $O_2 \longrightarrow CO_2$　$\Delta H = -394$ kJ[＊4]

2 熱化学反応式の書き方

例 水素 1 molが完全燃焼すると，286 kJ の熱量が放出され，液体の水が生成する。

① 化学反応式を書く。

$$2H_2 + O_2 \longrightarrow 2H_2O$$

② 着目する物質の係数を(❾　　　)にする。このとき，ほかの物質の係数が分数になってもかまわない。
└→ ここでは水素H_2

$$H_2 + \frac{1}{2}O_2 \longrightarrow H_2O$$

③ ②の右側に，反応エンタルピーΔHを書き加える。ΔHは，発熱反応では(❿　　　)の符号，吸熱反応では(⓫　　　)の符号をつける。
└→ 省略することが多い

$$H_2 + \frac{1}{2}O_2 \longrightarrow H_2O \quad \Delta H = -286 \text{ kJ}$$

④ 各物質の状態を書き加える。[＊5]

$$H_2(気) + \frac{1}{2}O_2(気) \longrightarrow H_2O(液) \quad \Delta H = -286 \text{ kJ}$$

＊4
反応エンタルピーの単位はkJ/molであるが，熱化学反応式中では，着目する物質の係数を1としており，単位はkJで表す。

＊5
各物質の状態の表し方
① 気体…(気)，(g)
② 液体…(液)，(l)
③ 固体…(固)，(s)
④ 同素体…(黒鉛)など
⑤ 水溶液…NaClaqなど
溶媒の水など，多量の水を表すときは，H_2Oのかわりにaqと書く。(p.51)
なお，25℃，1.013×10^5 Paにおける状態が明らかな場合は，状態を省略してよい。

例題研究　熱化学反応式

一酸化炭素CO 7.0 gを完全燃焼させると，71.0 kJ の熱量が放出され，二酸化炭素CO_2が生成した。一酸化炭素の完全燃焼を，熱化学反応式で表せ。(原子量；C＝12，O＝16)

解き方

一酸化炭素の完全燃焼を化学反応式で表すと，$2CO + O_2 \longrightarrow 2CO_2$

(⓬　　　　)の係数を1にして，$CO + \frac{1}{2}O_2 \longrightarrow CO_2$ ……………………………(i)

ここで，CO 7.0 gの物質量は，$\frac{7.0 \text{ g}}{28 \text{ g/mol}}$＝(⓭　　　　mol)であるから，CO 1 molあたりに放出される熱量は，$\frac{71.0 \text{ kJ}}{0.25 \text{ mol}}$＝(⓮　　　　kJ/mol)

(i)に反応エンタルピーΔHを書き加えて，

$CO + \frac{1}{2}O_2 \longrightarrow CO_2$　ΔH＝(⓯　　　　kJ) ……………………………(ii)
└→ 発熱反応なので，$\Delta H < 0$

(ii)に各物質の状態を書き加えて，

$CO(気) + \frac{1}{2}O_2(気) \longrightarrow CO_2(気)$　ΔH＝(⓯　　　　kJ) …答

C. 反応エンタルピーの種類

1 燃焼エンタルピー――物質1 molが(⑯　　　　)するときに放出する熱量。燃焼は発熱反応なので，常に$\Delta H < 0$となる。

2 生成エンタルピー――化合物1 molをその成分元素の(⑰　　　　)から生成するときに放出・吸収する熱量。[6]

25℃, 1.013×10^5 Paのときの値は**標準生成エンタルピー$\Delta_f H^\circ$**とよばれ，物質がもつ化学エネルギーの目安として用いられる。

3 溶解エンタルピー――物質1 molが多量の水(溶媒)に溶けるときに放出・吸収する熱量。[7]

例 塩化ナトリウムの溶解エンタルピーは3.9 kJ/molである。

$$NaCl + aq \longrightarrow NaClaq \quad \Delta H = (⑱\quad kJ)$$

4 中和エンタルピー――酸と塩基の水溶液が中和し，水(⑲　　mol)が生じるときに放出する熱量。[8] 中和は発熱反応なので，常に$\Delta H < 0$となる。

◆6 単体の生成エンタルピー
単体の生成エンタルピーは0 kJ/molとする。

◆7 溶解エンタルピー
溶解自体は物理変化であるが，溶解エンタルピーは広義の反応エンタルピーに含まれる。

◆8
薄い強酸水溶液と薄い強塩基水溶液が中和する場合，酸・塩基の種類にかかわらず，中和エンタルピーはほぼ−56.5 kJ/molである。

重要 ［いろいろな反応エンタルピー］
燃焼エンタルピー…物質1 molが完全燃焼するときに放出する熱量。
生成エンタルピー…化合物1 molが単体から生成するときに放出・吸収する熱量。
溶解エンタルピー…物質1 molが多量の水に溶解するときに放出・吸収する熱量。
中和エンタルピー…酸・塩基の中和で水1 molが生成するときに放出する熱量。

D. 状態変化に伴う反応エンタルピー

1 状態変化とエンタルピー――同じ物質でも，状態が異なるとエンタルピーが異なる。よって，状態変化によってもエンタルピーが変化する。

2 融解エンタルピー[9]――固体1 molが融解するときに吸収する熱量。

例 水の融解エンタルピーは6.0 kJ/molである。

$$H_2O(固) \longrightarrow H_2O(液) \quad \Delta H = (⑳\quad kJ)$$

3 蒸発エンタルピー――液体1 molが蒸発するときに吸収する熱量。

例 水の蒸発エンタルピーは44 kJ/mol[10]である。

$$H_2O(液) \longrightarrow H_2O(気) \quad \Delta H = (㉑\quad kJ)$$

4 昇華エンタルピー――固体1 molが昇華するときに吸収する熱量。

例 水の昇華エンタルピーは51 kJ/molである。

$$H_2O(固) \longrightarrow H_2O(気) \quad \Delta H = (㉒\quad kJ)$$

◆9 融解エンタルピーと融解熱
反応系内にある物質がもつ化学エネルギーの増減に着目すると融解エンタルピーという表現になり，反応系外で観測された熱エネルギーの量に着目すると融解熱になる。
蒸発エンタルピー・蒸発熱，昇華エンタルピー・昇華熱についても同様である。

◆10
蒸発エンタルピーは，温度によって値が異なる。
例 水の蒸発エンタルピー
0℃…45 kJ/mol
25℃…44 kJ/mol
100℃…41 kJ/mol

◈11
簡易な反応エンタルピー測定装置(熱量計)を下図に示す。

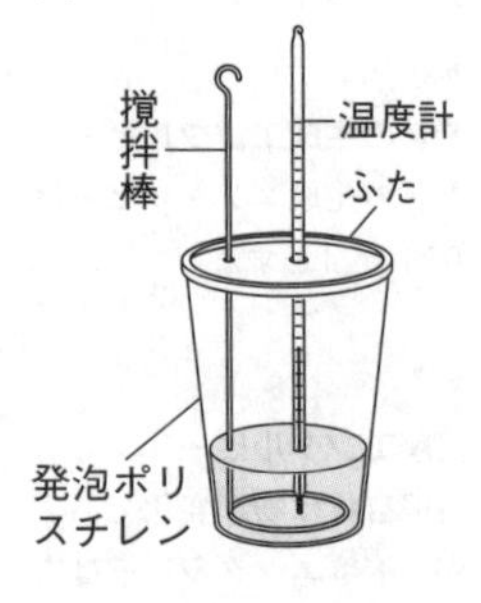

E. 反応エンタルピーの測定

1 反応エンタルピーの測定——外部との熱の出入りがない断熱容器内で(熱量計など◈11)反応させ，容器中の水の温度変化を測定し，発生した熱量を求める。

2 比熱(比熱容量)——物質1gの温度を1K上昇させるのに必要な熱量を(㉓　　　　)という。単位はJ/(g·K)である。

重要
[物質が受け取る(放出する)熱量]
熱量Q〔J〕＝質量m〔g〕×比熱C〔J/(g·K)〕×温度変化T〔K〕

例題研究　反応エンタルピーの測定

発泡ポリスチレン製の断熱容器に入れた水48gに水酸化ナトリウムNaOHの結晶2.0gを加え，撹拌しながら液温を測定すると，右図のような結果が得られた。次の各問いに答えよ。ただし，水溶液の比熱を4.2J/(g·K)とする。(式量；NaOH＝40)

(1) この実験で発生した熱量は何kJか。
(2) NaOHの水への溶解エンタルピーは何kJ/molか。

解き方

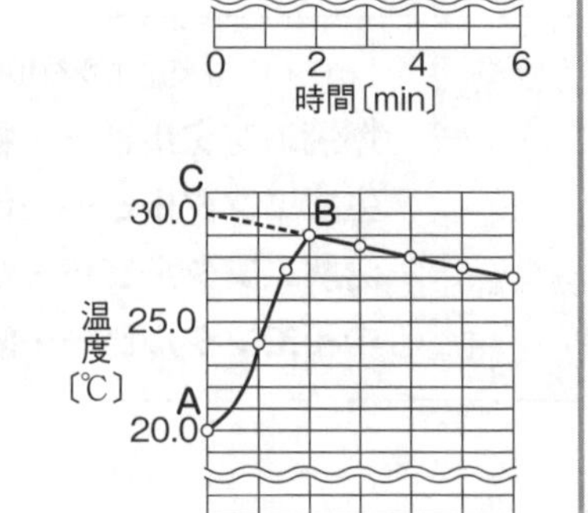

(1) グラフから，A点で溶解を開始し，B点で溶解が終了したことがわかる。この2分間においても，2分後以降と同様に，周囲に熱が逃げている。よって，B点は真の最高温度ではない。
瞬間的にNaOHの溶解が終了し，周囲への熱の放冷がなかったとみなせる真の最高温度は，グラフ後半の直線部分を時間0まで延長して求めた交点Cであり，(㉔　　　　℃)である。
よって，水溶液が受け取った熱量は，
熱量〔J〕＝質量〔g〕×比熱〔J/(g·K)〕×温度変化〔K〕
＝(48＋2.0)g×4.2J/(g·K)×(30.0−20.0)K＝2100J＝(㉕　　　　kJ)　…答

(2) NaOH 1mol(＝40g)あたりの熱量に換算すると，$2.1\,\mathrm{kJ}\times\frac{40\,\mathrm{g}}{2.0\,\mathrm{g}}$＝(㉖　　　　kJ)
グラフから，NaOHの水への溶解は発熱反応($\Delta H<0$)である。
したがって，NaOHの水への溶解エンタルピーは(㉗　　　　kJ/mol)である。　…答

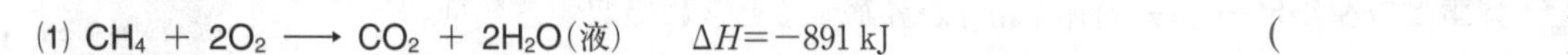
ミニテスト　[解答] 別冊p.4

次の熱化学反応式で表される反応エンタルピーの種類を答えよ。

(1) CH_4 ＋ $2O_2$ ⟶ CO_2 ＋ $2H_2O$(液)　$\Delta H=-891\,\mathrm{kJ}$　(　　　　)
(2) NaOH ＋ aq ⟶ NaOHaq　$\Delta H=-45\,\mathrm{kJ}$　(　　　　)
(3) C(黒鉛) ＋ $2H_2$ ⟶ CH_4　$\Delta H=-75\,\mathrm{kJ}$　(　　　　)
(4) NaOHaq ＋ HClaq ⟶ NaClaq ＋ H_2O(液)　$\Delta H=-56\,\mathrm{kJ}$　(　　　　)

2 ヘスの法則

［解答］別冊p.4

A. ヘスの法則

1 ヘスの法則――1840年，スイスの**ヘス**は，多くの反応の反応エンタルピーを測定し，「反応エンタルピーは，反応前と反応後の物質の状態だけで決まり，反応経路には関係しない」ことを見出した。これを（❶　　　　　）または**総熱量保存の法則**という。

例 右図のように，物質Aから物質Bを生成する反応経路が3つあるとき，

$\Delta H_1 = \Delta H_2 + \Delta H_3$

$= ($❷　　　　　　　　$)$

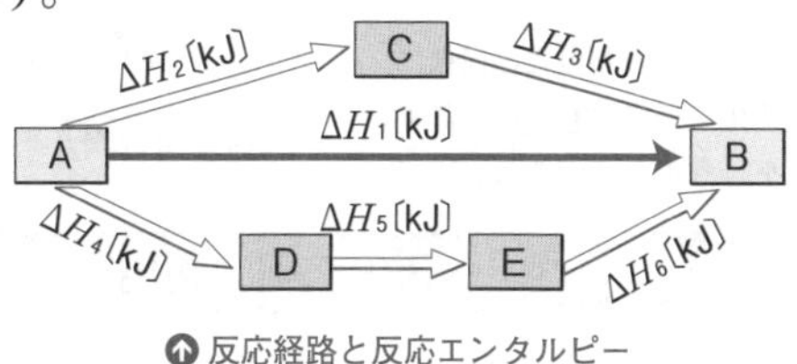

⬆ 反応経路と反応エンタルピー

> **重要**　［ヘスの法則］
> **反応前後の物質の状態が同じであれば，反応経路によらず，反応エンタルピーの総和は等しい。**

2 ヘスの法則とエンタルピー図

例 水素H_2と酸素O_2から気体の水H_2O 1 molを生成する場合，次の2つの反応経路がある。これをエンタルピー図で表すと，右図のようになる。

〔経路Ⅰ〕 ① H_2とO_2を反応させ，液体のH_2O 1 molをつくる。

$$H_2 + \frac{1}{2}O_2 \longrightarrow H_2O(液)$$

$\Delta H = ($❸　　　　**kJ**$)$

② 液体のH_2O 1 molを蒸発させ，気体にする。

$H_2O(液) \longrightarrow H_2O(気)$　$\Delta H = ($❹　　　　**kJ**$)$

〔経路Ⅱ〕 H_2とO_2を反応させ，気体のH_2O 1 molをつくる。

$H_2 + \frac{1}{2}O_2 \longrightarrow H_2O(気)$　$\Delta H = ($❺　　　　**kJ**$)$

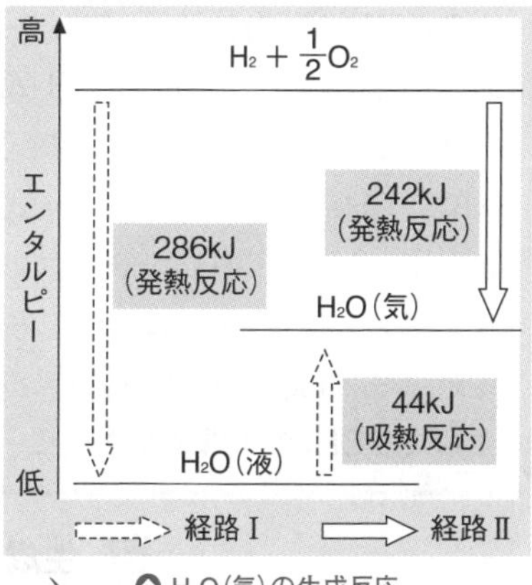

⬆ H_2O（気）の生成反応

経路Ⅰの①，②の反応エンタルピーの和は，経路Ⅱの反応エンタルピーと等しくなっている。

> **重要**　［ヘスの法則とエンタルピー図］
> **（経路Ⅰの反応エンタルピーの総和）＝（経路Ⅱの反応エンタルピーの総和）**

B. ヘスの法則の利用

1 ヘスの法則の利用――ヘスの法則を利用すると，実際に測定するのが困難な反応の反応エンタルピーを，ほかの反応の反応エンタルピーから計算で求めることができる。

◈1
このように，与えられた熱化学反応式から必要な物質を選び出し，それらを組み立てて目的の熱化学反応式を導く方法を，**組立法**という。
なお数学の方程式と同様に，熱化学反応式も，四則計算を行うことができる。

2 熱化学反応式を用いた反応エンタルピーの計算方法

① 与えられた反応エンタルピーを，熱化学反応式で表す。
② 求める反応エンタルピー表す熱化学反応式を書く。
③ ①から必要な物質を選び出し，②を組み立てる。[◈1]
④ ③で決めた計算方法にしたがい，ΔHの部分を計算する。

例題研究　ヘスの法則の利用

次の(ⅰ)～(ⅲ)の熱化学反応式を用いて，メタンCH_4の生成エンタルピーを求めよ。

C(黒鉛) ＋ O_2 ⟶ CO_2　$\Delta H = -394\ \mathrm{kJ}$ ……………………(ⅰ)

$H_2 + \frac{1}{2}O_2$ ⟶ H_2O(液)　$\Delta H = -286\ \mathrm{kJ}$ ……………………(ⅱ)

$CH_4 + 2O_2$ ⟶ $CO_2 + 2H_2O$(液)　$\Delta H = -891\ \mathrm{kJ}$ ………(ⅲ)

解き方

CH_4の生成エンタルピーは，次のように表すことができる。

C(黒鉛) ＋ $2H_2$ ⟶ CH_4　$\Delta H = x$〔kJ〕 ……………………(ⅳ)

(ⅳ)式のC(黒鉛)に着目して，(ⅰ)式はそのまま
(ⅳ)式の$2H_2$に着目して，　(ⅱ)式×2
(ⅳ)式のCH_4に着目して，　(ⅲ)式×(−1)

注
(ⅲ)式については，左右を入れかえると符号が逆転することを考慮して，(−1)倍しておく。

よって，(ⅳ)式は，(ⅰ)式＋(ⅱ)式×2−(ⅲ)式で求められる。
反応エンタルピーΔHについても，上と同様の計算を行って，

$x = (-394\ \mathrm{kJ}) + (-286\ \mathrm{kJ}) \times 2 - (-891\ \mathrm{kJ}) =$ (❻　　　　kJ)

よって，CH_4の生成エンタルピーは (❼　　　　kJ/mol) である。　…答

3 生成エンタルピーと反応エンタルピー――ある反応に関係する全物質の生成エンタルピーがわかれば，次の関係式を用いて，その反応の反応エンタルピーを求めることができる。

重要　**(反応エンタルピー) ＝ (生成物の生成エンタルピーの総和) − (反応物の生成エンタルピーの総和)**
※単体の生成エンタルピーは 0 kJ/molとする。

例　上の例題研究の場合，(ⅲ)式の反応について，

$-891\ \mathrm{kJ} = \{(-394\ \mathrm{kJ}) + (-286\ \mathrm{kJ}) \times 2\} - (x + 0\ \mathrm{kJ})$

$x = -75\ \mathrm{kJ}$

重要実験

ヘスの法則を確かめる実験

目的 塩基の水への溶解，塩基の水溶液と酸の水溶液の中和，固体の塩基と酸の水溶液の中和のそれぞれについての反応エンタルピーを測定し，ヘスの法則が成り立つことを確認する。

方法（操作）

水酸化ナトリウムNaOHの水への溶解による発熱量の測定

(1) 右図のような装置（簡易熱量計）に水100 gを入れ，温度を測定する。

(2) 固体のNaOH 2.0 g（＝0.050 mol）を量り取り，(1)の水に加えてよくかき混ぜる。完全に溶かし，溶解前の温度と溶解後の最高温度の差Δt_1を求める。

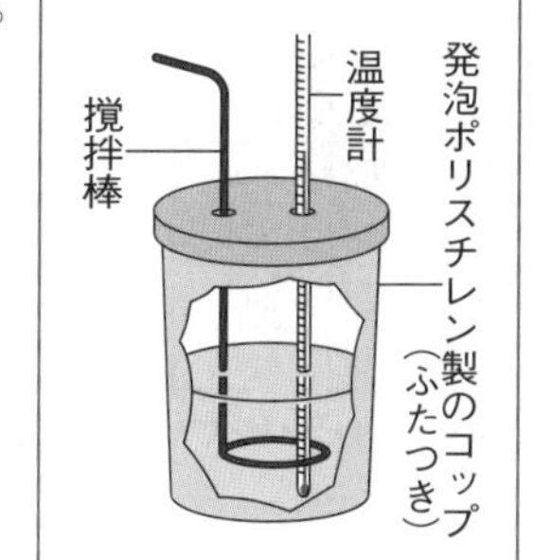

NaOH水溶液とHCl水溶液（塩酸）の中和による発熱量の測定

(3) 1.0 mol/L NaOH水溶液50 mLと1.0 mol/L HCl水溶液50 mLの温度を測定する。

(4) (3)の２つの水溶液を簡易熱量計内で混合し，混合前の温度と混合後の最高温度の差Δt_2を求める。

固体のNaOHとHCl水溶液の中和による発熱量の測定

(5) 0.50 mol/L HCl水溶液100 mLを簡易熱量計に入れ，温度を測定する。

(6) 固体のNaOH 2.0 g（＝0.050 mol）を量り取り，(5)の塩酸に加えてよくかき混ぜる。完全に溶かし，溶解前の温度と溶解後の最高温度の差Δt_3を求める。

結果と考察

① $\Delta t_1 = 5.2$ K，$\Delta t_2 = 6.7$ K，$\Delta t_3 = 11.8$ Kであった。

② 水溶液の比熱はすべて4.2 J/(g·K)，密度はすべて1.0 g/cm³であるとして，(2)，(4)，(6)での発熱量や反応エンタルピーを計算する。

(2)；$(100\ \text{g}+2.0\ \text{g})\times 4.2\ \text{J/(g·K)}\times 5.2\ \text{K} = 2.22\cdots\times 10^3\ \text{J} = 2.22\cdots\ \text{kJ}$

NaOH 1 molあたりでは，$2.22\ \text{kJ}\times\dfrac{1.0\ \text{mol}}{0.050\ \text{mol}} = 44.4\ \text{kJ} \fallingdotseq 44\ \text{kJ}$

→ $\Delta H_1 =$ （❽　　　　**kJ/mol**）

(4)；$(50\ \text{mL}\times 1.0\ \text{g/cm}^3+50\ \text{mL}\times 1.0\ \text{g/cm}^3)\times 4.2\ \text{J/(g·K)}\times 6.7\ \text{K} = 2814\ \text{J} = 2.814\ \text{kJ}$

NaOH 1 molあたりでは，$2.81\ \text{kJ}\times\dfrac{1.0\ \text{mol}}{0.050\ \text{mol}} = 56.2\ \text{kJ} \fallingdotseq 56\ \text{kJ}$

→ $\Delta H_2 =$ （❾　　　　**kJ/mol**）

(6)；$(100\ \text{mL}\times 1.0\ \text{g/cm}^3+2.0\ \text{g})\times 4.2\ \text{J/(g·K)}\times 11.8\ \text{K} = 5.05\cdots\times 10^3\ \text{J} = 5.05\cdots\ \text{kJ}$

NaOH 1 molあたりでは，$5.05\ \text{kJ}\times\dfrac{1.0\ \text{mol}}{0.050\ \text{mol}} \fallingdotseq 1.0\times 10^2\ \text{kJ}$

→ $\Delta H_3 =$ （❿　　　　**kJ/mol**）

③ $\Delta H_1 + \Delta H_2 = -44.4\ \text{kJ/mol} - 56.2\ \text{kJ/mol} =$ （⓫　　　　**kJ/mol**）$\fallingdotseq -1.0\times 10^2$ kJ/molとなり，（⓬　　　　）とほぼ等しくなっているから，ヘスの法則が成り立っている。

ミニテスト ［解答］別冊p.4

次の熱化学反応式を用いて，水（液体）の生成エンタルピーを求めよ。（　　　　　　　　）

$H_2 + \frac{1}{2}O_2 \longrightarrow H_2O$（気）　$\Delta H = -242$ kJ　　H_2O（液）$\longrightarrow H_2O$（気）　$\Delta H = 44$ kJ

3 結合エンタルピー

［解答］別冊p.5

A. 結合エンタルピー（結合エネルギー）

結合	結合エンタルピー
H−H	436 kJ/mol
H−Cl	432 kJ/mol
Cl−Cl	243 kJ/mol
O−H	463 kJ/mol
O=O	498 kJ/mol
C−C	370 kJ/mol
C−H	416 kJ/mol

⬆ 結合エンタルピー（25℃）

1 結合エンタルピー――水素分子H_2は，水素原子H 2個がばらばらで存在するよりも，エンタルピーが低く安定である。そのため，H_2分子内の原子間の結合を切断してばらばらのH原子2個にするには，外部からエネルギーを加える必要がある。

一般に，**気体分子中の共有結合1 molを切断するのに必要なエネルギー**を，その結合の（❶　　　　）という。

2 結合エンタルピーの表し方――単位には（❷　　　　）を用い，熱化学反応式で表すときは，＋・−の符号をつける。

> **重要**　［結合エンタルピーを表す熱化学反応式］
> **結合の切断…吸熱反応→$\Delta H>0$なので＋の符号をつける。**（└→省略することが多い）
> **結合の生成…発熱反応→$\Delta H<0$なので−の符号をつける。**

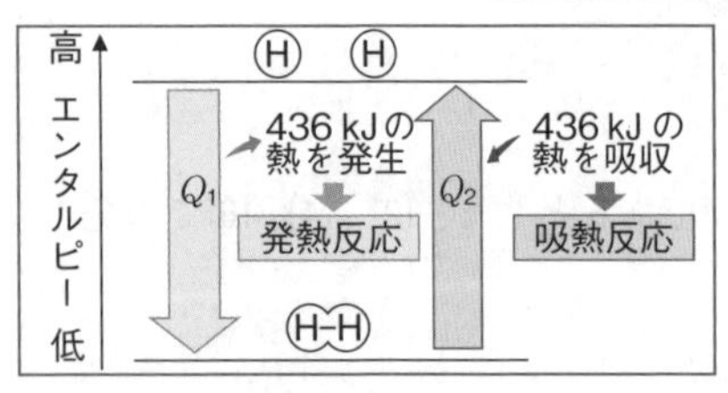

⬆ H−H結合の結合エンタルピー

例1．水素分子H_2 1 molを水素原子H 2 molにするには，436 kJのエネルギーが必要である。

$H_2 \longrightarrow 2H(気)$　　$\Delta H=$（❸　　　　kJ）

H_2 1分子には，H−H結合が1個含まれるので，H−H結合の結合エンタルピーは（❹　　　　kJ/mol）である。

例2．メタン分子CH_4 1 molを炭素原子C 1 molと水素原子H 4 molにするには，1664 kJのエネルギーが必要である。[1]

$CH_4 \longrightarrow C(気) + 4H(気)$　　$\Delta H=$（❺　　　　kJ）

CH_4 1分子には，C−H結合が（❻　　　　個）含まれるので，C−H結合の結合エンタルピーは（❼　　　　kJ/mol）である。

[1] **解離エンタルピー**
分子1 mol中のすべての共有結合を切断し，原子の状態にするのに必要なエネルギーを，**解離エンタルピー**という。すなわち，CH_4の解離エンタルピーは1664 kJ/molである。

B. 結合エンタルピーと反応エンタルピー 出る

1 結合エンタルピーを使った反応エンタルピーの計算（原則）

① 反応物の共有結合が切断されて原子になる過程の吸熱量を求める。
② 原子間に新しい結合が生じて生成物になる過程の発熱量を求める。
③ 発熱量と吸熱量のエネルギー収支を計算すれば，反応エンタルピーが求まる。

重要 ［結合エンタルピーと反応エンタルピー］

（反応エンタルピー）＝（反応物の結合エンタルピーの総和）－（生成物の結合エンタルピーの総和）

ただし，反応物・生成物は気体物質に限り，結合エンタルピーは絶対値を代入する。

例 水素H_2と塩素Cl_2から塩化水素HCl 2 molを生成する反応を表す次の熱化学反応式のx〔kJ〕の値を，p.56の表に示した結合エンタルピーを用いて求める。

H_2 ＋ Cl_2 ⟶ 2HCl　$\Delta H = x$〔kJ〕

① 反応物の結合エンタルピーの総和は，

436 kJ/mol×1 mol＋243 kJ/mol×1 mol

＝679 kJ

② 生成物の結合エンタルピーの総和は，

432 kJ/mol×（❽　　　**mol**）＝864 kJ

③ ①，②より，

x＝679 kJ－864 kJ＝（❾　　　**kJ**）

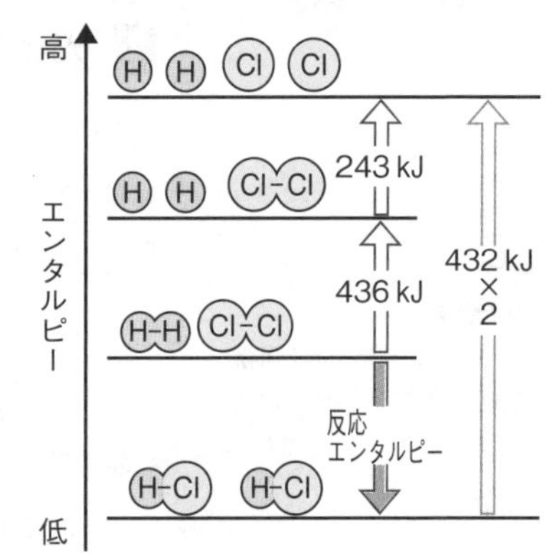

結合エンタルピーと反応エンタルピーの関係

例題研究　結合エンタルピーと反応エンタルピー

H－H結合，N≡N結合，N－H結合の結合エンタルピーをそれぞれ436 kJ/mol，945 kJ/mol，391 kJ/molとして，次の熱化学反応式の反応エンタルピーx〔kJ〕の値を求めよ。

N_2 ＋ $3H_2$ ⟶ $2NH_3$　$\Delta H = x$〔kJ〕

解き方

反応物の結合エンタルピーの総和は，

945 kJ/mol×1 mol＋436 kJ/mol×（❿　　　**mol**）

＝（⓫　　　**kJ**）

生成物の結合エンタルピーの総和は，NH_3 1分子にはN－H結合が3個含まれることから，

391 kJ/mol×2 mol×（⓬　　　）＝（⓭　　　**kJ**）

（反応エンタルピー）＝（反応物の結合エンタルピーの総和）－（生成物の結合エンタルピーの総和）より，

x＝（⓫　　　**kJ**）－（⓭　　　**kJ**）

＝（⓮　　　**kJ**）　…答

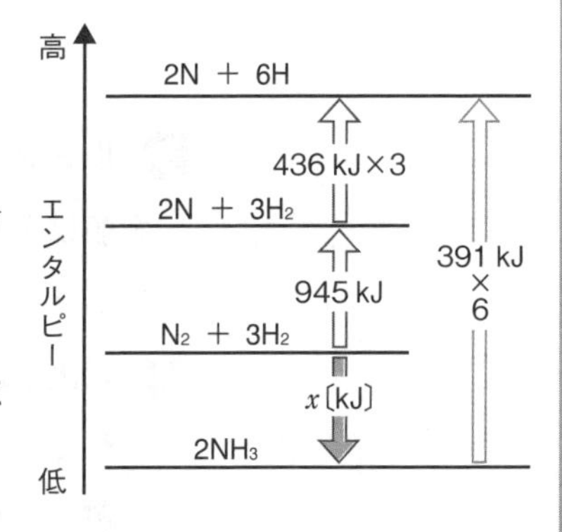

ミニテスト　［解答］別冊p.5

H－H結合，O＝O結合，O－H結合の結合エンタルピーをそれぞれ436 kJ/mol，498 kJ/mol，463 kJ/molとして，H_2O(気)の生成エンタルピーを求めよ。（　　　　）

4 化学反応と光

［解答］別冊p.5

A. 化学反応と光

1 光とエネルギー――光は，電気と磁気の両方の性質をもつ波（**電磁波**）の一種で，その波長により，次のように分類される。

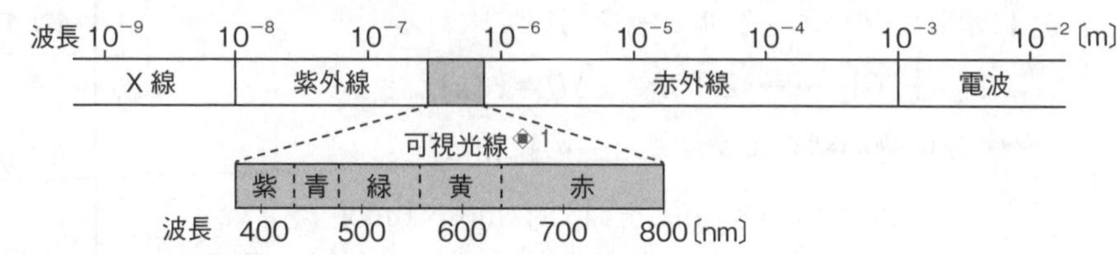

電磁波の波長と分類　可視光線の色は連続的に変化しているが，この図では5色で表している。

光がもつエネルギーはその波長に反比例し，波長が短いほど，エネルギーは（❶　　　　　く）なる。[2]

2 化学発光

発展

① 物質は固有の化学エネルギーをもつ。物質が光や熱を吸収するとエネルギーの高い状態（**励起状態**）になるが，ただちにエネルギーの低い状態（**基底状態**）に戻る。このとき，励起状態と基底状態のエネルギー差に相当するエネルギーが，光や熱として外部に放出される。

② 化学反応の際に，反応物がもつ化学エネルギーと生成物がもつ化学エネルギーの差の全部または一部が，可視光線として放出されることがある。この現象を（❷　　　　　　　）という。化学発光を示す反応の多くは，電子の授受を伴う（❸　　　　　　**反応**）である。

3 ルミノール反応――ルミノール $C_8H_7N_3O_2$ を，塩基性条件で鉄Feなどを触媒として過酸化水素 H_2O_2 で酸化すると，青色の発光を示す。この反応を（❹　　　　　　**反応**）という。

└→ 科学捜査における血痕の鑑定に用いられる

4 光化学反応――物質が光エネルギーを吸収して起こる化学反応を，（❺　　　　　**反応**）という。

例1．臭化銀AgBrに光を当てると，光エネルギーを吸収して（❻　　　　）を遊離し，黒変する。[3]

$$2AgBr \longrightarrow 2Ag + Br_2$$

例2．植物は，光エネルギーを利用して，化学エネルギーの低い二酸化炭素 CO_2 と水 H_2O から，化学エネルギーの高いグルコース $C_6H_{12}O_6$ を合成する。この反応を（❼　　　　　　）という。

$$6CO_2 + 6H_2O(液) \longrightarrow C_6H_{12}O_6 + 6O_2 \qquad \Delta H = 2803\ \mathrm{kJ}$$

---

[1] **可視光線**
ヒトの目に見える光を**可視光線（可視光）**といい，波長は400～800 nm程度である。

[2] **光のエネルギー**
光は粒子としての性質ももつ。アインシュタインによれば，そのエネルギー E〔J〕は次のように表される。

$$E = h\nu = \frac{hc}{\lambda}$$

h；6.626×10^{-34} J·s（プランク定数）
ν；光の振動数〔/s〕
c；2.998×10^{8} m/s（光の速さ）
λ；光の波長〔m〕

[3] この性質を**感光性**という。AgBrの感光性は，写真フィルムに利用される。

練習問題　1章 化学反応と熱・光

[解答] 別冊p.25

1 〈熱化学反応式〉

▶わからないとき→p.50

次の反応を，熱化学反応式で表せ。原子量；H＝1.0，C＝12

(1) 1 molの氷をすべて液体の水にするのに，6.0 kJの熱量を必要とする。

(2) ブタンC_4H_{10} 5.8 gを完全燃焼させると，288 kJの発熱がある。

(3) 塩化ナトリウム1.0 molを多量の水に溶かすと，3.9 kJの吸熱がある。

(4) 標準状態に換算して11.2 Lの水素が燃焼すると，143 kJの発熱がある。

(5) ベンゼンC_6H_6の生成エンタルピーは，49 kJ/molである。

2 〈反応エンタルピーの種類〉

▶わからないとき→p.51

次の熱化学反応式が表す反応エンタルピーの名称を答えよ。

(1) $HClaq + NaOHaq \longrightarrow NaClaq + H_2O$(液)　$\Delta H = -56.5$ kJ

(2) H_2O(液) $\longrightarrow$ H_2O(気)　$\Delta H = 44$ kJ

(3) $2C$(黒鉛) $+ H_2 \longrightarrow C_2H_2$　$\Delta H = 227$ kJ

(4) $C_2H_2 + \frac{5}{2}O_2 \longrightarrow 2CO_2 + H_2O$(液)　$\Delta H = -1310$ kJ

(5) $HCl + aq \longrightarrow HClaq$　$\Delta H = -74.9$ kJ

3 〈化学反応と熱の出入り〉

▶わからないとき→p.49～51

体積比で水素H_2 50.0％，メタンCH_4 30.0％，二酸化炭素CO_2 20.0％からなる混合気体896 L(標準状態)について，次の問いに答えよ。

(1) H_2，CH_4，CO_2の物質量は，それぞれ何molか。

(2) この混合気体を完全に燃焼させたとき，発生する熱量は何kJか。ただし，H_2とCH_4の燃焼エンタルピーは，それぞれ−286 kJ/mol，−891 kJ/molである。

4 〈溶解エンタルピーの測定〉

▶わからないとき→p.52

発泡ポリスチレンの容器に水46.0 gを入れ，尿素$CO(NH_2)_2$ 4.0 gを加えてかき混ぜ，すべて溶解させた。右図は，水溶液の温度変化を一定時間ごとに記録したものである。水溶液の比熱を4.2 J/(g・K)として，次の各問いに答えよ。

分子量；$CO(NH_2)_2$＝60

(1) この実験で吸収された熱量は何kJか。

(2) 尿素の水への溶解エンタルピーは何kJ/molか。

ヒント　熱が外部からまったく流入しなかったとしたら，水溶液の温度は何℃まで低下していたか(真の最低温度)を考え，グラフから読み取る。

1
(1) ______
(2) ______
(3) ______
(4) ______
(5) ______

2
(1) ______
(2) ______
(3) ______
(4) ______
(5) ______

3
(1) H_2 ______ mol
CH_4 ______ mol
CO_2 ______ mol
(2) ______ kJ

4
(1) ______ kJ
(2) ______ kJ/mol

5 〈ヘスの法則と熱化学反応式〉

▶わからないとき→p.53～54

次の熱化学反応式を参考にして，あとの各問いに答えよ。

$$H_2 + \frac{1}{2}O_2 \longrightarrow H_2O(液) \quad \Delta H = -286\,\mathrm{kJ}$$

$$H_2O(固) \longrightarrow H_2O(液) \quad \Delta H = 6.0\,\mathrm{kJ}$$

$$H_2O(液) \longrightarrow H_2O(気) \quad \Delta H = 44\,\mathrm{kJ}$$

(1) H_2O(気)の生成エンタルピーは何kJ/molか。

(2) H_2O(固)の生成エンタルピーは何kJ/molか。

ヒント 求める生成エンタルピーをx〔kJ/mol〕として熱化学反応式を書き，この熱化学反応式を導くためには，与えられた熱化学反応式をどのように加減乗除すればよいか考える。エンタルピー図をかくとわかりやすい場合がある。

5
(1) ＿＿＿＿ kJ/mol
(2) ＿＿＿＿ kJ/mol

6 〈ヘスの法則と生成エンタルピー〉

▶わからないとき→p.53～54

次の熱化学反応式を用いて，エタンC_2H_6の生成エンタルピーを求めよ。

$$H_2 + \frac{1}{2}O_2 \longrightarrow H_2O(液) \quad \Delta H = -286\,\mathrm{kJ}$$

$$C(黒鉛) + O_2 \longrightarrow CO_2 \quad \Delta H = -394\,\mathrm{kJ}$$

$$C_2H_6 + \frac{7}{2}O_2 \longrightarrow 2CO_2 + 3H_2O(液) \quad \Delta H = -1561\,\mathrm{kJ}$$

ヒント 反応物・生成物のすべての生成エンタルピーがわかっていれば，生成エンタルピーから反応エンタルピーを求めることができる。

6
＿＿＿＿ kJ/mol

7 〈結合エンタルピー〉

▶わからないとき→p.56～57

右のエンタルピー図を見て，次の各問いに答えよ。

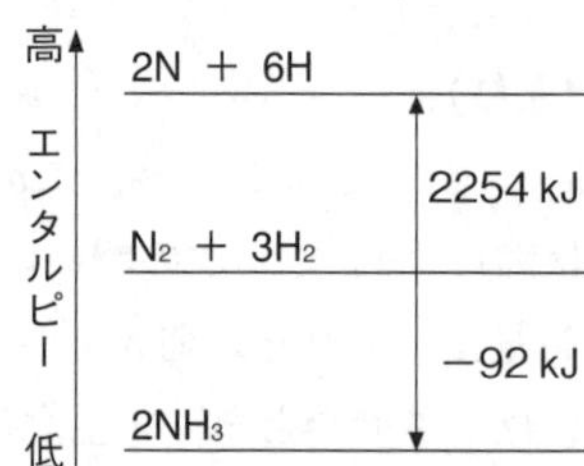

(1) アンモニアNH_3の生成エンタルピーは何kJ/molか。

(2) N−H結合の結合エンタルピーは何kJ/molか。

(3) H−H結合の結合エンタルピーは436 kJ/molである。N≡N結合の結合エンタルピーは何kJ/molか。

ヒント NH_3分子1個中のN−H結合は3個である。

7
(1) ＿＿＿＿ kJ/mol
(2) ＿＿＿＿ kJ/mol
(3) ＿＿＿＿ kJ/mol

8 〈結合エンタルピーと反応エンタルピー〉

▶わからないとき→p.56～57

メタンCH_4の生成エンタルピーは，次の熱化学反応式で表される。

$$C(黒鉛) + 2H_2 \longrightarrow CH_4 \quad \Delta H = -75\,\mathrm{kJ}$$

黒鉛Cの昇華エンタルピーを717 kJ/mol，水素H_2分子中のH−H結合の結合エンタルピーを436 kJ/molとして，CH_4分子中のC−H結合の結合エンタルピーを求めよ。

ヒント 反応物・生成物がすべて気体であれば，各結合エンタルピーから反応エンタルピーを求めることができる。また，共有結合の結晶(CやSiなど)は，固体であっても，気体物質と同様に次の関係式を利用できる。
(反応エンタルピー)＝(反応物の結合エンタルピーの総和)−(生成物の結合エンタルピーの総和)

8
＿＿＿＿ kJ/mol

電池と電気分解

1 電池

［解答］別冊p.5

A. 電池

1 電池（化学電池）――（❶　　　　　**反応**）を利用して電気エネルギーを取り出す装置。

2 電池の原理

① **構造**…**イオン化傾向が異なる2種類の金属を電極として，（❷　　　　）の水溶液（電解液）に浸したもの。**

（❸　　　**極**）…外部に電子が流れ出す電極。

イオン化傾向が（❹　　　**い**）ほうの金属。

（❺　　　**極**）…外部から電子が流れこむ電極。

イオン化傾向が（❻　　　**い**）ほうの金属。

② **反応**…負極では，イオン化傾向が大きいほうの金属が電子を放出する反応，すなわち（❼　　　　**反応**）が起こる。生じた電子は導線を通ってイオン化傾向が小さいほうの金属に流れこみ，ここで電子を受け取る反応，すなわち（❽　　　　**反応**）が起こる。

3 電池の起電力――電池の両電極間に生じる最大の電位差（電圧）を，**電池の**（❾　　　　）という。[1]

4 活物質――電池内で起こる酸化還元反応に直接かかわる物質。

① （❿　　　　**活物質**）…負極で電子を放出する物質（還元剤）。

② （⓫　　　　**活物質**）…正極で電子を受け取る物質（酸化剤）。

5 ダニエル電池

① **構造**…亜鉛板を入れた硫酸亜鉛水溶液と，銅板を入れた硫酸銅（Ⅱ）水溶液を，素焼き板などで仕切ったもの。

電池式[2]；(−)Zn｜$ZnSO_4aq$｜$CuSO_4aq$｜Cu(＋)

② **反応**…イオン化傾向はZn＞Cuなので，（⓬　　　　）が負極となる。

負極；$Zn \longrightarrow Zn^{2+} + 2e^-$

正極；$Cu^{2+} + 2e^- \longrightarrow Cu$

全体；$Zn + Cu^{2+} \longrightarrow Zn^{2+} + Cu$

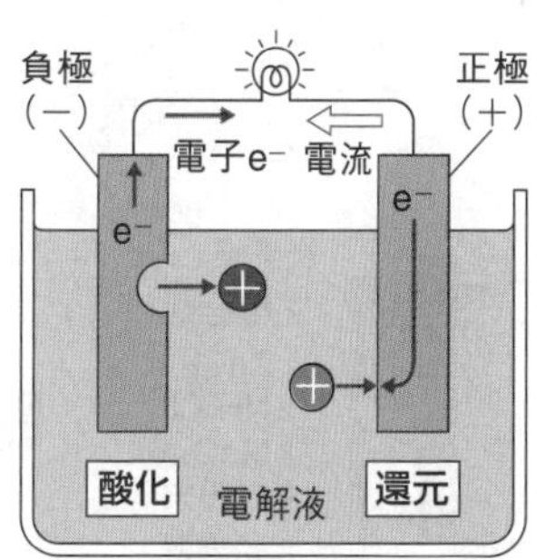

電池のしくみ

電池から電流を取り出すことを**放電**という。放電時，電子は負極から正極へと移動し，電流は正極から負極へと流れる。

[1]
いろいろな電池の起電力
・ダニエル電池…1.1V
・マンガン乾電池…1.5V
・鉛蓄電池…2.0V

[2]
電池式
電池の構成を示す化学式。左に負極，中央に電解液，右に正極を化学式で書き，それぞれの間を｜で区切る。

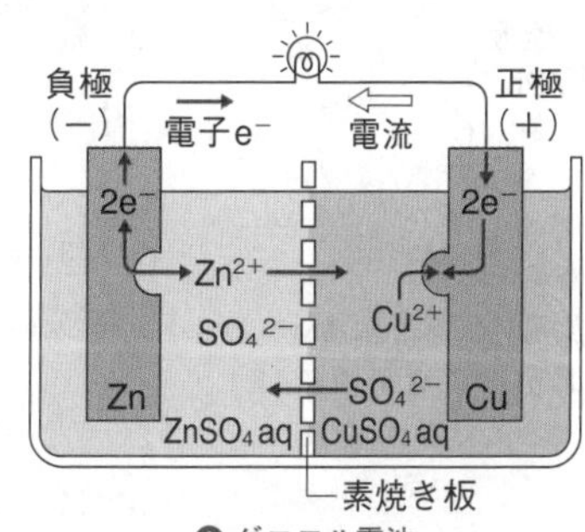

ダニエル電池

放電時，素焼き板の細孔を通って，Zn^{2+}が正極側，SO_4^{2-}が負極側に移動し，電池内部にも電流が流れる。

ボルタ電池
亜鉛板と銅板を希硫酸に浸した電池。放電するとすぐに起電力が低下する(**分極**という)。最も歴史の古い電池であるが，現在は使われていない。

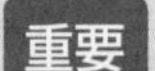

［ダニエル電池］
負極；$Zn \longrightarrow Zn^{2+} + 2e^-$（$ZnSO_4$水溶液）
正極；$Cu^{2+} + 2e^- \longrightarrow Cu$（$CuSO_4$水溶液）

B. 実用電池 出る

1 一次電池と二次電池

① 放電し続けると起電力が低下して，もとに戻らない電池を，(⑬　　　　　　)という。

② 放電後，外部から逆向きの電流を通じると，起電力が再び回復する電池を，(⑭　　　　　　)または，**蓄電池**という。
（→この操作を充電という）

2 マンガン乾電池

炭素棒(＋)
正極合剤
$ZnCl_2$, NH_4Cl, MnO_2, C 粉末
亜鉛容器(－)
マンガン乾電池の構造
正極合剤と亜鉛容器の間には，電解液をしみこませたセパレーター(隔膜)が存在する。

① **構造**…(－)Zn｜$ZnCl_2$aq，NH_4Claq｜MnO_2(＋)

② **反応**…**負極**では，亜鉛が電子を放出して(⑮　　　　**イオン**)となる。**正極**では，(⑯　　　　　　)が電子を受け取る。

③ **起電力**　約(⑰　　　　**V**)。

3 アルカリマンガン乾電池

① **構造**…電解液に酸化亜鉛ZnOを含む(⑱　　　　　　**水溶液**)を用いる。　(－)Zn｜KOHaq｜MnO_2(＋)

② **特徴**…マンガン乾電池より長寿命で，寒さに強い。[3]

[3] このような特徴から，一次電池のなかでは，最も よく使われている。

4 鉛蓄電池

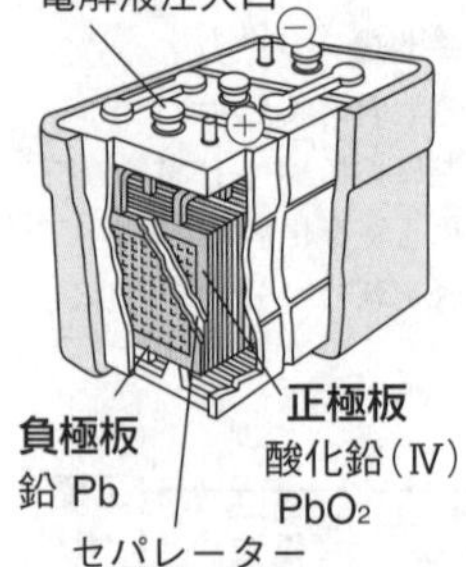

鉛蓄電池の構造

① **構造**…負極活物質に鉛，正極活物質に(⑲　　　　　　)，電解液に(⑳　　　　　　)を用いる。(－)Pb｜H_2SO_4aq｜PbO_2(＋)

② **起電力**…約(㉑　　　　**V**)。

重要
［鉛蓄電池］
構造；(－)Pb｜H_2SO_4aq｜PbO_2(＋)
代表的な二次電池で，起電力は約2.0 V。

③ **放電時の反応**[4]

負極；$Pb + SO_4^{2-} \longrightarrow$ (㉒　　　　) $+ 2e^-$

正極；$PbO_2 + SO_4^{2-} + 4H^+ + 2e^- \longrightarrow PbSO_4 + 2H_2O$

④ **充電時の反応**[5]

負極；$PbSO_4 + 2e^- \longrightarrow$ (㉓　　　　) $+ SO_4^{2-}$

正極；$PbSO_4 + 2H_2O \longrightarrow$ (㉔　　　　) $+ SO_4^{2-} + 4H^+ + 2e^-$

[4] 放電が進むと，両電極の表面が白色の硫酸鉛(Ⅱ)$PbSO_4$で覆われ，電圧が下がっていく。

[5] 充電すると，両電極の状態はもとに戻る。

⑤ 放電・充電時の反応を1つにまとめると，次のようになる。

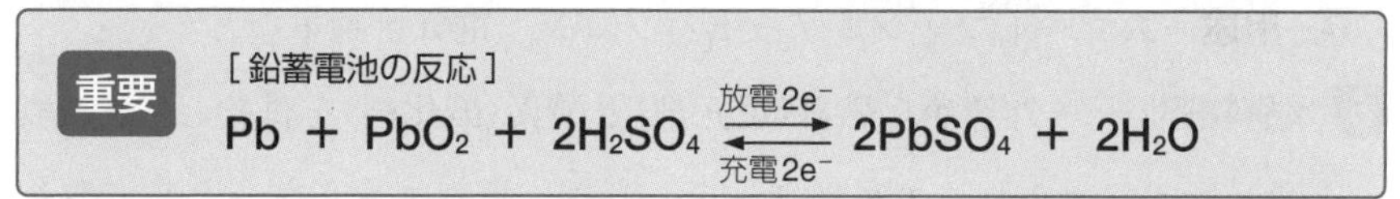

重要 ［鉛蓄電池の反応］

$$Pb + PbO_2 + 2H_2SO_4 \underset{\text{充電}2e^-}{\overset{\text{放電}2e^-}{\rightleftarrows}} 2PbSO_4 + 2H_2O$$

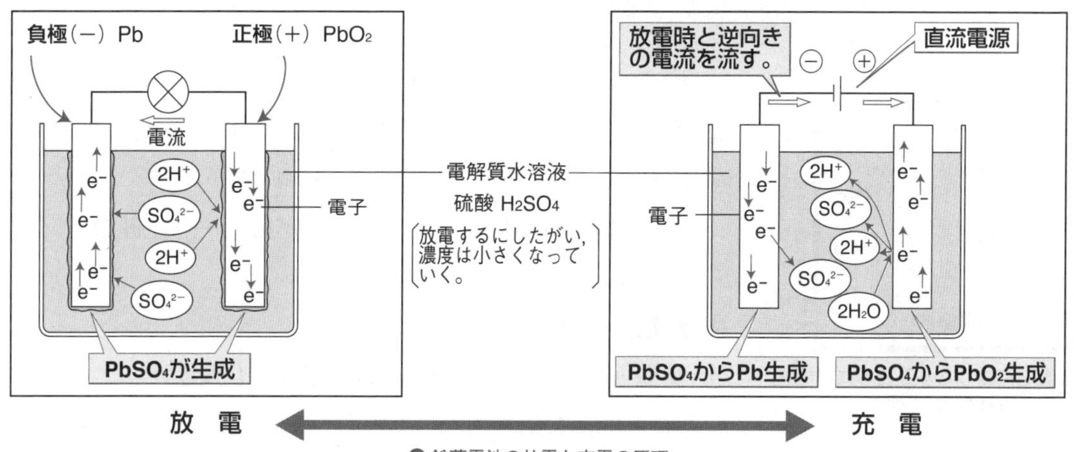

鉛蓄電池の放電と充電の原理

重要 ［鉛蓄電池の放電・充電による変化］

① **放電** ｛**両極板の表面が$PbSO_4$で覆われる。**
電解質水溶液H_2SO_4の濃度が小さくなる。

② **充電…外部電源の正極に鉛蓄電池の正極を接続し，外部電源の負極に鉛蓄電池の負極を接続する。**
｛**両極に付着した$PbSO_4$が溶け出す。**
電解質水溶液H_2SO_4の濃度が大きくなる。

5 リチウムイオン電池

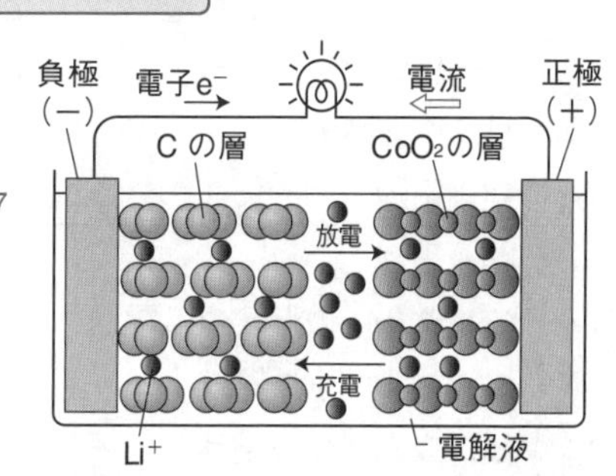

リチウムイオン電池の構造(模式図)

① **構造**…負極活物質にはリチウムイオンLi^+を収容した黒鉛(LiC_6)[6]，正極活物質にはコバルト酸リチウム$Li_{(1-x)}CoO_2$[7]を用いる。また，電解液には，有機溶媒にリチウム塩を溶かしたものを用いる。

(−)LiC_6｜リチウム塩を含む有機溶媒｜$Li_{(1-x)}CoO_2$(+)

② **反応**…放電時はLi^+が黒鉛中からCoO_2中へと移動する。

負極；黒鉛の層状構造からLi^+が電解液中に出ていく。

$$LiC_6 \longrightarrow Li_{(1-x)}C_6 + xLi^+ + xe^- \quad (0 < x < 0.5)$$

正極；電解液中のLi^+がCoO_2の層状構造に入りこむ。

$$Li_{(1-x)}CoO_2 + xLi^+ + xe^- \longrightarrow LiCoO_2 \quad (0 < x < 0.5)$$

充電時はこの逆反応が起こる。負極・正極間をLi^+が往復するだけで，電極自身は変化しない。

[6] C原子6個あたりLi^+を最大で1個収容できるので，組成式でLiC_6と表す。

[7] 各原子の構成を整数比で表すのが難しい場合，小数を用いて表すことがある。xが0.5以上になると正極の構造が不安定になるため，これ以上にはならない。

③ **特徴**…起電力が大きく(約4V)，繰り返しの充電・放電に強い。

④ **用途**…スマートフォン，ノートパソコン，電気自動車など。

6 燃料電池――外部から燃料(還元剤)と酸素(酸化剤)を供給し，その酸化還元反応で得られるエネルギーを，直接，電気エネルギーとして取り出す装置を(㉕　　　　)という。

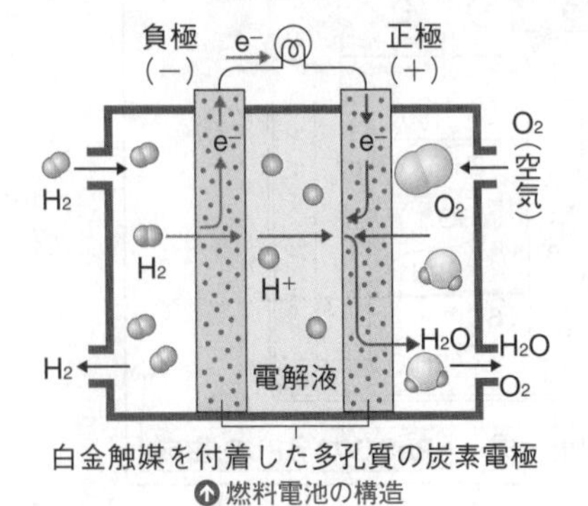

白金触媒を付着した多孔質の炭素電極

燃料電池の構造

① **構造**…$(-)H_2 \mid H_3PO_4aq \mid O_2(+)$

② **反応**

負極；$H_2 \longrightarrow$ (㉖　　　　) $+ 2e^-$

正極；$O_2 +$ (㉗　　　　) $+ 4e^- \longrightarrow 2H_2O$

全体；$2H_2 + O_2 \longrightarrow 2H_2O$

③ **起電力**…約1.2V

④ **特徴**…エネルギー効率が火力発電よりも大きい。

燃料の供給源がメタン，メタノールなど多様である。

生成物が水だけで，地球環境への負荷が(㉘　　　　い)。

外部から活物質を供給すれば，いくらでも発電できる。

7 いろいろな実用電池――どの実用電池でも，**負極にはイオン化傾向が**(㉙　　　　い)**物質**(金属)，**正極にはイオン化傾向が**(㉚　　　　い)**物質**(金属酸化物)が用いられている。

※7 リチウム塩を含む。

	電池の名称	負極	電解質	正極	起電力	特性
一次電池	マンガン乾電池	Zn	$ZnCl_2$, NH_4Cl	MnO_2	1.5V	代表的な一次電池
	アルカリマンガン乾電池	Zn	KOH	MnO_2	1.5V	最もよく使われる，長寿命
	酸化銀電池	Zn	KOH	Ag_2O	1.55V	小型，電池容量大
	リチウム電池	Li	有機溶媒※7	MnO_2	3.0V	小型，薄型，高起電力
	空気電池	Zn	KOH	O_2	1.4V	小型，薄型，長寿命
二次電池	鉛蓄電池	Pb	H_2SO_4	PbO_2	2.0V	大型，安価
	ニッケル・カドミウム電池	Cd	KOH	NiO(OH)	1.3V	鉛蓄電池より軽い，長寿命
	ニッケル・水素電池	水素吸蔵合金(MH)	KOH	NiO(OH)	1.3V	軽い，長寿命
	リチウムイオン電池	LiC_6	有機溶媒※7	$Li_{(1-x)}CoO_2$	約4V	高起電力，電池容量大
燃料電池		H_2	H_3PO_4	O_2	1.2V	エネルギー効率大，環境への負荷小

ミニテスト　[解答] 別冊p.5

1 希硫酸中に，導線でつないだ次の2種類の金属を入れたとき，負極になるのはどちらか。

(1) 亜鉛Znと銀Ag　(　　　　)

(2) 銅Cuと鉄Fe　(　　　　)

2 鉛蓄電池が放電するとき，硫酸の濃度，正極の質量，負極の質量は，どのように変化するか。

硫酸の濃度(　　　　)　正極の質量(　　　　)　負極の質量(　　　　)

2 電気分解

［解答］別冊p.5

A. 水溶液の電気分解

1 電気分解――電解質の水溶液や高温の融解液に外部電源から直流電流を流して（❶　　　　**反応**）を起こす操作。

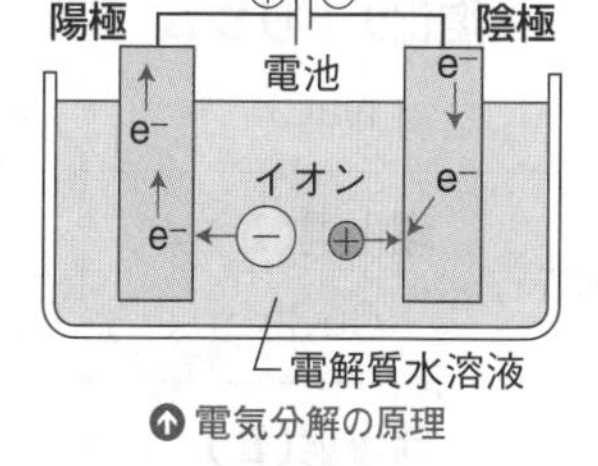

⬆ 電気分解の原理

2 電極での変化――電気分解では，電池の負極側につないだ電極を（❷　　　**極**），正極側につないだ電極を（❸　　　**極**）という。[◈1]

① **陰極での反応**…水溶液中の（❹　　　**イオン**）や水分子が電子を受け取る（❺　　　**反応**）が起こる。

1．水溶液中にCu^{2+}やAg^{+}を含む場合

$$Cu^{2+} + 2e^{-} \longrightarrow (❻\qquad)$$

2．水溶液中にK^{+}，Ca^{2+}，Na^{+}を含む場合…水分子が（❼　　　）を受け取って（❽　　　）を発生する。[◈2]

└→水分子より還元されにくい

$$2H_2O + 2e^{-} \longrightarrow H_2 + 2OH^{-}$$

> **重要**　［陰極での陽イオンの電子の受け取りやすさ］
> $Ag^{+} > Cu^{2+} > H^{+}(H_2O) \gg Li^{+} \sim Al^{3+}$

② **陽極での反応**（電極に白金Pt，炭素Cを用いた場合）…水溶液中の（❾　　　**イオン**）や水分子が電子を放出する（❿　　　**反応**）が起こる。

1．水溶液中にCl^{-}を含む場合

$$2Cl^{-} \longrightarrow (⓫\qquad) + 2e^{-}$$

2．水溶液中にNO_3^{-}やSO_4^{2-}を含む場合…水分子が（⓬　　　）を放出して[◈3]（⓭　　　）を発生する。

└→水分子より還元されにくい

$$2H_2O \longrightarrow O_2 + 4H^{+} + 4e^{-}$$

> **重要**　［陽極での陰イオンの電子の放出しやすさ］
> $I^{-} > Cl^{-} > OH^{-}(H_2O) \gg NO_3^{-}, SO_4^{2-}$

③ **陽極での反応**（電極に金Au，白金Pt以外の金属を用いた場合）…電極の金属自身が（⓮　　　）され，陽イオンとなって溶け出す。

$$Cu \longrightarrow Cu^{2+} + 2e^{-}$$

> **重要**　［水溶液の電気分解］
> **陰極；還元反応。陽イオンまたは水分子が電子を受け取る。**
> **陽極；酸化反応。陰イオンや水分子，電極が電子を放出する。**

◈1
電気分解と電池では，⊕，⊖極で起こる反応の種類が逆になっている。そこで，電気分解では陽極・陰極，電池では正極・負極と区別している。

◈2
水溶液が酸性の場合は，H^{+}が還元されて水素H_2を発生する。
$2H^{+} + 2e^{-} \longrightarrow H_2$

◈3
水溶液が塩基性の場合は，OH^{-}が酸化されて酸素O_2を発生する。
$4OH^{-} \longrightarrow O_2 + 2H_2O + 4e^{-}$

3 いろいろな水溶液の電気分解

電解質	極板	各極での反応	
水酸化ナトリウム $NaOH$	⊖ Pt ⊕ Pt	$2H_2O$ ＋ (⑮　　) ⟶ H_2 ＋ $2OH^-$ $4OH^-$ ⟶ O_2 ＋ $2H_2O$ ＋ $4e^-$	(還元) (酸化)
塩化ナトリウム $NaCl$	⊖ Fe ⊕ C	$2H_2O$ ＋ $2e^-$ ⟶ (⑯　　) ＋ $2OH^-$ $2Cl^-$ ⟶ Cl_2 ＋ (⑰　　)	(還元) (酸化)
塩化銅(Ⅱ) $CuCl_2$	⊖ C ⊕ C	Cu^{2+} ＋ $2e^-$ ⟶ (⑱　　) (⑲　　) ⟶ Cl_2 ＋ $2e^-$	(還元) (酸化)
硫酸銅(Ⅱ) $CuSO_4$	⊖ Pt ⊕ Pt	(⑳　　) ＋ $2e^-$ ⟶ Cu $2H_2O$ ⟶ O_2 ＋ $4H^+$ ＋ $4e^-$	(還元) (酸化)
硝酸銀 $AgNO_3$	⊖ Pt ⊕ Pt	(㉑　　) ＋ e^- ⟶ Ag $2H_2O$ ⟶ (㉒　　) ＋ $4H^+$ ＋ $4e^-$	(還元) (酸化)

重要実験

塩化銅(Ⅱ)水溶液の電気分解

方法(操作)

(1) ビーカーに1 mol/Lの塩化銅(Ⅱ)水溶液100 mLを入れ，これに炭素電極を浸して直流電流を通じる。

(2) 陰極の表面についた物質をけずり取り，6 mol/Lの希硝酸を加えて溶かす。

(3) 陽極付近の電解液の色・においを調べてから，この液をスポイトでとり，ヨウ化カリウムデンプン液に加える。

電解液はかき混ぜてはいけない

結果と考察

① 電気分解が進むにつれて，**電解液の青色が薄くなった。**
⇨電気分解が進むにつれて，(㉓　　**イオン**)が少なくなったことがわかる。

② (2)では，**溶液の色は**(㉔　　**色**)**に変わった。**
⇨Cu^{2+}ができたことが確認できる。つまり，**陰極に**(㉕　　)**が析出した**ことがわかる。

③ (3)では，電解液の色はわずかに**黄色で，刺激臭があった。**また，ヨウ化カリウムデンプン溶液に加えると，(㉖　　**色**)になった。これは，**ヨウ化物イオン**が酸化されて(㉗　　)になり，**ヨウ素デンプン反応**を起こしたからである。
⇨**陽極側に発生した**(㉘　　)**がヨウ化物イオンを酸化した**と考えられる。

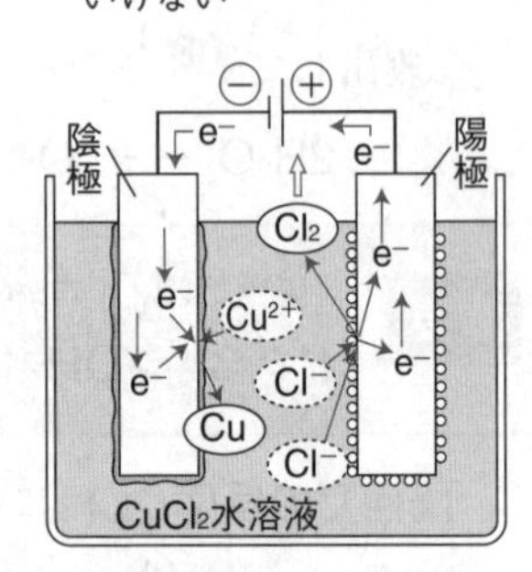

B. 電気分解の法則 出る

1 電気量——1A(アンペア)の電流が1秒間流れたときの電気量を(㉙　　　)という。
(↳1クーロン)

一定量の電流を一定時間流したときの電気量は，次の式で求められる。

電気量〔C〕＝ 電流〔A〕× 時間〔s〕

2 ファラデー定数◈4——電子e^- 1 molあたりの電気量の大きさ。(↳記号Fで表す。)

> **重要**
> **電気量〔C〕＝電流〔A〕×時間〔s〕**
> **ファラデー定数$F=9.65\times10^4$ C/mol**

3 ファラデーの電気分解の法則——電気分解において，各電極で変化する物質の量は，流れた(㉚　　　)に比例する。

例1．$2Cl^- \longrightarrow Cl_2 + 2e^-$の反応で，電子2 molが流れると，塩素$Cl_2$(㉛　　　mol)が発生する。

例2．$Cu^{2+} + 2e^- \longrightarrow Cu$の反応で，$9.65\times10^4$ C(↳電子1 mol分)の電気量が流れると，銅Cu(㉜　　　mol)が析出する。

◈4
電子1個がもつ電気量は1.602×10^{-19} Cで，これを**電気素量**という。ファラデー定数は，アボガドロ数(6.022×10^{23})個の電子のもつ電気量だから，

$F=1.602\times10^{-19}\text{ C}\times6.022\times10^{23}\text{ /mol}$
$\fallingdotseq9.65\times10^4\text{ C/mol}$

例題研究　電気量と電解生成物の関係

白金電極を用いて，硫酸銅(Ⅱ)$CuSO_4$水溶液に2.00 Aの電流を32分10秒通じて電気分解を行った。このとき，陰極の質量は何g増加するか。また，陽極で発生する気体の体積は標準状態で何Lか。
(原子量；Cu＝64，ファラデー定数；$F=9.65\times10^4$ C/mol)

解き方

通じた電気量は，

2.00 A×(32×60＋10)s＝(㉝　　　C)

流れた電子e^-の物質量は，

$$\frac{3860\text{ C}}{(㉞\qquad\text{C/mol})}=(㉟\qquad\text{mol})$$
(↳ファラデー定数)

陰極での反応は，$Cu^{2+} + 2e^- \longrightarrow Cu$である。

電子2 molが流れると銅Cu 1 molが析出するから，0.0400 molの電子で析出するCuの質量は，

0.0400 mol×(㊱　　　)×64 g/mol＝(㊲　　　g)　…答

陽極での反応は，$2H_2O \longrightarrow 4H^+ + O_2 + 4e^-$である。

電子4 molが流れると酸素O_2 1 molが発生するから，0.0400 molの電子で発生するO_2の体積は標準状態で，

0.0400 mol×(㊳　　　)×22.4 L/mol＝(㊴　　　L)　…答

注
まず，通じた電気量から，電子の物質量を求める。
電子の物質量
$=\dfrac{\text{通じた電気量}}{F}$
その後，各極のイオン反応式より，電子の物質量と物質の変化量の関係を調べる。

C. 電気分解の応用

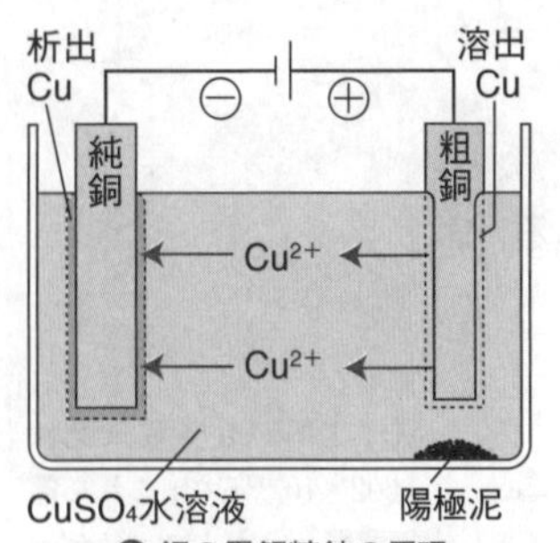

⬆ 銅の電解精錬の原理
0.3〜0.4 V の低電圧で電気分解する。

◈5
銅の製錬
黄銅鉱($CuFeS_2$を主成分とする鉱石)を，コークス・石灰石とともに加熱すると，硫化銅(Ⅰ)Cu_2Sができる。これに空気を送って燃焼させると**粗銅**ができる。この作業を銅の**製錬**という。電解**精錬**とは漢字が違うことに注意する。

1 銅の電解精錬

① **反応**…銅鉱石の製錬◈5で得られた**粗銅**(純度約99 %)を(㊵　　　**極**)，**純銅**(純度99.99 %以上)を(㊶　　　**極**)に用いて，**硫酸酸性の硫酸銅(Ⅱ)$CuSO_4$水溶液を電解液として低電圧で電気分解する。** 陽極では銅(Ⅱ)イオンCu^{2+}が溶け出し，陰極には銅Cuが析出する。

陽極；$Cu \longrightarrow Cu^{2+} + 2e^-$

陰極；$Cu^{2+} + 2e^- \longrightarrow Cu$

このように，電気分解を利用して，不純物を含んだ金属から純粋な金属を取り出すことを(㊷　　　　)という。

② **粗銅中の不純物…銅よりイオン化傾向が(㊸　　　い)銀Agや金Auなどは，イオン化せずに陽極の下に沈殿する。** これを(㊹　　　　)という。一方，銅よりイオン化傾向が(㊺　　　い)鉄Feやニッケル Ni，亜鉛Znなどは，陽イオンとなって水溶液中に溶け出すが，低電圧のため，陰極には析出しない。

> **重要**　［銅の電解精錬］
> **電解液は硫酸酸性の$CuSO_4$水溶液。陽極から銅が溶け出し，陰極に銅が析出する。陽極の下には陽極泥が沈殿する。**

2 水酸化ナトリウムの工業的製法

水酸化ナトリウムの工業的製法――陽極に炭素C，陰極に鉄Feを用いて塩化ナトリウムNaCl水溶液を電気分解すると，各電極では次の反応が起こる。

陽極；(㊻　　　　) $\longrightarrow Cl_2 + 2e^-$

陰極；$2H_2O + 2e^- \longrightarrow$ (㊼　　　　) $+ 2OH^-$

電気分解が進むにつれ，陰極付近では(㊽　　　**イオン**)の濃度が大きくなる。また，水溶液中のナトリウムイオンNa^+は陰極に引き寄せられるので，(㊾　　　**極**)付近の水溶液を濃縮すると水酸化ナトリウムNaOHが得られる。

工業的には，両電極間を陽イオンだけを通す膜(**陽イオン交換膜**)で仕切って電気分解を行う。これにより，陰極側の水溶液に塩化物イオンCl^-が混ざるのを防ぎ，高純度のNaOHを得ることができる。このような水酸化ナトリウムの工業的製法を(㊿　　　　)という。

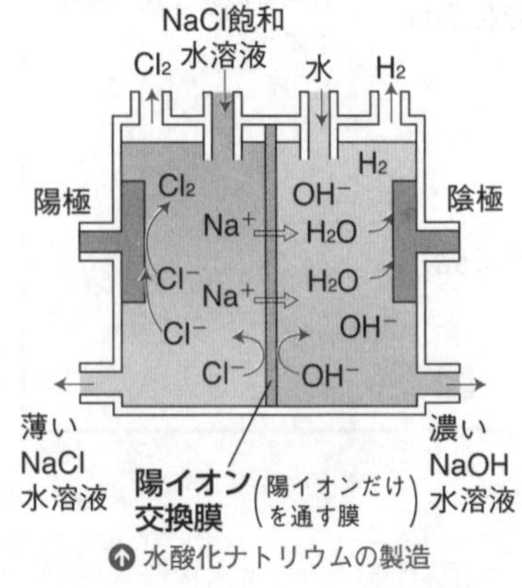

⬆ 水酸化ナトリウムの製造

3 溶融塩電解(融解塩電解)——イオン化傾向が大きい金属は[6]，そのイオンを含む水溶液を電気分解しても，水素H_2が発生するだけで，その単体を得ることができない[7]。そこで，**これらの金属イオンを含む塩の融解液を電気分解して，単体を得ている**。このような操作を(51　　　　)という。

[6] **イオン化傾向が大きい金属**
リチウムLi，カリウムK，カルシウムCa，ナトリウムNa，マグネシウムMg，アルミニウムAlなど。

[7] 金属イオンよりも水分子H_2Oのほうが還元されやすいためである。

4 アルミニウムの製造

① 原料鉱石の(52　　　　)から不純物を除き，純粋な**酸化アルミニウムAl_2O_3(アルミナ)**を得る。

② Al_2O_3の融点は2000℃以上で，非常に高い。そこで，融点が約1000℃の(53　　　　)Na_3AlF_6を融解し，これにAl_2O_3を少しずつ溶かす。
└→ 自身は電気分解されずに，Al_2O_3の融点を下げるはたらきをしている

$$Al_2O_3 \longrightarrow 2Al^{3+} + 3O^{2-}$$

③ 炭素電極を用いて②を電気分解(**溶融塩電解**)すると，(54　　　　**極**)から単体のアルミニウムAlが得られる。
└→ 液体状で底にたまる

陰極；$Al^{3+} + 3e^- \longrightarrow Al$

陽極；$C + O^{2-} \longrightarrow CO + 2e^-$

$C + 2O^{2-} \longrightarrow CO_2 + 4e^-$

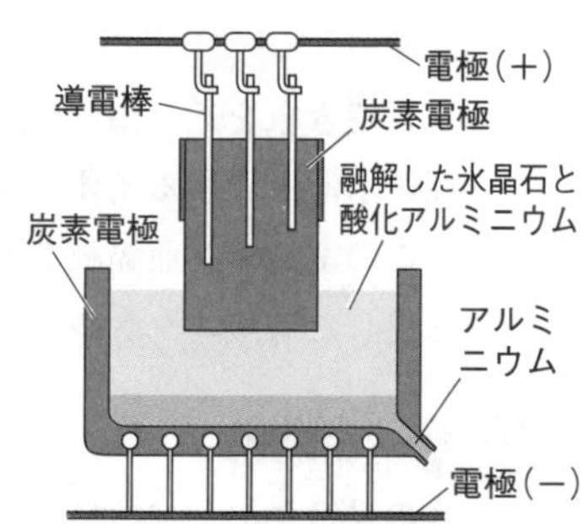

アルミニウムの溶融塩電解(模式図)

陽極の炭素Cは酸化物イオンO^{2-}と反応して消費されるため，絶えず補給する必要がある。

5 電気めっき——金属などの材料の表面を，金属の薄膜で覆うことを(55　　　　)といい，電気分解を利用しためっきを(56　　　　)という。

例 銅Cuでできた製品を陰極，ニッケルNiを陽極に用いて，硫酸ニッケル(Ⅱ)$NiSO_4$水溶液を電気分解すると，銅製品の表面にNiの薄膜が形成される。

陰極；$Ni^{2+} + 2e^- \longrightarrow Ni$　(還元)

陽極；$Ni \longrightarrow Ni^{2+} + 2e^-$　(酸化)

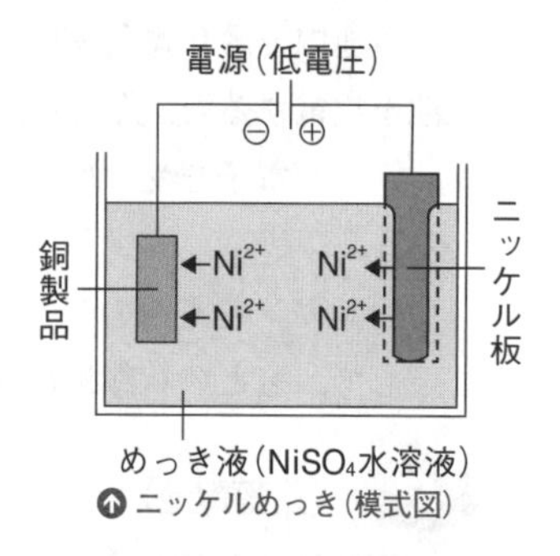

ニッケルめっき(模式図)

① **トタン**…鋼板を(57　　　　)でめっきしたもの。イオン化傾向は亜鉛Zn＞鉄Feなので，Znが先に酸化されることによって，内部のFeを保護している。

② **ブリキ**…鋼板を(58　　　　)でめっきしたもの。イオン化傾向は鉄Fe＞スズSnなので，Feより酸化されにくい金属で表面を覆うことによって，内部のFeを保護している[8]。

[8] ただし，傷がついて内部のFeが露出すると，逆にFeが酸化されやすくなる。

ミニテスト　［解答］別冊p.5

次の物質の水溶液を電気分解したとき，陰極・陽極で生成する物質の化学式を答えよ。

(1) 塩化カリウムKCl　陰極(　　　　)　陽極(　　　　)

(2) 硫酸銅(Ⅱ)$CuSO_4$　陰極(　　　　)　陽極(　　　　)

練習問題　2章 電池と電気分解

[解答] 別冊p.27

1 〈ダニエル電池〉

▶わからないとき→p.61～62

右の図は，亜鉛板を浸した薄い硫酸亜鉛水溶液と，銅板を浸した濃い硫酸銅(Ⅱ)水溶液を，素焼き板で仕切ってつくった電池である。次の各問いに答えよ。

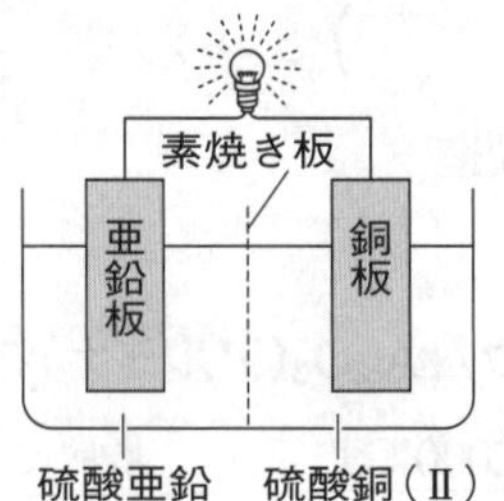

(1) この電池の負極は，亜鉛板と銅板のどちらか。

(2) 負極，正極での反応を，電子e^-を含む反応式で示せ。

(3) 素焼き板を通って，硫酸銅(Ⅱ)水溶液から硫酸亜鉛水溶液に移るイオンは何か。化学式で書け。

(4) この電池で,「亜鉛板を浸した硫酸亜鉛水溶液」のかわりに「ニッケル板を浸した硫酸ニッケル(Ⅱ)水溶液」を用いると，起電力はどう変化するか。

1
(1) ＿＿＿＿
(2) 負極 ＿＿＿＿
正極 ＿＿＿＿
(3) ＿＿＿＿
(4) ＿＿＿＿

2 〈乾電池〉

▶わからないとき→p.61～62

次の文章中の(　　)には適する語句や数，[　　]には化学式を入れよ。

マンガン乾電池は，亜鉛Zn製の円筒容器に酸化マンガン(Ⅳ)MnO_2と黒鉛Cの粉末を塩化亜鉛$ZnCl_2$と塩化アンモニウムNH_4Clの水溶液で練り合わせたものを詰め，その中心に炭素棒を埋めて密封したものである。

電池内で酸化還元反応に直接かかわる物質を(①)という。マンガン乾電池を放電すると，負極ではZnが電子を放出して[②]となる一方，正極では[③]が電子を受け取って酸化水酸化マンガン(Ⅲ)MnO(OH)などに変化する。

マンガン乾電池の起電力は約(④)Vであるが，使い続けると起電力が低下して，もとの状態に戻すことができない。このような電池を(⑤)という。

2
① ＿＿＿＿
② ＿＿＿＿
③ ＿＿＿＿
④ ＿＿＿＿
⑤ ＿＿＿＿

3 〈鉛蓄電池〉

▶わからないとき→p.62～63

次の文章を読んで，あとの各問いに答えよ。

原子量：O＝16，S＝32，Pb＝207，ファラデー定数；9.65×10^4 C/mol

鉛蓄電池は，負極に(①)，正極に(②)，電解液に希硫酸を用いた二次電池である。放電時，各極では次の反応が起こる。

負極；(①) ＋ SO_4^{2-} ⟶ (③) ＋ $2e^-$

正極；(②) ＋ SO_4^{2-} ＋ $4H^+$ ＋ $2e^-$ ⟶ (③) ＋ $2H_2O$

(1) 文中の①～③にあてはまる化学式を書け。

(2) 両極での反応を1つの化学反応式で示せ。

(3) 20.7 gの①が③に変化するときに得られる電気量は何Cか。

(4) (3)のとき消費される硫酸は何molか。

(5) (3)のとき負極の質量の増減量は何gか。増減の区別をして答えよ。

ヒント (1) 両極で同じ物質が生成する。
(2) 両極でのイオン反応式から，電子e^-を消去する。

3
(1) ① ＿＿＿＿
② ＿＿＿＿
③ ＿＿＿＿
(2) ＿＿＿＿
(3) ＿＿＿＿ C
(4) ＿＿＿＿ mol
(5) ＿＿ gの ＿＿

4 〈電気分解と生成物〉

▶わからないとき→p.65～66

次の水溶液を電気分解した。あとの各問いに答えよ。

ア 希塩酸　**イ** 水酸化ナトリウム水溶液　**ウ** 硝酸銀水溶液

エ 硫酸ナトリウム水溶液　**オ** 塩化銅(Ⅱ)

(1) 陰極から水素が発生するものをすべて選べ。

(2) 陽極から酸素が発生するものをすべて選べ。

(3) 1 molの電子が流れたときに，陽極・陰極で発生した気体の体積の和が最も大きくなるのはどれか。なお，発生した気体は互いに反応しないものとする。

ヒント (1) ナトリウムイオンNa^+は陰極で還元されず，かわりに水分子H_2Oや水素イオンH^+が還元される。
(2) 硝酸イオンNO_3^-や硫酸イオンSO_4^{2-}は陽極で酸化されず，かわりに水分子H_2Oや水酸化物イオンOH^-が酸化される。

4
(1) ＿＿＿＿
(2) ＿＿＿＿
(3) ＿＿＿＿

5 〈電気分解〉

▶わからないとき→p.67

白金電極を用いて，硫酸銅(Ⅱ)水溶液に0.200 Aの直流電流を9650秒間流して電気分解を行った。次の各問いに答えよ。

原子量；Cu＝63.5，ファラデー定数；9.65×10^4 C/mol

(1) 陰極での変化を電子e^-を含む反応式で示せ。

(2) 陰極に銅は何g析出するか。

(3) 陽極で発生する酸素は標準状態で何Lか。

ヒント (2)・(3) 電流の大きさと電流を流した時間から，流れた電子の物質量を求める。

5
(1) ＿＿＿＿
＿＿＿＿
(2) ＿＿＿＿ g
(3) ＿＿＿＿ L

6 〈電気分解―直列接続〉

▶わからないとき→p.67

硫酸銅(Ⅱ)水溶液には銅電極，硝酸銀水溶液には白金電極を入れた。右図のように2つの電解槽を直列につなぎ，直流電源から2.6 Aの直流電流を2970秒間流して電気分解を行った。次の各問いに答えよ。

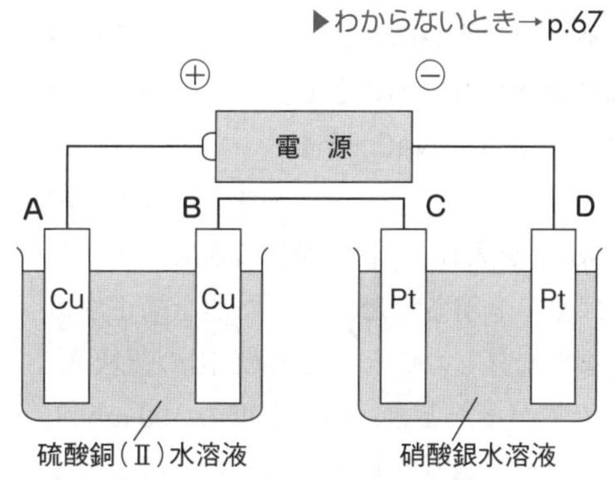

原子量；Cu＝63.5，Ag＝108，ファラデー定数；9.65×10^4 C/mol

(1) 電極Aで起こる反応を電子e^-を含む反応式で示せ。

(2) 電極Dで起こる反応を電子e^-を含む反応式で示せ。

(3) 電極Bに析出した金属は何gか。

(4) 電極Cで発生する気体は標準状態で何Lか。

ヒント 電解槽が直列に接続されているので，硫酸銅(Ⅱ)水溶液にも硝酸銀水溶液にも同じ電気量が流れる。

6
(1) ＿＿＿＿
＿＿＿＿
(2) ＿＿＿＿
＿＿＿＿
(3) ＿＿＿＿ g
(4) ＿＿＿＿ L

定期テスト対策問題　2編　化学反応とエネルギー

［時間］50分
［合格点］70点
［解答］別冊p.28

1 エタンC_2H_6とプロパンC_3H_8からなる混合気体がある。この混合気体を標準状態で22.4 Lとり，完全燃焼させたところ，1780 kJの発熱があった。この混合気体の組成（エタンとプロパンの物質量比）を，最も簡単な整数の比で表せ。ただし，エタンとプロパンの燃焼エンタルピーを，それぞれ−1560 kJ/mol，−2220 kJ/molとする。〔5点〕

C_2H_6：C_3H_8＝

2 次の熱化学反応式について，あとの各問いに答えよ。原子量；H＝1.0，C＝12，O＝16
〔各4点　合計8点〕

$$C(黒鉛) + O_2 \longrightarrow CO_2 \quad \Delta H = -394\ kJ$$

$$H_2 + \frac{1}{2}O_2 \longrightarrow H_2O(液) \quad \Delta H = -286\ kJ$$

$$C_2H_5OH + 3O_2 \longrightarrow 2CO_2 + 3H_2O(液) \quad \Delta H = -1368\ kJ$$

(1) エタノールC_2H_5OH 2.3 gを完全燃焼させると，何kJの熱が発生するか。

(2) エタノールの生成エンタルピーは何kJ/molか。

(1)		(2)	

3 次の文章を読んで，あとの各問いに答えよ。ただし，溶解や中和による溶液の体積変化はないものとし，すべての水溶液の比熱は4.2 J/(g･K)とする。式量；NaOH＝40
〔各5点　合計15点〕

ある容器に15.0℃の水485 gを入れ，ここに固体の水酸化ナトリウム1.00 molを加えてすばやく溶解させた。逃げた熱を補正すると，溶液の温度は35.0℃まで上昇したことになる（右図の領域A）。

溶液の温度が30.0℃まで下がったとき，同じ温度の2.00 mol/L塩酸500 mL（密度1.02 g/mL）をすばやく加えたところ，再び温度が上昇し，領域Bの温度変化を示した。

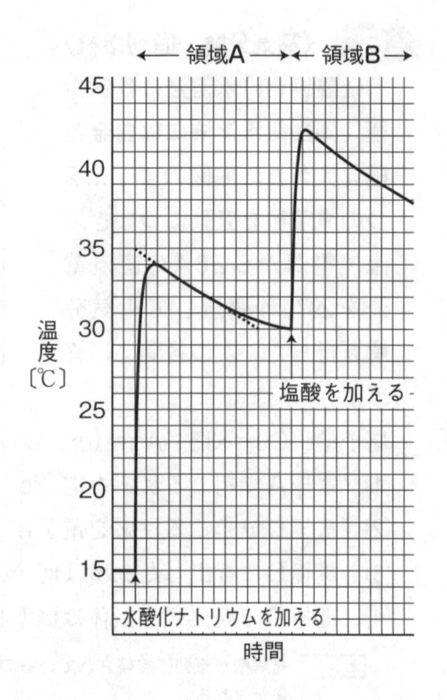

(1) 固体の水酸化ナトリウム1.00 molを水485 gに溶解させたときに発生した熱量は何kJか。

(2) この実験より，水酸化ナトリウム水溶液と塩酸の中和エンタルピーは何kJ/molか。

(3) ヘスの法則を利用して，次の熱化学反応式のQ〔kJ〕の値を求めよ。

$$HClaq + NaOH(固) \longrightarrow NaClaq + H_2O(液) \quad \Delta H = Q\ 〔kJ〕$$

(1)		(2)		(3)	

4

鉛蓄電池について，次の各問いに答えよ。原子量；H＝1.0，O＝16，S＝32，Pb＝207

〔各3点　合計12点〕

(1)　鉛蓄電池が放電するときの正極，負極での変化は，次のように表される。これをもとに，鉛蓄電池が放電するときの全体の変化を，１つの化学反応式で表せ。

正極；$PbO_2 + 4H^+ + SO_4^{2-} + 2e^- \longrightarrow PbSO_4 + 2H_2O$

負極；$Pb + SO_4^{2-} \longrightarrow PbSO_4 + 2e^-$

(2)　鉛蓄電池について述べた次の記述のうち，正しいものをすべて選び，記号で答えよ。

ア　鉛蓄電池は，放電によって電解液の密度が大きくなる。

イ　鉛蓄電池の放電時，負極では酸化反応が起こる。

ウ　鉛蓄電池の充電時，負極では酸化反応が起こる。

エ　鉛蓄電池を充電するときは，鉛蓄電池の正極に外部電源の正極，鉛蓄電池の負極に外部電源の負極を接続する。

(3)　鉛蓄電池の放電によって電子 1 mol を取り出したとき，正極と負極の質量はそれぞれ何 g 変化するか。増減の区別をして答えよ。

(1)				
(2)		(3)	正極	負極

5

次の各問いに答えよ。原子量；Cu＝64，ファラデー定数；9.65×10^4 C/mol

〔(1)…4点　(2)…各3点　合計10点〕

(1)　白金電極を用いて硝酸銅(Ⅱ)水溶液を 2.50 A の電流で電気分解したところ，陰極に銅が 0.320 g 析出した。電流を流した時間は何秒間か。

(2)　炭素電極を用いて希硫酸を電気分解したところ，両極から気体が発生した。陰極から発生した気体は，標準状態で 336 mL であった。

①　流れた電気量は何 C か。

②　陽極から発生した気体は，標準状態で何 L か。

(1)		(2)	①		②	

6

右図のように，塩化銅(Ⅱ)水溶液と硝酸銀水溶液が入った電解槽を直列につなぎ，電気分解を行ったところ，電極A，Cからは気体が発生し，電極B，Dには金属が析出した。電極Bに析出した金属の質量を測定すると，1.27 g であった。次の各問いに答えよ。原子量；Cu＝63.5，Ag＝108，ファラデー定数；9.65×10^4 C/mol

〔各4点　合計12点〕

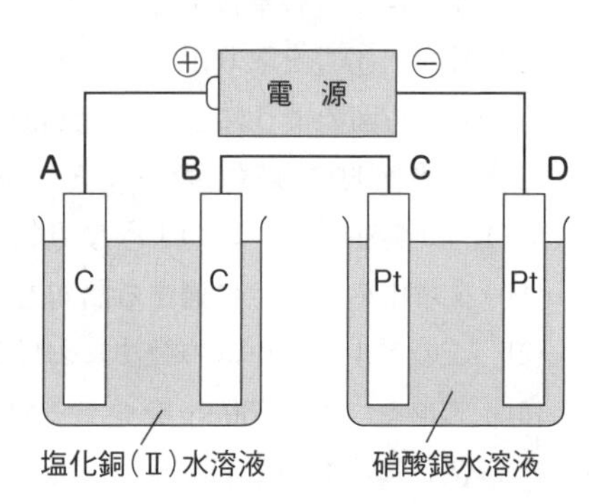

(1)　流れた電気量は何 C か。

(2)　電極Cで発生した気体は標準状態で何 L か。

(3)　電極Dに析出した金属は何 g か。

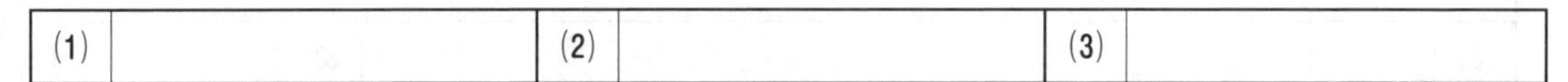

(1)		(2)		(3)	

7

ニッケルと銀を含む粗銅がある。右図のように，この粗銅を陽極，純銅を陰極とし，硫酸酸性の硫酸銅(Ⅱ)水溶液を電解液として，2.0 Aの電流で80分25秒間電気分解したところ，粗銅の質量は3.20 g減少し，その下には0.020 gの陽極泥が生じた。粗銅中のニッケルと銀の含有率(金属全体に対する質量の割合)は，それぞれ何%か。原子量；Ni=59，Cu=64，Ag=108，ファラデー定数；9.65×10^4 C/mol

〔各4点　合計8点〕

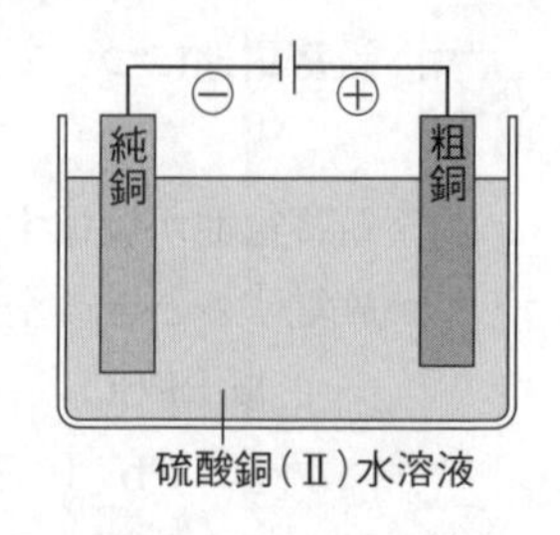

ニッケル	銀

8

次の文章を読んで，あとの各問いに答えよ。ファラデー定数；9.65×10^4 C/mol

〔(1)…3点　(2)…各2点　(3)…5点　合計14点〕

右図は，水酸化ナトリウムを工業的に製造するときの装置を模式的に表したものである。電解槽は陽イオン交換膜で仕切られており，陰極には鉄，陽極には炭素が用いられる。この装置の陰極側に水，陽極側に塩化ナトリウムの飽和水溶液を入れて電気分解し，陰極側の水溶液を濃縮すると，水酸化ナトリウムが得られる。

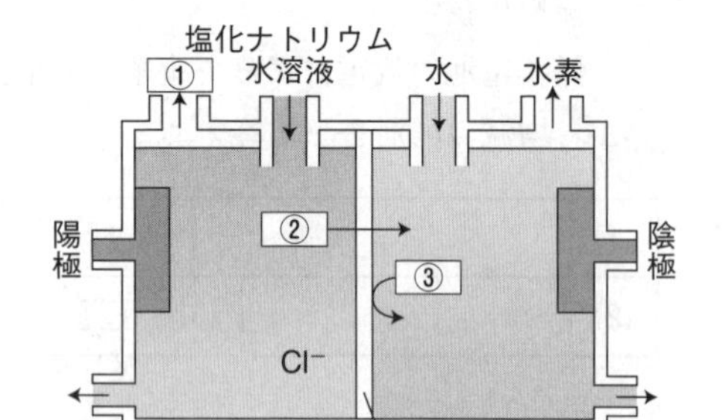

(1) このような水酸化ナトリウムの製法を何というか。

(2) 図中の□に適する化学式を入れよ。

(3) 4.0 Aの電流を32分10秒間流したとき，陰極側で得られる水酸化ナトリウム水溶液のモル濃度は何mol/Lか。ただし，各電解槽の水溶液の体積は10 Lとする。

(1)		(2)	①		②		③	
(3)								

9

次の文章を読んで，あとの各問いに答えよ。原子量；Al=27，ファラデー定数；9.65×10^4 C/mol

〔(1)…各2点　(2)，(3)…各4点　合計16点〕

アルミニウムの単体を得るには，まず，原料鉱石のボーキサイトから純粋な(①)を取り出す。(①)を氷晶石の融解液に少しずつ加えながら，右図のようにして，炭素電極を用いて約1000℃で電気分解すると，陰極側に融解したアルミニウムが得られ，陽極では(②)や(③)が発生する。このような電気分解を，特に(④)という。

(1) 文章中の(　　)に適する語句を入れよ。

(2) このアルミニウムの製法における，氷晶石のはたらきを説明せよ。

(3) アルミニウム250 kgをつくるのに必要な電気量を求めよ。ただし，通じた電気量の80 %が電気分解に使われるものとする。

(1)	①		②		③		④	
(2)							(3)	

1章 化学反応の速さ

1 反応の速さと反応条件

[解答] 別冊p.6

A. 反応の速さとその表し方

1 速い反応――瞬時に進む反応。

例 酸と塩基の中和反応[1]，水素やプロパンガスの爆発

2 遅い反応――ゆっくりと進む反応。

例 空気中での金属の腐食，微生物による発酵

3 反応の速さを変化させる条件――同じ反応でも，反応物の濃度や(❶　　　　)，固体の表面積などによって反応の速さは変化する。
（❶：└→熱運動の激しさ）

4 反応の速さの表し方――単位時間あたりの反応物の減少量，または生成物の(❷　　　　量)で表す。これを(❸　　　　　　)という[2]。反応が一定体積中で進む場合は，反応速度は反応物，または生成物の**モル濃度の変化量**から，次のように表される。

> **重要** 反応速度＝$\dfrac{\text{反応物のモル濃度の減少量}}{\text{反応時間}}$ または $\dfrac{\text{生成物のモル濃度の増加量}}{\text{反応時間}}$

同じ反応でも着目する物質によって反応速度は異なり，各物質の反応速度の比は反応式の(❹　　　　)の比に等しくなる。

例 A ＋ B ⟶ 2Cの反応において，

Aの減少速度；$v_A=-\dfrac{\Delta[A]}{\Delta t}$[3]

Bの減少速度；$v_B=-\dfrac{\Delta[B]}{\Delta t}$

Cの生成速度；$v_C=\dfrac{\Delta[C]}{\Delta t}$

この反応におけるモル濃度の変化は右図のようになり，次の関係が常に成り立つ。

$v_A:v_B:v_C=$(❺　　　：　　　：　　　)

> **重要** 各物質の反応速度の比は，反応式の係数の比に等しい。

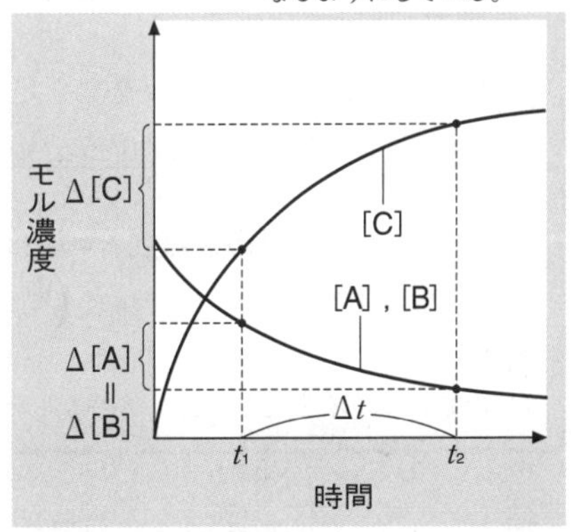

[1] $H^+ + OH^- \longrightarrow H_2O$や$Ag^+ + Cl^- \longrightarrow AgCl$のようなイオンどうしの反応は速く，室温でも速やかに進行する。

[2] **反応速度の単位**
反応速度をモル濃度の変化量で表す場合，単位にはmol/(L･s)，mol/(L･min)などが用いられる。また，mol/s，mol/min，mol/hなどが用いられることもある。

[3] Δ(デルタ)は変化量を表す。Δ[A]，Δ[B]は負の値になるので，−(マイナス)をつけて，反応速度が正の値になるようにしている。

B. 反応速度を表す式

1 反応速度式——約400℃では，気体の水素H_2とヨウ素I_2が反応し，気体のヨウ化水素HIが生成する。

$$H_2 + I_2 \longrightarrow 2HI$$

最初，I_2のモル濃度$[I_2]$を一定にしてH_2のモル濃度$[H_2]$を2倍にすると，HIの生成速度は約2倍となる。逆に，$[H_2]$を一定にして$[I_2]$を2倍にしても，HIの生成速度は約2倍となる。よって，この反応の反応速度vは，$[H_2]$と$[I_2]$の積に（❻　　　　）する。◈4

$$v=k[H_2][I_2] \quad \cdots\cdots\cdots\cdots \text{(i)}$$

(i)式のように，反応速度と反応物の（❼　　　　）の関係を表す式を（❽　　　　）といい，この比例定数kを（❾　　　　**定数**）という。kの値は反応の種類ごとに異なり，**温度によって変化する。**

例 過酸化水素H_2O_2の分解反応$2H_2O_2 \longrightarrow 2H_2O + O_2$において，$H_2O_2$の分解速度を$v$，モル濃度を$[H_2O_2]$とすると，その反応速度式は次のようになる。

$$v=k[H_2O_2]$$

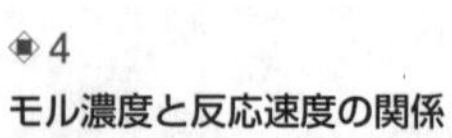

◈4
モル濃度と反応速度の関係

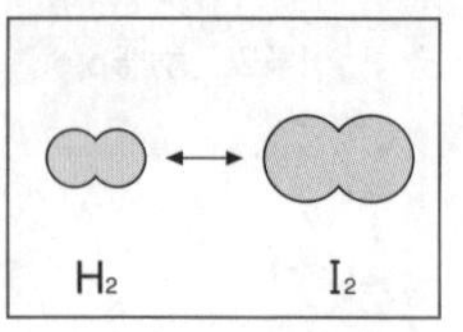

⬇ $[H_2]$ 2倍

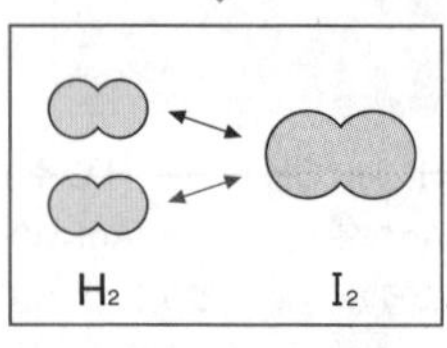

⬇ $[I_2]$ 2倍

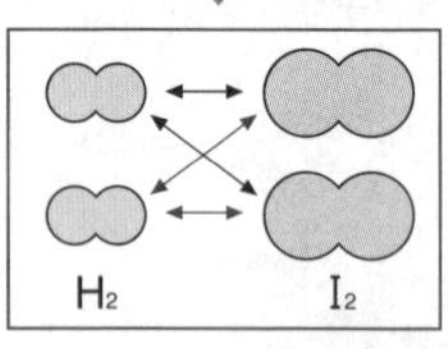

$[H_2]$も$[I_2]$も2倍にすると，H_2とI_2の衝突回数は4倍になる。

例題研究　過酸化水素の分解反応

過酸化水素H_2O_2の分解反応において，H_2O_2のモル濃度$[H_2O_2]$と時間の関係を右図に示す。次の各問いに答えよ。

(1) 反応開始4分から8分の間のH_2O_2の平均の分解速度$\bar{v}$を求めよ。また，この間のH_2O_2の平均の濃度$\overline{[H_2O_2]}$を求めよ。

(2) この反応の反応速度式は$v=k[H_2O_2]$であるとして，(1)の結果を用いて反応速度定数kを求めよ。

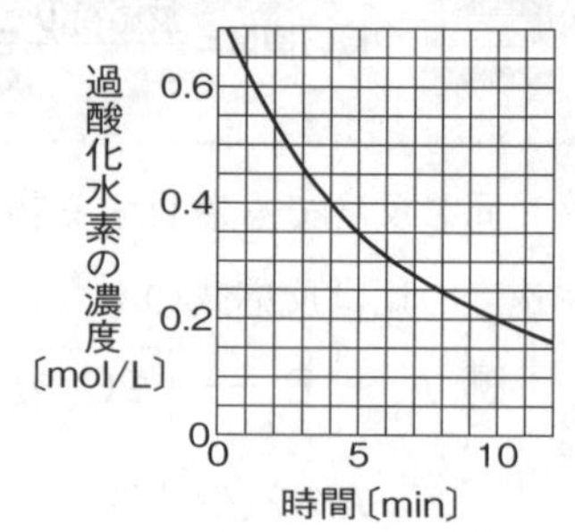

解き方

(1) 時間t_1からt_2の間に，ある物質のモル濃度がc_1からc_2に減少したとき，この間の平均の反応速度$\bar{v}$（単に，反応速度という）は，次式で表される。

$$\bar{v}=-\frac{\Delta c}{\Delta t}=-\frac{c_2-c_1}{t_2-t_1}=-\frac{(0.25-0.40)\,\text{mol/L}}{(8-4)\times 60\,\text{s}}=6.25\times10^{-4}\,\text{mol/(L·s)}\fallingdotseq 6.3\times10^{-4}\,\text{mol/(L·s)} \quad \cdots \text{答}$$

平均の濃度は，各時間の濃度を足して2で割ればよいから，

$$\overline{[H_2O_2]}=\frac{0.40\,\text{mol/L}+0.25\,\text{mol/L}}{2}=(❿\qquad \text{mol/L})\fallingdotseq 0.33\,\text{mol/L} \quad \cdots \text{答}$$

(2) 上記の値を，**反応速度式$v=k[H_2O_2]$**に代入すると，

$$6.25\times10^{-4}\,\text{mol/(L·s)}=k\times(❿\qquad \text{mol/L}) \qquad k\fallingdotseq 1.9\times10^{-3}\text{/s} \quad \cdots \text{答}$$

注

反応速度式のkの値が決まると，いかなるモル濃度における反応速度（**瞬間の反応速度**）も計算で求めることができる。

2 反応の次数と反応式の係数の関係 

$aA + bB \longrightarrow cC$（$a$, b, cは係数）で表される反応において，一般に，その反応速度式は，

$$v = k[A]^x[B]^y$$

と表される。このとき，$x+y$の値を**反応の次数**という。x, yの値は反応式の係数a, bとは必ずしも（⓫一致　　　　　　　）。[5]

[5] 反応速度式の反応の次数は，実験に基づいて決定しなければならない。
$2N_2O_5 \longrightarrow 4NO_2 + O_2$
の反応速度式は，実験で求めると，
$v=k[N_2O_5]^2$
ではなく，
$v=k[N_2O_5]$
である。

C. 反応速度を変える条件 出る

1 反応速度と濃度の関係――反応物の濃度が大きくなるほど，反応速度は（⓬　　　　　　く）なる。これは，反応物の濃度に比例して，単位時間あたりの反応物の粒子の（⓭　　　　　　　**回数**）が増えるためである。

反応物が気体の場合は，分圧が大きいほど（⓮　　　　　　）が大きくなるので，反応速度が大きくなる。[6]

[6] 例えば，線香は空気中ではゆっくり燃えるが，酸素中では激しく燃える。

2 反応速度と温度の関係――温度が高くなると，反応速度は急激に（⓯　　　　　　く）なる。ほかの条件が一定のとき，温度が10 K上昇するごとに，反応速度が（⓰　　　～　　　）倍になるものが多い。[7]

[7] 温度と反応速度

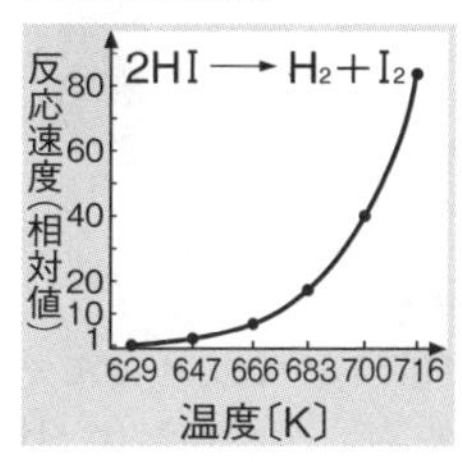

629 Kにおける反応速度を1としたときの相対値で表している。

3 反応速度と触媒の関係――反応の際に自身は変化せず，反応速度を大きくするはたらきをもつ物質を（⓱　　　　　　）という（p.79）。

例 $2H_2O_2 \xrightarrow{MnO_2} 2H_2O + O_2$

$4NH_3 + 5O_2 \xrightarrow{Pt} 4NO + 6H_2O$

$N_2 + 3H_2 \xrightarrow{Fe} 2NH_3$　（ハーバー・ボッシュ法，p.88）

4 反応速度を変えるほかの条件

① **固体の表面積**　固体物質では，かたまり状よりも粉末状にしたほうが反応速度が（⓲　　　　　　く）なる。[8] これは，固体の**表面積**が大きくなると，反応できる粒子の割合が増えるためである。

② **光**　光エネルギーによって，反応が促進されることがある。

例 $H_2 + Cl_2 \longrightarrow 2HCl$

[8] 表面積と反応速度

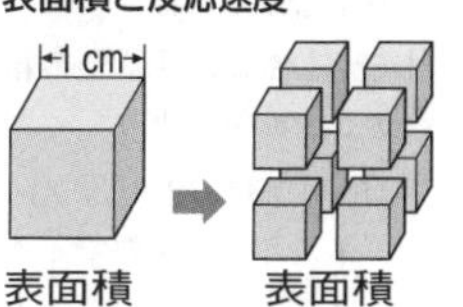

立方体を8等分すると，表面積は2倍になる。

ミニテスト　［解答］別冊p.6

過酸化水素水に酸化マンガン(Ⅳ)を少量加えると，次の分解反応が起こる。反応開始から1分間で過酸化水素の濃度$[H_2O_2]$が0.13 mol/Lから0.10 mol/Lに変化したとき，次の各問いに答えよ。

$2H_2O_2 \longrightarrow 2H_2O + O_2$

(1) この1分間の過酸化水素の分解速度は何mol/(L·s)か。　（　　　　　　　　）

(2) この1分間の酸素の発生速度は何mol/(L·s)か。　（　　　　　　　　）

2 反応の速さと活性化エネルギー

［解答］別冊p.6

A. 化学反応の進み方 出る

1 粒子の衝突――化学反応が起こるためには，反応物の粒子どうしが（❶　　　　）する必要がある。ただし，衝突した粒子すべてが反応するわけではない。

2 遷移状態――例えば，$H_2 + I_2 \longrightarrow 2HI$ の反応では，水素分子 H_2 とヨウ素分子 I_2 が十分な（❷　　　　）をもって，反応に都合のよい向きから[1]衝突すると，結合の組み換えが起こるエネルギーの高い状態となる。この状態を（❸　　　　**状態**）という。このとき，H－H結合とI－I結合は切れかかると同時に，新しいH－I結合が生じている。[2] 遷移状態にある原子の集合体を**活性錯体**という。

3 活性化エネルギー――反応物の粒子を遷移状態にするのに必要なエネルギーを，その反応の（❹　　　　）という。衝突する粒子の運動エネルギーの和が活性化エネルギーより（❺　　　　い）ときは反応が起こるが，運動エネルギーの和が活性化エネルギーより（❻　　　　い）ときは反応が起こらない。

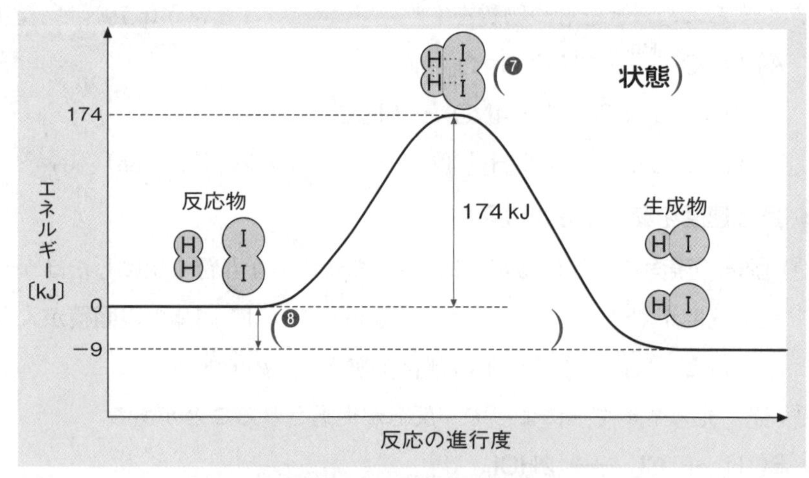

遷移状態と活性化エネルギー

4 反応の速さと活性化エネルギー――活性化エネルギーは反応によって固有の値をとる。[3]一般に，ほかの条件が同じとき，活性化エネルギーの（❾　　　　い）反応は反応速度が大きく，活性化エネルギーの大きい反応は反応速度が（❿　　　　い）。

[1]
粒子が衝突する向き

反応に都合のよい向きの例

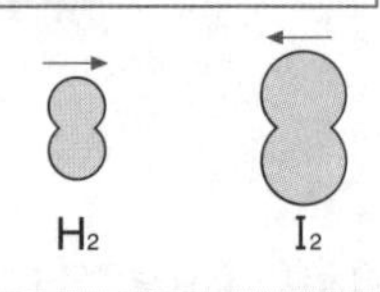

反応に都合の悪い向きの例

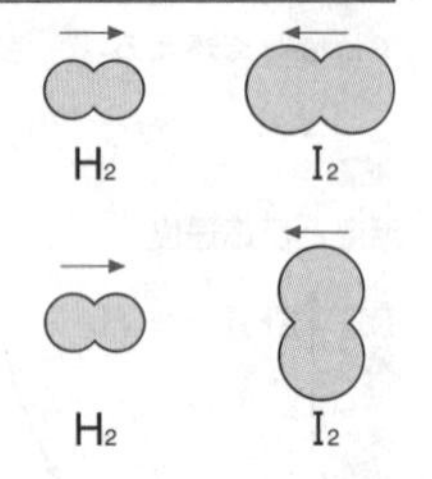

[2]
H_2 と I_2 の反応は約400℃で起こる。このとき，H－H結合とI－I結合が切れ，いったんばらばらの原子となってから反応が進むのではない。
H_2 と I_2 をそれぞればらばらの原子にするには，H－H結合とI－I結合の結合エンタルピーより，
436 kJ＋149 kJ＝585 kJ
のエネルギーが必要で，それには1000℃以上の高温が必要となる。

[3]
$Ag^+ + Cl^- \longrightarrow AgCl$ などの水溶液中のイオン反応の活性化エネルギーは，小さいものが多い。

5 **活性化エネルギーと温度**――温度が10K上昇すると，反応物の粒子の衝突回数はわずか数%しか増加しないが，反応速度は2～4倍に増加する。これは，温度が高くなると(⓫　　　　**エネルギー**)よりも大きな運動エネルギーをもった分子の割合が大きくなるためである。

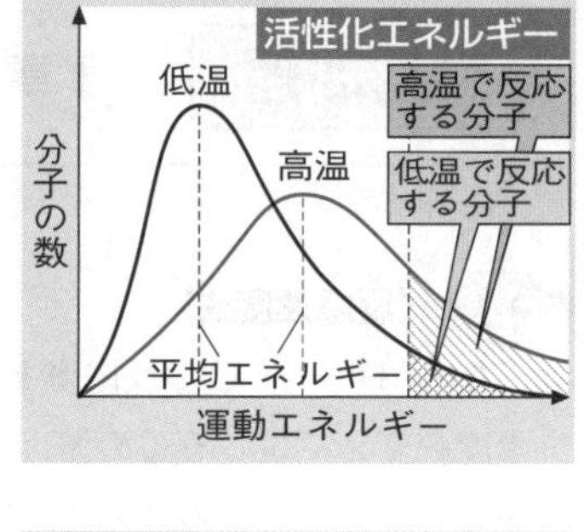

B. 化学反応と触媒

1 **触媒**――過酸化水素水は，少量の酸化マンガン(Ⅳ)MnO_2や鉄(Ⅲ)イオンFe^{3+}を加えると，激しく分解し始める。MnO_2やFe^{3+}のように，**反応の前後で自身は変化せず，反応速度を大きくする物質**を(⓬　　　　)という。

└→ 常温では，極めてゆっくりとしか分解しない

2 **触媒と活性化エネルギー**――触媒を用いると反応速度が大きくなるのは，触媒と反応物が結びつき，活性化エネルギーの(⓭　　　　**い**)反応経路を通って反応が進むようになるためである。触媒を加えても，(⓮　　　　**エンタルピー**)の大きさは変わらない。[4]

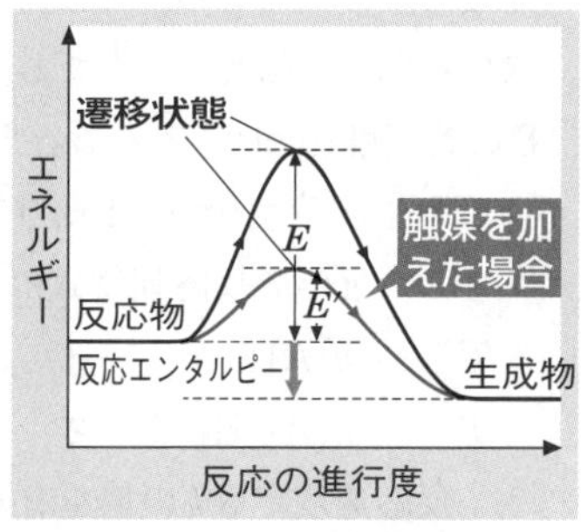

触媒によって，エネルギーの小さい分子も反応できるようになる。

4　反応エンタルピーは，反応前後の物質の状態によって決まり(ヘスの法則)，触媒を加えても変わらない。

3 **触媒の種類**

① (⓯　　　　**触媒**)…反応物と均一に混合してはたらく触媒。

└→ 水溶液中のイオン，酵素など

反応物 ＋ 触媒 ⟶ [反応中間体] ⟶ 生成物 ＋ 触媒

② (⓰　　　　**触媒**)…反応物と均一に混合せずにはたらく触媒。

└→ MnO_2，白金Pt，鉄Feなど，ほとんどの固体触媒

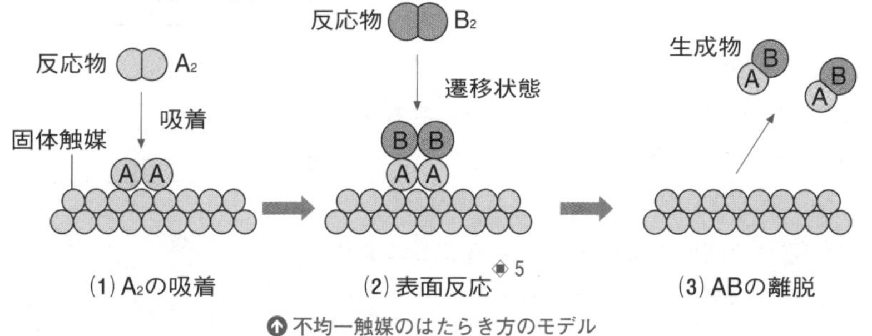

⬆ 不均一触媒のはたらき方のモデル

5　反応物の粒子が触媒の表面に吸着すると，原子間の距離が長くなったり，結合が弱められたりして，容易に遷移状態となることがわかっている。

重要　[触媒]
活性化エネルギーの小さい別の反応経路をつくり，反応速度を大きくする。反応エンタルピーは変えない。

ミニテスト　[解答] 別冊p.6

p.78の図に示されたH_2 ＋ I_2 ⟶ 2HIの反応について，次の各問いに答えよ。

(1) 図の174kJは何を表しているか。(　　　　)

(2) この反応によって，何kJのエネルギーが放出または吸収されるか。(　　　　)

(3) 2HI ⟶ H_2 ＋ I_2の反応の活性化エネルギーは何kJか。(　　　　)

練習問題　1章 化学反応の速さ

［解答］別冊p.31

1 〈反応速度式〉

▶わからないとき→p.75～76

A ＋ B ⟶ Cの反応がある。AとBの初濃度を変えて生じるCの濃度を測定し，反応速度を求めたところ，右表の結果が得られた。次の各問いに答えよ。ただし，[A]と[B]はA，Bの初濃度〔mol/L〕である。また，反応速度vはCの生成速度〔mol/(L・s)〕で表してある。

実験	［A］	［B］	v
1	0.30	1.20	0.036
2	0.30	0.60	0.009
3	0.60	0.60	0.018

(1)　この反応の反応速度式は，次の**ア**～**オ**のどれで表されるか。

ア　$v=k[A]$　　**イ**　$v=k[A][B]$　　**ウ**　$v=k[A]^2[B]$

エ　$v=k[A][B]^2$　　**オ**　$v=k[A]^2[B]^2$

(2)　反応速度定数kの値を有効数字2桁で求め，単位も記せ。

ヒント　(1)　[A]を一定として[B]とvの関係を求め，次に，[B]を一定として[A]とvの関係を求める。

1
(1)
(2)

2 〈反応速度とエネルギー〉

▶わからないとき→p.77～79

次の文章中の(　)に適する語句を入れよ。

化学反応が起こるためには，反応物の粒子が互いに(①)する必要がある。一般に，気体どうしの反応で反応速度を大きくするには，一定体積中の反応物の粒子の数，すなわち分圧や(②)を大きくすればよい。

一般に，化学反応はエネルギーの高い中間状態を経て進行する。この状態を(③)といい，反応物を(③)にするのに必要な最小のエネルギーを(④)という。(④)の大きさは，反応の種類によって異なり，これが大きいほど反応速度は(⑤)くなる。温度を(⑥)くすると，分子の運動エネルギーは大きくなり，(④)を超えることができる分子の数が増えるので，反応速度は大きくなる。

また，活性化エネルギーの(⑦)い別の反応経路をつくることにより，反応速度を大きくするはたらきがある物質を(⑧)という。

2
①
②
③
④
⑤
⑥
⑦
⑧

3 〈活性化エネルギー〉

▶わからないとき→p.78～79

右図は$2SO_2$ ＋ O_2 ⟶ $2SO_3$の反応について，触媒があるときとないときのエネルギーを示している。次の(1)～(4)を表すものは，図中のa～fのどれか。

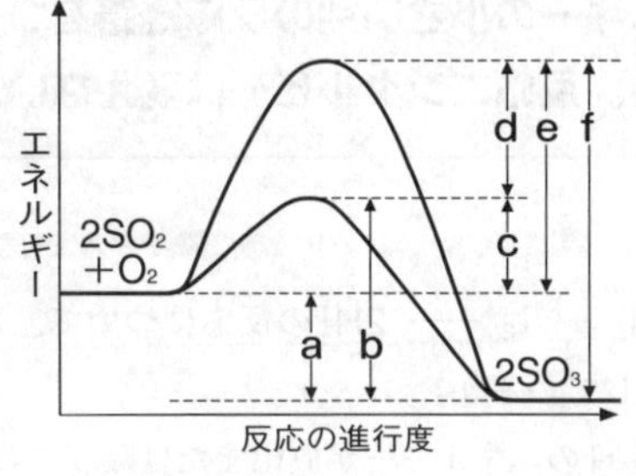

(1)　触媒があるときの活性化エネルギー

(2)　触媒がないときの活性化エネルギー

(3)　触媒があるときの反応エンタルピー

(4)　触媒がないときの$2SO_3$ ⟶ $2SO_2$ ＋ O_2の反応の活性化エネルギー

3
(1)
(2)
(3)
(4)

2章 化学平衡

1 化学平衡と平衡定数

[解答] 別冊p.6

A. 可逆反応と不可逆反応

1 可逆反応――水素H_2とヨウ素I_2の混合気体を高温に保つと，その一部が反応して(❶　　　　)が生成する。一方，ヨウ化水素HIを高温に保つと，その一部が分解して水素とヨウ素が生じる。

H_2(気) ＋ I_2(気) $\rightleftarrows$ 2HI(気)

このように，左右どちらの向きにも進む反応を(❷　　　　**反応**)[1]という。可逆反応は記号$\rightleftarrows$で表し，右向きの反応を**正反応**，左向きの反応を(❸　　　　**反応**)という。

2 不可逆反応――可逆反応に対して，一方向だけに進む反応を(❹　　　　**反応**)という。反応エンタルピーが大きい燃焼反応や，発生した気体が反応系外へ出ていく反応，水溶液中で(❺　　　　)が生成する反応などは，通常，不可逆反応である。[2]

[1] 可逆反応と正反応・逆反応

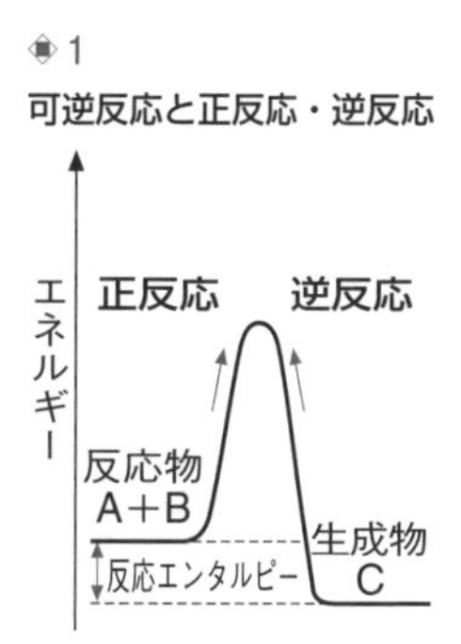

[2] 厳密には，化学反応のほとんどは可逆反応である。特に，反応物と生成物が共存する密閉容器で反応を行うと，最終的には化学平衡に達する。

B. 化学平衡

1 H_2 ＋ I_2 $\rightleftarrows$ 2HI の可逆反応――密閉容器にH_2 1 molとI_2 1 molを入れて高温に保つと，(❻　　　　**反応**)が始まり，HIが生成する。やがて，生成したHIの一部は(❼　　　　**反応**)によってH_2とI_2に戻る。

最初は正反応の速度v_1のほうが大きいが，徐々にv_1は小さくなる一方で，逆反応の速度v_2は徐々に大きくなる。

やがて(❽　　　＝　　　)となると，見かけ上，反応が停止したような状態になる。この状態を(❾　　　　**の状態**)，または，単に**平衡状態**という。

（❽ 記号で答える）

平衡状態では，反応物の濃度$[H_2]$，$[I_2]$および，生成物の濃度$[HI]$はいずれも(❿　　　　)となる。

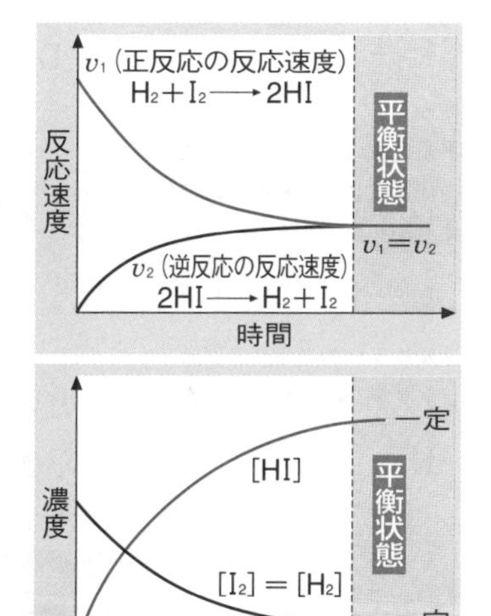

> **重要** **化学平衡の状態 ⇨ 正反応の速度＝逆反応の速度**
> **⇨ 反応物と生成物の濃度は一定**

2 化学平衡——下図のように，H_2，I_2 各1 molから反応を開始しても，逆に，HI 2 molから反応を開始しても，同じ温度条件であれば，到達する平衡状態は（⓫　　　　）[3]である。

◈3
約450℃で平衡状態に達したとき，
H_2；0.20 mol
I_2；0.20 mol
HI；1.6 mol
の割合になっている。

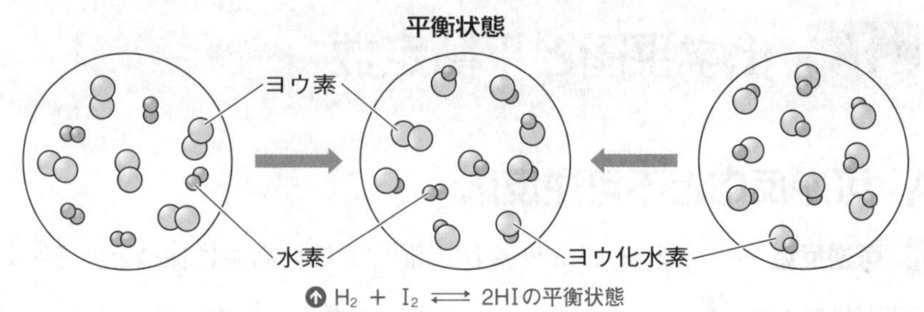

↑ $H_2 + I_2 \rightleftarrows 2HI$の平衡状態

C. 化学平衡の法則 出る

1 平衡定数——可逆反応$H_2 + I_2 \rightleftarrows 2HI$において，正反応の速度を$v_1$，逆反応の速度を$v_2$とすると，平衡状態のとき$v_1$と$v_2$の間には（⓬　　＝　　）の関係が成り立つから，

$$k_1[H_2][I_2] = k_2[HI]^2$$

これを濃度と反応速度定数に分けて整理すると，次式が成り立つ。

$$\frac{[HI]^2}{[H_2][I_2]} = \frac{k_1}{k_2} = K \quad (一定)$$ [4]

このKは温度によって決まる定数で，（⓭　　　　）[5]という。

◈4
平衡定数は反応物の濃度を分母に，生成物の濃度を分子に書く約束がある。また，反応速度定数k_1，k_2は温度によって変化するので，平衡定数Kも温度によって変化する。

◈5
平衡定数の単位は，反応式の係数によって異なるので，注意が必要である。

2 化学平衡の法則——一般に，物質A，B，C，Dの間の可逆反応が次のような平衡状態にあるとき，平衡時の各物質のモル濃度を[A]，[B]，[C]，[D]とすると，一定温度では(i)式で表される関係が成り立つ。

$$aA + bB \rightleftarrows cC + dD \quad (a,\ b,\ c,\ d は係数)$$

$$\frac{[C]^c[D]^d}{[A]^a[B]^b} = K \quad (K；平衡定数) \cdots\cdots\cdots\cdots (i)$$

(i)式で表される関係を（⓮　　　　**の法則**），または**質量作用の法則**[6]という。平衡定数がわかっていると，ある量のA，Bを反応させたとき，平衡状態でのC，Dの生成量を計算で求めることができる。

◈6
ノルウェーのグルベルグとワーゲが1864年に発見した。

重要 ［化学平衡の法則］

$aA + bB + \cdots \rightleftarrows xX + yY + \cdots$ **の化学平衡では，**

$$\frac{[X]^x[Y]^y\cdots}{[A]^a[B]^b\cdots} = K \quad (温度に応じて一定)$$

Kは平衡定数，単位は[7]$(mol/L)^{(x+y+\cdots)-(a+b+\cdots)}$

◈7
左辺の係数の和と右辺の係数の和が等しい場合，平衡定数の単位はない。

例題研究　平衡定数の計算

(1) 体積10 Lの容器に水素H_2とヨウ素I_2を2.0 molずつ入れ，一定温度に保ち，平衡状態に到達させたところ，ヨウ化水素HIが3.0 mol生じていた。この反応の平衡定数を求めよ。

$$H_2(気) + I_2(気) \rightleftarrows 2HI(気)$$

(2) 酢酸CH_3COOH 1.0 molとエタノールC_2H_5OH 1.0 molを混合し，少量の濃硫酸(触媒)を加えて体積を100 mLとし，一定温度に保つと，酢酸エチル$CH_3COOC_2H_5$と水H_2Oが生成し，次の可逆反応が平衡状態になった。この温度における平衡定数を4.0として，生成する酢酸エチルの物質量を求めよ。

$$CH_3COOH + C_2H_5OH \rightleftarrows CH_3COOC_2H_5 + H_2O$$

解き方

(1) 反応式の係数の比より，反応したH_2，I_2はそれぞれ1.5 molであるから，平衡時の各物質の物質量は次のようになる。

	H_2	+ I_2	$\rightleftarrows$ 2HI
反応前の物質量	2.0 mol	2.0 mol	0 mol
変化量	−1.5 mol	−1.5 mol	+3.0 mol
平衡時の物質量	0.50 mol	0.50 mol	3.0 mol

モル濃度〔mol/L〕$=\dfrac{物質量〔mol〕}{体積〔L〕}$ より，各物質のモル濃度を求め，平衡定数の式へ代入すると，

└→ 平衡定数は平衡時の各物質のモル濃度をもとに表される

$$K=\frac{[HI]^2}{[H_2][I_2]}=\frac{\left(\dfrac{3.0}{10}\ \mathrm{mol/L}\right)^2}{\left(\dfrac{0.50}{10}\ \mathrm{mol/L}\right)\left(\dfrac{0.50}{10}\ \mathrm{mol/L}\right)}=(⑮\qquad)\ \cdots 答$$

平衡定数の計算方法
① 平衡状態における各物質の物質量を求める。
② 各物質の物質量を体積で割り，モル濃度を求める。
③ 平衡定数の式では左辺(反応物)のモル濃度を分母に書く。
④ 各物質のモル濃度を平衡定数の式に代入する。

(2) 平衡時の$CH_3COOC_2H_5$の物質量をx〔mol〕とすると，平衡時の各物質の物質量は次のようになる。

	CH_3COOH	+ C_2H_5OH	$\rightleftarrows$ $CH_3COOC_2H_5$	+ H_2O
反応前の物質量	1.0 mol	1.0 mol	0 mol	0 mol
変化量	$-x$	$-x$	$+x$	$+x$
平衡時の物質量	1.0 mol$-x$	1.0 mol$-x$	x	x

混合溶液の体積から各物質のモル濃度を求め，平衡定数の式へ代入すると，

$$K=\frac{[CH_3COOC_2H_5][H_2O]}{[CH_3COOH][C_2H_5OH]}=\frac{\left(\dfrac{x}{0.10\ \mathrm{L}}\right)^2}{\left(\dfrac{1.0\ \mathrm{mol}-x}{0.10\ \mathrm{L}}\right)^2}=(⑯\qquad)$$

└→ 平衡定数を入れる

完全平方式なので，両辺の平方根をとると，

0 mol$<x<$1.0 molより，

$$\frac{x}{1.0\ \mathrm{mol}-x}=2.0 \qquad x≒0.67\ \mathrm{mol}\ \cdots 答$$

注
両辺の平方根をとると，$\dfrac{x}{1.0\ \mathrm{mol}-x}=\pm2.0$ となるが，$x>0$ mol，1.0 mol$-x>0$ molより左辺は正となるので，右辺も正の2.0となる。

注
完全平方式でない場合は，2次方程式の解の公式を用いる。

$$ax^2+bx+c=0 \rightarrow x=\frac{-b\pm\sqrt{b^2-4ac}}{2a} \qquad ax^2+2bx+c=0 \rightarrow x=\frac{-b\pm\sqrt{b^2-ac}}{a}$$

D. 化学平衡の応用

◈8
固体がかかわる平衡

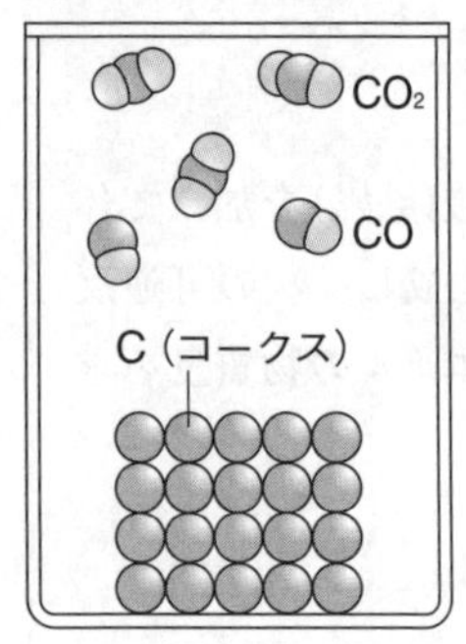

1 固体がかかわる平衡[8]――C(固) + CO_2(気) ⇄ 2CO(気)のような固体がかかわる平衡では，固体の濃度は常に（⑰　　　　）とみなせるので，**平衡定数は気体成分のモル濃度だけで表せばよい。**

$$K=\frac{[CO]^2}{[CO_2]}$$ （[C(固)]は定数とみて，Kの中に含めてある。）

2 圧平衡定数――反応物と生成物がすべて気体である可逆反応

N_2(気) + $3H_2$(気) ⇄ $2NH_3$(気) ……………………(i)

の平衡では，各成分気体の（⑱　　　　）のかわりに**分圧**を用いて平衡定数を表すことがある。[9]このような平衡定数を（⑲　　　　）といい，記号K_pで表す。平衡時の窒素N_2，水素H_2，アンモニアNH_3の各分圧をそれぞれP_{N_2}，P_{H_2}，P_{NH_3}とすると，

$$\boldsymbol{K_p=\frac{(P_{NH_3})^2}{P_{N_2}\cdot(P_{H_2})^3}} \quad \cdots\cdots(ii)$$

一方，モル濃度で表した平衡定数を（⑳　　　　）といい，記号K_cで表す。[10]気体の（㉑　　　　）を用いると，K_pとK_cの関係は次のようになる。
（↳ $PV=nRT$で表される）

$PV=nRT$から$P=\frac{n}{V}RT$であり，$\frac{n}{V}$は（㉒　　　　）を表すから，N_2について，

$$P_{N_2}=\frac{n_{N_2}}{V}RT=[N_2]\,RT$$

H_2，NH_3についても同様に，$P_{H_2}=[H_2]\,RT$，$P_{NH_3}=[NH_3]\,RT$
これらを(ii)式へ代入すると，

$$K_p=\frac{[NH_3]^2(RT)^2}{[N_2][H_2]^3(RT)^4}=（㉓　　　　）$$ [11]

◈9
この可逆反応の場合，反応の進行に伴い，混合気体の全圧がしだいに低下する。全圧が一定になったとき，平衡状態に達したと判断することができる。

◈10
単に平衡定数Kといった場合は，濃度平衡定数K_cを表す。なお，添え字のc，pは，それぞれconcentration（濃度），pressure（圧力）を表す。

◈11
(i)式の平衡定数は600 Kで
$K_p=1.8\times10^{-13}$ /Pa^2
$K_c=1.2\times10^{-4}$ L^2/mol^2

例題研究　濃度平衡定数と圧平衡定数

1.0 Lの密閉容器に0.10 molの四酸化二窒素N_2O_4を封入し，300 Kに保つと，N_2O_4の20 %が解離して二酸化窒素NO_2になり，次式で表される平衡状態となった。あとの各問いに答えよ。
気体定数；8.3×10^3 Pa・L/(K・mol)

N_2O_4(気) ⇄ $2NO_2$(気) ……………………(i)

(1) (i)式の濃度平衡定数K_cを求めよ。
(2) (i)式の圧平衡定数K_pを求めよ。

解き方

(1) N_2O_4 0.10 molの20 %が解離したので，平衡状態におけるN_2O_4とNO_2の物質量は，
N_2O_4；0.10 mol×(1－（㉔　　　　）)＝0.080 mol
NO_2；0.10 mol×（㉔　　　　）×2＝0.040 mol

容器の体積は1.0 Lなので，N_2O_4とNO_2のモル濃度は，

$[N_2O_4]=$(㉕ **mol/L**)　$[NO_2]=$(㉖ **mol/L**)

よって，濃度平衡定数K_cは，

$$K_c=\frac{[NO_2]^2}{[N_2O_4]}=\frac{(0.040\ mol/L)^2}{0.080\ mol/L}=$$ (㉗)　…答

(2) N_2O_4とNO_2の平衡混合気体の圧力をP〔Pa〕とすると，

気体の状態方程式$PV=nRT$より，

$$P\times1.0\ L=(0.080+0.040)\ mol\times8.3\times10^3\ Pa\cdot L/(K\cdot mol)\times300\ K$$

$P\fallingdotseq$(㉘ **Pa**)

平衡状態におけるN_2O_4とNOの分圧をそれぞれ$P_{N_2O_4}$〔Pa〕，P_{NO_2}〔Pa〕とすると，

(分圧)＝(全圧)×(モル分率)より，

$P_{N_2O_4}=$(㉘ **Pa**) × (㉙ **mol**) / 0.120 mol $\fallingdotseq 2.0\times10^5$ Pa

$P_{NO_2}=$(㉘ **Pa**) × (㉚ **mol**) / 0.120 mol $\fallingdotseq 1.0\times10^5$ Pa

よって，圧平衡定数K_pは，

$$K_p=\frac{P_{NO_2}^2}{P_{N_2O_4}}=\frac{(1.0\times10^5\ Pa)^2}{2.0\times10^5\ Pa}=$$ (㉛ **Pa**)　…答

別解　気体の状態方程式より，N_2O_4のモル濃度$[N_2O_4]$と分圧$P_{N_2O_4}$の間には，次の関係が成り立つ。

$$P_{N_2O_4}V=n_{N_2O_4}RT \quad ⇨ \quad P_{N_2O_4}=\frac{n_{N_2O_4}}{V}RT=[N_2O_4]RT \quad \cdots\cdots(ii)$$

同様に，NO_2のモル濃度$[NO_2]$と分圧P_{NO_2}の間には，次の関係が成り立つ。

$$P_{NO_2}V=n_{NO_2}RT \quad ⇨ \quad P_{NO_2}=\frac{n_{NO_2}}{V}RT=[NO_2]RT \quad \cdots\cdots(iii)$$

(ii)，(iii)を圧平衡定数の式に代入すると，

$$K_p=\frac{P_{NO_2}^2}{P_{N_2O_4}}=\frac{([NO_2]RT)^2}{[N_2O_4]RT}=\frac{[NO_2]^2}{[N_2O_4]}RT$$

$$=\frac{(0.040\ mol/L)^2}{0.080\ mol/L}\times8.3\times10^3\ Pa\cdot L/(K\cdot mol)\times300\ K\fallingdotseq$$ (㉛ **Pa**)　…答

ミニテスト

[解答] 別冊p.6

1 可逆反応$N_2 + 3H_2 \rightleftarrows 2NH_3$が平衡状態にある。このときのようすとして正しいものを，次の**ア**～**オ**からすべて選べ。　(　　　)

ア　反応が完全に停止している。

イ　N_2，H_2，NH_3の各濃度が等しい。

ウ　N_2，H_2，NH_3の濃度の比が1：3：2となる。

エ　NH_3の生成速度とNH_3の分解速度が等しい。

オ　N_2，H_2，NH_3の各濃度が一定になっている。

2 次の可逆反応が平衡状態にあるとき，平衡定数を表す式を書け。ただし，特に指示のない物質は気体とする。

(1) $2SO_2 + O_2 \rightleftarrows 2SO_3$　(　　　)

(2) $N_2O_4 \rightleftarrows 2NO_2$　(　　　)

(3) C(固) + $H_2O \rightleftarrows CO + H_2$　(　　　)

2 化学平衡の移動

[解答] 別冊p.6

A. ルシャトリエの原理 出る

1 平衡の移動――可逆反応が平衡状態にあるとき，温度や圧力などの条件を変化させると，正反応または逆反応がいくらか進み，新しい平衡状態になる。これを**化学平衡の移動**，または，**平衡の移動**という。

2 ルシャトリエの原理(平衡移動の原理)――1884年，ルシャトリエ(1850～1936(フランス))は，平衡の移動について，次のような原理を発表した。

「可逆反応が平衡状態にあるとき，**濃度・圧力・温度**などの条件を変化させると，その影響を(❶　　　　)方向へ平衡が移動し，新しい平衡状態となる。」

これを(❷　　　　)**の原理**(**平衡移動の原理**)という。[1]

[1] この原理は，化学平衡だけでなく，気液平衡，溶解平衡などの物理変化に伴う平衡でも成り立つ普遍的な大原理である。

3 濃度変化と平衡の移動――可逆反応 $H_2 + I_2 \rightleftarrows 2HI$ が平衡状態にあるとき，温度・体積を一定に保って，水素 H_2 を加えていくと，(❸　　　　)を生成する方向へ反応が進み，新たな平衡状態になる。これは，H_2 の濃度の増加を打ち消す(H_2 の濃度を減少させる)方向へ平衡移動が起こったと考えればよい。[2]

[2] ただし，H_2 を加えたことで，正反応がいくらか進んだとしても，H_2 がもとの量より少なくなることはない。

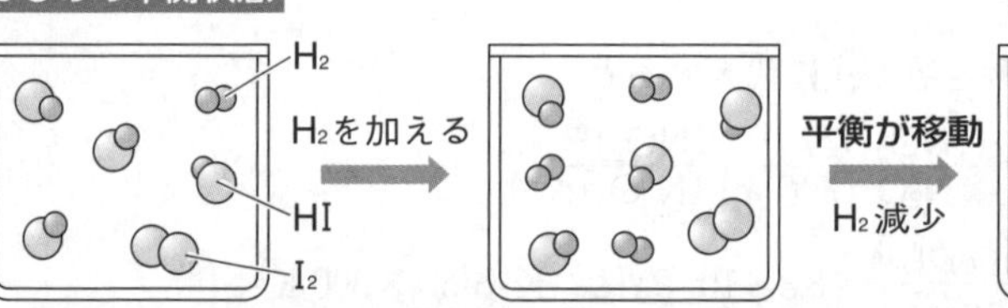

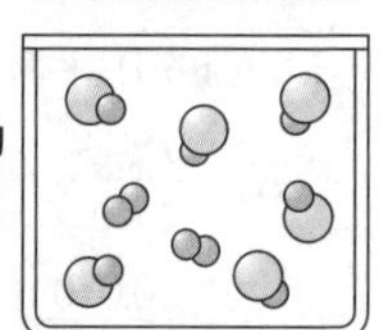

> **重要** [濃度変化と平衡の移動]
> **ある物質の濃度が増加(減少)すると，その物質の濃度が減少(増加)する方向へ平衡が移動する。**

4 濃度変化と平衡定数――可逆反応 $H_2 + I_2 \rightleftarrows 2HI$ の平衡定数 K は，次のように表される。

$$K=\frac{[HI]^2}{[H_2][I_2]} \quad \cdots\cdots(i)$$

水素 H_2，ヨウ素 I_2，ヨウ化水素HIの平衡混合気体に H_2 を加えると，$[H_2]$ が増加し，$[I_2]$，$[HI]$ が一定ならば，(i)式の値は K よりも小さくなる。そこで，(i)式の値 K になるように，$[H_2]$，$[I_2]$ が減少して $[HI]$ が増加する方向，つまり，(❹　　　　)向きに平衡が移動する。

5 圧力変化と平衡の移動——常温付近では，赤褐色の二酸化窒素NO_2と無色の四酸化二窒素N_2O_4は，次式のような平衡状態にある。

$2NO_2$(気) ⇄ N_2O_4(気)　…………………………(ii)

圧力を高くする　平衡が移動

(a)　(b)　(c)

NO_2とN_2O_4の平衡混合気体を注射器に入れ，温度一定で，注射器のピストンを押して圧力を加える。その瞬間，赤褐色は濃くなるが，やがてその色はやや薄くなる。これは，圧力を上げると，気体分子の総数が(❺　　　　)する方向，つまり平衡が右向きに移動したためである。

逆に，ピストンを引いて圧力を下げると，気体分子の総数が(❻　　　　)する方向，つまり左向きに平衡が移動する。[3]

一方，H_2 ＋ I_2 ⇄ 2HIのような可逆反応では，**気体の分子数は変化しない**ので，圧力を変化させても平衡は(❼移動　　　　)。

[3] ピストンを引くと，その瞬間は赤褐色が薄くなるが，やがて平衡が左向きに移動し，色がやや濃くなる。

> **重要**　[圧力変化と平衡の移動]
> **圧力を高く(低く)すると，気体分子の総数が減少(増加)する方向へ平衡が移動する。**

6 温度変化と平衡の移動——(ii)式の可逆反応は右向きへの反応が発熱反応で，次の熱化学反応式で表される。

$2NO_2$ ⇄ N_2O_4　$\Delta H = -57$ kJ　……………(iii)

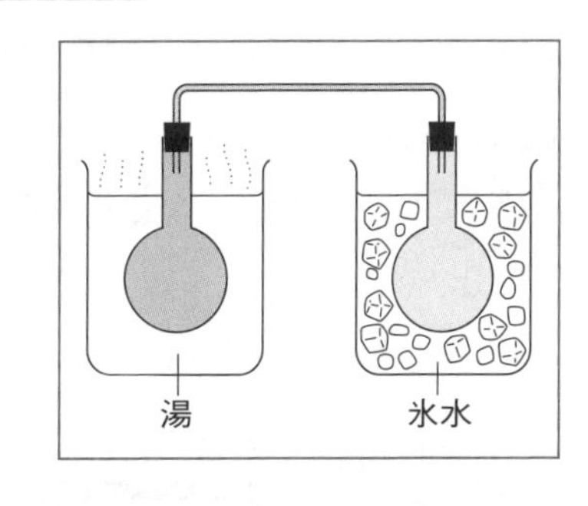

いま，NO_2(赤褐色)とN_2O_4(無色)の平衡混合気体を加熱すると，(❽　　　　反応)の方向へ平衡が移動し，赤褐色が濃くなる。一方，冷却すると，(❾　　　　反応)の方向へ平衡が移動し，赤褐色が薄くなる。

> **重要**　[温度変化と平衡の移動]
> **温度を上げる(下げる)と，吸熱反応(発熱反応)の方向へ平衡が移動する。**

7 温度変化と平衡定数——温度を変えると，平衡定数の値そのものが変化する。(iii)式の反応の場合，温度を上げると平衡は吸熱反応の方向，つまり左向きに移動するから，平衡定数$K = \frac{[N_2O_4]}{[NO_2]^2}$の値は(❿　　　　く)なる。[4]

[4] $K = \frac{[N_2O_4]}{[NO_2]^2}$の温度変化は，次のようになる。

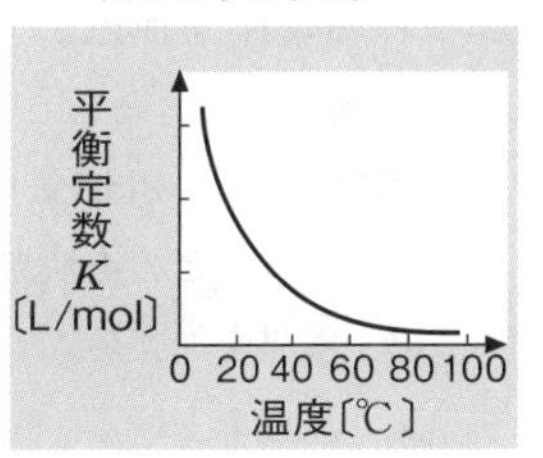

8 触媒と平衡の移動——触媒を加えると，反応速度が大きくなり，平衡に達するまでの時間が短くなるが，平衡は移動しない。

B. 化学平衡の工業への応用

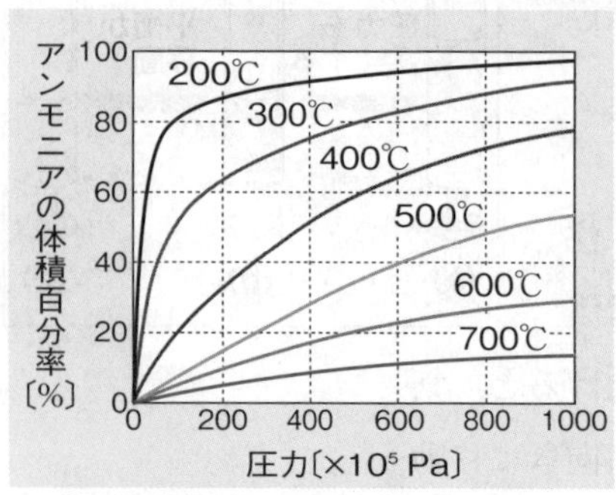

平衡状態におけるアンモニアの生成率

1 アンモニアの合成――窒素N_2と水素H_2を原料とし，触媒を用いて直接アンモニアNH_3をつくる方法を（⑪　　　　法）という。

2 平衡の移動と反応条件――アンモニアの生成反応の熱化学反応式は，次式で表される。

$$N_2(気) + 3H_2(気) \rightleftarrows 2NH_3(気) \quad \Delta H = -92\,\mathrm{kJ}$$

アンモニアの生成量を多くするには，平衡が右に移動するような反応条件を考えればよい。

正反応が進むと，気体の分子数は（⑫　　　　）し，発熱する。したがって，ルシャトリエの原理によると，アンモニアの生成率を大きくするための反応条件は，（⑬　　温）・（⑭　　圧）が望ましい。

3 問題点――工業的な合成法では，反応条件だけでなく，**反応速度や反応装置の強度**などが問題となる。

① 低温にしすぎると，（⑮　　　　）が小さくなり，反応に時間がかかって生産効率が悪くなる。

② 高圧にしすぎると，（⑯　　　　）の強度の限界から，耐久性や安全性に問題が生じる。

4 解決法――実際には，3～5×10^7 Pa，500℃程度の反応条件で，四酸化三鉄Fe_3O_4を主成分とする（⑰　　　　）を用いて操業される。◆5

◆5
生成した平衡混合気体を冷却してNH_3を液体にし，反応系から取り除くことで，逆反応があまり起こらなくなるようにする工夫もしている。

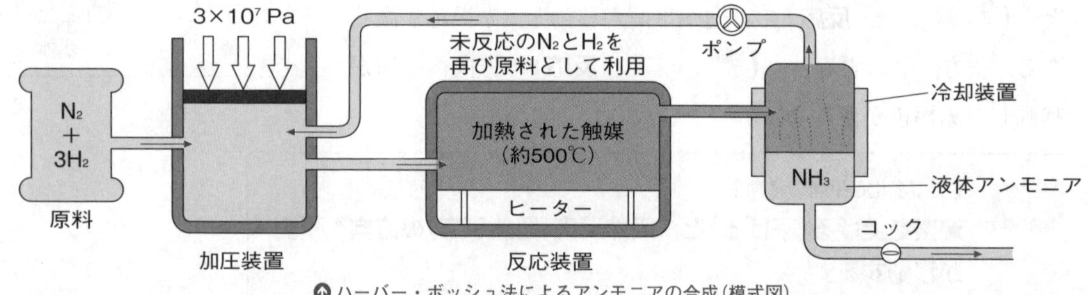

ハーバー・ボッシュ法によるアンモニアの合成（模式図）

ミニテスト　　［解答］別冊p.6

1 次の反応が平衡状態にあるとき，次の操作を行うと，平衡はどちら向きに移動するか。

$$N_2(気) + O_2(気) \rightleftarrows 2NO(気) \quad \Delta H = 90\,\mathrm{kJ}$$

(1) 窒素N_2を加える。（　　　）　(2) 圧力を加える。（　　　）

(3) 触媒を加える。（　　　）　(4) 温度を下げる。（　　　）

2 $CO(気) + 2H_2(気) \rightleftarrows CH_3OH(気)$の正反応は発熱反応である。メタノール$CH_3OH$の生成量を多くするには，次のどの方法が適当か。すべて選び，記号で答えよ。（　　　）

ア 触媒を加える。　**イ** 圧力を下げる。　**ウ** 圧力を上げる。

エ 温度を上げる。　**オ** 温度を下げる。

練習問題　2章 化学平衡

［解答］別冊p.31

1 〈化学平衡とその移動〉

▶わからないとき→p.81,86～87

次の文章中の(　)に適する語句を入れよ。

化学平衡の状態とは，可逆反応において，(①)の速度と(②)の速度が等しくなり，見かけ上，反応が(③)したような状態のことをいう。このとき，単位時間あたりの各物質の増加量と(④)が等しくなっているから，各物質の濃度は一定に保たれる。

可逆反応が平衡状態にあるとき，濃度や温度の条件を変化させると，一時的に平衡状態が崩れるが，やがて新しい平衡状態に達する。この現象を(⑤)という。例えば，ある物質の濃度を大きくすると，その物質の濃度が(⑥)くなるように，平衡が移動する。また，温度を高くすると，(⑦)反応の方向に平衡が移動する。

気体が関係する可逆反応の場合は，圧力の条件を変化させても(⑤)が起こる。例えば，圧力を低くすると，気体分子の総数が(⑧)する方向に平衡が移動する。

1
①
②
③
④
⑤
⑥
⑦
⑧

2 〈平衡定数の計算〉

▶わからないとき→p.82～83

酢酸とエタノールから酢酸エチルと水を生成する反応では，次式のような平衡状態になる。(1)～(3)の各温度は一定であるとして，次の各問いに答えよ。

$$CH_3COOH + C_2H_5OH \rightleftarrows CH_3COOC_2H_5 + H_2O$$

(1)　3.0 molの酢酸と3.0 molのエタノールを混合し，平衡に達した後，残った酢酸の量を求めたら1.0 molであった。この反応の平衡定数を求めよ。

(2)　0.50 molの酢酸と1.0 molのエタノールを反応させたとき，平衡状態で生成する酢酸エチルの物質量を求めよ。ただし，$\sqrt{2}=1.41$，$\sqrt{3}=1.73$とする。

(3)　酢酸1.0 mol，エタノール2.0 mol，酢酸エチル1.5 mol，水1.0 molを混合して反応を開始させた。反応はどちら向きに進むか。

2
(1)
(2)　mol
(3)

3 〈化学平衡の移動〉

▶わからないとき→p.86～87

$C(固) + H_2O(気) \rightleftarrows CO(気) + H_2(気)$　$\Delta H = 131$ kJ　で表される可逆反応が平衡状態にある。次の(1)～(6)の操作を行ったとき，平衡はどう移動するか。あとの**ア**～**エ**から最も適当なものを1つずつ選べ。

(1)　圧力一定で温度を上げる。　(2)　温度一定で圧力を上げる。

(3)　温度・圧力ともに上げる。　(4)　温度・圧力一定で触媒を加える。

(5)　温度・体積を一定に保ったまま，アルゴンを加える。

(6)　温度・圧力を一定に保ったまま，アルゴンを加える。

ア　左へ移動する。　**イ**　右へ移動する。　**ウ**　移動しない。

エ　この条件では判断できない。

ヒント　固体の濃度[C(固)]は常に一定とみなせるので，平衡定数の式には含めない。平衡の移動を考えるときも固体成分を除外し，気体成分だけで考える。

3
(1)
(2)
(3)
(4)
(5)
(6)

4 〈化学平衡の移動〉

▶わからないとき→p.86～87

次の式で表される可逆反応において，右辺の物質の生成量と，温度・圧力の関係を表すグラフをあとの**ア～ク**から選べ。ただし，温度は $T_1 < T_2$ とする。

(1) N_2(気) ＋ $3H_2$(気) $\rightleftarrows$ $2NH_3$(気)　$\Delta H = -92\ \mathrm{kJ}$

(2) N_2O_4(気) $\rightleftarrows$ $2NO_2$(気)　$\Delta H = 57\ \mathrm{kJ}$

(3) H_2(気) ＋ I_2(気) $\rightleftarrows$ $2HI$(気)　$\Delta H = -9\ \mathrm{kJ}$

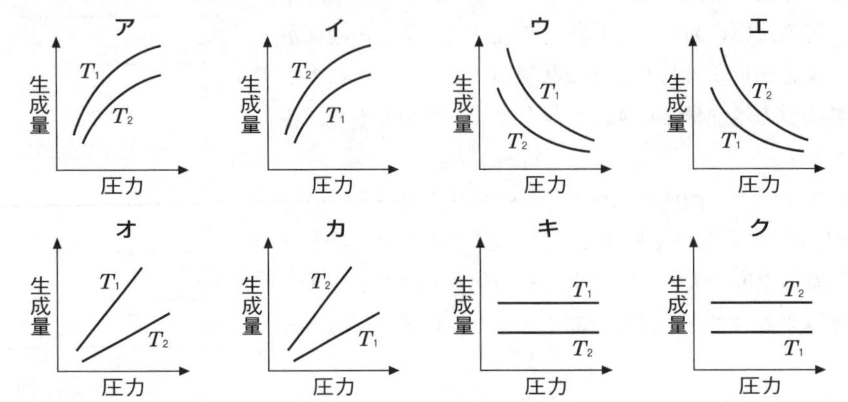

4
(1)
(2)
(3)

5 〈反応速度と化学平衡〉

▶わからないとき→p.86～87

右のグラフの実線は，ある温度・圧力で窒素 N_2 と水素 H_2 を反応させたときの，時間とアンモニア NH_3 の生成量の変化を示す。

$$N_2 + 3H_2 \rightleftarrows 2NH_3 \qquad \Delta H = -92\ \mathrm{kJ}$$

いま，次のように反応条件を変えたとき，予想されるグラフを，**a～e**から１つずつ選べ。

(1) 温度を上げる。　(2) 圧力を上げる。　(3) 触媒を加える。

5
(1)
(2)
(3)

6 〈アンモニアの合成条件〉

▶わからないとき→p.88

右図は，体積比１：３の窒素 N_2 と水素 H_2 の混合気体が平衡状態に達したときの，全気体に対するアンモニア NH_3 の物質量の割合を示している。次の文章中の(　)に適する語句または数を入れよ。

この反応が(①)反応であることは，圧力を一定にして温度を(②)くすると，NH_3 の物質量の割合が増加することからわかる。また，温度を一定にして圧力を大きくすると，平衡は気体分子の総数が(③)する方向へ移動する。よって，工業的に NH_3 を合成するには，温度が(④)く，圧力が(⑤)い条件が有利であるが，温度が(④)いと(⑥)が低下するので，それを補うために四酸化三鉄 Fe_3O_4 などの(⑦)が使用される。また，400℃，5.0×10^7 Pa で平衡に達したとき，混合気体中の N_2 の物質量の割合は(⑧)％である。

6
①
②
③
④
⑤
⑥
⑦
⑧

3章 電解質水溶液の平衡

1 電離平衡と電離定数

［解答］別冊p.7

A. 電離平衡

1 強電解質と弱電解質――強酸や強塩基のように水に溶けるとほぼ完全に電離する物質を（❶　　　　），弱酸や弱塩基のように水に溶けても一部しか電離しない物質を（❷　　　　）という。[※1]

2 電離平衡――酢酸などの弱酸を水に溶かすと，一部の分子だけが電離し，生じたイオンと電離していない分子との間で（❸　　　　**状態**）となる。このような電離による平衡を（❹　　　　）という。

3 電離度――電解質を水に溶かしたとき，溶けている電解質全体のうち，電離している電解質の割合を（❺　　　　）といい，記号αで表す。

> **重要**　**電離度**$\alpha = \dfrac{\text{電離した電解質の物質量}}{\text{溶解した電解質の物質量}}$　$(0 < \alpha \leqq 1)$
>
> **強電解質では$\alpha \fallingdotseq 1$，弱電解質では$\alpha \ll 1$**

B. 弱酸・弱塩基の電離平衡 出る

1 弱酸の電離平衡――酢酸CH_3COOHを水に溶かすと，その一部が電離し，(i)式のような（❻　　　　）の状態となる。[※2]

$$CH_3COOH + H_2O \rightleftarrows CH_3COO^- + H_3O^+ \quad \cdots\cdots\text{(i)}$$

(i)式に（❼　　　　**の法則**）を適用すると，

$$\frac{[CH_3COO^-][H_3O^+]}{[CH_3COOH][H_2O]} = K$$

希薄水溶液では水は多量にあり，$[H_2O]$はほぼ（❽　　　　）とみなすことができる[※3]から，$K[H_2O]$とまとめてK_a[※4]とし，$[H_3O^+]$を$[H^+]$と略記すると，

$$\frac{[CH_3COO^-][H^+]}{[CH_3COOH]} = K[H_2O] = \boldsymbol{K_a} \quad \cdots\cdots\text{(ii)}$$

このK_aを酸の（❾　　　　）といい，温度が一定ならば，酸の濃度によらず一定となる。同じ濃度の酸の水溶液では，K_aが大きいものほど酸性が強い。

※1

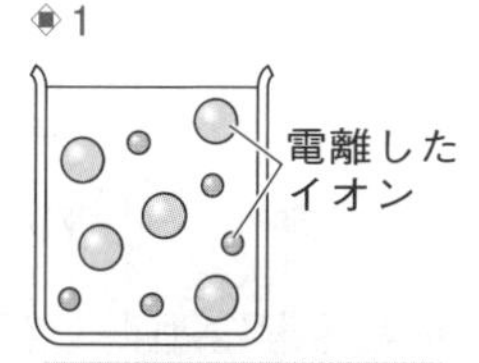

強電解質 $\alpha \fallingdotseq 1$
HCl，NaClなど

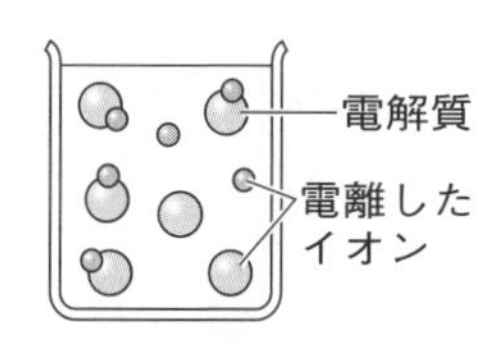

弱電解質 $\alpha \ll 1$
CH_3COOH，NH_3など

※2
25℃では，0.1 mol/Lの酢酸CH_3COOHの電離度は0.017である。つまり，溶かした酢酸のうち1.7％が電離してH^+とCH_3COO^-となり，残り98.3％はCH_3COOHのまま存在している。

※3
水H_2Oのモル濃度
水1 molは18 gであり，その体積は18 mLである。したがって，水のモル濃度$[H_2O]$は，

$$[H_2O] = \frac{1\ \text{mol}}{18 \times 10^{-3}\ \text{L}} \fallingdotseq 55.6\ \text{mol/L}$$

これは，弱酸の電離平衡による$[H_2O]$の増減と比べて十分に大きいので，$[H_2O]$はほぼ一定とみなすことができる。

※4
添え字のaは，acid（酸）を意味する。

2 酢酸のK_aとαの関係

──酢酸の初濃度をc〔mol/L〕，電離度をαとすると，電離平衡における各物質の濃度は次のようになる。

	CH_3COOH ⇄	CH_3COO^- ＋	H^+
平衡時の濃度	$c(1-\alpha)$	$c\alpha$	(⑩　　　)

これらの値を(ii)式に代入して整理すると，(iii)式が得られる。

$$K_a=\frac{[CH_3COO^-][H^+]}{[CH_3COOH]}=\frac{c\alpha\times c\alpha}{c(1-\alpha)}=\frac{c\alpha^2}{1-\alpha} \quad \cdots\cdots(iii)$$

酢酸は弱酸なので電離度αは非常に小さく，$1-\alpha=1$とみなせるから，

$K_a=$(⑪　　　)　　$\alpha=\sqrt{\dfrac{K_a}{c}}$

すなわち，**弱酸では，濃度が小さくなるほど電離度は(⑫　　　く)なる**[5]。また，弱酸水溶液の水素イオン濃度$[H^+]$は，次式で表される。

$$[H^+]=c\alpha=c\times\sqrt{\frac{K_a}{c}}=\sqrt{cK_a}$$

重要 c〔mol/L〕の弱酸水溶液の電離度αと電離定数K_aの関係（cがあまり小さくないとき）[6]

$$\alpha=\sqrt{\frac{K_a}{c}},\quad [H^+]=c\alpha=\sqrt{cK_a}$$

3 アンモニアの電離平衡

──弱塩基のアンモニアNH_3を水に溶かすと，(iv)式のような(⑬　　　)の状態となる。

$$NH_3 + H_2O \rightleftarrows NH_4^+ + OH^- \quad \cdots\cdots(iv)$$

(iv)式に，化学平衡の法則を適用すると，

$$\frac{[NH_4^+][OH^-]}{[NH_3][H_2O]}=K$$

希薄水溶液では水は多量にあり，$[H_2O]$はほぼ(⑭　　　)とみなすことができるから，$K[H_2O]$をまとめてK_b[7]とすると，

$$\frac{[NH_4^+][OH^-]}{[NH_3]}=K[H_2O]=K_b$$

このK_bを塩基の(⑮　　　)という。

◈5 **25℃における酢酸の濃度と電離度**

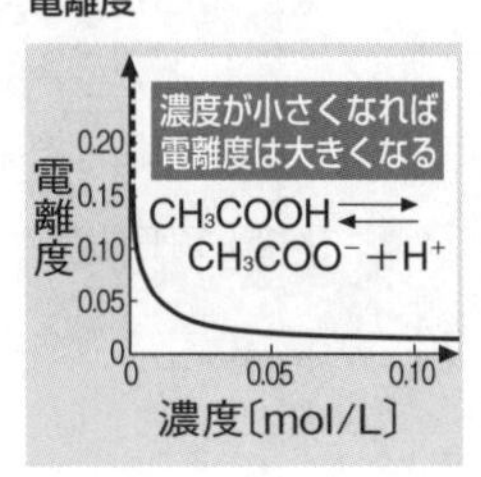

弱酸	電離定数〔mol/L〕
ギ酸　$HCOOH$	2.9×10^{-4}
酢酸　CH_3COOH	2.7×10^{-5}
炭酸　H_2CO_3	4.5×10^{-7}

↑弱酸の電離定数の例（25℃）

電離定数が小さいほど，電離平衡はより左へ偏っているから，弱い酸である。また，炭酸の電離定数は，第1段階のものである。

◈6 **弱酸の濃度cが非常に小さいとき**

cが非常に小さくなると，電離度αが無視できないほど大きくなり，$1-\alpha≒1$と近似できない。
この場合は，(iii)式を変形して得られるαの2次方程式を解いて，αの値を求める必要がある。

$c\alpha^2+K_a\alpha-K_a=0$

$\alpha=\dfrac{-K_a+\sqrt{K_a^2+4cK_a}}{2c}$

◈7 添え字のbは，base（塩基）を意味する。

弱塩基	電離定数〔mol/L〕
メチルアミン　CH_3NH_2	3.2×10^{-4}
アンモニア　NH_3	2.3×10^{-5}

↑弱塩基の電離定数の例（25℃）

ミニテスト

〔解答〕別冊p.7

アンモニアNH_3水では$NH_3 + H_2O \rightleftarrows NH_4^+ + OH^-$の電離平衡が成り立つ。アンモニア水に次の操作を行うと，平衡はどちら向きに移動するか。

(1) 水酸化ナトリウム$NaOH$水溶液を加える。（　　　）

(2) 塩化ナトリウム$NaCl$の結晶を加える。（　　　）

(3) アンモニア水を加熱する。（　　　）

2 水のイオン積とpH

[解答] 別冊p.7

A. 水の電離

1 水の電離平衡――純水はわずかに電気伝導性を示す。これは，水分子H_2Oが次のように電離して，(❶　　　　)の状態となっているからである。

$$H_2O \rightleftarrows H^+ + OH^-$$

したがって，水の電離定数は$K=\dfrac{[H^+][OH^-]}{[H_2O]}$で表される。

2 水のイオン積――水の濃度$[H_2O]$は，水素イオン濃度$[H^+]$や水酸化物イオン濃度$[OH^-]$に比べて非常に大きいので，ほぼ一定とみなせる。そこで，$K[H_2O]$をまとめてK_w[1]とおくと，次式が得られる。

$$[H^+][OH^-]=K[H_2O]=\boldsymbol{K_w}$$

このK_wを(❷　　　　　　)といい，25℃では次の値になる[2]。

$$\boldsymbol{K_w}=[H^+][OH^-]=(1.0\times10^{-7}\ \mathrm{mol/L})^2=\boldsymbol{1.0\times10^{-14}\ mol^2/L^2}$$

この関係は，純水や中性の水溶液だけでなく，酸性や塩基性の水溶液であっても，温度が一定であれば成り立つ。

> **重要**　**いかなる水溶液でも，次の関係が成り立つ。**
> $K_w=[H^+][OH^-]=1.0\times10^{-14}\ \mathrm{mol^2/L^2}$　(25℃)

1　添え字のwは，water(水)を意味する。

2　**水のイオン積と温度との関係**
水のイオン積K_wは，温度が高くなるにつれて大きくなる。
0℃…$1.0\times10^{-15}\ \mathrm{mol^2/L^2}$
25℃…$1.0\times10^{-14}\ \mathrm{mol^2/L^2}$
60℃…$1.0\times10^{-13}\ \mathrm{mol^2/L^2}$
これは，水の電離は，
$H_2O \rightleftarrows H^+ + OH^-$　$\Delta H=56.5\ \mathrm{kJ}$
という吸熱反応なので，高温ほど平衡が右へ移動するためである。

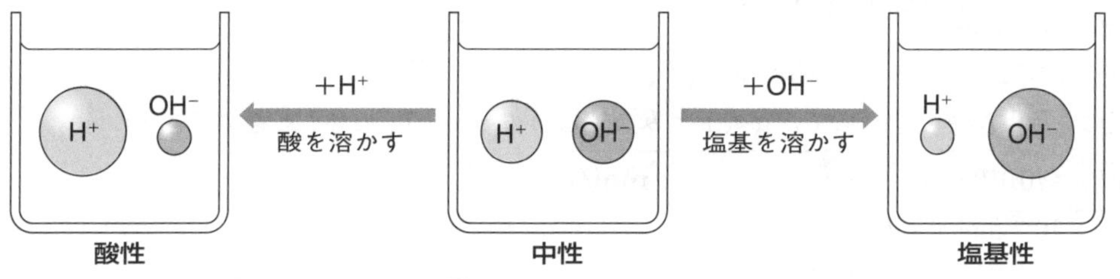

水溶液中の$[H^+]$と$[OH^-]$の関係　円の大小は濃度の大小を表す。

3 $[H^+]$と$[OH^-]$の関係――水溶液中での$[H^+]$と$[OH^-]$は，一方が増加すると，他方は減少するという(❸　　　　)の関係にある。

酸性・中性・塩基性水溶液における$[H^+]$と$[OH^-]$の関係は，次のようになる。

- (❹　　　　**性**)の水溶液…$[H^+]>1.0\times10^{-7}\ \mathrm{mol/L}>[OH^-]$
- (❺　　　　**性**)の水溶液…$[H^+]=1.0\times10^{-7}\ \mathrm{mol/L}=[OH^-]$
- (❻　　　　**性**)の水溶液…$[H^+]<1.0\times10^{-7}\ \mathrm{mol/L}<[OH^-]$

B. 水素イオン濃度とpH 出る

1 水素イオン指数pH——水のイオン積は一定なので，酸性・塩基性の強弱は，(❼　　　　　　　)の大小だけで表せる。

一般に，水溶液中の水素イオン濃度$[H^+]$は広い範囲で変化するので，そのままの数値では扱いにくい。そこで，$[H^+]$を1×10^{-n}の形で表し，この指数$-n$を正の値nに直した数値を，(❽　　　　　　)(→アルファベット記号)または，**水素イオン指数**という[3]。数学的には，$[H^+]$の(❾　　　　　　)(→$\log_{10}$)[4]をとり，マイナスの符号をつける。

> **重要** $[H^+]=1\times10^{-n}$ mol/L ⟺ pH$=n$ ⟺ $[H^+]=10^{-pH}$
> pH$=-\log_{10}[H^+]$

◈3 いろいろな水溶液のpH

水溶液名	pH
胃液	1～2
レモン汁	2～3
炭酸水	4～5
血液	7～8
海水	8
セッケン水	10～11

◈4 常用対数の計算

$\log_{10}10=1$　　$\log_{10}1=0$

$\log_{10}10^a=a$

$\log_{10}(a\times b)=\log_{10}a+\log_{10}b$

$\log_{10}\left(\frac{a}{b}\right)=\log_{10}a-\log_{10}b$

例題研究　水溶液のpHの計算

次の(1)～(3)の水溶液のpHを小数第1位まで求めよ。ただし，水溶液の温度は25℃とする。

($\log_{10}2.0=0.30$，$\log_{10}2.3=0.36$，$\log_{10}2.7=0.43$，水のイオン積；$K_w=1.0\times10^{-14}$ mol²/L²)

(1) 0.050 mol/Lの水酸化ナトリウムNaOH水溶液

(2) 0.010 mol/Lの酢酸CH_3COOH水溶液(酢酸の電離定数；$K_a=2.7\times10^{-5}$ mol/L)

(3) 0.23 mol/LのアンモニアNH_3水(アンモニアの電離定数；$K_b=2.3\times10^{-5}$ mol/L)

解き方

(1) NaOHは強塩基で，水溶液中では完全に電離(電離度$\alpha=1$)している。

$[OH^-]=c\alpha=$(❿　　　　mol/L)$\times1=5.0\times10^{-2}$ mol/L

水のイオン積$K_w=[H^+][OH^-]=1.0\times10^{-14}$ mol²/L²が成り立つから，

$$[H^+]=\frac{1.0\times10^{-14}\text{ mol}^2/\text{L}^2}{5.0\times10^{-2}\text{ mol/L}}=2.0\times10^{-13}\text{ mol/L}$$

pH$=-\log_{10}(2.0\times10^{-13})=-\log_{10}2.0+13=$(⓫　　　　)…答

(2) 酢酸の濃度はさほど小さくないので，$\alpha\ll1$とみなせる。よって，$1-\alpha\fallingdotseq1$と近似できるから，

$$[H^+]=\sqrt{cK_a}=\sqrt{0.010\text{ mol/L}\times(⓬\quad\text{mol/L})}$$
$$=\sqrt{2.7\times10^{-7}}\text{ mol/L}=2.7^{\frac{1}{2}}\times10^{-\frac{7}{2}}\text{ mol/L}$$

$$\text{pH}=-\log_{10}(2.7^{\frac{1}{2}}\times10^{-\frac{7}{2}})=-\frac{1}{2}\log_{10}2.7+\frac{7}{2}=3.285\fallingdotseq3.3$$ …答

(3) $1-\alpha\fallingdotseq1$と近似して，$[OH^-]=\sqrt{cK_b}=\sqrt{0.23\text{ mol/L}\times(⓭\quad\text{mol/L})}=2.3\times10^{-3}$ mol/L

よって，$[H^+]=\frac{K_w}{[OH^-]}=\frac{1.0\times10^{-14}\text{ mol}^2/\text{L}^2}{2.3\times10^{-3}\text{ mol/L}}=2.3^{-1}\times10^{-11}$ mol/L

pH$=-\log_{10}(2.3^{-1}\times10^{-11})=\log_{10}2.3+11=11.36\fallingdotseq11.4$ …答

注 pOHを計算し，pH+pOH=14の関係からpHを求めてもよい。

ミニテスト

[解答] 別冊p.7

次の水溶液のpHを小数第1位まで求めよ。($\log_{10}2.0=0.30$，$\log_{10}2.7=0.43$)

(1) 1.0×10^{-4} mol/Lの希硫酸H_2SO_4(電離度1.0)　(　　　)

(2) 0.10 mol/Lの酢酸CH_3COOH水溶液(酢酸の電離定数；$K_a=2.7\times10^{-5}$ mol/L)　(　　　)

3　塩の溶解平衡

［解答］別冊p.7

A. 緩衝液 出る

1　緩衝液——水に強酸や強塩基を少量加えると，そのpHは大きく変化する。しかし，酢酸と酢酸ナトリウムの混合水溶液では，少量の酸や塩基を加えてもpHはほとんど変化しない。このような溶液を（❶　　　　　）という[1]。

一般に，弱酸とその塩の混合水溶液，あるいは（❷　　　　　）とその塩の混合水溶液は，緩衝液[2]となる。

2　酢酸と酢酸ナトリウムの混合水溶液

酢酸CH_3COOHは弱酸で，水溶液中では(i)式のようにその一部が電離し，（❸　　　　　）の状態となる。

$$CH_3COOH \rightleftarrows CH_3COO^- + H^+ \quad \cdots\cdots\text{(i)}$$

一方，酢酸ナトリウムCH_3COONaは完全に（❹　　　　　）するので，生じた酢酸イオンCH_3COO^-のために(i)式の平衡は左に偏ることになる。こうして，CH_3COOHとCH_3COO^-を多量に含む水溶液ができる。

この水溶液に酸（水素イオンH^+）を加えると，次の反応が起こるので，水溶液中のH^+はほとんど増加しない。

$$(❺\qquad\qquad) + H^+ \longrightarrow CH_3COOH$$

この水溶液に塩基（水酸化物イオンOH^-）を加えると，次の反応が起こるので，水溶液中のOH^-はほとんど増加しない。

$$(❻\qquad\qquad) + OH^- \longrightarrow CH_3COO^- + H_2O$$

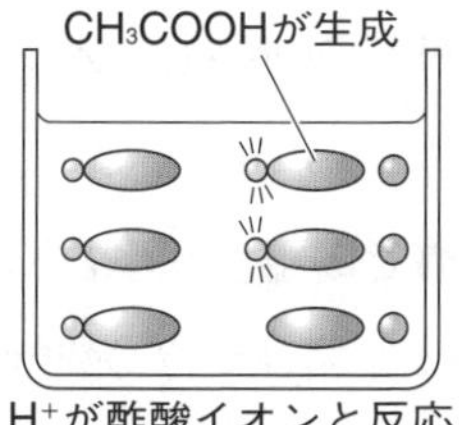

H^+が酢酸イオンと反応

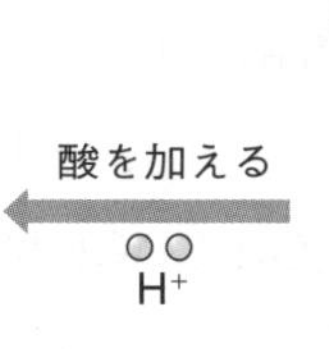

CH_3COOH　Na^+　CH_3COO^-

酢酸＋酢酸ナトリウム

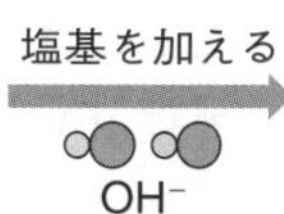

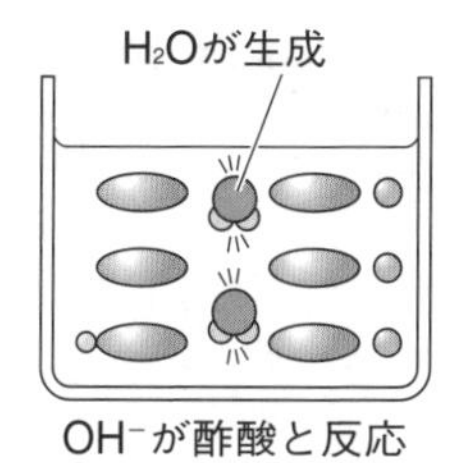

OH^-が酢酸と反応

3　緩衝液のpH——弱酸（弱塩基）の電離定数から求められる。 発展

すなわち，CH_3COOHとCH_3COONaの緩衝液のpHは，酢酸の（❼　　　　　）と，酢酸と酢酸ナトリウムの（❽　　　　　）の比によって決まる[3]。

---

[1] 少量の酸や塩基を加えても，水溶液のpHがほぼ一定に保たれる性質を**緩衝作用**という。

[2] ヒトの血液はpHが約7.4に保たれており，次式で示すような緩衝作用がある。

$$HCO_3^- + H^+ \longrightarrow H_2CO_3$$
$$H_2CO_3 + OH^- \longrightarrow HCO_3^- + H_2O$$

[3] この緩衝液を水で薄めても，$\dfrac{[CH_3COOH]}{[CH_3COO^-]}$の値が変わらず，pHはほぼ一定に保たれる。

例題研究　緩衝液のpH 

0.10 molの酢酸CH_3COOHと0.20 molの酢酸ナトリウムCH_3COONaを水に溶かし，1.0 Lの混合水溶液をつくった。この水溶液のpHを小数第1位まで求めよ。

($\log_{10} 2.0=0.30$，$\log_{10} 2.7=0.43$，酢酸の電離定数；$K_a=2.7\times10^{-5}$ mol/L)

解き方

CH_3COOHの電離平衡((i)式)は，CH_3COONaを加えた緩衝液中でも成り立つ。

また，CH_3COONaは完全に電離する((ii)式)。

$CH_3COOH \rightleftarrows CH_3COO^- + H^+$ ……(i)

$CH_3COONa \longrightarrow CH_3COO^- + Na^+$ ……(ii)

CH_3COONaの電離によって生じたCH_3COO^-により，(i)式の平衡は大きく左に移動するから，CH_3COOHの電離はほぼ無視できる。 したがって，$[CH_3COOH]$は加えたCH_3COOHの濃度，$[CH_3COO^-]$は加えたCH_3COONaの濃度と等しいと近似できる。

$[CH_3COOH] \fallingdotseq$ (⑨　　　　mol/L)　　$[CH_3COO^-] \fallingdotseq$ (⑩　　　　mol/L)

ここで，酢酸の電離定数より，$K_a=\dfrac{[CH_3COO^-][H^+]}{[CH_3COOH]}$

よって，$[H^+]=K_a\times$ (⑪　　　　) $=2.7\times10^{-5}$ mol/L$\times\dfrac{0.10 \text{ mol/L}}{0.20 \text{ mol/L}}=\dfrac{2.7}{2}\times10^{-5}$ mol/L

したがって，$\text{pH}=-\log_{10}[H^+]=-\log_{10}\left(\dfrac{2.7}{2}\times10^{-5}\right)=-\log_{10}(2.7\times2^{-1}\times10^{-5})$

$=-\log_{10} 2.7+\log_{10} 2.0+5 \fallingdotseq$ (⑫　　　　) …答

B. 塩の加水分解

1 塩の加水分解——酸と塩基の中和で生じた塩の水溶液は，いつも(⑬　　　　性)とはかぎらず，酸性や塩基性を示すことがある。これは，塩と水が反応して，その一部がもとの弱酸や弱塩基に戻ってしまうからである。この現象を(⑭　　　　)という[4]。

[4] 強酸と強塩基からなる塩では，その電離で生じたイオンは水と反応せず，加水分解は起こらない。

2 酢酸ナトリウムの加水分解——酢酸ナトリウムCH_3COONaは，水溶液中では完全に電離している((i)式)。一方，水H_2Oはわずかに電離し，電離平衡に達している((ii)式)。**酢酸CH_3COOHは弱酸で電離度が小さい**ため，酢酸イオンCH_3COO^-は(⑮　　　　イオン)と結びつき，酢酸分子CH_3COOHに戻る。そのため，水溶液中では$[H^+]<[OH^-]$となり，水溶液は(⑯　　　　性)を示す。

$CH_3COONa \longrightarrow CH_3COO^- + Na^+$ …………(i)

$H_2O \rightleftarrows H^+ + OH^-$ …………(ii)

⇩結びつく　　⇩そのまま

$CH_3COONa + H_2O \rightleftarrows CH_3COOH + Na^+ + OH^-$

3 塩化アンモニウムの加水分解

塩化アンモニウムNH_4Clも，水溶液中では完全に電離している。**アンモニアNH_3は弱塩基で電離度が小さい**ため，アンモニウムイオンNH_4^+は次式のように水分子H_2Oと反応して，(⑰　　　　　**分子**)に戻る。

$$NH_4^+ + H_2O \rightleftarrows NH_3 + H_3O^+$$

そのため，水溶液中では$[H^+(H_3O^+)] > [OH^-]$となり，水溶液は(⑱　　　　　**性**)を示す。

4 加水分解定数 

加水分解定数——水溶液中では，酢酸イオンCH_3COO^-の一部は(⑲　　　　　)によって水分子H_2Oと反応する。

$$CH_3COO^- + H_2O \rightleftarrows CH_3COOH + OH^- \quad \cdots\cdots\cdots\text{(iii)}$$

(iii)式に化学平衡の法則を適用し，$[H_2O]$を定数とみなすと，

$$\frac{[CH_3COOH][OH^-]}{[CH_3COO^-]} = K[H_2O] = \boldsymbol{K_h} \quad \cdots\cdots\cdots\text{(iv)}$$ ◈5

このK_hを(⑳　　　　　)という。◈6

(iv)式の分母・分子に$[H^+]$をかけて整理すると，

$$\boldsymbol{K_h} = \frac{[CH_3COOH][OH^-][H^+]}{[CH_3COO^-][H^+]} = \frac{\boldsymbol{K_w}}{\boldsymbol{K_a}}$$ ◈7

K_wは一定なので，K_aが小さいほど，K_hは(㉑　　　　　**く**)なる。

◈5 添え字のhは，hydrolysis(加水分解)を意味する。

◈6 加水分解定数も，温度によって決まる定数である。

◈7 K_wは水のイオン積，K_aは酢酸の電離定数である。つまり，弱酸と強塩基からなる塩は，酸が弱い(K_aが小さい)ほど，加水分解されやすい(K_hが大きい)。したがって，その水溶液のpHは大きくなる。

例題研究　塩の水溶液のpH 

0.10 mol/L酢酸ナトリウムCH_3COONa水溶液のpHを小数第1位まで求めよ。
($\log_{10} 2.0 = 0.30$，$\log_{10} 3.0 = 0.48$，酢酸イオンの加水分解定数；$K_h = 3.6\times10^{-10}$ mol/L，水のイオン積；$K_w = 1.0\times10^{-14}$ mol^2/L^2)

解き方

CH_3COONaは水溶液中で完全に電離するが，生じた酢酸イオンCH_3COO^-の一部は，水H_2Oと反応して酢酸分子CH_3COOHに戻る。CH_3COO^-がx〔mol/L〕だけ加水分解されたとすると，

	CH_3COO^-	+ H_2O	$\rightleftarrows$ CH_3COOH	+ OH^-
加水分解前	0.10 mol/L		0 mol/L	0 mol/L
加水分解後	0.10 mol/L$-x$	一定	x	x

酢酸イオンの加水分解定数より，

$$K_h = \frac{[CH_3COOH][OH^-]}{[CH_3COO^-]} = \frac{x^2}{0.10\text{ mol/L} - x} = 3.6\times10^{-10}\text{ mol/L}$$

xは0.10 mol/Lに比べて十分に小さいので，0.10 mol/L$-x$≒(㉒　　　　　**mol/L**)と近似できるから，

$$\frac{x^2}{0.10\text{ mol/L}} = 3.6\times10^{-10}\text{ mol/L} \qquad x = \sqrt{3.6\times10^{-11}}\text{ mol/L} = \sqrt{36\times10^{-12}}\text{ mol/L} = 6.0\times10^{-6}\text{ mol/L}$$

($6.0\times10^{-6} = 2.0\times3.0\times10^{-6}$)

$$\text{pOH} = -\log_{10}[OH^-] = -\log_{10}(6.0\times10^{-6}) = -\log_{10}2.0 - \log_{10}3.0 + 6 = (㉓\qquad)$$

$$\text{pH} = 14 - \text{pOH} = 14 - (㉓\qquad) ≒ 8.78 ≒ 8.8 \quad \cdots \text{答}$$

C. 溶解平衡と沈殿の生成

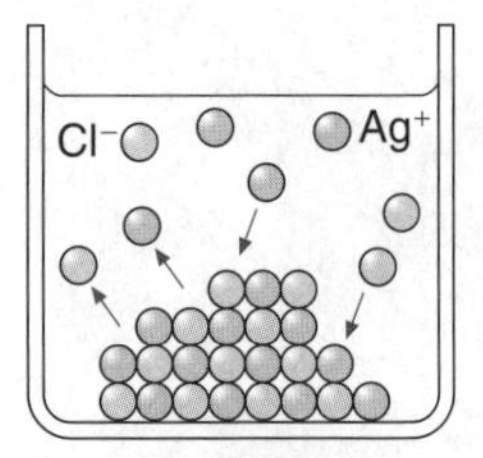

AgClの溶解平衡

1 溶解平衡――塩化銀AgClは水に難溶であるが，ごくわずかに溶けて（㉔　　　　**水溶液**）となる。塩化銀の飽和水溶液では，溶けたAg^+，Cl^-と溶けずに残っているAgCl(固)の間に(i)式の**溶解平衡**が成り立つ。

$$AgCl(固) \rightleftarrows Ag^+ + Cl^- \quad \cdots\cdots(i)$$

2 溶解度積――(i)式に化学平衡の法則を適用すると，

$$\frac{[Ag^+][Cl^-]}{[AgCl(固)]}=K$$

[AgCl(固)]は一定とみなせるから，K[AgCl(固)]をまとめてK_{sp}[8]とすると，

$$[Ag^+][Cl^-]=K[AgCl(固)]=\boldsymbol{K_{sp}}$$

このK_{sp}をAgClの（㉕　　　　）という。

◈8
添え字のspは，
solubility（溶解度）
product（積）
を意味する。

3 溶解度積による沈殿生成の判定――水溶液中でA^+とB^-を反応させたとき，混合直後のイオン濃度の積$[A^+][B^-]$と，その塩ABの溶解度積K_{sp}との大小関係から，沈殿生成の有無を判定できる。

$[A^+][B^-]>K_{sp}$のとき，沈殿ABが（㉖　　　　）。
$[A^+][B^-]\leqq K_{sp}$のとき，沈殿ABが（㉗　　　　）。

4 共通イオン効果――塩化ナトリウムNaClの飽和水溶液に気体の塩化水素HClを通じると，水溶液中の（㉘　　　　**イオン**）の濃度が増加し，NaClの溶解平衡[9]が左へ移動するため，NaClの結晶が析出する。

また，NaClの飽和水溶液にナトリウムNaの小片を加えると，水溶液中の（㉙　　　　**イオン**）の濃度が増加し，NaClの溶解平衡が左へ移動するため，NaClの結晶が析出する。

このように，平衡に関係するイオン（**共通イオン**）の添加により，もとの塩の溶解度が減少する現象を（㉚　　　　）という。

◈9
NaClの飽和水溶液中では，次の溶解平衡が成り立っている。
$$NaCl(固) \rightleftarrows Na^+ + Cl^-$$

共通イオン効果

5 硫化物の沈殿生成と溶解平衡――硫化亜鉛ZnSの溶解平衡は，(ii)式で表される。

$$ZnS(固) \rightleftarrows Zn^{2+} + S^{2-} \quad \cdots\cdots(ii)$$

亜鉛イオンZn^{2+}を含む水溶液に硫化水素H_2Sを通じると，**中性や塩基性の水溶液ではZnSの沈殿が生成するが，強酸性の水溶液ではZnSの沈殿は生成しない。** これは，次のように説明できる。

H_2Sは，水溶液中では(iii)式のように電離している。

$$H_2S \rightleftarrows 2H^+ + S^{2-} \quad \cdots\cdots(iii)$$

塩基性の水溶液では$[H^+]$が小さいため，(iii)式の平衡は(㉛　　　　)に偏り，$[S^{2-}]$は大きくなる。よって，(ii)式の平衡は(㉜　　　　)に偏り，ZnSが沈殿する。一方，酸性の水溶液では$[H^+]$が大きいため，(iii)式の平衡は(㉝　　　　)に偏り，$[S^{2-}]$は小さくなる。そのため，(ii)式の平衡は(㉞　　　　)に偏り，ZnSは沈殿しない。[10]

[10] 銅(Ⅱ)イオンCu^{2+}を含む水溶液にH_2Sを通じた場合，硫化銅(Ⅱ)CuSのK_{sp}はZnSのK_{sp}に比べて十分に小さいので，酸性条件で$[S^{2-}]$が小さくても，CuSは沈殿する。

例題研究　溶解度積と沈殿の生成

硫酸バリウム$BaSO_4$は水に難溶性の塩であり，その溶解度積K_{sp}は$9.0\times10^{-11}\,mol^2/L^2$である。次の各問いに答えよ。($\sqrt{10}=3.2$)

(1) 硫酸バリウムは，水1Lに対して何mol溶解するか。ただし，溶解によって液体の体積は変化しないものとする。

(2) 硫酸バリウムは，1.0×10^{-4}mol/L希硫酸H_2SO_4 1Lに対して何mol溶解するか。ただし，希硫酸の電離度を1とし，溶解によって液体の体積は変化しないものとする。

(3) 1.0×10^{-4}mol/L塩化バリウム$BaCl_2$水溶液10mLに1.0×10^{-4}mol/L希硫酸0.10mLを加えた。混合後の水溶液の体積を10mLとして，硫酸バリウムの沈殿が生成するかどうかを溶解度積を用いて判定せよ。

解き方

$BaSO_4$の溶解平衡；$BaSO_4 \rightleftarrows Ba^{2+} + SO_4^{2-}$

(1) 溶解する$BaSO_4$をx mol（ここでは，xは単位を含まない数値としている）とすると，$[Ba^{2+}]=x$ mol/L，$[SO_4^{2-}]=x$ mol/Lであるから，

$[Ba^{2+}][SO_4^{2-}]=(x\,mol/L)^2=$(㉟　　　　**mol²/L²**)

$x=\sqrt{9.0\times10^{-11}}=\sqrt{9\times10\times10^{-12}}=3\sqrt{10}\times10^{-6}\fallingdotseq$(㊱　　　　)

よって，水1Lに対する$BaSO_4$の溶解量は9.6×10^{-6}molである。　…答

(2) 溶解する$BaSO_4$をy mol（ここでは，yは単位を含まない数値としている）とすると，$[Ba^{2+}]=y$ mol/L，

$[SO_4^{2-}]=$(㊲　　　　**mol/L**)であるから，

$[Ba^{2+}][SO_4^{2-}]=y\,mol/L\times(1.0\times10^{-4}+y)\,mol/L=9.0\times10^{-11}\,mol^2/L^2$

ここで，yは微小量なので，1.0×10^{-4}に比べると十分に小さい($y\ll1.0\times10^{-4}$)とみなしてよい。

したがって，$1.0\times10^{-4}+y\fallingdotseq$(㊳　　　　)と近似できるから，

$y\times$(㊳　　　　)$=9.0\times10^{-11}$

$y=\dfrac{9.0\times10^{-11}}{1.0\times10^{-4}}=$(㊴　　　　)（$y\ll1.0\times10^{-4}$を満たす）

よって，1.0×10^{-4}mol/L希硫酸1Lに対する$BaSO_4$の溶解量は9.0×10^{-7}molである。　…答

(3) 混合直後の各イオンのモル濃度は，混合前後の水溶液の体積より，

$[Ba^{2+}]=1.0\times10^{-4}\,mol/L$

$[SO_4^{2-}]=1.0\times10^{-4}\,mol/L\times\dfrac{0.10\,mL}{10\,mL}=1.0\times10^{-6}\,mol/L$

よって，混合直後において，イオン濃度の積と溶解度積K_{sp}を比較すると，

$[Ba^{2+}][SO_4^{2-}]=1.0\times10^{-4}\,mol/L\times1.0\times10^{-6}\,mol/L=1.0\times10^{-10}\,mol^2/L^2$

この値は$BaSO_4$のK_{sp}より(㊵　　　　い)。

したがって，$BaSO_4$の沈殿が(㊶　　　　)。　…答

練習問題　3章 電解質水溶液の平衡

［解答］別冊p.33

1 〈電離度〉

▶わからないとき→p.91

酸の電離度に関する次の記述のうち，誤っているものをすべて選べ。

ア　温度一定のとき，弱酸の電離度は，濃度が小さいほど減少する。

イ　強酸の電離度は，濃度の違いによらず，ほぼ1となる。

ウ　1価の弱酸の水素イオン濃度$[H^+]$は，モル濃度と電離定数の積に等しい。

エ　弱酸の電離度は，温度によって変化する。

オ　2価の弱酸における第一段と第二段の電離度は，ほぼ等しい。

1 ＿＿＿＿

2 〈酢酸の電離平衡〉

▶わからないとき→p.91～94

次の文章中の(　　)に適する語句や式，数値を入れよ。$\log_{10}2=0.30$，$\log_{10}3=0.48$

酢酸CH_3COOHは，水溶液中ではその分子の一部が電離して，(i)式で表される平衡状態にある。

$$CH_3COOH \rightleftarrows CH_3COO^- + H^+ \quad \cdots\cdots\text{(i)}$$

このような平衡を(①)という。(i)式に化学平衡の法則を適用すると，K_a＝(②)で表される。このK_aの値を(③)という。

いま，0.50 mol/Lの酢酸水溶液があり，その水素イオン濃度$[H^+]$を調べたところ，3.0×10^{-3}mol/Lであった。この水溶液の酢酸の電離度は(④)であり，これをもとにK_aの値を求めると(⑤)mol/Lである。また，同じ温度における0.20 mol/Lの酢酸水溶液のpHは(⑥)である。

ヒント　酢酸は弱酸なので，濃度cがよほど小さくない限り，$1-\alpha\fallingdotseq1$と近似できる。

2
① ＿＿＿＿
② ＿＿＿＿
③ ＿＿＿＿
④ ＿＿＿＿
⑤ ＿＿＿＿
⑥ ＿＿＿＿

3 〈平衡の移動〉

▶わからないとき→p.92

アンモニアNH_3は，水中で次式のような電離平衡の状態にある。

$$NH_3 + H_2O \rightleftarrows NH_4^+ + OH^-$$

アンモニア水に次の(1)～(6)の操作をすると，上式の平衡はどちらの方向へ移動するか。「右」，「左」，「移動しない」で答えよ。

(1)　塩酸を加える。　(2)　水酸化ナトリウム(結晶)を加える。

(3)　加熱する。　(4)　塩化アンモニウム(結晶)を加える。

(5)　水を加える。　(6)　塩化ナトリウム(結晶)を加える。

3
(1) ＿＿＿＿
(2) ＿＿＿＿
(3) ＿＿＿＿
(4) ＿＿＿＿
(5) ＿＿＿＿
(6) ＿＿＿＿

4 〈水溶液のpH〉

▶わからないとき→p.93～94

次の水溶液のpHを小数第1位まで求めよ。

$\log_{10}2.3=0.36$，$\log_{10}3=0.48$，水のイオン積；$K_w=1.0\times10^{-14}\ \text{mol}^2/\text{L}^2$

(1)　0.10 mol/Lの酢酸CH_3COOH水溶液(電離定数；$K_a=2.7\times10^{-5}$mol/L)

(2)　0.010 mol/LのアンモニアNH_3水(電離定数；$K_b=2.3\times10^{-5}$mol/L)

(3)　1.0 mol/Lの塩酸HCl 100 mLに，1.0 mol/Lの水酸化ナトリウム$NaOH$水溶液を50 mL加えた混合水溶液

4
(1) ＿＿＿＿
(2) ＿＿＿＿
(3) ＿＿＿＿

5 〈緩衝液〉

▶わからないとき→p.95

次の文章中の(　)に適する語句や数値を入れよ。

酢酸CH_3COOHは弱電解質であるから，水中ではわずかに電離し，(i)式で示すような(①)が成立する。

$CH_3COOH \rightleftarrows CH_3COO^- + H^+$ ……………………………(i)

また，酢酸ナトリウムCH_3COONaは(②)であるから，電離度はほぼ(③)であり，水中ではほぼ完全に電離している。

$CH_3COONa \longrightarrow CH_3COO^- + Na^+$

いま，酢酸水溶液に酢酸ナトリウムを加えた混合水溶液をつくると，そのpHはもとの酢酸水溶液に比べて(④)くなっている。

この混合溶液に少量の酸を加えると，増加した水素イオンH^+が混合水溶液中に多量にある(⑤)と結合するため，混合水溶液中のH^+の濃度はほとんど変わらない。また，少量の塩基を加えると，増加した水酸化物イオンOH^-が溶液中の酢酸分子と(⑥)反応するため，混合水溶液中のH^+の濃度はほとんど変わらない。このように，少量の酸や塩基を加えても，pHがほとんど変化しない溶液を(⑦)という。

5

①

②

③

④

⑤

⑥

⑦

発展 6 〈緩衝液のpH〉

▶わからないとき→p.95～96

0.40 mol/L酢酸CH_3COOH水溶液1.0 Lと，0.20 mol/L酢酸ナトリウムCH_3COONa水溶液1.0 Lを混合した。混合および溶解による溶液の体積変化はないものとして，次の各問いに答えよ。$\log_{10} 2 = 0.30$，$\log_{10} 2.7 = 0.43$，酢酸の電離定数；$K_a = 2.7 \times 10^{-5}$ mol/L

(1) 混合水溶液のpHを小数第1位まで求めよ。

(2) この混合水溶液に水酸化ナトリウムNaOHの結晶0.20 molを加えてよく混ぜた。混合溶液のpHを小数第1位まで求めよ。

ヒント 酢酸と酢酸ナトリウムの混合水溶液中でも，酢酸の電離平衡は成立している。

6

(1)

(2)

7 〈溶解平衡と沈殿の生成〉

▶わからないとき→p.98～99

次の文章を読んで，あとの各問いに答えよ。

硫化水素H_2Sは，水中で次式のように電離している。

$H_2S \rightleftarrows 2H^+ + S^{2-}$

よって，水素イオンH^+の濃度が大きくなると，硫化物イオンS^{2-}の濃度は(①)くなる。

銅(Ⅱ)イオンCu^{2+}と亜鉛イオンZn^{2+}を含む水溶液をpHが1程度の酸性にしてH_2Sを通じると，(②)が小さい硫化銅(Ⅱ)CuSが先に沈殿する。沈殿をろ過した後，水溶液のpHを(③)くしてH_2Sを通じると，溶液中のS^{2-}の濃度が(④)くなるため，(②)が比較的大きい硫化亜鉛ZnSも沈殿し始める。

(1) 上の文章中の(　　)に，適する語句を入れよ。

(2) $[Cu^{2+}]$と$[Zn^{2+}]$がともに0.10 mol/Lである混合水溶液にH_2Sを通じたとき，CuSだけが沈殿する$[S^{2-}]$の範囲を求めよ。ただし，CuSとZnSの溶解度積を，それぞれ6.5×10^{-30} mol²/L²，2.2×10^{-18} mol²/L²とする。

7

(1) ①

②

③

④

(2)

定期テスト対策問題　3編　化学反応の速さと化学平衡

［時 間］50分
［合格点］70点
［解 答］別冊p.35

1 次の文章中の(　)に適する語句を入れよ。〔各2点　合計20点〕

化学反応において，単位時間に(①)する反応物の濃度の変化量，または増加する(②)の濃度の変化量を反応速度という。一般に，反応物の(③)が大きくなると，反応速度は大きくなる。これは，反応物の粒子どうしの(④)が多くなるためである。

また，(⑤)を上昇させると，反応速度は大きくなる。これは，(⑤)を高くすると，反応物の粒子の(⑥)が激しくなり，化学反応が起こるのに必要な(⑦)以上のエネルギーをもつ粒子の割合が大きくなるためである。

反応速度は，気体どうしの反応の場合では，気体の(⑧)によっても変化する。また，固体が関係する反応では，固体の(⑨)によっても変化する。

化学反応では触媒がよく用いられる。触媒は，化学反応が起こるのに必要な(⑦)を(⑩)することによって反応を促進させるもので，反応エンタルピーの大きさを変えたり，反応終了時の(②)の量を変えたりするはたらきはない。

①		②		③		④	
⑤		⑥		⑦		⑧	
⑨		⑩					

2 右図の曲線a～dは，ある物質が異なる3つの温度において分解していくときの濃度の変化を示す。次の各問いに答えよ。〔各2点　合計10点〕

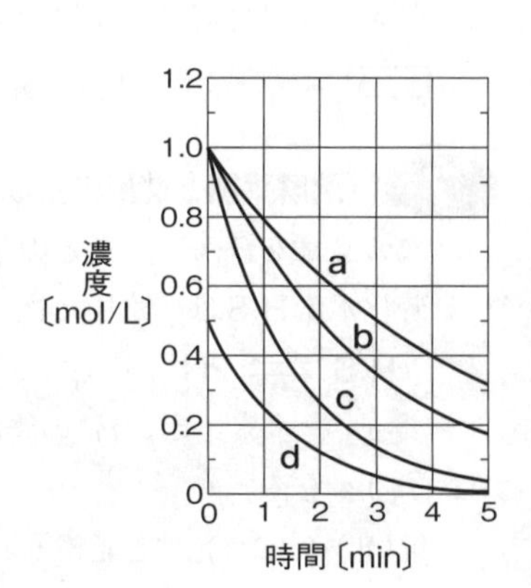

(1) 反応開始から一定時間までの平均の分解速度が最も大きいのは，曲線a～dのうちのどれか。

(2) 反応物の濃度が半分になるまでの平均の分解速度を比較すると，曲線aの場合は曲線cの場合の何倍か。

(3) 曲線dの温度は，曲線a～cのうちのどの温度に等しいか。

(4) 曲線a～cのうちで，温度が最も高いのはどれか。

(5) 反応速度が温度によって変わる主な理由を次の**ア**～**エ**から選び，記号で答えよ。

ア 反応の平衡が移動するから。
イ 反応する可能性がある分子の数が変わるから。
ウ 活性化エネルギーが変わるから。
エ 反応経路が変わるから。

(1)		(2)		(3)		(4)		(5)	

3

次の各文は，反応の速さに関係した記述である。それぞれについて最も関係の深い事項を，あとの**ア～カ**から選び，記号で答えよ。 〔各2点　合計10点〕

(1) 濃硝酸は褐色のびんに入れて保存する。
(2) 過酸化水素水に塩化鉄(Ⅲ)水溶液を少量加えると，激しく酸素が発生する。
(3) かたまり状の亜鉛よりも，粉末状の亜鉛に塩酸を加えたほうが激しく水素が発生する。
(4) 希塩酸に鉄くぎを入れたとき，加熱したほうが激しく水素を発生する。
(5) 同じモル濃度の塩酸と酢酸に同量の亜鉛片を加えると，塩酸のほうが激しく水素を発生する。

ア 温度　**イ** 圧力　**ウ** 濃度　**エ** 表面積　**オ** 光　**カ** 触媒

(1)		(2)		(3)		(4)		(5)	

4

水素 H_2 1.0 mol とヨウ素 I_2 1.0 mol を容積100 L の容器に入れ，ある温度に保ったところ，$H_2 + I_2 \rightleftarrows 2HI$ の可逆反応が平衡状態に達した。このとき，水素の物質量の変化は右図のようであった。次の各問いに答えよ。 〔各4点　合計16点〕

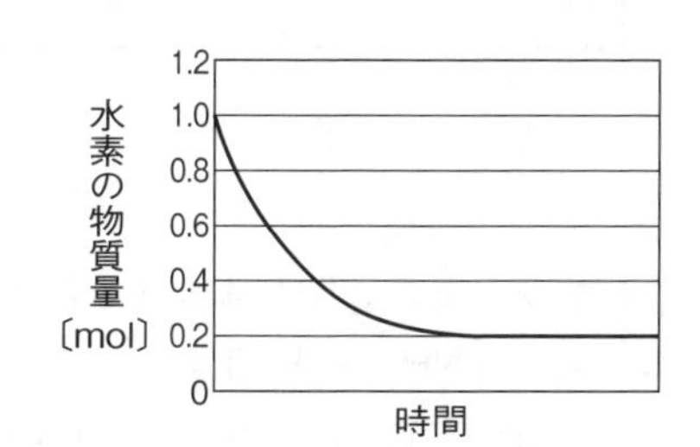

(1) 平衡状態におけるヨウ素の物質量を求めよ。
(2) 平衡状態におけるヨウ化水素HIのモル濃度を求めよ。
(3) この反応の平衡定数を求めよ。
(4) この反応が平衡状態に達した後，水素0.20 mol とヨウ化水素0.40 mol を追加し，もとの温度に保った。平衡は左・右どちらに移動するか。

(1)		(2)	
(3)		(4)	

5

二酸化硫黄 SO_2 と酸素 O_2 とを混ぜて高温に保つと三酸化硫黄 SO_3 を生じ，(i)式で示すような平衡状態となる。

$2SO_2(気) + O_2(気) \rightleftarrows 2SO_3(気)$　$\Delta H = -197\ \mathrm{kJ}$ ……………………………(i)

平衡状態において，次の(1)～(6)のように条件を変えると，(i)式の平衡はどのように移動するか。あとの**ア～ウ**から選べ。 〔各2点　合計12点〕

(1) 圧力(全圧)を高くする。
(2) 温度を上げる。
(3) SO_3 を取り除く。
(4) 触媒を加える。
(5) 圧力(全圧)を一定に保って窒素 N_2 を加える。
(6) 体積を一定に保って N_2 を加える。

ア 左向きに移動する。　**イ** 右向きに移動する。　**ウ** 移動しない。

(1)		(2)		(3)		(4)		(5)		(6)	

6

気体A, B, Cからなる次のような可逆反応がある。

$$aA + bB \rightleftarrows cC \quad (a,\ b,\ c は係数)$$

この反応が平衡状態になったときのCの体積百分率〔%〕と，温度・圧力の関係を右図に示す。次の各問いに答えよ。

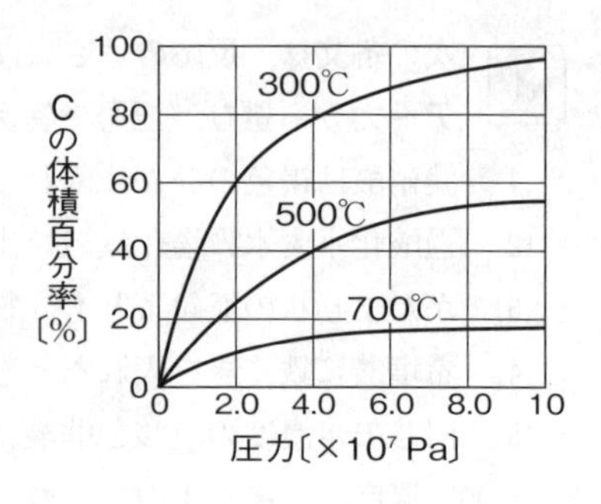

〔各2点　合計8点〕

(1)　この正反応は発熱反応，吸熱反応のどちらか。また，その理由も述べよ。

(2)　係数a, b, cの大小関係として正しいものを，次の**ア**～**ウ**から選び，記号で答えよ。また，その理由も述べよ。

ア　$a+b>c$　　**イ**　$a+b=c$　　**ウ**　$a+b<c$

(1)		理由
(2)		理由

7

アンモニアNH_3は水H_2Oに溶解し，次のような電離平衡が成り立つ。

$$NH_3 + H_2O \rightleftarrows NH_4^+ + OH^-$$

いま，25℃, 1.0×10^5 Paで0.248 Lのアンモニアを1.0 Lの水に溶解したとき，この水溶液のpHを小数第1位まで求めよ。ただし，気体の溶解による体積変化はないものとする。気体定数；$R=8.3\times10^3$ Pa・L/(K・mol)，アンモニアの電離定数(25℃)；$K_b=2.3\times10^{-5}$ mol/L，水のイオン積(25℃)；$K_w=1.0\times10^{-14}$ mol²/L²，$\log_{10} 2.3=0.36$

〔5点〕

8

塩化ナトリウムNaClとクロム酸カリウムK_2CrO_4の混合水溶液があり，NaClの濃度は1.0×10^{-2} mol/L，K_2CrO_4の濃度は9.0×10^{-5} mol/Lである。また，塩化銀AgClおよびクロム酸銀Ag_2CrO_4の溶解度積は，25℃でそれぞれ次の値とする。

$[Ag^+][Cl^-]=1.8\times10^{-10}$ mol²/L²

$[Ag^+]^2[CrO_4^{2-}]=3.6\times10^{-12}$ mol³/L³

次の文章の(　)に適する語句または数値を入れよ。ただし，もとの混合水溶液の体積に対して加えた硝酸銀$AgNO_3$水溶液の体積は少量なので，その体積変化は無視してよい。

〔①, ③…各2点, ②, ④, ⑤…各5点　合計19点〕

この混合水溶液に1.0 mol/L硝酸銀水溶液を少量ずつ加えていくと，最初に生じるのは，(①)色の沈殿である。この沈殿が生成し始めるときの水溶液中の銀イオンAg^+の濃度は(②)mol/Lである。また，2番目に沈殿するのは(③)色の沈殿であり，この沈殿が生成し始めるときの水溶液中のAg^+の濃度は(④)mol/Lである。このとき，水溶液中の塩化物イオンCl^-の濃度は(⑤)mol/Lとなっている。これより，2番目の沈殿が生じ始めたとき，最初に生じた沈殿の生成はほぼ終了していることがわかる。

①		②		③		④		⑤	

1章 非金属元素の性質

1 元素の分類と性質

［解答］別冊p.7

A. 元素の周期律と周期表

1 元素の周期律——元素を（❶　　　　）の順に並べると，化学的性質のよく似た元素が周期的に現れる。

例 原子の価電子の数，原子の半径，単体の融点，原子のイオン化エネルギー

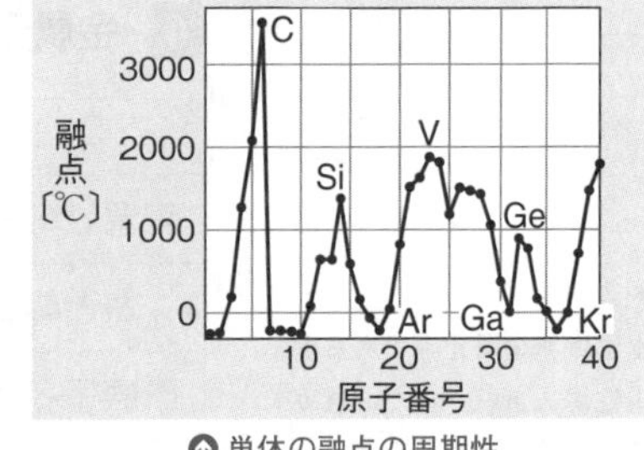

⬆ 単体の融点の周期性

2 元素の周期表——元素の周期律に基づき，化学的性質のよく似た元素が同じ縦の列に並ぶように配列した表。[※1]

① 縦の列を（❷　　　）といい，1族から18族まである。同じ族の元素を（❸　　　　）といい，互いによく似た化学的性質を示す。[※2]

② 横の行を（❹　　　　）といい，第1周期から第7周期まである。[※3]

> **重要** 元素の周期表…元素の周期律に基づいて元素を配列した表。
> ① 縦の列を族，横の行を周期という。
> ② 同族元素は化学的性質がよく似ている。

B. 元素の分類と性質 出る

1 典型元素と遷移元素

① 周期表の1，2族と13～18族の元素を（❺　　　　元素）という。（金属元素と非金属元素の両方がある）

② 周期表の3～12族の元素を（❻　　　　元素）という。[※4]（すべて金属元素）

2 典型元素と遷移元素の性質の比較

	典型元素	遷移元素
価電子の数	周期的に変化し，族番号の1の位の数と一致する	1または（❼　　　）で，ほとんど変化しない
化学的性質	周期表で（❽　　　）に並んだ元素の性質が似ている	周期表で（❾　　　）に隣り合った元素も性質が似ている
酸化数[※5]	元素ごとにほぼ（❿　　　）	いろいろな酸化数をとる
イオンや化合物の色	ほとんどは（⓫　　　色）または白色	（⓬　　　色）のものが多い

※1 **メンデレーエフ**(ロシア)は，1869年，当時発見されていた63種の元素を，原子の相対質量(原子量)順に並べて，はじめて周期表の原型をつくった。また，彼はこの周期表をもとに，当時未発見であった元素の性質を予想した。

※2 特に性質が似た同族元素は，特別な名称でよばれる。
・Hを除く1族元素 →**アルカリ金属**
・2族元素 →**アルカリ土類金属**
・17族元素→**ハロゲン**
・18族元素→**貴ガス**

※3 同じ周期の元素を**同周期元素**という。

※4 12族元素を典型元素に含めることもある。

※5 ここでは，金属元素の酸化数について考える。典型元素でも，非金属元素はいろいろな酸化数をとるものが多い。

◈6
金属元素と非金属元素の境界付近にある元素には，金属性の単体と非金属性の単体の両方が存在するものがある。例えば，スズSnには金属性の白色スズと非金属性の灰色スズが存在し，ヒ素Asには金属性の灰色ヒ素と非金属性の黄色ヒ素が存在する。

◈7
水素は非金属元素であるが，陽性が大きい。また，貴ガスは，イオンになりにくいため，陽性や陰性について考えるときには除外するのが一般的である。

3 金属元素と非金属元素 ◈6

① **金属元素**…単体が金属としての性質をもつ元素を（⓭　　　元素）という。周期表の左下～中央に位置する。

例 ナトリウムNa，鉄Fe，亜鉛Zn

② **非金属元素**…金属元素以外の元素を（⓮　　　元素）という。水素Hを除いて，周期表の右上に位置する。

例 窒素N，酸素O，塩素Cl

4 金属元素と非金属元素の単体の比較

	金属元素	非金属元素
常温での状態	固体（水銀は液体）	固体と気体（臭素は液体）
熱と電気	伝導性が（⓯　　　い）	一般に伝導性が（⓰　　　い）
単原子イオン	陽イオンになりやすい	陰イオンになりやすい

5 陽性と陰性

――原子が陽イオンになりやすい性質を（⓱　　　）（└→金属性ともいう），原子が陰イオンになりやすい性質を（⓲　　　）（└→非金属性ともいう）という。◈7

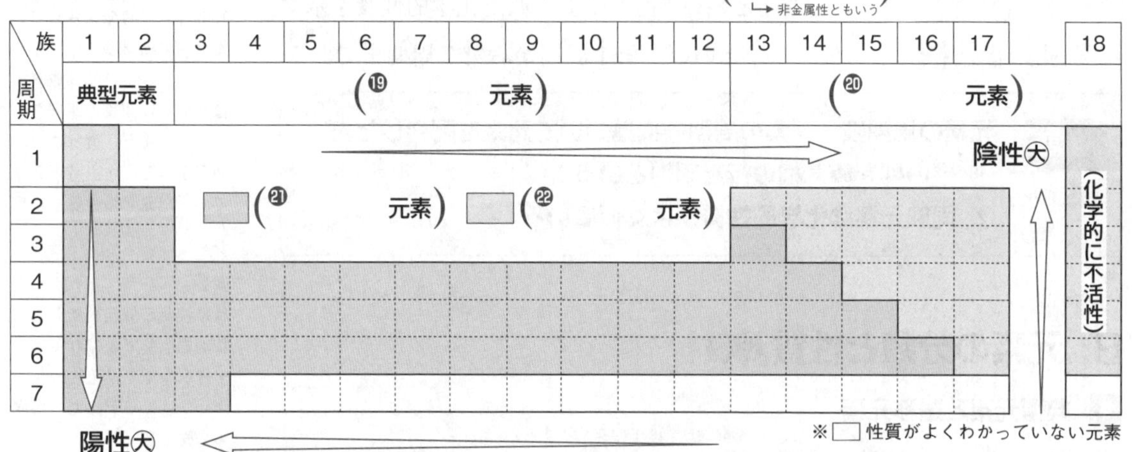

⬆ 元素の分類と周期表

重要
典型元素…同族元素の｛原子の価電子の数が等しい。化学的性質が似ている。
遷移元素…｛原子の価電子の数は1または2。同周期の隣り合う元素の化学的性質も似ている。

ミニテスト ［解答］別冊p.7

遷移元素の特徴として正しいものを，次の**ア**～**エ**からすべて選べ。（　　　）

ア 非金属元素が多い。
イ 原子の価電子の数は，1または2のものが多い。
ウ 単体は，熱や電気を伝えにくいものが多い。
エ イオンや化合物は，有色のものが多い。

2 水素と貴ガス

[解答] 別冊p.7

A. 水素

1 水素の製法

① 亜鉛や鉄などの金属に薄い酸を加える。(→ 実験室的製法)

例 $Zn + H_2SO_4 \longrightarrow$ (❶　　　　) + $H_2\uparrow$ [◈1]

② 水を電気分解すると，(❷　　　極)に水素が得られる。(→ 工業的製法)

2 水素の性質

① 無色・無臭。**最も**(❸　　　い)**気体**。水に溶けにくい。

② 空気中では，淡青色の高温の炎を出して燃える。[◈2]

③ 高温では，酸化物から酸素を奪う性質(=❹　　　　)を示す。(→ 酸素と結びつきやすい)

3 水素化合物

水素化合物――水素とほかの元素との化合物を(❺　　　　)という。周期表では，右へいくほど(❻　　　性)が強くなる。

例 PH_3(弱塩基性)，H_2S(弱酸性)，HCl(強酸性)
(PH_3 → ホスフィン)

	1	2	3	4
1	H			
2				
3				
4				
5				

◈1
化学反応において，気体が発生したとき，記号↑を使って表すことがある。

◈2
水素の燃焼
水素と酸素の混合物に点火すると爆発的に反応して水を生成する。このとき，ポンという**爆鳴音**を発するので，水素の検出に用いられる。

B. 貴ガス 出る

1 貴ガス

貴ガス[◈3]――周期表の(❼　　　族)に属するヘリウム(He)，ネオン(Ne)，(❽　　　　)(Ar)，クリプトン(Kr)，キセノン(Xe)，ラドン(Rn)を**貴ガス**という。

2 貴ガスの電子配置と単体の性質

① 最外殻電子の数はHeが2，その他の元素は(❾　　　)で，いずれも**安定な電子配置**をとり，価電子の数は(❿　　　)である。(Neは閉殻，Ar，Kr，Xe，Rnはオクテット)

② 化合物をほとんどつくらず，空気中では分子が1個の原子からなる(⓫　　　　**分子**)としてわずかに存在する。

③ 融点・沸点は非常に(⓬　　　く)，常温では気体である。[◈4] (→ 無色・無臭)

> **重要**
> [貴ガス]
> ① **最外殻が閉殻またはオクテット** ⇨ **安定な電子配置**
> (閉殻 → He，Ne　オクテット → Ar，Kr，Xe，Rn)
> ② **化合物をほとんどつくらない** ⇨ **価電子の数は0**

	15	16	17	18
1				He
2				Ne
3				Ar
4				Kr
5				Xe
6				Rn

◈3
貴ガス(noble gas)は，希ガス(rare gas)ともよばれる。

◈4
特にヘリウムは，軽くて安全な気体なので，気球用の浮揚ガスに利用される。また，液体ヘリウムは，極低温の冷却剤として利用される。

ミニテスト

[解答] 別冊p.7

(1) 水素が発生しない操作を，次のア～ウから選べ。　(　　　)

ア　銅に希硫酸を加える。　**イ**　鉄に希硫酸を加える。

ウ　水酸化ナトリウム水溶液を電気分解する。

(2) Ar，He，Kr，Ne，Xeの単体を，沸点の低い順に並べよ。(　　　　)

3 ハロゲンとその化合物

［解答］別冊p.8

	15	16	17	18
1				
2			F	
3			Cl	
4			Br	
5			I	
6			At	

A. ハロゲンの単体 出る

1 ハロゲン――周期表の（❶　　　**族**）の元素。原子の価電子の数は（❷　　　）で，1価の（❸　　　**イオン**）になりやすい。

2 ハロゲンの単体の比較

分子式	F_2	Cl_2	Br_2	I_2
名称	❹	❺	❻	ヨウ素
常温での状態	気体	❼	❽	❾
色	淡黄色	❿	⓫	黒紫色
融点〔℃〕	−220	−101	−7	114
沸点〔℃〕	−188	−34	59	184
水素との反応条件	冷暗所でも爆発的	光(紫外線)で爆発的	高温・触媒下で反応	高温・触媒下でわずかに反応
酸化力	（⓬　　い）←→（⓭　　い）			

例 臭化カリウム水溶液に塩素を通じると，（⓮　　　）を生じて溶液が黄色になる。[1] 同様に，ヨウ化カリウム水溶液に塩素を通じると，（⓯　　　）を生じて溶液が褐色になる。[2]

> **重要**　［ハロゲンの単体の酸化力］
> **$F_2 > Cl_2 > Br_2 > I_2$**
> **原子番号が小さいほど酸化力（反応性）は大きくなる。**

3 フッ素F_2――極めて酸化力が強く，水と激しく反応する。

$$2F_2 + 2H_2O \longrightarrow 4HF + (⓰\quad)$$

4 塩素Cl_2

① **実験室的製法**[3]　1．酸化マンガン(Ⅳ)に濃塩酸を加えて加熱する。[4]

$$MnO_2 + 4HCl \longrightarrow (⓱\quad)$$

2．（⓲　　　）に希塩酸を加える。
└→化学式は$Ca(ClO)_2 \cdot 2H_2O$

② **性質**　1．黄緑色で，（⓳　　　**臭**）のある有毒な気体。

2．水に溶け，[5] その一部が水と反応して**次亜塩素酸HClO**を生じる。

$$Cl_2 + H_2O \rightleftarrows HCl + HClO$$

HClOは弱酸であるが，**強い酸化力**をもち，殺菌剤や漂白剤として利用される。
└→次亜塩素酸イオンClO^-も強い酸化力をもつ。

[1] Br^-がCl_2によって酸化される。
$2KBr + Cl_2 \longrightarrow 2KCl + Br_2$

[2] I^-がCl_2によって酸化される。
$2KI + Cl_2 \longrightarrow 2KCl + I_2$

[3] **塩素の工業的製法**
工業的には，塩化ナトリウム水溶液を電気分解して製造する。

[4] 酸化マンガン(Ⅳ)が酸化剤としてはたらく。

[5] 塩素の水溶液を**塩素水**，臭素の水溶液を**臭素水**という。

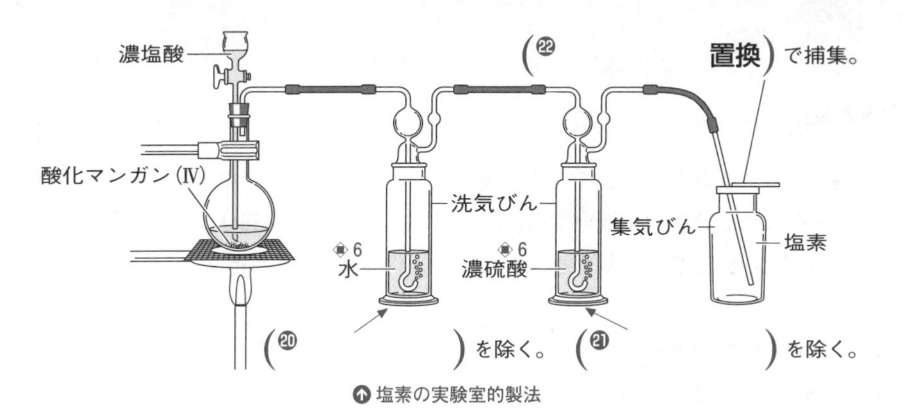

⬆ 塩素の実験室的製法

5 ヨウ素 I_2 ―― 黒紫色の固体で，(㉓　　　性)をもつ。

水には溶けにくいが，ヨウ化カリウム水溶液には溶ける[7](**ヨウ素溶液**)。
ヨウ素ヨウ化カリウム水溶液 ↲
ヨウ素溶液は，デンプン水溶液と反応して青紫色を示す。この反応を(㉔　　　反応)という。

B. ハロゲンの化合物

1 ハロゲン化水素 ―― ハロゲンと水素の化合物。

① 無色で，(㉕　　　臭)をもつ気体である。沸点は，(㉖　　　)が最も高い。

② 水によく溶け，(㉗　　　)を除いて**強酸**[8]である。

2 フッ化水素HF

① **製法**…(㉘　　　)に濃硫酸を加えて加熱する。

$$CaF_2 + H_2SO_4 \longrightarrow CaSO_4 + (㉙\quad)$$

② **性質**…水溶液は(㉚　　　)を溶かす。[9]

$$SiO_2 + 6HF \longrightarrow (㉛\quad) + 2H_2O$$

└→ ヘキサフルオロケイ酸

3 塩化水素HCl

① **製法**…(㉜　　　)に濃硫酸を加えて加熱する。[10]

$$NaCl + H_2SO_4 \longrightarrow (㉝\quad) + HCl\uparrow$$

② **性質**　1．(㉞　　　色)で，刺激臭のある有毒な気体。

2．水溶液は(㉟　　　)とよばれ，強酸である。

3．アンモニアと反応して，(㊱　　　)の白煙を生じる。[11]

└→ 微小な結晶

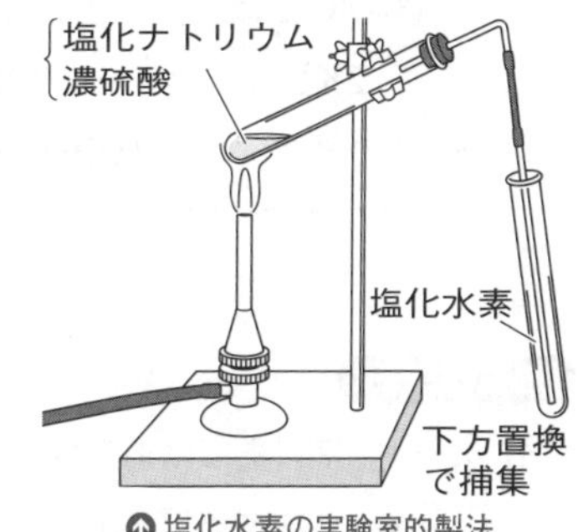

⬆ 塩化水素の実験室的製法

> **重要**
> [塩化水素HCl]
> **濃硫酸と塩化ナトリウムの混合物を加熱して発生。**
> **水溶液は塩酸で，強い酸性を示す。**

◈6
発生した塩素の乾燥
発生する気体には塩化水素が含まれるので，まず，水を通すことによってこれを除去し，その後，濃硫酸を通すことによって乾燥する。

◈7
ヨウ素はヨウ化カリウム水溶液に，褐色の**三ヨウ化物イオン** I_3^- となって溶ける。

$$I_2 + I^- \rightleftarrows I_3^-$$

◈8
ハロゲン化水素の水溶液
HF；フッ化水素酸(**弱酸**)
HCl；塩酸(強酸)
HBr；臭化水素酸(強酸)
HI；ヨウ化水素酸(強酸)

◈9
フッ化水素酸はガラスを溶かすので，ポリエチレン製の容器に保存する。

◈10
HClは揮発性の酸，H_2SO_4 は不揮発性の酸である。このように，**揮発性の酸の塩に不揮発性の酸を加えて加熱すると，揮発性の酸を生じる。**

◈11
この反応は，塩化水素またはアンモニアの検出に用いられる。(p.114)

重要実験

ハロゲンの単体の性質と反応

方法（操作）

(1) 集気びんの中の高度さらし粉に希塩酸を加えて塩素を発生させ，色のある花びらを入れその変化を観察する。

(2) (1)と同様にして塩素を発生させ，赤熱した銅線を入れて反応を見る。

(3) 次のⓐ～ⓒの操作を行い，変化を観察する。

ⓐ Cl_2水を0.1 mol/LのKBr水溶液に加える。

ⓑ Cl_2水を0.1 mol/LのKI水溶液に加え，さらに1％デンプン水溶液を加える。

ⓒ Br_2水を0.1 mol/LのKI水溶液に加え，さらに1％デンプン水溶液を加える。

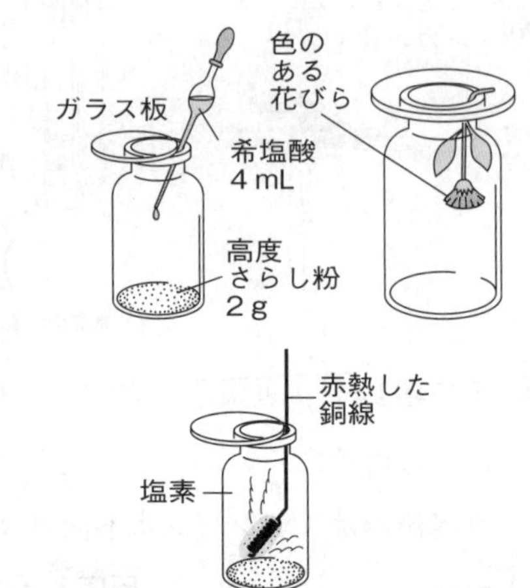

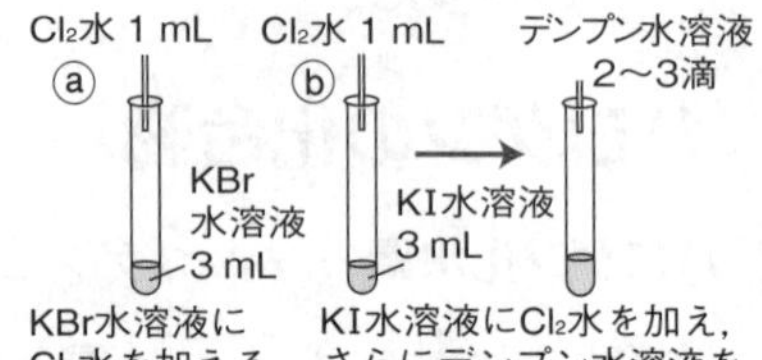

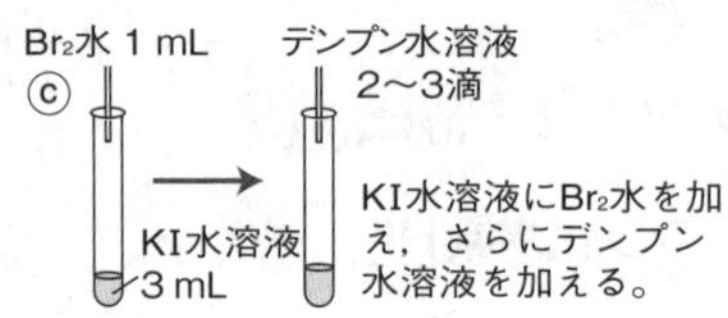

結果と考察

① (1)で刺激臭の黄緑色の塩素が発生した。⇨**高度さらし粉に希塩酸を加えると塩素が発生する。**

$Ca(ClO)_2 \cdot 2H_2O$ ＋ (㊲　　　　)

⟶ $CaCl_2$ ＋ $4H_2O$ ＋ (㊳　　　　)

② (1)では，花びらの色が消えた。⇨塩素が花びら中の水分に溶けて(㊴　　　　)に変化し，(㊵　　　　**作用**)を示した。

③ (2)では，褐色の煙を上げて反応した。

$Cu + Cl_2 \longrightarrow$ (㊶　　　　)

④ (3)のⓐでは，黄色になった。⇨(㊷　　　　)が遊離した。

$2KBr + Cl_2 \longrightarrow 2KCl + Br_2$

(3)のⓑでは，青紫色になった。⇨(㊸　　　　)が遊離し，**ヨウ素デンプン反応**を起こした。

$2KI + Cl_2 \longrightarrow 2KCl + I_2$

(3)のⓒでは，青紫色になった。⇨(㊹　　　　)が遊離し，**ヨウ素デンプン反応**を起こした。

$2KI + Br_2 \longrightarrow 2KBr + I_2$

⑤ (3)の結果より，**ハロゲンの単体の酸化力の強さは**(㊺　　　＞　　　＞　　　)**である。**

ミニテスト

［解答］別冊p.8

1 次の(1)，(2)にあてはまるハロゲンの単体の名称を答えよ。

(1) 常温では赤褐色の液体で，水より密度が大きい。　(　　　　)

(2) 常温では黒紫色の固体で，水に溶けない。　(　　　　)

2 次の(1)，(2)にあてはまるハロゲン化水素を，あとの**ア**～**エ**から選べ。

(1) 最も沸点が高い。　(　　)

(2) 弱酸である。　(　　)

ア HF　　**イ** HCl　　**ウ** HBr　　**エ** HI

4 酸素・硫黄とその化合物

［解答］別冊p.8

	15	16	17	18
1				
2		O		
3		S		
4				
5				

A. 酸素の単体

1 酸素 O_2

① **製法** 1．過酸化水素水に，(❶　　　　)として酸化マンガン(Ⅳ)を加える。[1]　$2H_2O_2 \longrightarrow 2H_2O + O_2\uparrow$
（1．→実験室的製法）

2．(❷　　　　)を分留する。（→工業的製法）

② **性質** 1．(❸　　色)・(❹　　臭)の気体で[2]，水に溶けにくい。

2．多くの元素と結びついて(❺　　　　)をつくる。[3]

2 オゾン O_3

① **製法**…酸素中で無声放電を行うか，酸素に強い紫外線を当てる。

$3O_2 \longrightarrow 2O_3 \quad \Delta H = 285\ \text{kJ}$（→吸熱反応）

② **性質** 1．(❻　　　　色)・(❼　　　　臭)の有毒な気体。

2．強い(❽　　　　作用)を示し，湿ったヨウ化カリウムデンプン紙を青変させる。[4]（→この反応は，オゾンの検出に用いられる）

> **重要**　［酸素の同素体］
> **酸素 O_2…過酸化水素の分解で発生。**
> **オゾン O_3…淡青色・特異臭の気体。強い酸化力をもつ。**

B. 酸素の化合物

1 酸化物

① (❾　　　　**酸化物**)…水と反応して酸を生じたり，**塩基と反応**して塩を生じたりする酸化物。非金属元素の酸化物が多い。[5]

例 二酸化炭素 CO_2，三酸化硫黄 SO_3，十酸化四リン P_4O_{10}

② (❿　　　　**酸化物**)…水と反応して塩基を生じたり，**酸と反応**して塩を生じたりする酸化物。金属元素の酸化物が多い。

例 酸化ナトリウム Na_2O，酸化マグネシウム MgO

③ (⓫　　　　**酸化物**)…**酸とも塩基とも反応**して塩を生じる酸化物。両性金属(p.129)の酸化物。

例 酸化アルミニウム Al_2O_3，酸化亜鉛 ZnO

2 オキソ酸[6]

——分子中に酸素原子を含む酸を(⓬　　　　)という。一般に，酸性酸化物と水との反応で得られる。

例 硝酸 HNO_3，硫酸 H_2SO_4，リン酸 H_3PO_4

---

[1] 塩素酸カリウム $KClO_3$ に触媒として MnO_2 を加え，加熱しても得られる。
$2KClO_3 \longrightarrow 2KCl + 3O_2$

[2] 大気中に体積比で約21％含まれる。

[3] 地殻を構成する岩石に多く含まれる。

[4] **ヨウ化カリウムデンプン紙の青変**
ヨウ化カリウムが酸化剤と反応すると，ヨウ素 I_2 が遊離する。この I_2 がデンプンと反応し，青紫色を呈する。
$2KI + O_3 + H_2O \longrightarrow I_2 + 2KOH + O_2$

[5] 一酸化窒素NOや一酸化炭素COは非金属元素の酸化物であるが，水や塩基と反応しないので，酸性酸化物には分類されない。

[6] **オキソ酸の構造と強さ**
オキソ酸は中心原子Xにヒドロキシ基−OHとO原子が結合した構造をもち，一般式 $XO_m(OH)_n$ で表される。中心原子が同じ場合，結合するO原子の数 m が多いほど，強い酸となる。
例 $H_2SO_3 < H_2SO_4$（亜硫酸 ＜ 硫酸）

C. 硫黄の単体

1 硫黄の単体とその性質——次の（⑬　　　　　）が存在する。

同素体名	⑭	⑮	⑯
外観	黄色の八面体状の結晶	黄色の針状結晶	黄色～黒褐色の無定形固体
CS_2への溶解	溶ける	溶ける	溶けない
特徴	常温で最も安定	95～120℃以上で安定	弾力性がある

※単斜硫黄もゴム状硫黄も，室温で長時間放置すると斜方硫黄に変化する。

D. 硫黄の化合物 出る

1 二酸化硫黄 SO_2

① **製法**　1．硫黄を燃焼させる。

2．銅に（⑰　　　　　）を加えて加熱する。

$$Cu + 2H_2SO_4 \longrightarrow CuSO_4 + 2H_2O + SO_2\uparrow$$

3．亜硫酸ナトリウムに希硫酸を加える。[7]

$$Na_2SO_3 + H_2SO_4 \longrightarrow Na_2SO_4 + H_2O + SO_2\uparrow$$

② **性質**　1．（⑱　　**色**）・（⑲　　　**臭**）の有毒な気体。

2．水にかなり溶け，水溶液は弱い（⑳　　　**性**）を示す。[8]

$$SO_2 + H_2O \rightleftarrows H^+ + HSO_3^-$$

3．（㉑　　　　**作用**）を示し，紙や繊維の漂白に利用される。

4．H_2Sのような強い還元剤に対しては，（㉒　　　　**剤**）としてはたらく。

$$2H_2S + SO_2 \longrightarrow 3S + 2H_2O$$

2 硫酸 H_2SO_4

① **工業的製法**…次に示す（㉓　　　　**法**）でつくる。

硫黄の燃焼で得られた二酸化硫黄を，（㉔　　　　　　）を触媒として空気中の酸素で酸化し，（㉕　　　　　）とする。

$$2SO_2 + O_2 \xrightarrow{V_2O_5} 2SO_3$$

得られた三酸化硫黄を濃硫酸に吸収させて（㉖　　　　　）とし，これを希硫酸で薄めて濃硫酸とする。[9]

$$SO_3 + H_2O \longrightarrow H_2SO_4$$

[7] 亜硫酸H_2SO_3は弱酸，硫酸H_2SO_4は強酸である。このように，**弱酸の塩に強酸を加えると，弱酸が遊離する。**

[8] **亜硫酸H_2SO_3**
SO_2が水に溶けると，H_2SO_3が生じる。H_2SO_3は水中でのみ存在する。
H_2SO_3もSO_2と同様に還元作用を示し，漂白剤として利用される。

[9] **発煙硫酸をつくるわけ**
SO_3を直接水に溶かすと，溶解による発熱によって水が沸騰し，生じた水蒸気中にSO_3が溶けこんで発煙してしまう。そこで，いったん発煙硫酸にしてから，希硫酸で薄めている。

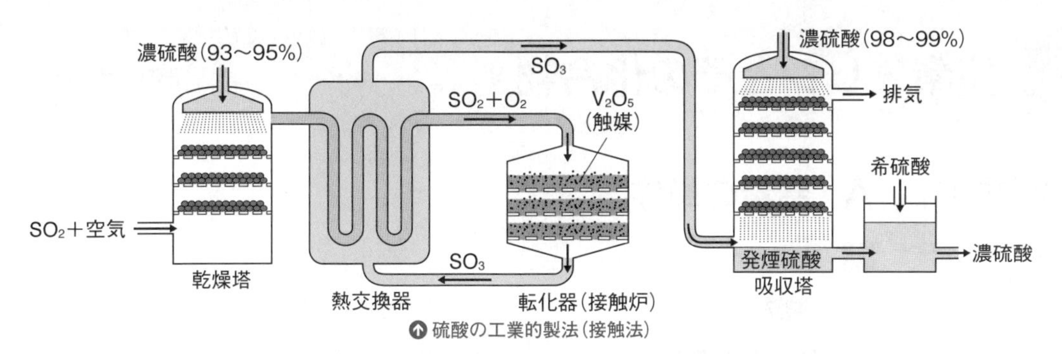

硫酸の工業的製法(接触法)

② **性質**　1．無色で，粘性が大きい液体。

2．沸点が高く，(㉗　　　　性)である。

3．(㉘　　　　性)が強く，乾燥剤に用いられる。

4．(㉙　　　　作用)を示し，有機化合物から水素と酸素を$H:O=2:1$で奪う。

例 $C_{12}H_{22}O_{11} \xrightarrow[\text{脱水}]{\text{濃硫酸}} 12C + 11H_2O$

5．加熱した硫酸(**熱濃硫酸**)は(㉚　　　　作用)を示す。

6．水に溶かすと，多量の熱を発生して希硫酸となる。[10]

[10] **濃硫酸の希釈**
多量の水に濃硫酸を加えて希釈する。濃硫酸に水を加えると，多量の発熱によって水が沸騰し，濃硫酸が飛び散るので，非常に危険である。

	電離度	酸化作用	金属との反応
濃硫酸	小さい	あり(熱濃硫酸)	銅と加熱すると(㉛　　　　)が発生
希硫酸	大きい	なし	亜鉛を加えると(㉜　　　　)が発生

濃硫酸と希硫酸の比較

重要　［硫酸の工業的製法(接触法)］
硫黄S ⟶ 二酸化硫黄SO_2 ⟶ 三酸化硫黄SO_3 ⟶ 発煙硫酸 ⟶ 硫酸H_2SO_4

3 硫化水素H_2S

① **製法**[11]…硫化鉄(Ⅱ)に希硫酸か希塩酸を加える。

$FeS + H_2SO_4 \longrightarrow FeSO_4 + H_2S\uparrow$

② **性質**　1．(㉝　　　色)・(㉞　　　　臭)の有毒な気体。

2．水に少し溶け，水溶液は弱い(㉟　　　性)を示す。

3．(㊱　　　　作用)を示し，単体の硫黄Sを遊離する。

$H_2S \longrightarrow S + 2H^+ + 2e^-$

4．多くの金属イオンと反応し，(㊲　　　　)の沈殿を生じる。[12]

[11] 硫化水素は，天然には火山ガスや一部の温泉に含まれている。また，タンパク質の腐敗でも生じる。

[12] 金属硫化物の沈殿は，金属イオンの分離・検出において重要なポイントとなる。(p.143)

ミニテスト　［解答］別冊p.8

次の(1)，(2)の現象は，硫酸のどのような性質によるものか。あとの**ア**〜**オ**から選べ。

(1) 亜鉛に希硫酸を加えると，水素が発生する。　(　　　)

(2) 銅に濃硫酸を加えて加熱すると，二酸化硫黄が発生する。　(　　　)

ア　吸湿性　　**イ**　強酸性　　**ウ**　不揮発性　　**エ**　酸化作用　　**オ**　脱水作用

5 窒素・リンとその化合物

［解答］別冊p.8

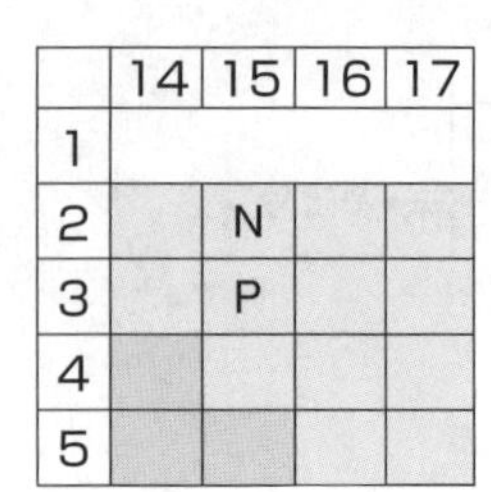

	14	15	16	17
1				
2		N		
3		P		
4				
5				

A. 窒素の単体

1 窒素 N_2

① **製法**　1.（❶　　　　　　）を分留する。
　　└→工業的製法

2. 亜硝酸アンモニウム水溶液を加熱する。
└→実験室的製法

$$NH_4NO_2 \longrightarrow 2H_2O + N_2\uparrow$$

② **性質**…常温では反応性に乏しい。高温では酸素と結びつき，一酸化窒素NOや二酸化窒素 NO_2 などの（❷　　　　　　）[◈1]をつくる。

◈1
大気中に存在するNOや NO_2 などの酸化物を合わせて NO_x（ノックス）という。NO_x は**酸性雨**の原因となる。

B. 窒素の化合物 出る

1 アンモニア NH_3

① **製法**　1.（❸　　　　　　）を触媒として，窒素と水素から直接合成する。この方法を（❹　　　　　　法）という。[◈2]
　　└→工業的製法

2. アンモニウム塩に水酸化カルシウムを加えて加熱する。[◈3]
└→実験室的製法

$$2NH_4Cl + Ca(OH)_2 \longrightarrow CaCl_2 + 2H_2O + 2NH_3\uparrow$$

② **性質**　1.（❺　　　色）・（❻　　　臭）の気体。

2. 水に非常に溶けやすく，水溶液は弱い（❼　　　性）を示す。
⇨水でぬらした赤色リトマス紙を（❽　　　色）に変える。

$$NH_3 + H_2O \rightleftarrows (❾\quad\quad) + OH^-$$

3. 空気より軽い。⇨（❿　　　　置換）で捕集する。

4. 塩化水素と反応して，（⓫　　　　　　）の白煙を生じる。（p.109）

◈2
$3\sim5\times10^7$ Pa，約500℃で合成される。（p.88）

◈3
アンモニア NH_3 は弱塩基，水酸化カルシウム $Ca(OH)_2$ は強塩基である。このように，**弱塩基の塩に強塩基を加えて加熱すると，弱塩基が遊離する。**

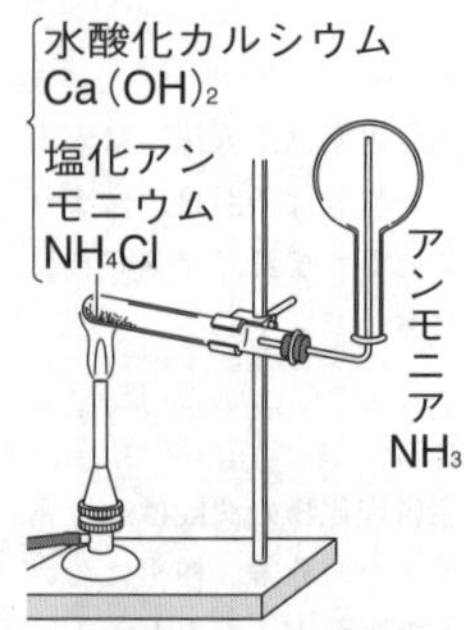

↑アンモニアの製法
生成した水が加熱部に流れこみ，試験管が割れないように，試験管の口を少し下げる。

> **重要**　［アンモニア］
> **無色・刺激臭の弱塩基性の気体。水に非常に溶けやすい。**

2 一酸化窒素NO

① **製法**…銅と希硝酸を反応させる。

$$3Cu + 8HNO_3 \longrightarrow 3Cu(NO_3)_2 + 4H_2O + 2NO\uparrow$$

② **性質**　1.（⓬　　　色）の気体で，水に溶けにくい。
⇨（⓭　　　　置換）で捕集する。

2. 空気中で容易に酸化され，赤褐色の二酸化窒素になる。

$$2NO + O_2 \longrightarrow 2NO_2$$

3 二酸化窒素 NO_2

① **製法**…銅と濃硝酸を反応させる。⇨(⑭　　　　**置換**)で捕集する。

$$Cu + 4HNO_3 \longrightarrow Cu(NO_3)_2 + 2H_2O + 2NO_2\uparrow$$

② **性質**　1．(⑮　　　　**色**)・刺激臭の有毒な気体。

2．水に溶けやすく，水溶液は強い(⑯　　　　**性**)を示す。
└→硝酸 HNO_3 を生じるため

> **重要**　**一酸化窒素NO…無色。水に不溶で，水上置換で捕集。**
> **銅と希硝酸の反応で生成。**
> **二酸化窒素 NO_2…赤褐色。水に可溶で，下方置換で捕集。**
> **銅と濃硝酸の反応で生成。**

4 硝酸 HNO_3

① **製法**…次に示す(⑰　　　　　　**法**)でつくる。

アンモニアを(⑱　　　　)を触媒として酸化し，[4]一酸化窒素を得る。　$4NH_3 + 5O_2 \xrightarrow{Pt} 4NO + 6H_2O$

得られた一酸化窒素を空気中の酸素で酸化し，二酸化窒素とする。

$$2NO + O_2 \longrightarrow 2NO_2$$

得られた二酸化窒素を水に吸収させて，硝酸とする。

$$3NO_2 + H_2O \longrightarrow 2HNO_3 + NO^{[5]}$$

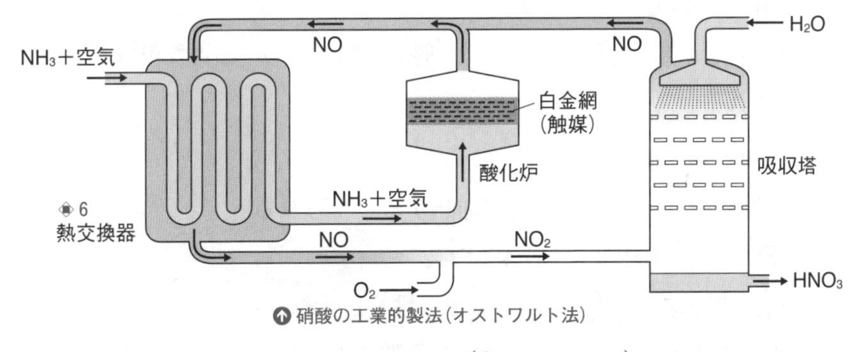

硝酸の工業的製法(オストワルト法)

② **性質**　1．無色，揮発性で，強い(⑲　　　　**性**)を示す。

2．光や熱で分解しやすい。⇨(⑳　　　　**びん**)に入れ，冷暗所に保管する。

3．(㉑　　　　**力**)が強く，銅や銀などの金属も溶かす。
└→イオン化傾向が小さい金属

4．アルミニウム，鉄，ニッケルは，(㉒[7]　　　　)となるため，濃硝酸には溶けない。

> **重要**　[硝酸]
> **アンモニアを原料として，オストワルト法で製造。**
> **無色で揮発性の強酸で，酸化力が強い。**

[4] アンモニアと空気の混合気体を，約800℃の白金網に短時間(約0.001秒)通す。

[5] ここで生じた一酸化窒素NOは再利用される。

[6] 熱交換器では，アンモニアと空気が温められ，一酸化窒素が冷やされる。

[7] **不動態**
金属の表面に緻密な酸化被膜が生じ，内部が保護されている状態。

C. リンの単体

1 リンの単体とその性質――次の（㉓　　　　）が存在する。[8]

同素体名	黄リン	赤リン
色	㉔	㉕
形状	ろう状の固体	粉末状の固体
構造	正四面体状のP_4分子	立体網目構造の高分子P 例 リン原子
発火点	34℃	260℃
自然発火	㉖	㉗
CS_2への溶解	溶ける	溶けない
毒性	猛毒[9]	微毒
保存法や用途	水中に保存	マッチの側薬に利用

[8]
リンの製法
リン酸カルシウム$Ca_3(PO_4)_2$を主成分とする鉱石にけい砂（しゃ）SiO_2とコークスCを混ぜ，電気炉中で強熱すると，黄リンが得られる。これを窒素中で約250℃に長時間加熱すると，赤リンになる。

[9]
現在，黄リンマッチは，危険物として製造・販売が禁止されている。

D. リンの化合物

1 十酸化四リンP_4O_{10}――空気中でリンを燃焼させると生じる。

$$4P + 5O_2 \longrightarrow P_4O_{10}$$

白色の粉末で，（㉘　　　　性）が強いため，強力な乾燥剤として利用される。

;O
;P
十酸化四リン分子の構造

2 リン酸H_3PO_4

① 十酸化四リンに水を加えて加熱すると得られる。

$$P_4O_{10} + 6H_2O \longrightarrow 4H_3PO_4$$

② 無色の固体で，（㉙　　　　性）を示す。[10]

③ 水によく溶け，水溶液中では3段階に電離して，中程度の強さの（㉚　　　　性）を示す。

$$H_3PO_4 \rightleftarrows H^+ + H_2PO_4^-$$
→リン酸二水素イオン

$$H_2PO_4^- \rightleftarrows H^+ + HPO_4^{2-}$$
→リン酸水素イオン

$$HPO_4^{2-} \rightleftarrows H^+ + PO_4^{3-}$$
→リン酸イオン

[10]
潮解
固体が空気中の水蒸気を吸収し，そこに溶けこむ現象。純粋なリン酸は無色の結晶（融点42℃）であるが，通常は濃厚水溶液（85％）として市販されている。

重要 ［リンの化合物］
十酸化四リンP_4O_{10}…吸湿性が強く，乾燥剤として利用。
リン酸H_3PO_4…潮解性がある。水溶液中では3段階に電離し，中程度の強さの酸性を示す。

重要実験

アンモニアの発生と性質

方法(操作)

(1) 乾いた試験管に塩化アンモニウム NH_4Cl と水酸化カルシウム $Ca(OH)_2$ の混合物を入れ，**図1**のように，試験管の口を少し下げて加熱する。

(2) 発生したアンモニア NH_3 を，乾いた試験管2本に捕集し，ゴム栓をする。捕集中に，濃塩酸をつけたガラス棒を試験管の口に近づけ，変化を観察する。

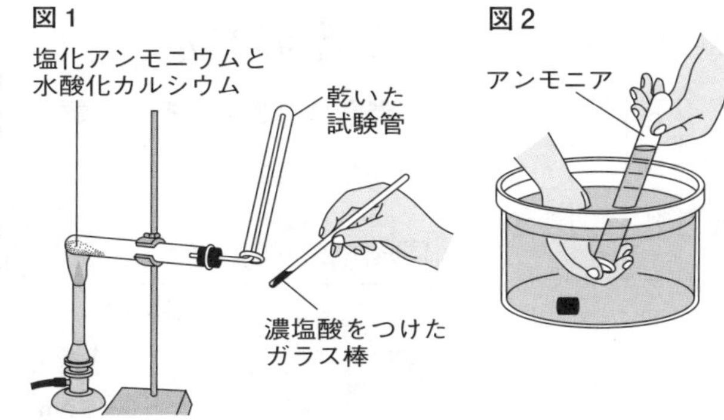

(3) アンモニアを捕集した試験管のうち1本を逆さにして水中に入れ，ゴム栓を外したときの変化を観察する(**図2**)。

(4) アンモニアを捕集したもう1本の試験管に水でぬらした赤色リトマス紙を入れ，変化を観察する。

結果と考察

① 塩化アンモニウムと水酸化カルシウムの反応は，次の化学反応式で表される。

$2NH_4Cl + Ca(OH)_2 \longrightarrow$ (㉛)

② (1)で，試験管の口を少し下げて加熱したのは，生成した(㉜)が加熱部に流れ落ち，試験管が割れるのを防ぐためである。

③ (2)で，濃塩酸をつけたガラス棒を近づけると下の反応が起こり，(㉝)の白煙が生じた。この結果から，発生した気体がアンモニアであることを確認できる。

$NH_3 + HCl \longrightarrow$ (㉞)

④ (2)で，アンモニアを(㉟ **置換**)で捕集したのは，アンモニアは水に非常に溶けやすく，密度が空気より(㊱ **い**)からである。

⑤ アンモニアが水に非常に溶けやすいことは，(3)で，水中でゴム栓を外すと試験管内の水面が急激に(㊲)したことから確認できる。

⑥ (4)で，水でぬらした赤色リトマス紙は(㊳ **色**)に変わった。これは，アンモニアが水と次のように反応し，(㊴)を生じたからである。

$NH_3 + H_2O \rightleftarrows$ (㊵)

ミニテスト 　[解答] 別冊p.8

(1) オストワルト法では，何という物質を原料として硝酸を製造するか。 (　　　)

(2) 窒素と水素から直接アンモニアを合成する工業的製法を何というか。 (　　　)

(3) 水中で保存すべき物質を，次の**ア**～**エ**から選べ。 (　　　)

ア リン酸　**イ** 赤リン　**ウ** 黄リン　**エ** 十酸化四リン

(4) 光を避けるため，褐色びんに入れて保存すべき物質を，次の**ア**～**ウ**から選べ。 (　　　)

ア 濃硫酸　**イ** 濃塩酸　**ウ** 濃硝酸

6 炭素・ケイ素とその化合物

［解答］別冊p.8

	13	14	15	16
1				
2		C		
3		Si		
4				
5				

A. 炭素の単体

1 炭素Cの単体とその性質

① 炭素の同素体

同素体名	❶	❷	❸
構造	立体的な（❹　　）構造 0.15 nm	平面的な（❺　　）構造 0.14 nm 0.34 nm	球状の分子（C_{60}，C_{70}など） C_{60} 約 0.7 nm
色・形状	無色透明な結晶	灰黒色の結晶	黒褐色の粉末
性質	・電気伝導性なし ・熱伝導率が大きい	・電気伝導性あり ・薄くはがれやすい	・電気伝導性なし ・有機溶媒に可溶◈1

◈1
フラーレンは比較的分子が小さいため，ベンゼンやトルエンなどの有機溶媒に溶ける。

同素体名	グラフェン	❻
構造	黒鉛の層状構造1層分だけからなり，薄膜状	黒鉛の層状構造が円筒状になったもの◈2

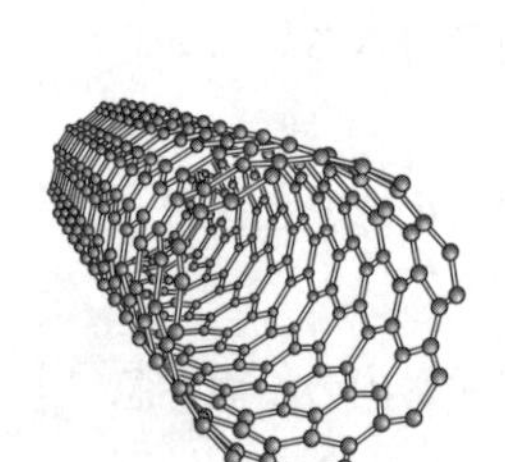

⬆ カーボンナノチューブの構造

◈2
カーボンナノチューブの一方の先端が閉じたものを，**カーボンナノホーン**という。

② （❼　　　　）…微小な黒鉛の結晶が不規則に集まったもの。　例 木炭，すす，カーボンブラック

> **重要**　［炭素の同素体］
> **ダイヤモンド，黒鉛のほかに，フラーレン，グラフェン，カーボンナノチューブなどがある。**

B. 炭素の化合物

1 一酸化炭素CO

① **製法**　1．ギ酸HCOOHを（❽　　　　）で脱水する。（→実験室的製法）

$$HCOOH \xrightarrow[\text{加熱}]{\text{濃}H_2SO_4} CO\uparrow + H_2O$$

2．赤熱したコークスCに高温の水蒸気を通じる。（→工業的製法）

$$C + H_2O \longrightarrow CO + H_2$$

② **性質**　1．(⑨　　　色)・(⑩　　　臭)の気体。

2．毒性が極めて(⑪　　　い)。[3]

3．空気中では，青白い炎をあげて燃焼する。

4．高温では，酸化物から酸素を奪う性質(⑫＝　　　性)が強い。

$Fe_2O_3 + 3CO \longrightarrow 2Fe + 3CO_2$　(鉄の製錬)

2 二酸化炭素 CO_2

① **実験室的製法**…石灰石に(⑬　　　　　)を加える。[4]

$CaCO_3 + 2HCl \longrightarrow CaCl_2 + H_2O + CO_2 \uparrow$

• 右図の装置を(⑭　　　　**の装置**)という。

1．コックを開くと，Bの部分で石灰石と塩酸が接触して，気体が発生する。
(→ A内の塩酸がCに落ち，塩酸の液面が上がっていく)

2．コックを閉じると，B内の気圧が高くなる。すると，希塩酸の液面が押し下げられて石灰石と離れ，反応が止まる。

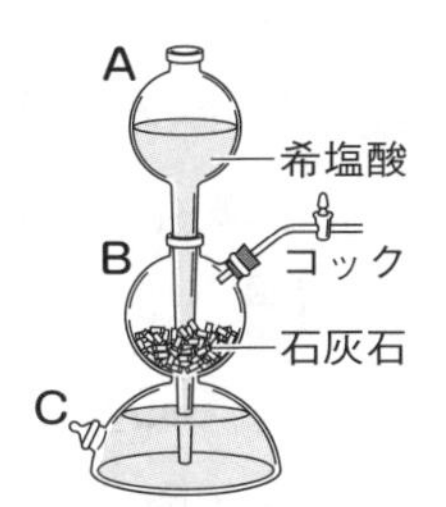

② **性質**　1．(⑮　　　色)・(⑯　　　臭)の気体で，空気より重い。

2．水に少し溶け，水溶液(**炭酸水**)は弱い(⑰　　　性)を示す。

3．石灰水に通じると，(⑱　　　　　　　)の白色沈殿を生じる。

$Ca(OH)_2 + CO_2 \longrightarrow CaCO_3 \downarrow + H_2O$

4．昇華性をもち，固体は(⑲　　　　　　)とよばれる。

気体	一酸化炭素CO	二酸化炭素 CO_2
水への溶解性	溶けにくい	少し溶ける
塩基との反応	反応しない	反応して炭酸塩をつくる
毒性	猛毒	なし
還元性	あり(高温のとき)	なし
石灰水との反応	反応しない	白濁する

↑ 一酸化炭素と二酸化炭素の比較

C. ケイ素の単体

1 ケイ素Si[5]

① **製法**…けい砂(しゃ) SiO_2 にコークスCを加え，電気炉中で強熱する。

$SiO_2 + 2C \longrightarrow Si + 2CO$

② **性質**　1．ダイヤモンドと同じ構造をもつ(⑳　　　　　**の結晶**)である。

2．電気伝導性は，(㉑　　　　)としての性質を示す。[6]

---

[3] **一酸化炭素の毒性**
血液の固形成分である赤血球には，**ヘモグロビン**という赤い色素が含まれる。ヘモグロビンは酸素と結合し，体組織へ酸素を運ぶ。一酸化炭素はヘモグロビンと強く結合するため，ヘモグロビンと酸素の結合を妨げ，体組織への酸素の供給が滞る。これが一酸化炭素中毒である。

[4] 原理的には弱酸の遊離であるから，炭酸より強い酸を加えればよい。ただし，希硫酸を加えると，石灰石の表面に水に不溶の硫酸カルシウム $CaSO_4$ が生じるため，二酸化炭素が発生しにくくなる。

[5] ケイ素の単体は天然には存在しない。天然には，二酸化ケイ素やケイ酸塩として，岩石の形で存在する。

[6] **半導体**
電気伝導性が金属(導体)と非金属(不導体)の中間に位置する物質。IC(集積回路)やLSI(大規模集積回路)などのコンピュータ部品や太陽電池などに用いられる。なお，ケイ素のほかに，ゲルマニウムGeも半導体の性質を示す。

D. ケイ素の化合物 出る

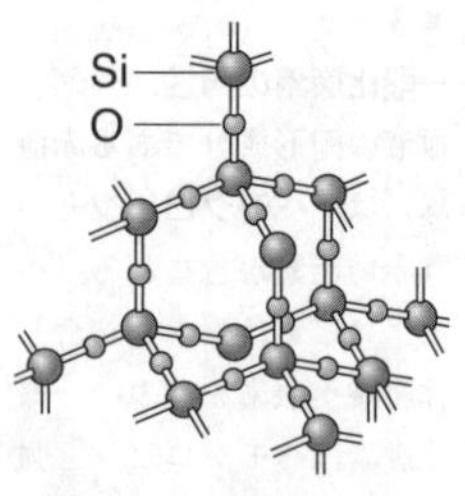

SiO₂の構造(一例)

1 二酸化ケイ素 SiO_2——天然には，石英，けい砂(しゃ)などとして存在する。（石英：大きな結晶の場合は水晶という）

① **構造**…ケイ素原子Siと酸素原子Oが交互に結びついた
(㉒　　　　　　**の結晶**)である。

② **性質**　1．硬く，融点が(㉓　　　　**い**)。また，水に溶けない。

2．酸性酸化物[7]で，塩基と加熱すると反応して，**ケイ酸塩**を生じる。

3．高純度のSiO_2を繊維状にしたものは(㉔　　　　　　　　)とよばれ，光通信に利用される。

[7] 二酸化ケイ素は，ふつうの酸には溶けないが，フッ化水素酸HFには，ヘキサフルオロケイ酸H_2SiF_6になって溶ける。(p.109)

2 ケイ酸ナトリウム Na_2SiO_3

① 二酸化ケイ素を水酸化ナトリウム（強塩基）とともに加熱すると，ガラス状の(㉕　　　　　　　　)が得られる。

$$SiO_2 + 2NaOH \xrightarrow{高温} Na_2SiO_3 + H_2O$$

② ケイ酸ナトリウムに水を加えて加熱すると，(㉖　　　　　　　　)とよばれる無色透明で粘性が大きい液体が得られる。水ガラスの水溶液に希塩酸を加えると，白色ゲル状の(㉗　　　　　　　)が沈殿する。

$$Na_2SiO_3 + 2HCl \longrightarrow H_2SiO_3 + 2NaCl$$

③ ケイ酸を加熱して脱水すると，(㉘　　　　　　　)が得られる。シリカゲルは多孔質の固体で，その表面に親水性のヒドロキシ基－OHの構造をもつため，気体や水をよく吸着し，吸着剤や(㉙　　　　　**剤**)[8]に利用される。

[8] **シリカゲル**
市販の乾燥剤には塩化コバルト(Ⅱ)が混合されており，乾燥時は青色であるが，吸湿時は淡赤色になる。

二酸化ケイ素 SiO_2	$\xrightarrow[融解]{NaOH}$	ケイ酸ナトリウム Na_2SiO_3	$\xrightarrow{HCl}$	ケイ酸 H_2SiO_3	$\xrightarrow{加熱}$	シリカゲル $SiO_2\cdot nH_2O$ $(0<n<1)$

シリカゲルの製法

重要　**二酸化ケイ素** $\xrightarrow[融解]{NaOH}$ **ケイ酸ナトリウム** $\xrightarrow[加熱]{水}$ **水ガラス** $\xrightarrow{酸}$ **ケイ酸** $\xrightarrow{加熱}$ **シリカゲル**

ミニテスト　[解答] 別冊p.9

次の(1)～(3)の変化を，化学反応式で表せ。

(1) 大理石(主成分は炭酸カルシウム)に希塩酸を加えると，気体が発生する。
(　　　　　　　　　　　　　　　　　　)

(2) 石灰水に(1)の気体を通じると，白色沈殿が生じる。(　　　　　　　　　　　　　　　　　　)

(3) 酸化鉄(Ⅲ)に一酸化炭素を通じながら加熱すると，鉄が遊離する。
(　　　　　　　　　　　　　　　　　　)

7 気体の製法と性質

［解答］別冊p.9

気体	実験室的製法の例	捕集法
水素 H_2	・Zn，Feなどの金属に，希塩酸や（❶　　　）を加える。 $Zn + H_2SO_4 \longrightarrow ZnSO_4 + H_2\uparrow$	❷
塩素 Cl_2	・MnO_2(酸化剤)に（❸　　　）を加えて加熱する。 $MnO_2 + 4HCl \longrightarrow MnCl_2 + Cl_2\uparrow + 2H_2O$	下方置換
塩化水素 HCl	・（❹　　　）に濃硫酸を加えて加熱する。 $NaCl + H_2SO_4 \longrightarrow NaHSO_4 + HCl\uparrow$	❺
フッ化水素 HF	・ホタル石に濃硫酸を加えて加熱する。 $CaF_2 + H_2SO_4 \longrightarrow CaSO_4 +$（❻　　　）↑	下方置換 *1
酸素 O_2	・（❼　　　水）に触媒(MnO_2)を加える。 $2H_2O_2 \longrightarrow 2H_2O + O_2\uparrow$ ・塩素酸カリウムに触媒(MnO_2)を加えて加熱する。 $2KClO_3 \longrightarrow 2KCl +$（❽　　　）↑	❾
オゾン O_3	・酸素中で無声放電を行う。 $3O_2 \longrightarrow 2O_3$	――
二酸化硫黄 SO_2	・（❿　　　）に濃硫酸を加えて加熱する。 $Cu + 2H_2SO_4 \longrightarrow CuSO_4 + 2H_2O + SO_2\uparrow$	下方置換
硫化水素 H_2S	・硫化鉄(Ⅱ)に希硫酸か希塩酸を加える。 （⓫　　　）$+ H_2SO_4 \longrightarrow FeSO_4 + H_2S\uparrow$	下方置換
窒素 N_2	・亜硝酸アンモニウム水溶液を加熱する。 $NH_4NO_2 \longrightarrow$（⓬　　　）$+ N_2\uparrow$	⓭
アンモニア NH_3	・塩化アンモニウムに水酸化カルシウムを加えて加熱する。 （⓮　　　）$+ Ca(OH)_2 \longrightarrow CaCl_2 + 2H_2O + 2NH_3\uparrow$	⓯
一酸化窒素 NO	・銅と（⓰　　　）を反応させる。 $3Cu + 8HNO_3 \longrightarrow 3Cu(NO_3)_2 + 4H_2O + 2NO\uparrow$	⓱
二酸化窒素 NO_2	・銅と（⓲　　　）を反応させる。 $Cu + 4HNO_3 \longrightarrow Cu(NO_3)_2 + 2H_2O + 2NO_2\uparrow$	⓳
一酸化炭素 CO	・ギ酸を濃硫酸(脱水剤)とともに加熱する。 $HCOOH \longrightarrow$（⓴　　　）$\uparrow + H_2O$	水上置換
二酸化炭素 CO_2	・石灰石(炭酸カルシウム)に希塩酸を加える。 （㉑　　　）$+ 2HCl \longrightarrow CaCl_2 + H_2O + CO_2\uparrow$	下方置換 (水上置換)

*1　常温では，二量体$(HF)_2$を形成し，見かけの分子量は空気よりも大きくなる。

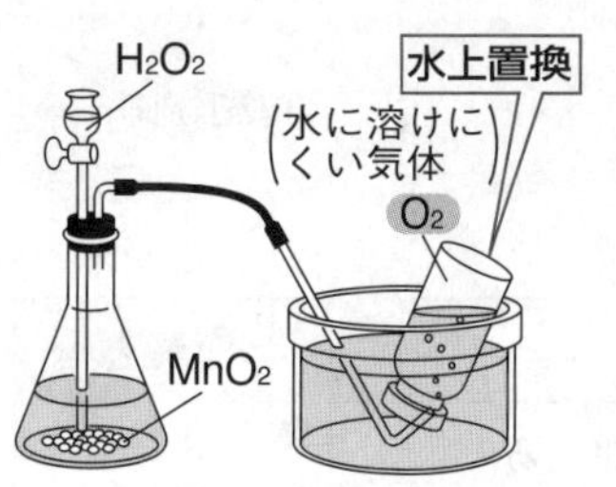

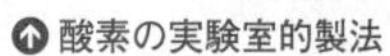
酸素の実験室的製法

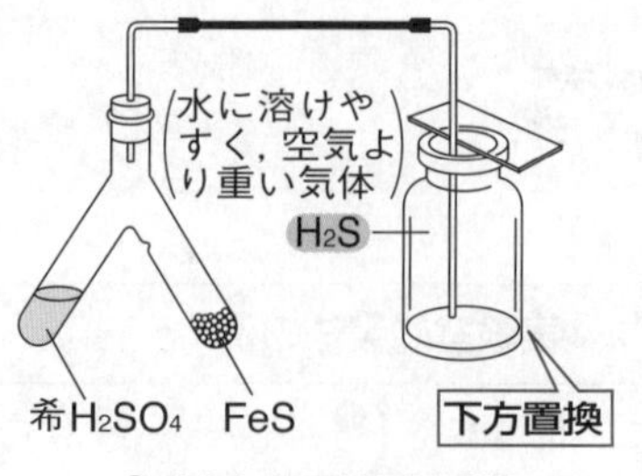

硫化水素の実験室的製法

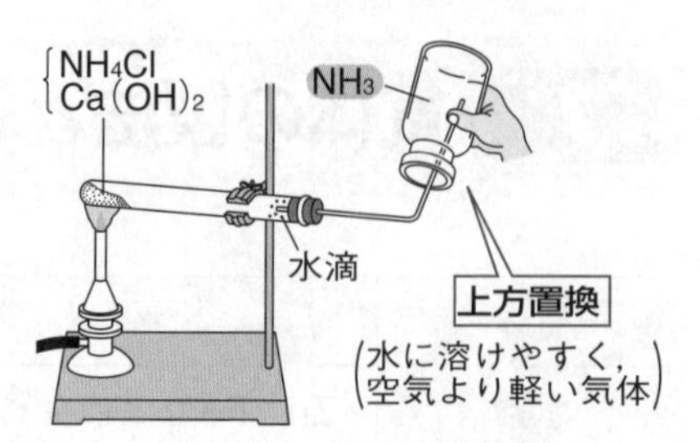

アンモニアの実験室的製法

気体	性質						
	色	におい	水への溶解性	水溶液の性質	空気に対する比重	酸化作用	還元作用
H_2	㉒	無臭	×	―――	小さい	―――	ある(高温)
Cl_2	㉓	㉔	○	酸性	大きい	ある	―――
HCl	無色	㉕	◎	㉖	大きい	―――	―――
HF	無色	刺激臭	◎	酸性	大きい	―――	―――
O_2	無色	無臭	×	―――	大きい	ある	―――
O_3	㉗	特異臭	×	―――	大きい	ある	―――
SO_2	無色	㉘	○	㉙	大きい	―――	ある
H_2S	㉚	㉛	○	酸性	大きい	―――	ある
N_2	無色	無臭	×	―――	やや小さい	―――	―――
NH_3	無色	㉜	◎	㉝	小さい	―――	―――
NO	㉞	―――	×	―――	大きい	―――	ある
NO_2	㉟	㊱	○	酸性	大きい	ある	―――
CO	無色	㊲	×	―――	やや小さい	―――	ある(高温)
CO_2	無色	無臭	○	㊳	大きい	―――	―――

◎；非常によく溶ける，○；少し溶ける，×；溶けにくい

ミニテスト

［解答］別冊p.9

次の(1)～(5)の実験操作で発生する気体名を書け。

(1) 鉄と希塩酸を反応させる。 (　　　　)

(2) 銅と濃硝酸を反応させる。 (　　　　)

(3) 銅と希硝酸を反応させる。 (　　　　)

(4) 銅と熱濃硫酸を反応させる。 (　　　　)

(5) 硫化鉄(Ⅱ)と希硫酸を反応させる。 (　　　　)

練習問題　1章 非金属元素の性質

［解答］別冊p.37

1 〈周期表〉

▶わからないとき→p.105～106

次の(1)～(5)の元素が含まれる領域を，右の周期表(第6周期までの概略図)のア～クからすべて選べ。

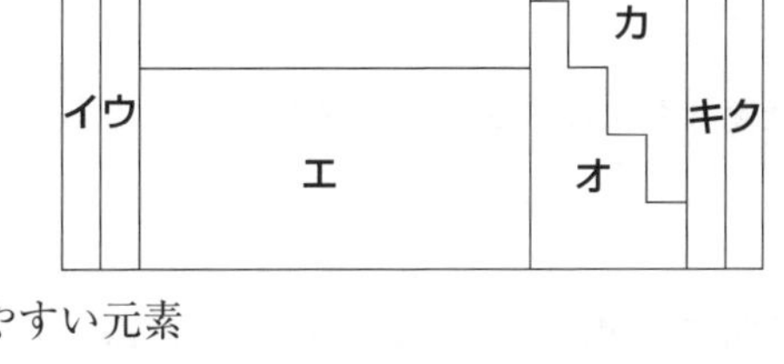

(1) 典型金属元素
(2) 遷移元素
(3) 非金属元素
(4) 原子が1価の陰イオンになりやすい元素
(5) 原子が陽イオンにも陰イオンにもなりにくい元素

ヒント 金属元素の原子は陽イオンになりやすく，この性質は周期表の左下ほど強い。非金属元素の16, 17族元素の原子は陰イオンになりやすく，この性質は周期表の右上ほど強い(18族は除く)。

1
(1) ＿＿＿＿
(2) ＿＿＿＿
(3) ＿＿＿＿
(4) ＿＿＿＿
(5) ＿＿＿＿

2 〈塩素の製法と性質〉

▶わからないとき→p.108～109

次の文章を読んで，あとの各問いに答えよ。

塩素は，実験室では酸化マンガン(Ⅳ)に濃塩酸を加え，加熱して発生させる。発生した塩素は，まず蒸留水の入った洗気びんに通じ，塩素とともに発生する(①)を除く。次に，(②)の入った洗気びんに通して水蒸気を除くと乾燥した塩素が得られ，これを(③)で捕集する。

(1) 下線部の反応を，化学反応式で表せ。
(2) 文章中の(　)に適する語句を入れよ。

ヒント 発生する塩素には，塩化水素と水が混じっている。

2
(1) ＿＿＿＿
(2) ① ＿＿＿＿
② ＿＿＿＿
③ ＿＿＿＿

3 〈硫黄とその化合物〉

▶わからないとき→p.112～113

次の文章を読んで，あとの各問いに答えよ。

硫黄の単体には斜方硫黄，単斜硫黄，ゴム状硫黄などがある。これらの単体は互いに(①)である。ⓐ硫黄は空気中で点火すると青い炎をあげて燃え，(②)になる。(②)は刺激臭のある(③)色の有毒な気体で，実験室ではⓑ銅に濃硫酸を加えて加熱すると得られる。

濃硫酸は粘性のある不揮発性の液体で，(④)性が強いため，乾燥剤に用いられる。濃硫酸と水の反応は大きな発熱を伴うので，希硫酸をつくるときは(⑤)を(⑥)に少しずつ加えていく。

(⑦)は，腐卵臭をもつ無色の有毒な気体で，実験室ではⓒ硫化鉄(Ⅱ)に希硫酸を加えてつくられる。(⑦)は水に少し溶け，弱い(⑧)性を示す。

(1) 文章中の(　)に適する語句を，次のア～シから選び，記号で答えよ。

ア 硫化水素　**イ** 二酸化硫黄　**ウ** 酸　**エ** 塩基　**オ** 赤褐
カ 無　**キ** 水　**ク** 濃硫酸　**ケ** 脱水　**コ** 吸湿
サ 同素体　**シ** 同位体

(2) 下線部の反応を，化学反応式で表せ。

3
(1) ① ＿＿ ② ＿＿
③ ＿＿ ④ ＿＿
⑤ ＿＿ ⑥ ＿＿
⑦ ＿＿ ⑧ ＿＿
(2) ⓐ ＿＿＿＿
ⓑ ＿＿＿＿
ⓒ ＿＿＿＿

4 〈塩酸・硝酸・硫酸〉

▶わからないとき→p.109,113,115

塩酸・硝酸・硫酸の性質に関する次の**ア**～**オ**の記述のうち，正しいものを選べ。

ア　アルミニウムは，濃塩酸とは不動態を形成するため溶けない。

イ　濃硫酸は強い脱水作用を示すが，濃塩酸と濃硝酸は示さない。

ウ　塩酸，硝酸，熱濃硫酸はいずれも強い酸化作用を示す。

エ　濃塩酸，濃硝酸，濃硫酸はいずれも光で分解しやすいので，褐色のびんに保存する。

オ　濃塩酸は揮発性，濃硫酸および濃硝酸は不揮発性の酸である。

5 〈炭素とケイ素〉

▶わからないとき→p.118～119

炭素とケイ素の性質に関する次の**ア**～**オ**の記述のうち，誤っているものをすべて選べ。

ア　ケイ素は周期表の14族に属する元素で，M殻に4個の価電子をもつ。

イ　ケイ素の単体はダイヤモンドよりも電気をいくぶんか通す。

ウ　炭素には，ダイヤモンドと黒鉛の2種類の同素体しか存在しない。

エ　二酸化炭素の固体は，分子結晶であり，昇華性をもつ。

オ　一酸化炭素は酸性酸化物で，水酸化ナトリウム水溶液と反応する。

ヒント　ダイヤモンド，ケイ素，二酸化ケイ素は，いずれも共有結合の結晶である。

6 〈気体の製法と捕集法〉

▶わからないとき→p.121～122

次の(1)～(4)は，実験室で気体を発生させるときに必要な試薬の組み合わせである。**A群**から発生する気体を，**B群**から実験装置を選び，それぞれ記号で答えよ。

(1)　塩化ナトリウムと濃硫酸　　(2)　亜鉛と希硫酸

(3)　塩化アンモニウムと水酸化カルシウム　　(4)　銅と濃硫酸

〔A群〕　**ア**　二酸化硫黄　**イ**　水素　**ウ**　塩素
　　　　エ　塩化水素　**オ**　アンモニア　**カ**　硫化水素

〔B群〕

サ

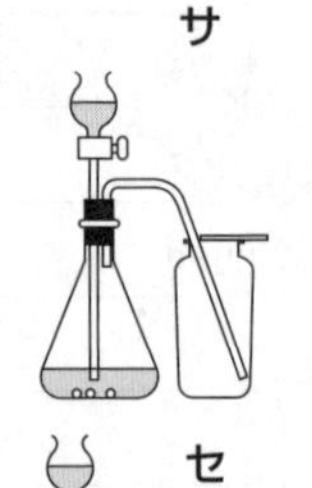

シ

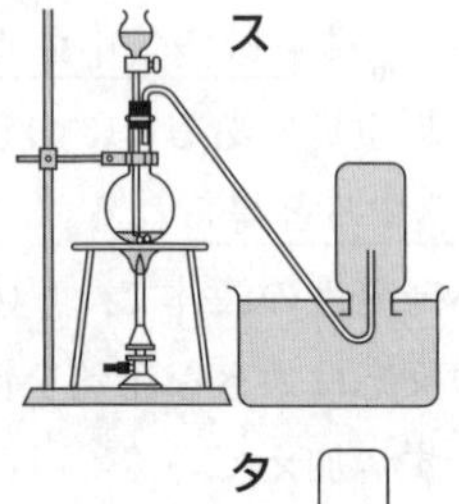

ス

セ

ソ

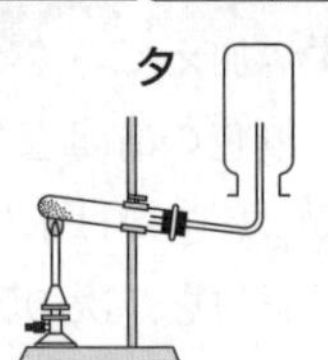

タ

ヒント　水に溶けない気体は，水上置換で捕集する。水に溶ける気体は，空気より軽い気体であれば上方置換，空気より重い気体であれば下方置換で捕集する。

4

5

6
(1)　，
(2)　，
(3)　，
(4)　，

2章 典型金属元素の性質

1 アルカリ金属とその化合物

［解答］別冊 p.9

A. アルカリ金属の単体

1 アルカリ金属――Li，（❶　　　），K，Rb，Cs，Frの6元素。1価の（❷　　　イオン）になりやすく，特有の**炎色反応**[1]を示す。
（水素Hを除く1族元素）（アルカリ金属の検出に利用される）

例 Li…赤，Na…（❸　　　），K…赤紫

2 アルカリ金属の単体の性質

① 銀白色の軽金属で，軟らかく，融点がほかの金属に比べて低い。[2]

② イオン化傾向が非常に（❹　　　い）ため，単体は化合物の（❺　　　）で得られる。

③ **還元力**が強く，空気中で速やかに酸化される。また，常温の水とも激しく反応して（❻　　　）を発生し，水酸化物になる。[3]
（アルカリ金属の水酸化物は，いずれも強塩基である）

⇨（❼　　　）中に保存する。

> **重要**　［アルカリ金属］
> **1価の陽イオンになりやすく，炎色反応を示す（Li…赤，Na…黄，K…赤紫）。単体は水と反応して水素を発生する。**

	1	2	3	4
1				
2	Li			
3	Na			
4	K			
5	Rb			
6	Cs			
7	Fr			

[1] **炎色反応**
アルカリ金属の化合物やその水溶液を高温の炎に入れると，炎の色が元素に特有の色になる。これを炎色反応という。

[2] **アルカリ金属の融点**
最も高いLiでも181℃で，ほかはすべて100℃以下である。アルカリ金属間で比べると，原子番号が大きいほど，原子半径が大きくなり，1原子あたりの自由電子の密度が小さくなる。そのため，金属結合が弱くなり，融点が低くなる。

[3] **アルカリ金属の反応性**
原子番号が大きいほど，最外殻の電子が離れやすいため，反応性が大きい。反応性は，Li＜Na＜Kである。

B. アルカリ金属の化合物

1 水酸化ナトリウム NaOH

① **工業的製法**…（❽　　　**水溶液**）を電気分解し，（❾　　　**極**）付近に得られるNaOH水溶液を濃縮する。（p.68）

② **性質**　1．**水**によく溶け，水溶液は強い（❿　　　**性**）を示す。

2．白色の固体で，（⓫　　　**性**）をもつ。
（空気中の水分を吸収し，その中に溶けこむ性質）

3．二酸化炭素を吸収して，（⓬　　　）になる。

$$2NaOH + CO_2 \longrightarrow Na_2CO_3 + H_2O$$

2 炭酸ナトリウム Na_2CO_3

① **工業的製法**…（⓭　　　**法**）または**ソルベー法**と[4]よばれ，石灰石と食塩水を原料としてつくる。

[4] アンモニアソーダ法では，炭酸ナトリウムのほかに，塩化カルシウム $CaCl_2$ も得られる。

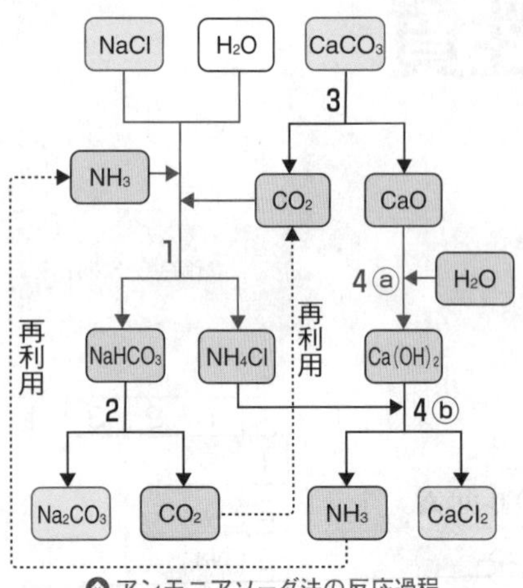

⬆ アンモニアソーダ法の反応過程

1．主反応…飽和食塩水に(⑭　　　　)を溶かした後，二酸化炭素を通じると，比較的水に溶けにくい(⑮　　　　)の沈殿を生成する。

$NaCl + NH_3 + CO_2 + H_2O \longrightarrow NaHCO_3 + NH_4Cl$

2．熱分解…1の沈殿を熱分解し，炭酸ナトリウムを得る。

$2NaHCO_3 \longrightarrow Na_2CO_3 + CO_2 + H_2O$

3．二酸化炭素の補給…1で通じる二酸化炭素は2の反応で生じるが，不足分は石灰石を焼いてつくる。

$CaCO_3 \longrightarrow CaO + CO_2$

4．アンモニアの回収…3で生じた酸化カルシウムに水を反応させて(⑯　　　　)をつくり(ⓐ)，

$CaO + H_2O \longrightarrow Ca(OH)_2$

これに1で生じた塩化アンモニウムを反応させて，アンモニアを回収する(ⓑ)。

$2NH_4Cl + Ca(OH)_2 \longrightarrow CaCl_2 + 2NH_3 + 2H_2O$

◈5
炭酸ナトリウムも炭酸水素ナトリウムも，強酸を加えると分解し，二酸化炭素を発生する(弱酸の遊離)。
$Na_2CO_3 + 2HCl \longrightarrow 2NaCl + H_2O + CO_2$
$NaHCO_3 + HCl \longrightarrow NaCl + H_2O + CO_2$

② **炭酸水素ナトリウム$NaHCO_3$との性質の比較** ◈5

	炭酸ナトリウム	炭酸水素ナトリウム
水への溶解	よく溶ける	少し溶ける
水溶液	塩基性	(⑰　　　い)塩基性
加熱	熱分解しない	熱分解(⑱　　　)

③ 十水和物$Na_2CO_3 \cdot 10H_2O$の結晶を空気中に放置すると，水和水の一部を失って粉末状になる。このような現象を(⑲　　　　)という。

重要実験

ナトリウムの性質

方法(操作)

(1) ナトリウムNaの小片を乾いたろ紙上で切り，切り口を観察する。
(2) 米粒大のナトリウムを，水を入れた試験管に加え，右図のようにして発生する気体を集める。
(3) (2)で集めた気体に点火し，ようすを観察する。
(4) (2)の水溶液を2等分し，一方にフェノールフタレイン溶液を加える。
(5) (4)のもう一方を白金線につけ，ガスバーナーの外炎に入れる。

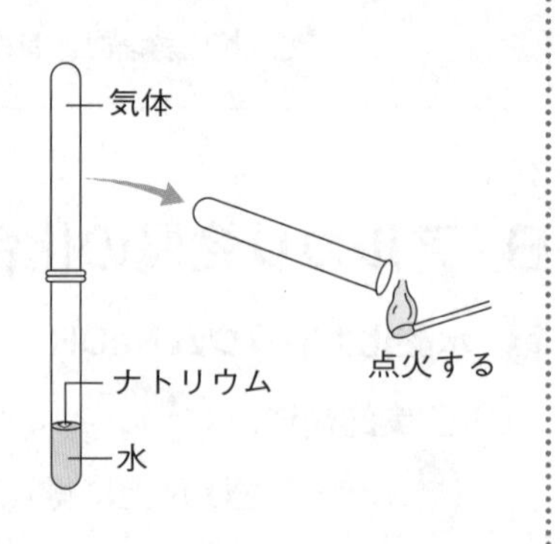

結果と考察

① (1)では，最初は銀白色の金属光沢が見られたが，すぐに失われた。
⇨空気中の(⑳　　　　)と反応したから。
② (2)では，ナトリウムは水と激しく音を立てて反応した。また，(3)で，発生した気体に点火すると，爆鳴音がした。⇨発生した気体は(㉑　　　　)である。
③ (4)では，フェノールフタレイン溶液が**赤色**になった。⇨水溶液は(㉒　　　　性)である。
④ (5)では，**黄色**の炎色を示した。⇨水溶液中には(㉓　　　　イオン)が含まれる。
⑤ (2)の反応は，次の化学反応式で表される。 $2Na + 2H_2O \longrightarrow$ (㉔　　　　)

2 アルカリ土類金属とその化合物

[解答] 別冊p.9

A. アルカリ土類金属

	1	2	3	4
1				
2		Be		
3		Mg		
4		Ca		
5		Sr		
6		Ba		
7		Ra		

1 アルカリ土類金属――Be，Mg，(❶　　　)，Sr，Ba，Raの6元素。（2族元素）
2価の(❷　　イオン)になりやすく，BeとMg以外は炎色反応を示す。

2 アルカリ土類金属の共通点

① 単体は銀白色の軽金属である。

② 単体は化合物の(❸　　　　　　)で得る。

③ 炭酸塩は水に溶けにくい。また，塩化物は水によく溶ける。

3 アルカリ土類金属の相違点[1]

	炎色反応	単体の水との反応	水酸化物	硫酸塩
ベリリウムBe	なし	反応しない	水に溶けにくい（弱塩基）	水によく溶ける
マグネシウムMg	なし	(❻　　　)とは反応		
カルシウムCa	❹	常温の水とも反応	水に少し溶ける（強塩基）	水にわずかに溶ける
ストロンチウムSr	紅			水に溶けにくい
バリウムBa	❺		水に溶ける（強塩基）	

[1] Be，MgとCa，Sr，Baでは，少し性質が違う。

B. アルカリ土類金属の化合物 出る

1 酸化カルシウムCaO――**生石灰**ともよばれる。

① **製法**…石灰石を約900℃で強熱する。

$$CaCO_3 \xrightarrow{900℃} CaO + CO_2$$

② **性質**[2] 1．(❼　　　色)の固体で，水と発熱しながら反応して（発熱剤として利用される）
(❽　　　　　　　　)になる。

$$CaO + H_2O \longrightarrow Ca(OH)_2$$

2．吸湿性が強く，乾燥剤に利用される。

[2] 酸化カルシウムは融点が高い(2572℃)ので，溶鉱炉の内張りや耐火れんがの原料としても利用される。

2 水酸化カルシウムCa(OH)₂――**消石灰**ともよばれる。

① **製法**…酸化カルシウムに水を作用させる。

② **性質** 1．(❾　　　色)の粉末で，水に少し溶ける。水溶液は強い塩基性を示す。

2．飽和水溶液は(❿　　　　　)とよばれ，二酸化炭素を通じると
(⓫　　　　　　　　)の白色沈殿を生じる。（二酸化炭素の検出に利用される）

$$Ca(OH)_2 + CO_2 \longrightarrow CaCO_3 + H_2O$$

水酸化カルシウムCa(OH)₂の生成

さらに二酸化炭素を過剰に通じると，生じた沈殿が（⑫　　　　　　　　　　）になって溶ける。

$$CaCO_3 + CO_2 + H_2O \rightleftarrows Ca(HCO_3)_2$$

3 炭酸カルシウム $CaCO_3$——天然には，（⑬　　　　　　　　）や大理石，貝殻などの主成分として存在する。純水には溶けないが，二酸化炭素が溶けこんだ水には溶ける。[◈3]

また，強酸によって分解し，（⑭　　　　　　　　　　　）を発生する。

$$CaCO_3 + 2HCl \longrightarrow CaCl_2 + H_2O + CO_2$$

4 硫酸カルシウム $CaSO_4$——二水和物を（⑮　　　　　　　　　）という。（$CaSO_4 \cdot 2H_2O$）セッコウを焼いて水和水の一部を取り除くと，白色粉末状の半水和物 $CaSO_4 \cdot \frac{1}{2}H_2O$ となる。これを（⑯　　　　　　　　　　）という。

焼きセッコウを適量の水と混合して放置すると，やや体積を増やしながらセッコウに戻り，硬化する。[◈4]

5 塩化カルシウム $CaCl_2$——白色の粉末で，水によく溶ける。吸湿性や潮解性をもち，無水物は乾燥剤に利用されるほか，道路の融雪剤や凍結防止剤にも利用される。

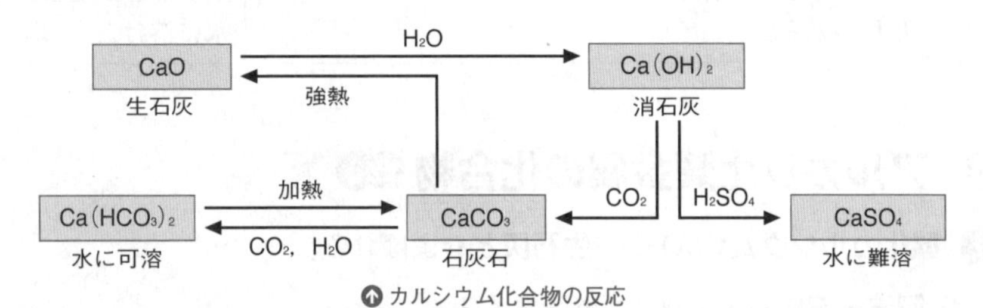

カルシウム化合物の反応

6 硫酸バリウム $BaSO_4$——（⑰　　　　　色）の粉末で，水に極めて溶けにくいため，硫酸イオン SO_4^{2-} の検出や定量に利用される。X線を遮蔽(しゃへい)する性質をもち，X線撮影の（⑱　　　　　　　）としても用いられる。

> **重要**　［アルカリ土類金属の化合物］
> **塩化物…水に可溶。**
> **水酸化物…$Ca(OH)_2$ や $Ba(OH)_2$ は水に溶けて強塩基性。**
> **硫酸塩…$CaSO_4$ は水に難溶，$BaSO_4$ は水に不溶。**
> **炭酸塩…水に不溶。**

◈3
鍾乳石(しょうにゅうせき)のでき方
石灰岩 $CaCO_3$ に空気中の二酸化炭素が溶けこんだ雨水が長時間接触すると，

$$CaCO_3 + CO_2 + H_2O \longrightarrow Ca(HCO_3)_2$$

の反応によって石灰岩が徐々に溶解し，**鍾乳洞**ができる。また，鍾乳洞の天井から $Ca(HCO_3)_2$ 水溶液が落ちるときに H_2O と CO_2 が空気中に逃げ，$CaCO_3$ が析出してつらら状になったものが**鍾乳石**である。鍾乳石や石筍(せきじゅん)は，1 cm成長するのに約200年を要する。

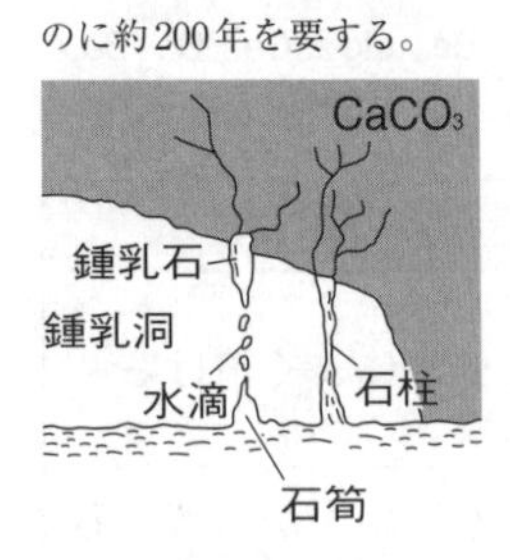

◈4
この性質は，セッコウ像やギプス，建築材料などに利用される。

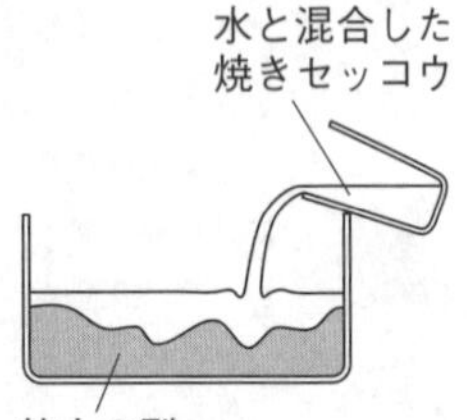

焼きセッコウの硬化
焼きセッコウは，混合した水を水和水として取りこみながら硬化する。

ミニテスト　［解答］別冊p.9

次の(1)，(2)の変化を，化学反応式で表せ。

(1) 石灰水に二酸化炭素を通じると，白色沈殿が生じる。　（　　　　　　　　　　）

(2) (1)にさらに二酸化炭素を通じると，白色沈殿が溶ける。　（　　　　　　　　　　）

3 アルミニウムとその化合物

［解答］別冊p.9

A. アルミニウムの単体 出る

	12	13	14	15
1				
2				
3		Al		
4				
5				
6				

1 両性金属――酸とも強塩基とも反応する金属を(❶　　　　**金属**)という。周期表では，非金属元素との境界付近に位置する金属元素の単体で，**アルミニウムAl，亜鉛Zn，スズSn，鉛Pb**などがある。
└→「ああすんなり」と覚える

2 アルミニウムAl

① **製法**…(❷　　　　　　)の精製で得られる酸化アルミニウム
└→ 原料鉱石
を，氷晶石Na_3AlF_6とともに(❸　　　　　　)して得る。

② **性質**　1．銀白色の軽金属で，軟らかい。また，展性や延性が大きく，電気や熱を伝えやすい。[1]

2．空気中に放置したり，濃硝酸に入れたりすると，表面に酸化アルミニウムの緻密な被膜を生じて(❹　　　　)となり，内部までは酸化されない。[2]

3．空気中で強熱すると，強い光と熱を出して激しく燃焼し，酸化アルミニウムになる。　$4Al + 3O_2 \longrightarrow 2Al_2O_3$

4．アルミニウム粉末と酸化鉄(Ⅲ)Fe_2O_3の混合物(**テルミット**)に点火すると，多量の熱を発生してFe_2O_3が還元され，融解した鉄が得られる。　$2Al + Fe_2O_3 \longrightarrow 2Fe + Al_2O_3$

このように，アルミニウムの還元力を利用して金属の単体を得る方法を(❺　　　　　**反応**)という。[3]

5．酸や強塩基の水溶液に溶け，(❻　　　　)を発生する。

$2Al + 6HCl \longrightarrow$ (❼　　　　) $+ 3H_2$

$2Al + 2NaOH + 6H_2O \longrightarrow$ (❽　　　　　) $+ 3H_2$
└→ テトラヒドロキシドアルミン酸ナトリウム

B. アルミニウムの化合物 出る

1 酸化アルミニウムAl_2O_3

① 白色の粉末で，**アルミナ**ともよばれる。

② (❾　　　　**酸化物**)[4]で，**酸や強塩基の水溶液に溶ける**。

$Al_2O_3 + 6HCl \longrightarrow 2AlCl_3 + 3H_2O$

$Al_2O_3 + 2NaOH + 3H_2O \longrightarrow 2Na[Al(OH)_4]$

③ ルビーやサファイアは，微量の金属イオンを含む酸化アルミニウムの結晶[5]で，極めて硬く，酸や強塩基の水溶液にも溶けない。

[1] アルミニウムの密度は2.7 g/cm³で，鉄や銅の約$\frac{1}{3}$である。そのため，送電線，アルミニウム箔などの家庭用品，建築材料など，幅広く利用される。
また，合金の材料としても利用される。アルミニウムに銅やマグネシウムを加えた**ジュラルミン**は，軽くて丈夫なため，航空機の機体などに利用される。

[2] **アルマイト**
アルミニウムの表面に，酸化アルミニウムの厚い被膜を人工的につけた製品を**アルマイト**という。

[3] テルミット反応は，鉄道のレールの溶接などに利用される。

[4] **両性酸化物**
酸とも強塩基とも反応する酸化物。(p.111)

[5] 赤色のものはルビーとよばれ，クロム(Ⅲ)イオンCr^{3+}を含む。赤色以外のものはサファイアとよばれ，鉄(Ⅱ)イオンFe^{2+}やチタン(Ⅳ)イオンTi^{4+}を含む。

2 水酸化アルミニウム $Al(OH)_3$

① **製法**…アルミニウムイオン Al^{3+} を含む水溶液に塩基の水溶液を加えると，(⑩　　　　色)のゲル状沈殿として生じる。
└→ $Al^{3+} + 3OH^- \longrightarrow Al(OH)_3$

② **性質**…**両性水酸化物**[◈6]で，**酸や強塩基の水溶液に溶ける。**[◈7]

$$Al(OH)_3 + 3HCl \longrightarrow (⑪\qquad\qquad) + 3H_2O$$

$$Al(OH)_3 + NaOH \longrightarrow (⑫\qquad\qquad)$$

> **重要**　［アルミニウムイオン Al^{3+} の反応］
> **NaOHaq や NH_3aq を加えると，白色の $Al(OH)_3$ が沈殿。**
> **過剰に NaOHaq を加えると，$Al(OH)_3$ の沈殿が溶解。**

3 ミョウバン $AlK(SO_4)_2 \cdot 12H_2O$[◈8]

──硫酸アルミニウムと硫酸カリウムの混合水溶液を濃縮すると得られる，無色透明で正八面体形の結晶。
（硫酸アルミニウム└→ $Al_2(SO_4)_3$，硫酸カリウム└→ K_2SO_4）

ミョウバンのように，２種類以上の塩が一定の割合で結合し，水に溶けると個々の成分イオンに電離する塩を(⑬　　　　)という。
ほかに，さらし粉(塩化次亜塩素酸カルシウム一水和物) $CaCl(ClO) \cdot H_2O$ などがある←

◈6
両性水酸化物
酸とも強塩基とも反応する水酸化物。

◈7
水酸化亜鉛 $Zn(OH)_2$ とは異なり，アンモニア水には溶けない。(p.136)

◈8
ミョウバンの利用
ミョウバンは，繊維を染色する際に，繊維と染料を結びつける役割(**媒染剤**)をする。また，食品添加物としても利用される。

重要実験

アルミニウムの性質

方法(操作)

(1) 試験管A，Bにアルミニウムの小片を入れ，Aには希塩酸，Bには水酸化ナトリウム水溶液を加えて，それぞれ加熱する。

(2) Aには水酸化ナトリウム水溶液，Bには希塩酸を少しずつ加え，ようすを観察する。

結果と考察

① (1)では，アルミニウムは希塩酸にも水酸化ナトリウム水溶液にも，気体を発生しながら溶けた。⇨発生した気体は(⑭　　　　)である。また，アルミニウムは，**酸の水溶液とも強塩基の水溶液とも反応する**(⑮　　　　**金属**)である。

② (2)でAに水酸化ナトリウム水溶液を加えると，白色のゲル状沈殿が生じた。さらに加えていくと，沈殿が溶けて無色透明の溶液になった。⇨生じたゲル状沈殿は(⑯　　　　)である。また，沈殿が溶解したのは，(⑰　　　　)が生じたからである。
（⑯└→化学式　⑰└→化学式）

③ (2)でBに希塩酸を加えると，白色のゲル状沈殿が生じた。さらに加えていくと，沈殿が溶けて無色透明の溶液になった。⇨生じたゲル状沈殿は(⑱　　　　)である。また，沈殿が溶解したのは，(⑲　　　　)が生じたからである。
（⑱└→化学式　⑲└→化学式）

ミニテスト

［解答］別冊p.9

次の(1)，(2)の変化を，イオン反応式で表せ。

(1) アルミニウムイオン Al^{3+} を含む水溶液に少量の水酸化ナトリウム水溶液を加えると，白色のゲル状沈殿が生じる。　(　　　　　　　　)

(2) (1)に過剰の水酸化ナトリウム水溶液を加えると，ゲル状沈殿が溶ける。
(　　　　　　　　)

4 スズ・鉛とその化合物

［解答］別冊p.9

A. スズ・鉛とその化合物

	12	13	14	15
1				
2				
3				
4				
5			Sn	
6			Pb	

1 スズSnと鉛Pb――スズと鉛は14族に属する典型金属元素である。原子は価電子を4個もち，酸化数が+2と+4の化合物をつくる。

2 スズの単体の性質

① 銀白色の金属で，融点が比較的（❶　　　い）。（→232℃）

② **両性金属**で，**酸や強塩基の水溶液に溶けて**（❷　　　）を発生する。

③ 鋼板をスズでめっきしたものを（❸　　　）という。(p.69)

④ 銅との合金は（❹　　　）とよばれ，銅像などに利用される。

⑤ 銀・銅との合金は（❺　　　）とよばれ，金属の接合に利用される。[1]

3 スズの化合物――スズを塩酸に溶かした水溶液から得られる塩化スズ(Ⅱ)$SnCl_2$は，強い（❻　　　**作用**）を示す。[2]

4 鉛の単体の性質

① 青灰色の金属で，融点が比較的（❼　　　い）。（→328℃）また，軟らかく，加工しやすい。

② 密度が（❽　　　い）。（→11.35 g/cm³）

③ **両性金属**で，**酸や強塩基の水溶液に溶けて**（❾　　　）を発生する。ただし，（❿　　　）と希硫酸には，表面に不溶性の塩($PbCl_2$と$PbSO_4$)の被膜を形成するため，溶けない。（→硝酸や熱濃硫酸には溶ける）

④ 放射線の遮蔽（しゃへい）材料として利用される。

5 鉛の化合物――鉛の化合物はいずれも有毒である。

① 硝酸鉛(Ⅱ)$Pb(NO_3)_2$，酢酸鉛(Ⅱ)$(CH_3COO)_2Pb$を除いて，水に（⓫溶け　　　）ものが多い。

例 水酸化鉛(Ⅱ)$Pb(OH)_2$[3]…白色，塩化鉛(Ⅱ)$PbCl_2$[4]…白色，
硫酸鉛(Ⅱ)$PbSO_4$…白色，硫化鉛(Ⅱ)PbS…黒色，
クロム酸鉛(Ⅱ)$PbCrO_4$…黄色（→$PbCrO_4$の沈殿生成は，Pb^{2+}の検出に利用される）

② 酸化鉛(Ⅳ)PbO_2は黒褐色で，（⓬　　　**作用**）を示す。[5]

[1] **はんだ**
以前はスズと鉛の合金がはんだとして利用されたが，鉛は毒性が強いので，環境面への配慮から利用されなくなってきている。

[2] **スズの化合物の酸化数**
スズは，酸化数が+4のときのほうが安定である。そのため，**Sn^{2+}はSn^{4+}に酸化されやすく**，酸化数が+2のスズ化合物は還元作用を示す。

[3] $Pb(OH)_2$は両性水酸化物で，水酸化ナトリウム水溶液を過剰に加えると溶ける。

[4] $PbCl_2$は熱水には溶ける。

[5] **鉛の化合物の酸化数**
鉛は，酸化数が+2のときのほうが安定である。そのため，**Pb^{4+}はPb^{2+}に還元されやすく**，酸化数が+4の鉛化合物は酸化作用を示す。

ミニテスト ［解答］別冊p.10

鉛(Ⅱ)イオンPb^{2+}を含む水溶液に，次の(1)～(4)のイオンを加えたとき，生じる沈殿の色を答えよ。

(1) 水酸化物イオンOH^-　（　　　）　(2) 硫化物イオンS^{2-}　（　　　）
(3) 硫酸イオンSO_4^{2-}　（　　　）　(4) クロム酸イオンCrO_4^{2-}　（　　　）

練習問題　2章 典型金属元素の性質

[解答] 別冊p.38

1 〈アルカリ金属の単体〉

▶わからないとき→p.125

リチウムLi，ナトリウムNa，カリウムKの単体について，次の各問いに答えよ。

(1) これらの単体をつくる方法を，一般に何というか。

(2) これらの単体は，石油中に保存される。その理由を説明せよ。

(3) Li，Na，Kを，融点が低いものから順に答えよ。

(4) 右図のように，水に浮かべたろ紙の上にそれぞれの単体をのせ，水との反応性を調べた。Li，Na，Kを，水との反応性が大きいものから順に答えよ。

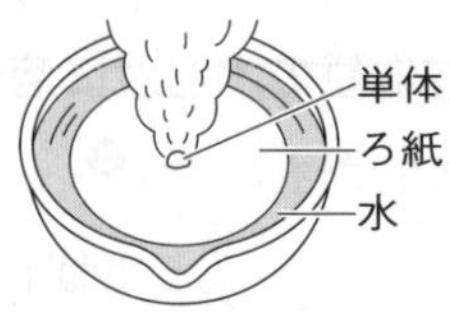

(5) (4)でそれぞれの単体が反応したあとの水溶液を白金線の先につけ，ガスバーナーの外炎に入れると，炎色反応が観察された。それぞれで観察された色を答えよ。

ヒント (1)イオン化傾向が大きい金属は，その金属塩の水溶液を電気分解しても，水素が発生するだけで，その単体を得ることができない。
(3)アルカリ金属の融点は，金属結合の強弱と関係している。
(4)アルカリ金属の反応性は，電子が放出されやすいものほど大きい。

1
(1) ______
(2) ______
(3) ______
(4) ______
(5) Li ______
Na ______
K ______

2 〈アンモニアソーダ法〉

▶わからないとき→p.125～126

次の文章は，アンモニアソーダ法について説明したものである。(　)に適する語句を，あとのア～シから選び，記号で答えよ。

アンモニアソーダ法は，飽和食塩水と石灰石(炭酸カルシウム)を原料とした(①)の工業的製法である。主となる工程は，次のA，Bで表される。

A　飽和食塩水にアンモニアと(②)を吹きこむと，溶解度が比較的小さい(③)が沈殿し，溶液中には(④)が多量に生じる。

B　(③)を取り出して加熱すると，(①)と水と(②)に分解する。

Aで必要な(②)は，石灰石を強熱して分解することで得るが，Bで発生した(②)も回収し，再利用される。

石灰石を熱分解すると，(②)のほかに(⑤)が得られる。これに水を加えると，発熱しながら反応し，(⑥)となる。(⑥)とAで生じた(④)を反応させると，(⑦)とアンモニアが得られる。この反応で得られたアンモニアも回収され，Aで再利用される。

ア 塩素　**イ** 酸素　**ウ** 水素　**エ** 一酸化炭素　**オ** 二酸化炭素
カ 水酸化ナトリウム　**キ** 炭酸ナトリウム　**ク** 炭酸水素ナトリウム
ケ 水酸化カルシウム　**コ** 酸化カルシウム　**サ** 塩化カルシウム
シ 塩化アンモニウム

ヒント アンモニアソーダ法は，②やアンモニアを回収して再利用する点が特徴的である。

2
① ______
② ______
③ ______
④ ______
⑤ ______
⑥ ______
⑦ ______

3 〈ナトリウム化合物の反応〉 ▶わからないとき→p.125～126

次の図は，ナトリウム化合物の関係を表している。①～⑤に適する操作を，あとの**ア**～**オ**から選び，記号で答えよ。

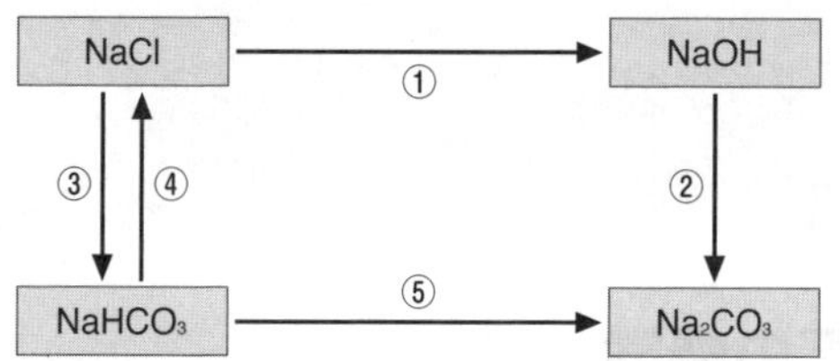

ア　水溶液に二酸化炭素を通じる。　**イ**　塩酸を加える。

ウ　水溶液を電気分解する。　**エ**　固体を加熱する。

オ　水溶液にアンモニアと二酸化炭素を通じる。

ヒント　③と⑤は，アンモニアソーダ法でも利用される反応である。

3
①
②
③
④
⑤

4 〈アルカリ土類金属の化合物〉 ▶わからないとき→p.127～128

次の(1)～(6)のアルカリ土類金属の化合物について正しく述べている記述を，あとの**ア**～**カ**から選び，記号で答えよ。

(1)　塩化カルシウム　(2)　酸化カルシウム　(3)　水酸化カルシウム

(4)　炭酸カルシウム　(5)　硫酸カルシウム　(6)　硫酸バリウム

ア　生石灰ともよばれ，水と反応すると多量の熱を生じる。

イ　消石灰ともよばれ，水溶液は強い塩基性を示す。

ウ　極めて水に溶けにくく，X線撮影の造影剤として利用される。

エ　潮解性をもち，無水物は乾燥剤や融雪剤として利用される。

オ　半水和物を適量の水と混合して放置すると，やや体積を増やしながら硬化する。

カ　水には溶けないが，二酸化炭素を含んだ水には溶ける。また，強酸によって分解する。

4
(1)
(2)
(3)
(4)
(5)
(6)

5 〈アルミニウム・スズ・鉛〉 ▶わからないとき→p.129～131

次の文章を読んで，あとの各問いに答えよ。

アルミニウムの単体は両性金属で，塩酸や$_{Ⓐ}$水酸化ナトリウム水溶液に溶けるが，濃硝酸には(　①　)となって溶けない。

$_{Ⓑ}$アルミニウムイオンを含む水溶液に少量の水酸化ナトリウム水溶液を加えると，水酸化物の白色沈殿を生じる。この白色沈殿は，$_{Ⓒ}$塩酸に溶けるほか，$_{Ⓓ}$過剰の水酸化ナトリウム水溶液にも溶ける。このように，酸の水溶液にも強塩基の水溶液にも溶ける水酸化物を(　②　)といい，ほかに水酸化スズ(Ⅱ)，(　③　)，水酸化亜鉛などがある。

(1)　文章中の(　)に適する語句を入れよ。

(2)　下線部Ⓐの反応を，化学反応式で表せ。

(3)　下線部Ⓑ～Ⓓの反応を，イオン反応式で表せ。

ヒント　アルミニウムやスズ，鉛，亜鉛は，周期表上で非金属元素との境界に位置し，単体や酸化物，水酸化物が酸や強塩基の水溶液にも溶ける。

5
(1) ①
②
③
(2)
(3) Ⓑ
Ⓒ
Ⓓ

3章 遷移元素の性質

1 遷移元素の特徴

［解答］別冊p.10

A. 遷移元素の特徴

1 典型元素の電子配置[1]――原子番号が増加すると最外殻へ電子が配置され，価電子の数は1ずつ増加する。したがって，周期表で縦に並んだ元素，すなわち(❶　　　　)の性質がよく似ている。

2 遷移元素の電子配置[2]――原子番号が増加しても内殻へ電子が配置され，最外殻電子の数は1または(❷　　　)である。よって，周期表で横に隣り合った元素，すなわち(❸　　　　)の性質もよく似ている。

> **重要** 典型元素…同族元素(縦)の化学的性質が類似。
> 遷移元素…同周期元素(横)の化学的性質も類似。

3 遷移元素の特徴

① 単体は密度が大きく，融点[3]が(❹　　　い)ものが多い。

族	3	4	5	6	7	8	9	10	11	12
元素記号	Sc	Ti	V	Cr	Mn	Fe	Co	Ni	Cu	Zn
密度〔g/cm^3〕	3.0	4.5	6.1	7.2	7.4	7.9	8.9	8.9	9.0	7.1
融点〔℃〕	1541	1660	1887	1860	1244	1535	1495	1453	1083	420

↑第4周期の遷移元素の単体の性質

② 同じ元素でも複数の(❺　　　　数)をとることが多い。

例 Mn；+2，+4，+7　　Cr；+3，+6

③ イオンや化合物には，(❻　　　色)のものが多い。

例 Fe^{2+}；淡緑色，Fe^{3+}；黄褐色，Ni^{2+}；緑色，Cu^{2+}；青色

④ 単体や化合物には，(❼　　　　)としてはたらくものが多い。
→自身は変化せず，化学反応を促進する物質

⑤ **錯(さく)イオン**(p.135)をつくるものが多い。

[1] 周期表の1，2族と13～18族の元素を**典型元素**という。

[2] 第4周期以降の3族から12族の元素を**遷移元素**という。ただし，12族の元素は典型元素に似た性質を示すため，遷移元素に含めないこともある。

[3] 遷移元素は，Sc，Tiを除いてすべて重金属(p.144)である。

ミニテスト　［解答］別冊p.10

次の記述は，典型元素と遷移元素のどちらにあてはまるか。

(1) 最外殻電子の数は1または2である。　(　　　　)
(2) 金属元素と非金属元素の両方が含まれる。　(　　　　)
(3) 最外殻電子の数は，族番号の1の位の数と等しい。　(　　　　)
(4) 化合物には有色のものが多い。　(　　　　)

2 錯イオン

［解答］別冊p.10

A. 錯(さく)イオン 出る

1 錯イオン――非共有電子対をもつ分子や陰イオンが，金属イオンに（❶　　　結合）[◈1]してできたイオンを（❷　　　　）という。

① 金属イオンに配位結合した分子，イオンを（❸　　　　）という。

② 配位結合した配位子の数を（❹　　　　）といい，2(ジ)，4(テトラ)，6(ヘキサ)などのギリシャ語の数詞を用いて表す。

③ 錯イオンと別のイオンからなる塩を（❺　　　　）という。

配位子	アンモニア	水	シアン化物イオン	塩化物イオン	水酸化物イオン
化学式	NH_3	H_2O	CN^-	Cl^-	OH^-
配位子名	アンミン	アクア	シアニド	クロリド	ヒドロキシド

2 錯イオンの表し方[◈2]

① 配位子を（　）でくくり，配位数を右下に記す。

② 錯イオン全体を［　］で囲み，右上にその（❻　　　　）を示す。

3 錯イオンの名称――配位数(数詞)と配位子名の次に，金属元素名とその酸化数をローマ数字で（　）をつけて示す。錯イオンが陽イオンのときは「～イオン」，陰イオンのときは「～酸イオン」をつける。

4 錯イオンの立体構造[◈3]――金属イオンの種類と配位数によって決まる。

直線形　ジアンミン銀(Ⅰ)イオン　$[Ag(NH_3)_2]^+$

正方形　テトラアンミン銅(Ⅱ)イオン　$[Cu(NH_3)_4]^{2+}$

正四面体形　テトラアンミン亜鉛(Ⅱ)イオン　$[Zn(NH_3)_4]^{2+}$

正八面体形　ヘキサシアニド鉄(Ⅱ)酸イオン　$[Fe(CN)_6]^{4-}$

↑いろいろな錯イオン

◈1 配位結合は，共有結合の一種である。配位結合ともとからある共有結合は，まったく同じで区別できない。

◈2 **錯イオンの表し方**
A―配位子，配位結合，M^{n+} 金属イオン
⇨化学式は$[M(A)_4]^{n+}$

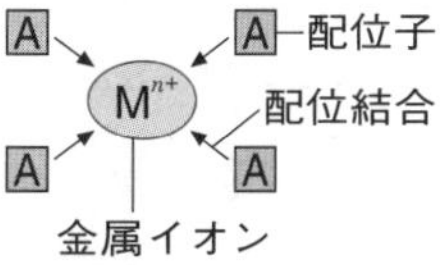

◈3 **錯イオンの立体構造**
2配位…直線形(Ag^+)
4配位…正方形(Cu^{2+})
　　　　正四面体形(Zn^{2+})
6配位…正八面体形
　　　　(Fe^{2+}，Fe^{3+}など)

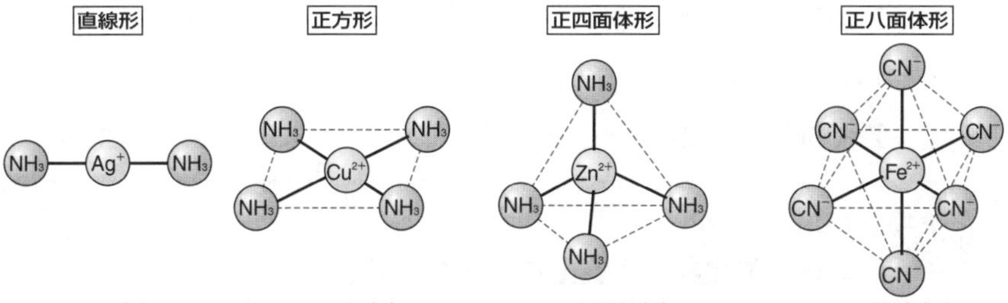

ミニテスト　［解答］別冊p.10

次の(1)～(4)の錯イオンの名称を答えよ。また，その立体構造をあとの**ア**～**エ**から選べ。

(1) $[Ag(NH_3)_2]^+$　名称（　　　　）　立体構造（　　）
(2) $[Cu(H_2O)_4]^{2+}$　名称（　　　　）　立体構造（　　）
(3) $[Fe(CN)_6]^{3-}$　名称（　　　　）　立体構造（　　）
(4) $[Zn(NH_3)_4]^{2+}$　名称（　　　　）　立体構造（　　）

ア　直線形　**イ**　正方形　**ウ**　正四面体形　**エ**　正八面体形

3 亜鉛とその化合物

［解答］別冊p.10

亜鉛Zn

酸化数	＋2
単体の融点	420℃
単体の密度	7.1 g/cm³

◈1
亜鉛の製錬
鉱石中の硫化亜鉛ZnSを酸化して酸化亜鉛ZnOとし，これを炭素Cで還元してつくる。

◈2
酸化亜鉛の利用
酸化亜鉛は亜鉛華ともよばれ，白色顔料や化粧品，医薬品などに利用される。

A. 亜鉛とその化合物 出る

1 亜鉛Znの単体 ◈1

① 青みを帯びた銀白色の金属で，融点が比較的低い。

② **両性金属**で，**酸や強塩基の水溶液に溶けて**（❶　　　）を発生する。

$Zn + 2HCl \longrightarrow$（❷　　　）$+ H_2$

$Zn + 2NaOH + 2H_2O \longrightarrow$（❸　　　）$+ H_2$
→テトラヒドロキシド亜鉛(Ⅱ)酸ナトリウム

③ 鋼板を亜鉛でめっきしたものを（❹　　　）という。(p.69)

④ 銅と亜鉛の合金の（❺　　　）は，５円硬貨や楽器に利用される。
→真ちゅうともいう

2 酸化亜鉛ZnO

① （❻　　　色）の粉末で，水に溶けない。◈2

② （❼　　　**酸化物**）で，**酸や強塩基の水溶液に溶ける。**

3 亜鉛イオンZn^{2+}の反応

① 亜鉛イオンZn^{2+}を含む水溶液に塩基の水溶液を加えると，水酸化亜鉛$Zn(OH)_2$の（❽　　　色）ゲル状沈殿が生じる。

$Zn^{2+} + 2OH^- \longrightarrow$（❾　　　）

② （❿　　　**水酸化物**）で，**酸や強塩基の水溶液に溶ける。**

$Zn(OH)_2 + 2HCl \longrightarrow$（⓫　　　）$+ 2H_2O$

$Zn(OH)_2 + 2NaOH \longrightarrow$（⓬　　　）

③ 過剰のアンモニア水を加えると，**錯イオン**をつくって溶ける。

$Zn(OH)_2 + 4NH_3 \longrightarrow$（⓭　　　）$+ 2OH^-$
→テトラアンミン亜鉛(Ⅱ)イオン

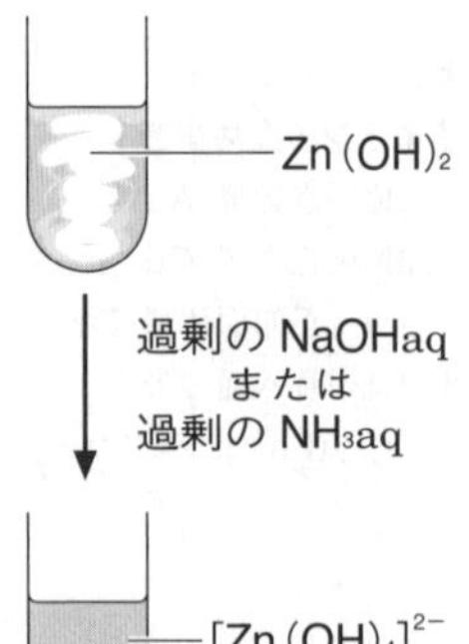

⬆水酸化亜鉛の溶解

重要　［亜鉛Znの反応］
単体・酸化物・水酸化物は両性を示す。
→酸の水溶液にも強塩基の水溶液にも溶ける
アンモニアNH_3を配位子とした錯イオンをつくる。
→$[Zn(NH_3)_4]^{2+}$

ミニテスト　［解答］別冊p.10

次の(1)～(3)の変化を，(1)・(3)はイオン反応式，(2)は化学反応式で表せ。

(1) 亜鉛イオンZn^{2+}を含む水溶液に少量の塩基を加えると，白色の沈殿が生じる。
（　　　　　　　　）

(2) (1)に過剰の水酸化ナトリウム水溶液を加えると，沈殿が溶ける。
（　　　　　　　　）

(3) (1)に過剰のアンモニア水を加えると，沈殿が溶ける。（　　　　　　　　）

4 鉄・クロムとその化合物

［解答］別冊p.10

A. 鉄とその化合物 出る

鉄Fe

酸化数	+2，+3
単体の融点	1535℃
単体の密度	7.9 g/cm³

空気中では，酸化数が+3のほうが安定である。

1 鉄Feの単体

① **製法**　1．鉄鉱石，コークスC，石灰石$CaCO_3$を溶鉱炉に入れ，コークスの燃焼で生じた一酸化炭素COで酸化鉄を段階的に還元する。
（鉄鉱石→赤鉄鉱（主成分Fe_2O_3）や磁鉄鉱（主成分Fe_3O_4））

$$Fe_2O_3 + 3CO \longrightarrow 2Fe + 3CO_2$$

こうして得られた鉄が（❶　　　　）で，炭素を約4％含む。
（→硬いがもろい）

2．融解状態の銑鉄を転炉に移し，酸素を吹きこんで炭素量を2～0.02％に減らしたものが（❷　　　　）である。
（酸素を吹きこんで→余分な炭素や不純物と反応させる）（→強くて粘りがある）

② **性質**　1．塩酸や希硫酸に溶けて（❸　　　　）を発生する。　$Fe + H_2SO_4 \longrightarrow$（❹　　　　）$+ H_2$

2．濃硝酸には（❺　　　　）となって溶けない。

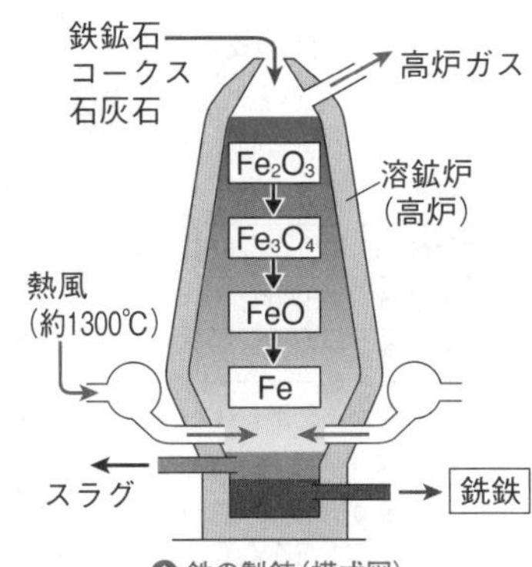

鉄の製錬（模式図）
鉄鉱石中の不純物は，石灰石と反応して**スラグ**となり，銑鉄から分離される。

> **重要**　**鉄の製錬…段階的に還元され，酸化数が減少。**
> （→$Fe_2O_3 \longrightarrow Fe_3O_4 \longrightarrow FeO \longrightarrow Fe$）
> **鉄は酸の水溶液に溶けるが，濃硝酸には不動態となって溶けない。**

2 酸化鉄

① 湿った空気中では，赤褐色の（❻　　　　）[*1]を生じる。

② 鉄を強熱すると，黒色の（❼　　　　）[*2]を生じる。

3 水酸化鉄

① 鉄（Ⅱ）イオンFe^{2+}[*3]を含む水溶液に塩基の水溶液を加えると，水酸化鉄（Ⅱ）$Fe(OH)_2$の（❽　　　　色）沈殿を生じる。（淡緑色）

$$Fe^{2+} + 2OH^- \longrightarrow Fe(OH)_2$$

② 鉄（Ⅲ）イオンFe^{3+}を含む水溶液に塩基の水溶液を加えると，酸化水酸化鉄（Ⅲ）FeO(OH)の（❾　　　　色）沈殿を生じる。（→黄褐色）

$$Fe^{3+} + 3OH^- \longrightarrow FeO(OH) + H_2O$$

4 鉄（Ⅱ）化合物と鉄（Ⅲ）化合物

	化学式	名称	結晶の色
2価	$FeSO_4 \cdot 7H_2O$	硫酸鉄（Ⅱ）七水和物	❿
2価	$K_4[Fe(CN)_6]$	ヘキサシアニド鉄（Ⅱ）酸カリウム	⓫
3価	$FeCl_3 \cdot 6H_2O$	塩化鉄（Ⅲ）六水和物	⓬
3価	$K_3[Fe(CN)_6]$	ヘキサシアニド鉄（Ⅲ）酸カリウム	⓭

*1 **酸化鉄（Ⅲ）Fe_2O_3**
赤さびの成分で，**べんがら**ともよばれる。赤色顔料や磁気記録の材料に利用される。
赤さびはきめが粗く，さびが進行しやすい。さびを防ぐため，さまざまな防錆処理が施される。（p.144）

*2 **四酸化三鉄Fe_3O_4**
黒さびの成分で，強い磁性をもつ。黒さびは緻密（ちみつ）で，内部を保護する作用がある。

*3 化合物中や水溶液中に含まれるFe^{2+}は，酸化されてFe^{3+}に変化しやすい。

5 水溶液中のFe^{2+}とFe^{3+}の検出反応

① Fe^{2+}の検出…（⑭　　　　水溶液）を加えると，（⑮　　　　色）の沈殿ができる。

② Fe^{3+}の検出…（⑯　　　　水溶液）を加えると，（⑰　　　　色）の沈殿ができる。また，チオシアン酸カリウム水溶液を加えると，（⑱　　　　色）の溶液になる。

（⑭→$K_3[Fe(CN)_6]$，⑮→ターンブルブルー，⑯→$K_4[Fe(CN)_6]$，⑰→プルシアンブルー（ベルリンブルー，紺青），⑱→KSCN）

◆4
Fe^{2+}を含む水溶液にヘキサシアニド鉄(Ⅱ)酸カリウム$K_4[Fe(CN)_6]$水溶液を加えると，青白色の沈殿ができる。

◆5
Fe^{3+}を含む水溶液にヘキサシアニド鉄(Ⅲ)酸カリウム$K_3[Fe(CN)_6]$水溶液を加えると，褐色の溶液になる。

◆6
ターンブルブルーとプルシアンブルーは，同じ組成の化合物である。

B. クロムとその化合物

1 クロムCrの単体

クロムCrの単体——空気中では**不動態**をつくるためさびにくい。そのため，水道の蛇口のめっきなどに利用される。

（不動態→濃硝酸に対しても不動態をつくる）

クロムCr

酸化数	+2, +3, +6
単体の融点	1860℃
単体の密度	7.2 g/cm^3

主に酸化数が+3と+6の化合物をつくり，水溶液では+3のときが最も安定である。

2 クロム酸カリウムK_2CrO_4

① （⑲　　　　色）の結晶。水に溶けて（⑳　　　　色）の水溶液になる。

② クロム酸イオンCrO_4^{2-}は，特定の金属イオンと沈殿をつくる。

- 銀イオンAg^+とは，Ag_2CrO_4（クロム酸銀）の（㉑　　　　色）沈殿。
- 鉛(Ⅱ)イオンPb^{2+}とは，$PbCrO_4$（クロム酸鉛(Ⅱ)）の（㉒　　　　色）沈殿。
- バリウムイオンBa^{2+}とは，$BaCrO_4$（クロム酸バリウム）の（㉓　　　　色）沈殿。

③ CrO_4^{2-}を含む水溶液を酸性にすると，二クロム酸イオン$Cr_2O_7^{2-}$を生じて（㉔　　　　色）に変化する。

$$2CrO_4^{2-} + 2H^+ \longrightarrow Cr_2O_7^{2-} + H_2O$$

3 二クロム酸カリウム$K_2Cr_2O_7$

① （㉕　　　　色）の結晶。水に溶けて（㉖　　　　色）の水溶液になる。

② 二クロム酸イオン$Cr_2O_7^{2-}$が硫酸酸性下で強い（㉗　　　　剤）としてはたらくと，（㉘　　　　色）のクロム(Ⅲ)イオンCr^{3+}となる。

$$Cr_2O_7^{2-} + 14H^+ + 6e^- \longrightarrow 2Cr^{3+} + 7H_2O$$

③ $Cr_2O_7^{2-}$を含む水溶液を塩基性にすると，CrO_4^{2-}を生じて黄色に変化する。

$$Cr_2O_7^{2-} + 2OH^- \longrightarrow 2CrO_4^{2-} + H_2O$$

酸化数

+6 — $Cr_2O_7^{2-}$（赤橙）
+3 — Cr^{3+}（暗緑）
0 — Cr

↑クロムの酸化数

$Cr_2O_7^{2-}$中のCrの酸化数は+6で，最も安定である酸化数+3の状態になろうとする（自身が還元される＝酸化剤としてはたらく）傾向が強い。

重要　$2CrO_4^{2-}$（黄色） $\underset{OH^-}{\overset{H^+}{\rightleftarrows}}$ $Cr_2O_7^{2-}$（赤橙色）

ミニテスト　　［解答］別冊p.10

(1) 溶鉱炉で鉄をつくるのに必要な原料物質3つを答えよ。　（　　　　）（　　　　）（　　　　）

(2) 溶鉱炉から得られる炭素量が約4％の鉄を何というか。　（　　　　）

(3) (2)に酸素を吹きこんで得られる炭素量が2～0.02％の鉄を何というか。　（　　　　）

5 銅・銀とその化合物

［解答］別冊p.10

A. 銅とその化合物 出る

1 銅Cuの単体

① **製法**　銅鉱石（主成分$CuFeS_2$）を溶鉱炉で加熱して還元すると，（❶　　　　）が得られる。粗銅を陽極，純銅を陰極として，硫酸酸性の（❷　　　　水溶液）を電気分解すると，陰極側に純銅が得られる。この操作を（❸　　　　）という。(p.68)

→ 純度約99％
→ 純度99.99％以上

② **性質**[1]　1．赤みを帯びた軟らかい金属で，展性・延性に富む。

2．（❹　　　　）や熱の伝導性が大きい。

3．湿った空気中では，（❺　　　　）を生じる。

緑色のさびで，主成分は$CuCO_3 \cdot Cu(OH)_2$

4．希塩酸や希硫酸には溶けないが，強い（❻　　　　力）をもつ酸には溶ける。

熱濃硫酸；$Cu + 2H_2SO_4 \longrightarrow CuSO_4 + 2H_2O + SO_2$

希硝酸　；$3Cu + 8HNO_3 \longrightarrow 3Cu(NO_3)_2 + 4H_2O + 2NO$

濃硝酸　；$Cu + 4HNO_3 \longrightarrow Cu(NO_3)_2 + 2H_2O + 2NO_2$

2 酸化銅

酸化銅——銅を空気中で加熱すると，1000℃以下では黒色の（❼　　　　）が生じ，1000℃以上では赤色の（❽　　　　）が生じる。[2]

→ CuO
→ Cu_2O

3 硫酸銅(Ⅱ)$CuSO_4$

硫酸銅(Ⅱ)$CuSO_4$——五水和物は（❾　　　　色）の結晶であるが，150℃以上に加熱すると水和水を失い，白色粉末状の無水塩になる。[3]

→ $CuSO_4 \cdot 5H_2O$

4 銅(Ⅱ)イオンCu^{2+}の反応

① Cu^{2+}を含む水溶液に塩基の水溶液を加えると，水酸化銅(Ⅱ)$Cu(OH)_2$の（❿　　　　色）沈殿を生じる。　$Cu^{2+} + 2OH^- \longrightarrow Cu(OH)_2$

② $Cu(OH)_2$を加熱すると，黒色の（⓫　　　　）になる。

$Cu(OH)_2 \longrightarrow CuO + H_2O$

③ $Cu(OH)_2$の沈殿に過剰のアンモニア水を加えると，錯イオンを生じて溶解し，（⓬　　　　色）の水溶液となる。

$Cu(OH)_2 + 4NH_3 \longrightarrow$（⓭　　　　）$+ 2OH^-$

→ テトラアンミン銅(Ⅱ)イオン

重要　［銅(Ⅱ)イオンCu^{2+}の反応］

Cu^{2+}(青色溶液) $\xrightarrow{OH^-}$ $Cu(OH)_2$(青白色沈殿) $\xrightarrow{NH_3}$ $[Cu(NH_3)_4]^{2+}$(深青色溶液)

銅Cu

酸化数	+1，+2
単体の融点	1083℃
単体の密度	9.0 g/cm³

酸化数が+2のほうが安定である。

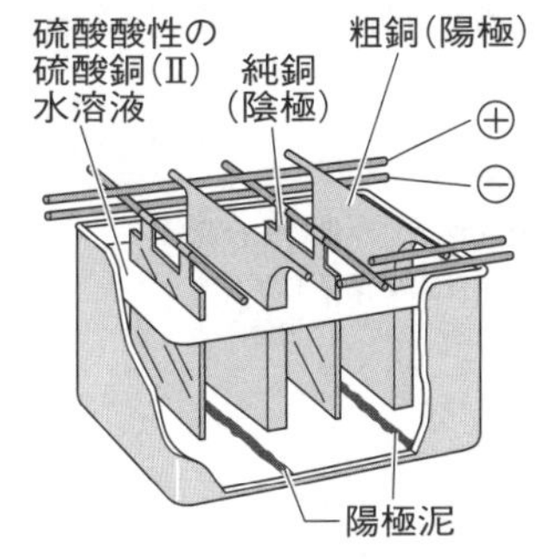

銅の電解精錬

[1] 銅は，黄銅や青銅，白銅など，さまざまな合金に利用される。(p.145)

[2] CuOは，1000℃以上ではCu_2Oに変化する。
$4CuO \longrightarrow 2Cu_2O + O_2$

[3] 硫酸銅(Ⅱ)無水塩$CuSO_4$は，水分を含むと再び青色の五水和物に戻るので，水分の検出に用いられる。

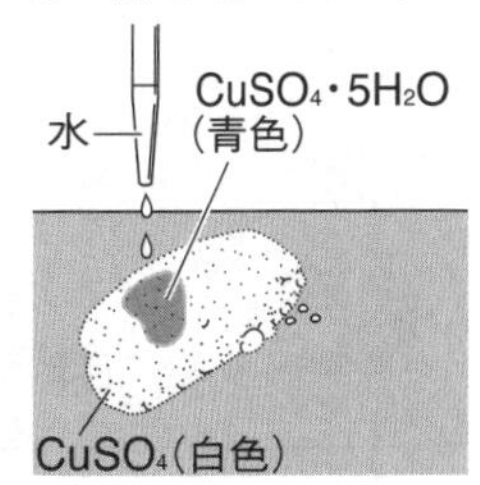

B. 銀とその化合物 出る

1 銀Agの単体

① 銀白色の金属で[4]，展性・延性に富む。

② 電気や熱の伝導性が，金属中で最も（⑭　　　　い）。

③ 塩酸や希硫酸には溶けないが，強い（⑮　　　　力）をもつ酸には溶ける。

例 濃硝酸；$Ag + 2HNO_3 \longrightarrow AgNO_3 + H_2O + NO_2$

2 硝酸銀 $AgNO_3$

① （⑯　　　　色）の板状結晶で，水によく溶ける。

② （⑰　　　　）が当たると分解し，銀を遊離する（**感光性**）。[5]

3 ハロゲン化銀――銀イオンとハロゲン化物イオンの化合物。

① （⑱　　　　）以外は，水に溶けずに沈殿する。

物質	塩化銀AgCl	臭化銀AgBr	ヨウ化銀AgI
沈殿の色	⑲	⑳	㉑

② 沈殿に光を当てると，銀が遊離して（㉒　　　　色）に変わる。[6]

> **重要** ［ハロゲン化銀］
> **AgClは白色，AgBrは淡黄色，AgIは黄色の沈殿。**
> **光が当たると分解し，黒色に変わる（感光性）。**

4 銀イオン Ag^+ の反応

① Ag^+ を含む水溶液に塩基の水溶液を加えると，酸化銀 Ag_2O の（㉓　　　　色）沈殿を生じる。
（→水酸化銀はできない）

$$2Ag^+ + 2OH^- \longrightarrow Ag_2O + H_2O$$

② Ag_2O の沈殿に過剰のアンモニア水を加えると，錯イオンを生じて溶解し，（㉔　　　　色）の水溶液となる。

$$Ag_2O + H_2O + 4NH_3 \longrightarrow (㉕\qquad\qquad) + 2OH^-$$

（→ジアンミン銀（Ⅰ）イオン）

> **重要** ［銀イオン Ag^+ の反応］
> **Ag^+（無色溶液）$\xrightarrow{OH^-}$ Ag_2O（褐色沈殿）$\xrightarrow{NH_3}$ $[Ag(NH_3)_2]^+$（無色溶液）**

銀Ag

酸化数	+1
単体の融点	952℃
単体の密度	10.5 g/cm³

[4] 銀は光の反射率が金属中で最大で，美しい光沢をもつ。また，空気中では酸化されにくいため，貴金属として貨幣や装飾品などに利用されてきた。

[5] 感光性をもつ銀の化合物は，褐色びんで保存する。

[6] ハロゲン化銀の感光性は，写真フィルムに利用されている。写真フィルムには臭化銀がぬられており，光が当たったところでは銀が析出して黒化する。
$2AgBr \longrightarrow 2Ag + Br_2$
フィルムに定着液を浸し，未反応の臭化銀を取り除いたものが，ネガフィルムである。

ミニテスト ［解答］別冊p.10

次の(1)，(2)の変化を，イオン反応式で表せ。

(1) 銅（Ⅱ）イオン Cu^{2+} を含む水溶液に少量の塩基を加えると，青白色の沈殿が生じる。
（　　　　　　　　）

(2) (1)に過剰のアンモニア水を加えると，沈殿が溶ける。（　　　　　　　　）

6 金属陽イオンの検出と分離

［解答］別冊p.11

A. 金属陽イオンの検出反応

1 特定の試薬との反応

イオン	検出試薬		イオン反応式	沈殿の色
Ca^{2+}	$(NH_4)_2CO_3$		$Ca^{2+} + CO_3^{2-} \longrightarrow CaCO_3\downarrow$	白
Ba^{2+}	$(NH_4)_2CO_3$		$Ba^{2+} + CO_3^{2-} \longrightarrow BaCO_3\downarrow$	白
	H_2SO_4		$Ba^{2+} + SO_4^{2-} \longrightarrow BaSO_4\downarrow$	白
	K_2CrO_4		$Ba^{2+} + CrO_4^{2-} \longrightarrow BaCrO_4\downarrow$	❶
Al^{3+}	NH_3aq		$Al^{3+} + 3OH^- \longrightarrow Al(OH)_3\downarrow$	❷
	NaOH	（少量）		
		（過剰）	$Al(OH)_3 + OH^- \longrightarrow [Al(OH)_4]^-$	——
Pb^{2+}	H_2SO_4		$Pb^{2+} + SO_4^{2-} \longrightarrow PbSO_4\downarrow$	白
	K_2CrO_4		$Pb^{2+} + CrO_4^{2-} \longrightarrow PbCrO_4\downarrow$	❸
	HCl		$Pb^{2+} + 2Cl^- \longrightarrow PbCl_2\downarrow$	白
Cu^{2+}	NaOH		$Cu^{2+} + 2OH^- \longrightarrow Cu(OH)_2\downarrow$	❹
	NH_3aq	（少量）		
		（過剰）	$Cu(OH)_2 + 4NH_3 \longrightarrow [Cu(NH_3)_4]^{2+} + 2OH^-$	——
Ag^+	HCl		$Ag^+ + Cl^- \longrightarrow AgCl\downarrow$	白
	K_2CrO_4		$2Ag^+ + CrO_4^{2-} \longrightarrow Ag_2CrO_4\downarrow$	❺
	NH_3aq	（少量）	$2Ag^+ + 2OH^- \longrightarrow Ag_2O\downarrow + H_2O$	❻
		（過剰）	$Ag_2O + H_2O + 4NH_3 \longrightarrow 2[Ag(NH_3)_2]^+ + 2OH^-$	——
Zn^{2+}	NaOH	（少量）	$Zn^{2+} + 2OH^- \longrightarrow Zn(OH)_2\downarrow$	白
		（過剰）	$Zn(OH)_2 + 2OH^- \longrightarrow [Zn(OH)_4]^{2-}$	——
	NH_3aq	（少量）	$Zn^{2+} + 2OH^- \longrightarrow Zn(OH)_2\downarrow$	白
		（過剰）	$Zn(OH)_2 + 4NH_3 \longrightarrow [Zn(NH_3)_4]^{2+} + 2OH^-$	——
Fe^{2+}	NaOH		$Fe^{2+} + 2OH^- \longrightarrow Fe(OH)_2\downarrow$	❼
	$K_3[Fe(CN)_6]$			濃青
Fe^{3+}	NaOH		$Fe^{3+} + 3OH^- \longrightarrow FeO(OH)\downarrow + H_2O$	❽
	$K_4[Fe(CN)_6]$			濃青

◈1
水溶液の液性(酸性・中性・塩基性)に注意する。イオン化傾向が大きい金属の陽イオン(Li^+, K^+, Ca^{2+}, Na^+, Mg^{2+}, Al^{3+})は，どの液性でも沈殿が生成しない。

◈2
アルカリ金属の陽イオンは，沈殿を生じさせる適当な試薬がないので，炎色反応で検出を行う。アルカリ土類金属の陽イオンでは，補助手段として炎色反応が用いられる。

2 硫化水素H_2Sによる沈殿生成[◈1]

金属陽イオン	沈殿生成の条件	沈殿する硫化物とその色
Cu^{2+}, Ag^+, Pb^{2+}, Cd^{2+}	酸性・中性・塩基性のどの条件でもよい。	CuS(黒), Ag_2S(黒), PbS(黒), CdS(黄)
Mn^{2+}, Fe^{2+}, Ni^{2+}, Zn^{2+}, Co^{2+}	(❾　　　性)または(❿　　　性)の場合のみ沈殿が生成	MnS(淡赤), FeS(黒), NiS(黒), ZnS(白), CoS(黒)

3 炎色反応[◈2]

元素	Li	Na	K	Ca	Sr	Ba	Cu
炎色	赤	⓫	赤紫	⓬	紅	黄緑	⓭

重要実験

金属陽イオンと水酸化ナトリウム水溶液の反応

方法(操作)

(1) 試験管A～Dに，それぞれアルミニウムイオンAl^{3+}，亜鉛イオンZn^{2+}，銅(Ⅱ)イオンCu^{2+}，銀イオンAg^+を含む水溶液を入れ，水酸化ナトリウム$NaOH$水溶液を少しずつ加え，よく振り混ぜる。沈殿が生じるまで，この操作を繰り返す。

(2) 沈殿の色を確認後，さらに水酸化ナトリウム水溶液を加えていき，変化を調べる。

結果と考察

① (1)，(2)の結果を表にまとめると，次のようになる。

試験管	A ; Al^{3+}	B ; Zn^{2+}	C ; Cu^{2+}	D ; Ag^+
(1) $NaOH$水溶液(少量)	白色沈殿	白色沈殿	青白色沈殿	褐色沈殿
(2) $NaOH$水溶液(過剰)	沈殿が溶解(無色溶液)	沈殿が溶解(無色溶液)	変化なし(青白色沈殿)	変化なし(褐色沈殿)

② (1)で生じた沈殿の化学式は，それぞれ，A；(⓮　　　)，B；(⓯　　　)，C；(⓰　　　)，D；(⓱　　　)である。

③ (2)で過剰の水酸化ナトリウム水溶液に溶解した沈殿は，どちらも(⓲　　　水酸化物)である。溶解によって生じた錯イオンの化学式は，それぞれ，A；(⓳　　　)，B；(⓴　　　)である。

重要実験

金属陽イオンとアンモニア水の反応

方法(操作)

(1) 試験管A～Dに，それぞれアルミニウムイオンAl^{3+}，亜鉛イオンZn^{2+}，銅(Ⅱ)イオンCu^{2+}，銀イオンAg^+を含む水溶液を入れ，アンモニアNH_3水を沈殿ができるまで少しずつ加え，よく振り混ぜる。沈殿が生じるまで，この操作を繰り返す。

(2) 沈殿の色を確認後，さらにアンモニア水を加えていき，変化を調べる。

結果と考察

① (1), (2)の結果を表にまとめると，次のようになる。

試験管	A ; Al^{3+}	B ; Zn^{2+}	C ; Cu^{2+}	D ; Ag^{+}
(1) NH_3水(少量)	白色沈殿	白色沈殿	青白色沈殿	褐色沈殿
(2) NH_3水(過剰)	変化なし(白色沈殿)	沈殿が溶解(無色溶液)	沈殿が溶解(深青色溶液)	沈殿が溶解(無色溶液)

② (1)で生じた沈殿の化学式は，それぞれ，A；(㉑　　　)，B；(㉒　　　)，C；(㉓　　　)，D；(㉔　　　)である。

③ (2)で，溶解によって生じた錯イオンの化学式は，それぞれ，B；(㉕　　　)，C；(㉖　　　)，D；(㉗　　　)である。

B. 金属陽イオンの系統分離 出る

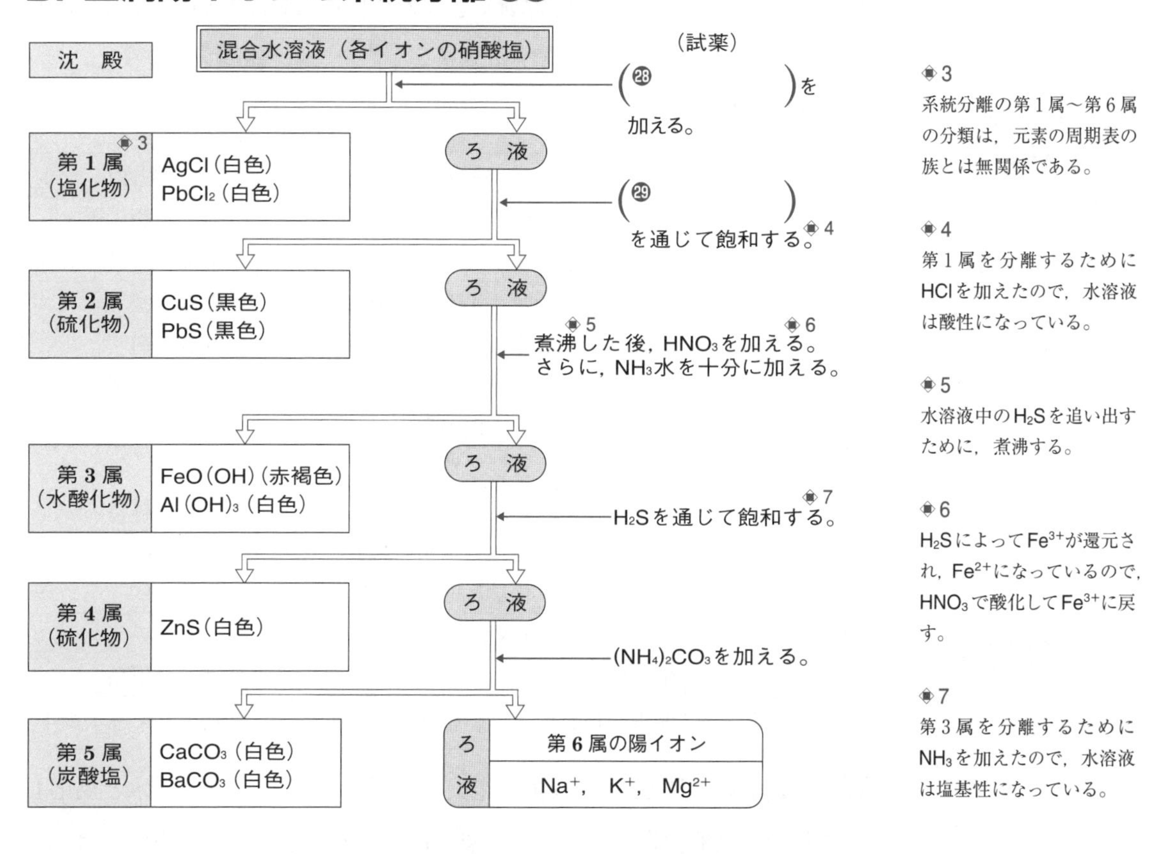

◈3
系統分離の第1属～第6属の分類は，元素の周期表の族とは無関係である。

◈4
第1属を分離するためにHClを加えたので，水溶液は酸性になっている。

◈5
水溶液中のH_2Sを追い出すために，煮沸する。

◈6
H_2SによってFe^{3+}が還元され，Fe^{2+}になっているので，HNO_3で酸化してFe^{3+}に戻す。

◈7
第3属を分離するためにNH_3を加えたので，水溶液は塩基性になっている。

ミニテスト

[解答] 別冊p.11

銀イオンAg^{+}，銅(Ⅱ)イオンCu^{2+}，鉄(Ⅲ)イオンFe^{3+}，アルミニウムイオンAl^{3+}，バリウムイオンBa^{2+}を含む混合水溶液を用いて，実験を行った。次の(1)～(4)の操作で生じる沈殿の化学式をすべて答えよ。

(1) 希塩酸を加えると，白色の沈殿を生じた。 (　　　)

(2) (1)のろ液に硫化水素を通じると，黒色の沈殿を生じた。 (　　　)

(3) (2)のろ液を煮沸して希硝酸を加えた後，過剰のアンモニア水を加えると，沈殿を生じた。 (　　　)

(4) (3)のろ液に炭酸アンモニウム水溶液を加えると，白色の沈殿を生じた。 (　　　)

7 無機物質と人間生活

［解答］別冊p.11

A. 金属の利用

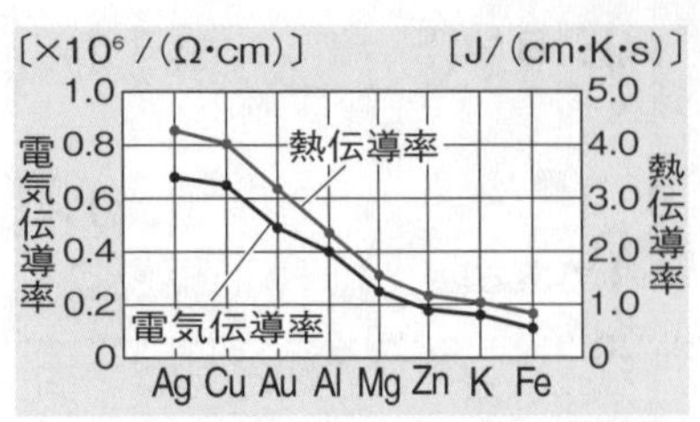

金属の電気伝導率と熱伝導率の関係(0℃)
電気伝導率が大きい金属は，熱伝導率も大きい。

1 金属の特徴――特有の金属光沢をもち，電気・熱をよく伝える。また，展性・延性が大きい。

2 金属の分類

① 密度が4～5 g/cm^3 以下の金属を(❶　　　**金属**)[1]といい，4～5 g/cm^3 以上の金属を(❷　　　**金属**)という。

② 空気中で容易にさびる金属を**卑金属**といい，空気中でも安定に存在する金属を(❸　　　**金属**)という。

[1]
主な軽金属とその密度

金属	密度〔g/cm^3〕
Li	0.53
Na	0.97
Mg	1.74
Al	2.70
Ti	4.51

3 金属の利用

金属	特徴	用途
❹	資源が豊富。機械的強度大。 安価で，生産量が最も多い。	自動車，船，橋， 建築材料，機械器具
❺	軽くて軟らかい。光の反射率大。 電気・熱をよく伝える。生産量第2位。	送電線，サッシ， 飲料缶，鍋
❻	電気・熱をよく伝える。展性・延性に 富む。古くから人類が利用。	電気材料，硬貨， 調理器具
❼	美しい光沢。展性・延性は最大。 イオン化傾向は最小。	装飾品， 電気配線材料
❽	イオン化傾向小。貴金属の代表。 融点が高い。化学反応の触媒作用。	工業用触媒， 装飾品
❾	軽くて硬く，強い。 耐食性大。	ジェットエンジン， スポーツ用品
❿	融点が極めて高い。耐熱性大。	電球のフィラメント

4 金属の腐食防止――金属が空気中の(⓫　　　　)や水と反応し，酸化物や水酸化物になったものを**さび**という。さびを防ぐ方法には，次のようなものがある。[2]

[2]
このほか，塗料で金属の表面を覆う(塗装)などの方法もある。

① **酸化被膜**…金属の表面を安定な酸化物で覆う。

例 鉄の黒さび Fe_3O_4(p.137)，アルマイト Al_2O_3(p.129)

② **めっき**…金属の表面を別の金属で覆う。

例 (⓬　　　　)…鉄を亜鉛でめっきしたもの。(p.69)

(⓭　　　　)…鉄をスズでめっきしたもの。(p.69)

B. 合金の利用

1 合金——2種以上の金属を融(と)かし合わせたものを(⑭　　　　)といい，もとの金属にはない優れた性質をもつものが多い。

名称	組成の例〔質量%〕	特徴
⑮	Cu 70，Zn 30	黄色，美しい，加工しやすい
⑯	Cu 85，Sn 15	腐食しにくい，硬い
⑰	Cu 80，Ni 20	白色，美しい，腐食しにくい
⑱	Fe 74，Cr 18，Ni 8	さびにくい
⑲	Al 94，Cu 5，Mg 少量	軽量，強度が大きい
⑳	Mg 96，Al 3，Zn 1	⑲より軽量，強度が大きい
㉑	Ni 80，Cr 20	電気抵抗が大きい
㉒	Sn 96，Ag 3，Cu 少量	融点が低い(Pbを含まない)

2 新しい合金——近年，特殊な機能をもった合金がつくられている。

名称	特徴	利用例
㉓	金属の結晶格子の隙間に水素原子を吸蔵する。[3]	ニッケル水素電池，燃料電池自動車
㉔	高温で加工したときの形状を記憶している。	眼鏡のフレーム，温度センサー
㉕	結晶の構造をもたず，非晶質のまま固化している。	強力なばね，磁気ヘッド
㉖	ある温度以下では，電気抵抗が0になる(超伝導)。[4]	リニアモーターカー，医療器具(MRI)

3
ランタンLa：ニッケルNi＝1：5の組成をもつ**水素吸蔵合金**は，1000倍以上の体積の水素を安全に貯蔵することができる。

4
ニオブNbとチタンTiからなる**超伝導合金**は，極低温では電気抵抗が0となる。MRIなどの医療器具に用いられる。

C. セラミックスの利用 出る

1 セラミックス——けい砂(しゃ)や粘土などの無機物の材料を高温処理してつくった製品を，(㉗　　　　　　)または**窯業(ようぎょう)製品**[5]という。

2 陶磁器——粘土などを高温で焼き固めたものを(㉘　　　　)という。原料，焼成温度などの違いにより，**土器**，**陶器**，**磁器**に分類される。

5
セラミックスをつくる工業は，ケイ酸塩を原料に用いるので，**ケイ酸塩工業**とよばれる。また，窯(かま)を用いるので**窯業**ということもある。

種類	原料	焼成温度〔℃〕	強度	打音	吸水性	用途
㉙	粘土	700～900	劣る	濁音	㉚	瓦，植木鉢
㉛	陶土，石英	1100～1300	中間	やや濁音	小	タイル，衛生器具
㉜	陶土，石英，長石	1300～1500	優れる	金属音	㉝	高級食器，絶縁体

3 焼結――高温では粘土の粒子が少し融け，接着し合う。これを（㉞　　　　　）という。

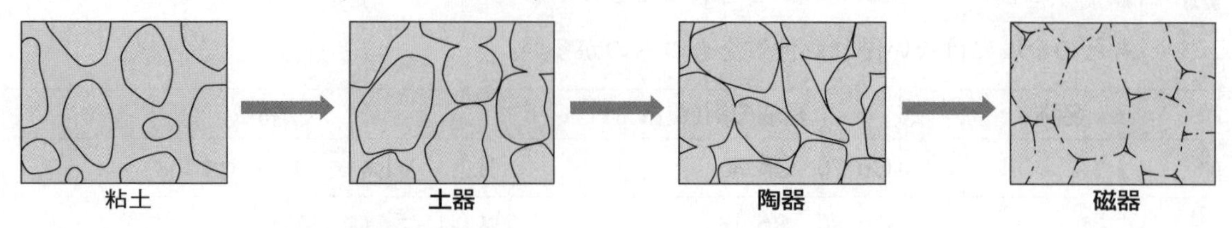

D. ガラス

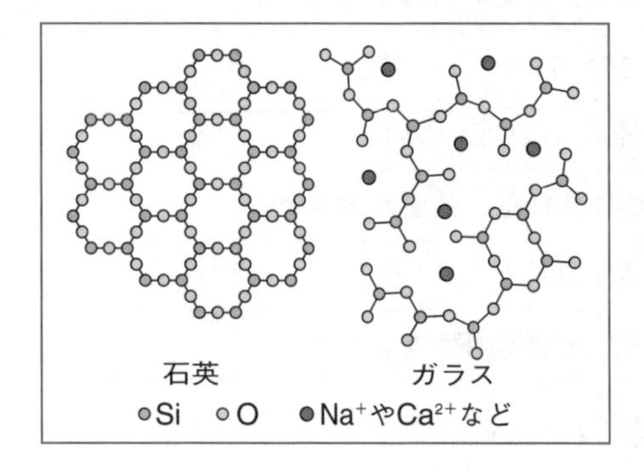

1 ガラスの特徴

① **長所**…透明で，熱や化学物質に強く，燃えない。

② **短所**…もろくて，割れやすい。

2 ガラスの構造

――SiO_2の四面体構造の中にNa^{+}やCa^{2+}などが入りこみ，不規則な構造のまま固化した**非結晶**（**無定形固体**）。一定の（㉟　　　　　）をもたず，加熱するとしだいに軟化する。

3 ガラスの種類

名称	㊱　　　　ガラス	㊲　　　　ガラス	㊳　　　　ガラス	㊴　　　　ガラス
主原料	けい砂（SiO_2）， 炭酸ナトリウム（Na_2CO_3）， 石灰石（$CaCO_3$）	けい砂（SiO_2）， 炭酸カリウム（K_2CO_3）， 酸化鉛（Ⅱ）（PbO）	けい砂（SiO_2）， ホウ砂（$Na_2B_4O_7$）	けい砂（SiO_2）
用途	最も多量に使用， 窓ガラス，びん	レンズ， X線遮蔽（しゃへい）材料	耐熱食器， 理化学器具	プリズム， 光ファイバー[6]

[6] 繊維状で，光通信用ケーブルに利用される。

4 ファインセラミックス（ニューセラミックス）

人工材料や高純度の原料を用いて厳密に制御して焼き固めたセラミックスを，（㊵　　　　　）または**ニューセラミックス**という。

成分	特徴	用途
Si_3N_4，SiC	硬い。耐熱性，耐摩耗性が大。	自動車エンジン，ガスタービン
$Ca_5(PO_4)_3OH$	生体との適合性に優れる。	人工骨，人工関節，人工歯根
Al_2O_3，AlN	電気絶縁性，放熱性がよい。	集積回路の放熱基板

ミニテスト　［解答］別冊p.11

次の文章中の（　　）に適する語句を入れよ。

(1) 金属には，展性や（①　　　　　）が大きい，特有の（②　　　　　）がある，（③　　　　　）や熱をよく伝えるなどの特徴がある。

(2) 無機材料を窯で高温処理してつくられる製品を，（①　　　　　）または窯業製品という。代表的なものには，タイルや食器，瓦などに用いる（②　　　　　）や，窓やびん，レンズなどに用いる（③　　　　　）がある。

練習問題　3章 遷移元素の性質

［解答］別冊p.40

1 〈亜鉛とその化合物〉

▶わからないとき→p.136

次の文章を読んで，あとの各問いに答えよ。

亜鉛は，周期表で（ ① ）族に属する元素で，（ ② ）価の陽イオンになりやすい。亜鉛の単体は，閃(せん)亜鉛鉱（主成分ZnS）を酸化して得られる酸化亜鉛を炭素で還元してつくる。鋼板に亜鉛をめっきしたものは（ ③ ）とよばれ，建材や日用品に利用される。また，亜鉛は合金の材料としても利用され，銅に亜鉛を添加した（ ④ ）は，楽器や５円硬貨などに用いられる。

亜鉛は，Ⓐ<u>希塩酸と反応して水素を発生する</u>ほか，Ⓑ<u>水酸化ナトリウム水溶液とも反応して水素を発生する</u>。このように，酸の水溶液とも強塩基の水溶液とも反応する金属を（ ⑤ ）という。

(1) 文章中の（　）に適する語句または数を入れよ。

(2) 下線部Ⓐ，Ⓑの反応を，化学反応式で表せ。

ヒント (2) 亜鉛は，強塩基の水溶液に対しては，錯イオンを生じて溶ける。

1

(1) ①

②

③

④

⑤

(2) Ⓐ

Ⓑ

2 〈鉄の製錬〉

▶わからないとき→p.137

次の文章を読んで，あとの各問いに答えよ。

（ ① ）（主成分Fe_2O_3）や磁鉄鉱（主成分Fe_3O_4）などの鉄鉱石を，石灰石やコークスとともに溶鉱炉に入れ，下から熱した（ ② ）を送りこむと，コークスが燃焼してできた<u>（ ③ ）が鉄鉱石中の酸化鉄(Ⅲ)を還元し</u>，（ ④ ）とよばれる単体の鉄が得られる。このとき，石灰石は鉄鉱石中の不純物である二酸化ケイ素などと反応して（ ⑤ ）とよばれる物質に変化し，融解状態の鉄の上に浮かんで鉄の酸化を防止する。

（ ④ ）は炭素を約４％含み，硬いがもろい。（ ④ ）を転炉に移して酸素を吹きこみ，炭素含有量を減らすと，（ ⑥ ）とよばれる強靭(きょうじん)な鉄が得られる。

(1) 文章中の（　）に適する語句を入れよ。

(2) 下線部の反応を，化学反応式で表せ。

2

(1) ①

②

③

④

⑤

⑥

(2)

3 〈鉄とその化合物〉

▶わからないとき→p.137～138

右図は，鉄やその化合物の関係を表している。次の各問いに答えよ。

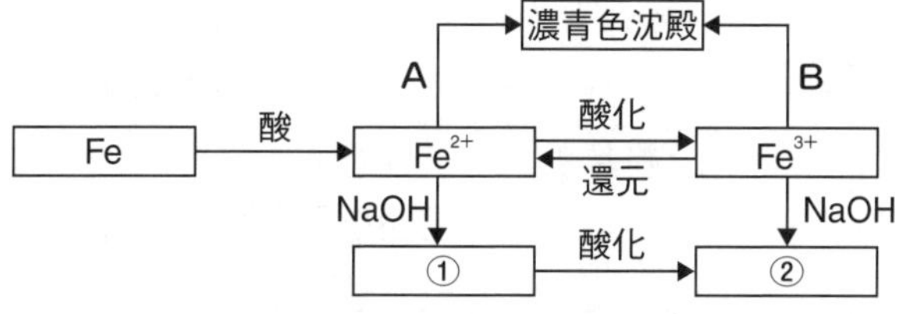

(1) ①，②に適する化合物の化学式を入れよ。また，その色を答えよ。

(2) A，Bにあてはまる試薬を，次の**ア**～**オ**から選び，記号で答えよ。

ア $K_3[Fe(CN)_6]$　　**イ** NH_3　　**ウ** H_2SO_4

エ $K_4[Fe(CN)_6]$　　**オ** H_2S

3

(1) ①化学式

色

②化学式

色

(2) A

B

4 〈銅とその化合物〉

▶わからないとき→p.139

右図は，銅やその化合物の関係を表している。次の各問いに答えよ。

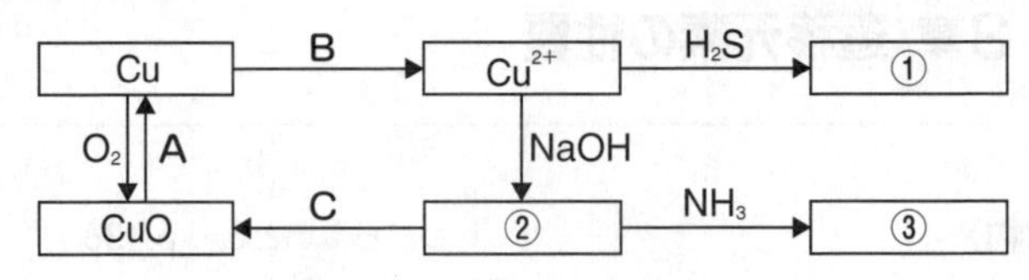

⑴ ①，②には適する化合物，③には適する錯イオンの化学式を入れよ。また，その色を答えよ。

⑵ A，Bにあてはまる試薬を，次の**ア**～**エ**から選び，記号で答えよ。

ア H_2　　**イ** O_2　　**ウ** HCl　　**エ** HNO_3

⑶ Cにあてはまる操作を答えよ。

5 〈銅・銀〉

▶わからないとき→p.139～140

次の記述について，銅だけにあてはまるときはA，銀だけにあてはまるときはB，銅と銀の両方にあてはまるときはCを記せ。

⑴ 単体は，白色の金属光沢を示す。

⑵ 単体を湿った空気中に置くと，徐々に緑色のさびを生じる。

⑶ 単体は，電気や熱をよく伝える。

⑷ ハロゲンとの化合物は，感光性をもつ。

6 〈金属の単体の反応〉

▶わからないとき→p.125, 129, 136～137, 139～140

単体が次の⑴～⑷のように反応する金属を，あとの**ア**～**カ**からすべて選び，記号で答えよ。

⑴ 常温の水と激しく反応する。

⑵ 塩酸や水酸化ナトリウム水溶液には溶けるが，濃硝酸には溶けない。

⑶ 塩酸や希硫酸には溶けるが，濃硝酸や水酸化ナトリウム水溶液には溶けない。

⑷ 塩酸や希硫酸には溶けないが，熱濃硫酸や硝酸には溶ける。

ア アルミニウム　　**イ** 亜鉛　　**ウ** 銀

エ 鉄　　**オ** 銅　　**カ** ナトリウム

7 〈金属陽イオンの分離〉

▶わからないとき→p.143

右図は，5種類の金属陽イオンを含む水溶液から，それぞれのイオンを分離する操作を表している。次の各問いに答えよ。

Fe^{3+}, Al^{3+}, Cu^{2+}, Zn^{2+}, Ag^{+}

塩酸を加える → 沈殿A／ろ液a

ろ液a：硫化水素を通じる → 沈殿B／ろ液b

ろ液b：煮沸後，硝酸を加えてから，アンモニア水を過剰に加える → 沈殿C／ろ液c

沈殿C：過剰の水酸化ナトリウム水溶液を加える → 沈殿D／ろ液d

⑴ 沈殿A，B，Dの色と化学式を答えよ。

⑵ ろ液c，dに含まれる錯イオンの化学式を答えよ。

ヒント　ろ液aは，沈殿Aを生成する操作で塩酸を加えているため，酸性を示す。

4

⑴ ①化学式　　色

②化学式　　色

③化学式　　色

⑵ A

B

⑶

5

⑴

⑵

⑶

⑷

6

⑴

⑵

⑶

⑷

7

⑴ A色　　化学式

B色　　化学式

D色　　化学式

⑵ c

d

定期テスト対策問題　4編　無機物質

［時 間］50分
［合格点］70点
［解 答］別冊p.42

1 右図のような装置で濃塩酸と酸化マンガン(Ⅳ)を反応させ，発生した塩素を捕集した。次の各問いに答えよ。

〔各2点　合計12点〕

(1) 濃塩酸と酸化マンガン(Ⅳ)の反応を，化学反応式で表せ。

(2) 洗気びんA，Bに入れる物質を，次の**ア**～**ウ**から選び，記号で答えよ。

ア 水　　**イ** アンモニア水　　**ウ** 濃硫酸

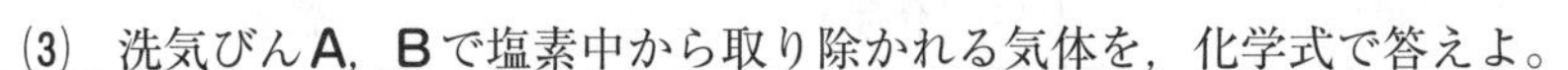

(3) 洗気びんA，Bで塩素中から取り除かれる気体を，化学式で答えよ。

(4) 発生した塩素を下方置換で捕集する理由を説明せよ。

(1)			(2)	A	B
(3)	A	B	(4)		

2 次の(1)～(5)の反応は，硫酸がもつどのような性質によって起こるか。あとの**ア**～**オ**から選び，記号で答えよ。

〔各2点　合計10点〕

(1) 鉄に希硫酸を加えると，水素が発生する。

(2) 硫化鉄(Ⅱ)に希硫酸を加えると，硫化水素が発生する。

(3) スクロースに濃硫酸を滴下すると，炭化する。

(4) 銀に濃硫酸を加えて加熱すると，二酸化硫黄が発生する。

(5) 塩化ナトリウムに濃硫酸を加えて加熱すると，塩化水素が発生する。

ア 吸湿性　　**イ** 強酸性　　**ウ** 不揮発性　　**エ** 脱水作用　　**オ** 酸化作用

(1)		(2)		(3)		(4)		(5)	

3 次の文章を読んで，あとの各問いに答えよ。

〔各2点　合計14点〕

硝酸を製造するには，まず，(①)を触媒としてアンモニアと酸素を反応させ，(②)を得る。Ⓐ(②)は空気中の酸素で容易に酸化され，(③)になる。(③)は(④)色の気体で，Ⓑこれを水に吸収させると硝酸となる。このような硝酸の工業的製法を(⑤)という。

(1) 文章中の(　)に適する語句を入れよ。

(2) 下線部Ⓐ，Ⓑの反応を，化学反応式で表せ。

(1)	①		②		③	
	④		⑤			
(2)	Ⓐ		Ⓑ			

4 次の(1)〜(4)の操作で発生する気体を，化学式で答えよ。また，その気体の性質を，あとの**ア**〜**オ**から選び，記号で答えよ。 〔各1点　合計8点〕

(1)　濃硝酸に銅片を入れる。　(2)　塩化ナトリウムに濃硫酸を加えて加熱する。

(3)　希硝酸に銅片を入れる。　(4)　塩化アンモニウムと水酸化カルシウムを混ぜて加熱する。

ア　赤褐色の有毒な気体。水に溶け，水溶液は強い酸性を示す。

イ　黄緑色・刺激臭の気体。水に少し溶け，水溶液は漂白作用を示す。

ウ　無色・刺激臭の気体。水によく溶け，水溶液は塩基性を示す。

エ　無色・刺激臭の気体。水によく溶け，水溶液は強い酸性を示す。

オ　無色の気体で，水に溶けない。空気中ではすぐに赤褐色になる。

(1)	化学式	性質	(2)	化学式	性質
(3)	化学式	性質	(4)	化学式	性質

5 右図は，アンモニアソーダ法における物質の流れを表したもので，**Ⅰ**〜**Ⅴ**は化学変化を示している。次の各問いに答えよ。 〔各2点　合計14点〕

(1)　この反応の原料といえる物質はどれか。図中の物質から2つ選び，物質名で答えよ。

(2)　図中の①〜③に適する化学式を入れよ。

(3)　**Ⅰ**，**Ⅴ**を化学反応式で表せ。

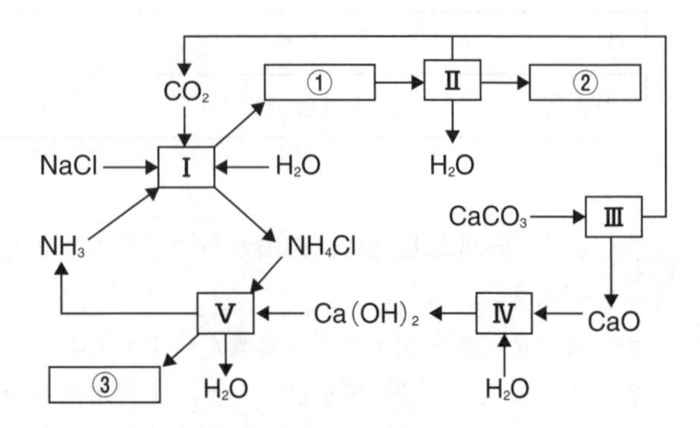

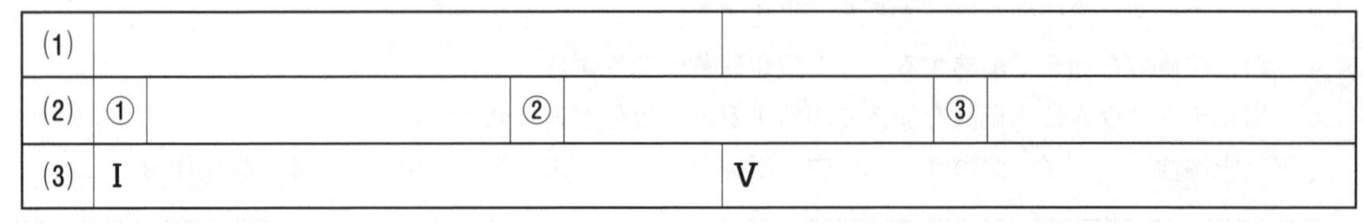

(1)					
(2)	①	②		③	
(3)	Ⅰ		Ⅴ		

6 次の文章を読んで，あとの各問いに答えよ。 〔各2点　合計16点〕

2族元素は(　①　)とよばれるが，(　②　)と(　③　)以外の元素は，単体が常温の水と反応したり，炎色反応を示したりするなど，特によく似た性質を示す。

水酸化カルシウムの飽和水溶液は(　④　)とよばれ，Ⓐ二酸化炭素を通じると(　⑤　)を生じて白濁する。(　⑤　)は水には溶けにくいが，Ⓑ二酸化炭素を含んだ水には(　⑥　)となってわずかに溶ける。

(1)　文章中の(　　)に適する語句を入れよ。

(2)　下線部Ⓐ，Ⓑの反応を，化学反応式で表せ。

(1)	①		②		③	
	④		⑤		⑥	
(2)	Ⓐ			Ⓑ		

7 次の(1)～(4)の記述にあてはまる物質を，あとの**ア～オ**から選び，記号で答えよ。また，下線部の反応を，化学反応式で表せ。

〔記号…各1点，反応式…各2点　合計12点〕

(1) 水溶液にアンモニア水を加えると青白色の沈殿を生じるが，さらにアンモニア水を加えると，沈殿が溶けて深青色の水溶液になる。

(2) 水溶液は黄緑色の炎色反応を示し，硫酸ナトリウム水溶液を加えると，白色の沈殿を生じる。

(3) 水溶液に塩酸を加えると白色の沈殿を生じ，アンモニア水を加えると褐色の沈殿を生じる。

(4) 水溶液にアンモニア水を加えると白色の沈殿を生じるが，さらにアンモニア水を加えると沈殿が溶けて無色の水溶液になる。これに硫化水素を通じると，再び白色の沈殿を生じる。

ア 硝酸銀　**イ** 硫酸亜鉛　**ウ** 硫酸銅(Ⅱ)　**エ** 塩化鉄(Ⅲ)　**オ** 塩化バリウム

(1)	物質	反応式
(2)	物質	反応式
(3)	物質	反応式
(4)	物質	反応式

8 銀イオンAg^{+}，バリウムイオンBa^{2+}，亜鉛イオンZn^{2+}，銅(Ⅱ)イオンCu^{2+}，鉄(Ⅲ)イオンFe^{3+}の5種類の金属陽イオンを含む水溶液がある。これらのイオンを，右図に示した操作で分離した。あとの各問いに答えよ。

〔(1)，(2)…各1点　(3)…各2点　合計14点〕

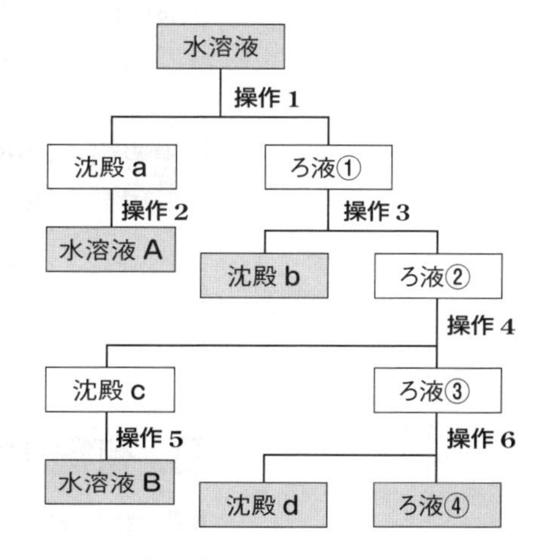

操作1　希塩酸を加える。

操作2　過剰のアンモニア水を加える。

操作3　希硫酸を加える。

操作4　硫化水素を通じる。

操作5　希硝酸を加えて加熱した後，過剰のアンモニア水を加える。

操作6　煮沸した後，希硝酸を加える。さらに過剰の水酸化ナトリウム水溶液を加える。

(1) 沈殿b～dの化学式と色を答えよ。

(2) 水溶液A，Bに含まれる錯イオンの化学式と，その水溶液の色を答えよ。

(3) カリウムイオンK^{+}とアルミニウムイオンAl^{3+}を含む水溶液に同様の操作を行うと，それぞれ沈殿b，d，水溶液A，B，ろ液④のどこに分離されるか。

(1)	b	化学式	色	c	化学式	色
	d	化学式	色			
(2)	A	化学式	色	B	化学式	色
(3)	K^{+}			Al^{3+}		

1 章 有機化合物の特徴

1 有機化合物の分類と特徴

[解答] 別冊p.11

A. 有機化合物の特徴

1 有機化合物——（❶　　　　原子）を骨格とした化合物。[1]生物体に関係する物質も多い。

2 有機化合物の特徴

① 構成元素の種類が（❷　　　　い）。[2]

② 化合物の種類が非常に（❸　　　　い）。

③ 分子からなる物質で，融点・沸点が（❹　　　　い）ものが多い。[3]

④ **可燃性**のものが多い。有機化合物が完全燃焼すると，主に二酸化炭素 CO_2 と水 H_2O が生じる。

⑤ 水には（❺溶け　　　　）が，アルコール（p.162）やエーテル（p.164）などの有機溶媒には（❻溶け　　　　）ものが多い。

> **重要** ［有機化合物］
> **構成元素の種類が少ない(主にC，H，O，N)。**
> **分子からなり，融点・沸点が低いものが多い。**
> **水には溶けにくく，有機溶媒には溶けやすいものが多い。**

[1] **炭素原子を含む無機化合物**
CO，CO_2，$CaCO_3$，KCN などは，炭素原子を含むが，無機化合物として扱う。

[2] **有機化合物の構成元素**
主に炭素C，水素H，酸素O，窒素Nで構成され，硫黄S，リンP，塩素Clなどを含むこともある。

[3] 高温にすると，融解する前に分解するものもある。

B. 有機化合物の分類 出る

1 炭化水素の分類——炭素と水素だけからなる有機化合物を（❼　　　　）という。炭化水素は，（❽　　　　原子）のつながり方によって，次のように分類される。

① **炭素原子の骨格による分類**

- **鎖式炭化水素**[4]…すべての炭素原子が鎖状に結合している。
- **環式炭化水素**…炭素原子が環状に結合している部分を含む。

② **炭素原子間の結合による分類**

- **飽和炭化水素**……炭素原子間の結合がすべて（❾　　　　結合）。[5]
- **不飽和炭化水素**…炭素原子間の結合に（❿　　　　結合）や（⓫　　　　結合）[5]を含む。

[4] **非環式炭化水素**ともいう。

[5] **飽和結合と不飽和結合**
単結合のことを**飽和結合**ということがある。また，二重結合と三重結合をまとめて，**不飽和結合**という。

[6] 一般にベンゼン環を含む有機化合物を**芳香族化合物**，芳香族化合物以外の有機化合物を**脂肪族化合物**という。

③ ベンゼン環の有無による分類[6]

- **脂肪族炭化水素**[7]…ベンゼン環を含まない。
- **芳香族炭化水素**[8]…ベンゼン環を含む。

> **重要** ［炭化水素の分類］
> ① **環状の構造を含むか。**　② **不飽和結合を含むか。**
> ③ **ベンゼン環を含むか。**

[7] 脂肪族炭化水素には，環式炭化水素を含まない場合もある。この場合，脂肪族炭化水素は鎖式炭化水素と同じ意味となる。

[8] 芳香族炭化水素以外の環式炭化水素をまとめて，**脂環式炭化水素**という。

	飽和炭化水素	不飽和炭化水素	
鎖式炭化水素	$H-C(H_2)-C(H_2)-C(H_2)-H$ プロパン C_3H_8	$H-C(H)=C(H)-C(H_2)-H$ プロペン C_3H_6	$H-C\equiv C-C(H_2)-H$ プロピン C_3H_4
環式炭化水素	シクロヘキサン C_6H_{12}	シクロヘキセン C_6H_{10}	ベンゼン C_6H_6

⬆ 炭化水素の分類　表中の物質では，ベンゼンのみ芳香族炭化水素である。

2 官能基による分類

官能基による分類――有機化合物の性質(特徴)を決める原子団を(⑫　　　　)という。炭化水素以外の有機化合物は，官能基の種類によって分類され，R－OHなどの一般式[9]で表される。

> **重要** ［官能基］
> **有機化合物の性質を決める原子団。**

[9] **炭化水素基R－**
炭化水素から水素原子Hが何個か取れた原子団。官能基ではないが，有機化合物の基本骨格をなす。炭化水素以外の有機化合物は，「炭化水素基＋官能基」の構造をもつ。

官能基の名称	化学式	化合物の一般名	有機化合物の例
ヒドロキシ基	$-OH$	⑬	エタノール C_2H_5OH
		フェノール類	フェノール C_6H_5OH
ホルミル基(アルデヒド基)	$-CHO$	⑭	アセトアルデヒド CH_3CHO
カルボニル基	$>C=O$	ケトン	アセトン CH_3COCH_3
カルボキシ基	$-COOH$	⑮	酢酸 CH_3COOH
エーテル結合	$-O-$	⑯	ジエチルエーテル $C_2H_5-O-C_2H_5$
ニトロ基	$-NO_2$	ニトロ化合物	ニトロベンゼン $C_6H_5NO_2$
アミノ基	$-NH_2$	⑰	アニリン $C_6H_5NH_2$
スルホ基	$-SO_3H$	スルホン酸	ベンゼンスルホン酸 $C_6H_5SO_3H$
エステル結合	$-COO-$	エステル	酢酸エチル $CH_3COOC_2H_5$

⬆ 有機化合物の官能基による分類　ホルミル基，カルボキシ基，エステル結合の－CO－もカルボニル基ということがある。

C. 異性体 出る

1 異性体――分子式は同じであるが，(⑱　　　　　)が異なるために，性質が異なる化合物。

2 構造異性体――原子の結合の順序，すなわち，(⑲　　　　　式)[10]が異なる異性体。

① 炭素骨格が異なる	② 官能基の種類が異なる	③ 官能基の位置が異なる	④ 二重結合の位置が異なる
$CH_3-CH_2-CH_2-CH_3$	$CH_3-CH_2-CH_2-OH$	$CH_3-CH_2-CH_2-OH$	$CH_2=CH-CH_2-CH_3$
$CH_3-CH(CH_3)-CH_3$	$CH_3-CH_2-O-CH_3$	$CH_3-CH(OH)-CH_3$	$CH_3-CH=CH-CH_3$

↑構造異性体の種類

◈10
$CH_3-CH_2-CH_2-CH_3$ のように，簡略化した構造式で，1行で表されるものも，示性式ということがある。本書では，1行で表される構造式も示性式に含めることとする。

3 立体異性体――原子の結合の順序(構造式)は同じであるが，分子の立体的な構造が異なる異性体。

① **シス-トランス異性体**…(⑳　　　　　結合)をつくる炭素原子にそれぞれ異なる原子・原子団が結合しているとき，1対の異性体[11]が存在する。
└→幾何異性体ともいう

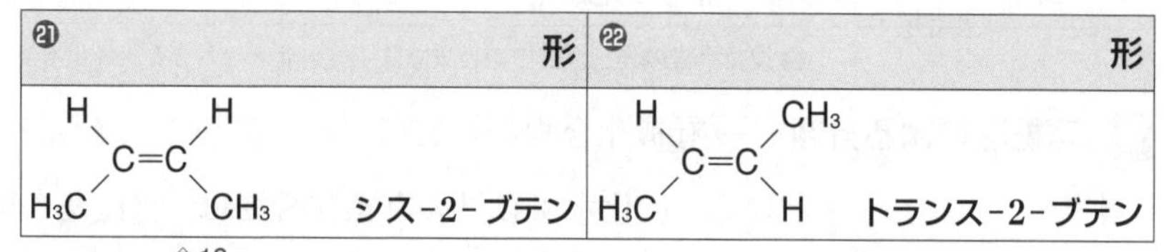

◈11
シス形とトランス形
C=C結合に対して，メチル基CH_3-が同じ側に結合しているもの(**シス形**)と，反対側に結合しているもの(**トランス形**)ができる。

② **鏡像異性体**[12]…4種の異なる原子・原子団と結合した炭素原子を(㉓　　　　　原子)という。不斉炭素原子をもつ化合物には，実物と鏡像の関係にある1対の異性体が存在する。
└→光学異性体ともいう

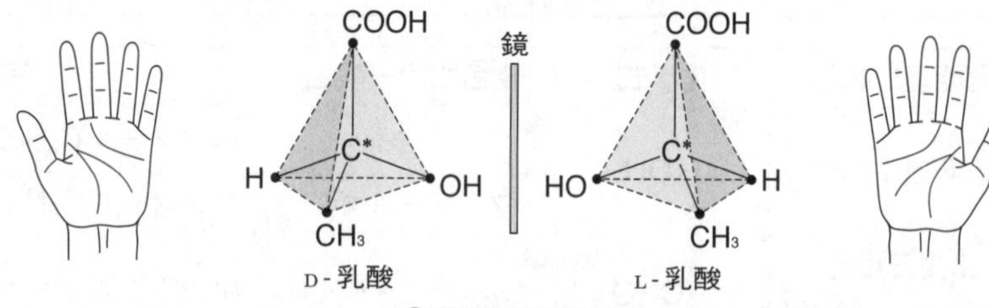

↑乳酸の鏡像異性体

2つの異性体は，人間の右手と左手，または実物と鏡像のように，重ね合わせることができない。

◈12
鏡像異性体
化学的性質やほとんどの物理的性質(融点・沸点など)は同じであるが，光学的性質や生理作用だけが異なる。

> **重要**
> **構造異性体…分子式は同じで，構造式が異なる。**
> **シス-トランス異性体…炭素間の二重結合が原因で生じる。**
> **鏡像異性体…不斉炭素原子が原因で生じる。**

ミニテスト　［解答］別冊p.11

次の文が正しければ○，誤っていれば×と答えよ。

(1) 有機化合物には必ず硫黄が含まれ，それ以外に水素，酸素，窒素などを含む。(　　　)

(2) 一般に，有機化合物は水に溶けやすく，有機溶媒に溶けにくい。(　　　)

2 有機化合物の分析

［解答］別冊p.11

A. 有機化合物の分析 出る

1 有機化合物の調べ方の順序——分離・精製後，次の順序で調べる。

成分元素の確認→元素分析→（❶　　　　式）の決定
→分子量の測定→（❷　　　　式）の決定
→官能基の検出→（❸　　　　式）の決定

2 成分元素の確認

元素	操作	生成物	確認方法
炭素C	完全燃焼	❹	石灰水を白濁させる
水素H	完全燃焼	❺	塩化コバルト紙を赤変させる ※1
窒素N	NaOHと加熱	❻	濃塩酸に近づけると白煙を生成する
塩素Cl	銅線につけて加熱	$CuCl_2$	（❼　　　　色）の炎色反応を示す
硫黄S	Naと加熱	Na_2S	酢酸鉛（Ⅱ）水溶液を加えると（❽　　　　色）沈殿が生成 ※2

3 元素分析——試料中の成分元素の（❾　　　　）を求める操作。

C，H，Oだけからなる有機化合物の場合，次の手順で行う。

① **C，Hの質量分析**…試料を完全燃焼させ，生じる（❿　　　　）を※3ソーダ石灰，（⓫　　　　）を塩化カルシウムに吸収させる。それぞれの質量の増加量から，次のようにして求める。（❿・⓫：化学式）

- 試料中の（⓬　　　　）の質量＝生じたCO_2の質量（ソーダ石灰の質量の増加量）$\times\dfrac{12}{44}$
- 試料中の（⓭　　　　）の質量＝生じたH_2Oの質量（塩化カルシウムの質量の増加量）$\times\dfrac{2.0}{18}$

② **Oの質量分析**…①で求めたCとHの質量から求める。

試料中のOの質量＝試料の質量－(Cの質量＋Hの質量)

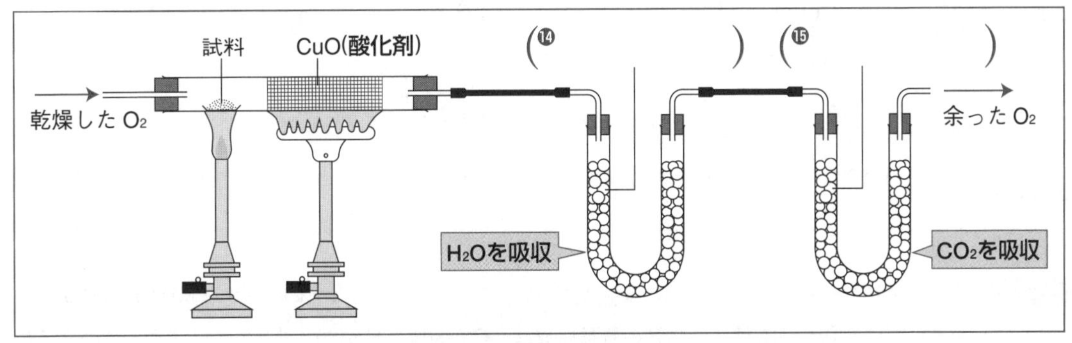

炭素・水素の元素分析装置

※1 白色の硫酸銅（Ⅱ）無水塩$CuSO_4$を青変させることでも確認できる。

※2 硫化鉛（Ⅱ）PbSが沈殿する。

※3 **吸収管の順番**
ソーダ石灰は塩基性の乾燥剤なので，H_2Oだけでなく，CO_2も吸収する。一方，**塩化カルシウムは中性の乾燥剤**で，H_2Oだけを吸収する。そこで，元素分析装置につなぐ際は，塩化カルシウム管→ソーダ石灰管の順にする。

重要　［元素分析（C，H，Oだけからなる有機化合物の場合）］

$$\text{Cの質量}=\text{生じた}CO_2\text{の質量}\times\frac{12}{44}$$

$$\text{Hの質量}=\text{生じた}H_2O\text{の質量}\times\frac{2.0}{18}$$

Oの質量＝試料の質量－（Cの質量＋Hの質量）

4 組成式の決定――元素分析で得た成分元素の質量をその元素の原子量で割った値の比は，成分元素の（⑯　　　　）または物質量の比を表す。この比を，最も簡単な整数の比で求める。[4]

例 C，H，Oだけからなる有機化合物の場合，

$$\text{C:H:O}=\frac{\text{Cの質量}}{(⑰\quad)}:\frac{\text{Hの質量}}{(⑱\quad)}:\frac{\text{Oの質量}}{(⑲\quad)}$$

C：H：O＝x：y：z のとき，組成式は（⑳　　　　）である。[5]

5 分子式の決定――適当な方法で試料の分子量を求める。[6] このとき，分子量は組成式の式量の整数倍になることから，分子式を求める。

分子量＝組成式の式量×n　（nは整数）

組成式が$C_xH_yO_z$のとき，分子式は（㉑　　　　）である。[7]

[4] 割り切れない場合などは，近似して整数の比にする。

[5] こうして求めた組成式を**実験式**ということがある。

[6] **分子量の測定方法の例**
- 気体の状態方程式
- 凝固点降下・沸点上昇
- 浸透圧
- 質量分析法

[7] $n=1$のときは，分子式は組成式と同じになる。

例題研究　組成式・分子式の決定

炭素C，水素H，酸素Oだけからなる分子量60の有機化合物15 mgを完全燃焼させたところ，二酸化炭素CO_2 22 mgと水H_2O 9.0 mgが生じた。この有機化合物の分子式を求めよ。
（原子量；H＝1.0，C＝12，O＝16）

解き方

試料中のCの質量は，C；$22\text{ mg}\times\frac{12}{44}=$（㉒　　　　mg）

また，Hの質量は，H；$9.0\text{ mg}\times\frac{2.0}{18}=$（㉓　　　　mg）

よって，試料中のOの質量は，

15 mg－（（㉒　　　　mg）＋（㉓　　　　mg））＝（㉔　　　　mg）

原子の数の比は，C：H：O＝$\frac{6.0\text{ mg}}{12}:\frac{1.0\text{ mg}}{1.0}:\frac{8.0\text{ mg}}{16}=$（㉕　　：　　：　　）

したがって，組成式は（㉖　　　　）で，その式量は（㉗　　　　）である。

$\frac{\text{分子量}}{\text{組成式の式量}}=\frac{60}{30}=$（㉘　　　　）であるから，分子式は（㉙　　　　）である。…答

ミニテスト　［解答］別冊p.11

炭素Cと水素Hだけからなる有機化合物Xの質量組成は，Cが80%，Hが20%であった。また，Xの分子量を測定すると，30であった。Xの分子式を求めよ。（原子量；H＝1.0，C＝12）　（　　　　）

3 アルカンとシクロアルカン

[解答] 別冊p.12

A. アルカン 出る

1 アルカン――鎖式の飽和炭化水素を (❶　　　　) といい，
└→ 炭素原子間の結合がすべて単結合
一般式は (❷　　　　) で表される。

2 直鎖状のアルカンの名称と性質 ◈1

名称	分子式	融点〔℃〕	沸点〔℃〕	常温での状態
メタン	❸	−183	−161	❾
❹	C_2H_6	−184	−89	
❺	C_3H_8	−188	−42	
❻	C_4H_{10}	−138	−1	
ペンタン	C_5H_{12}	−130	36	❿
❼	C_6H_{14}	−95	69	
ヘプタン	C_7H_{16}	−91	98	
オクタン	C_8H_{18}	−57	126	
ノナン	❽	−54	151	
デカン	$C_{10}H_{22}$	−30	174	

3 アルカンの構造

① メタンCH_4分子は (⓫　　　　**構造**) をしている。

② ほかのアルカンの分子は，メタンの正四面体構造が連結した構造をしている。分子内のC−C結合は，それを軸として自由に回転できる。

4 アルキル基――アルカンの分子から水素原子が1個取れた炭化水素基を (⓬　　　　**基**) といい，一般式はC_nH_{2n+1}−で表される。

5 アルカンの異性体

① $n≧4$ のアルカンでは，(⓭　　　　**異性体**) が存在する。◈2

② **枝分かれがあるアルカンの名称**…最も長い炭素鎖(**主鎖**)の名称の前に，枝分かれ部分(**側鎖**)の (⓮　　　　**基**) の名称と数，さらに，その前に位置番号をつけて表す。
数詞で表す(ただし，1を表すモノは省略する) ←

1　2　3　4
$CH_3-CH-CH-CH_3$ ←主鎖；ブタン
$\qquad\ \ |\qquad |$
$\quad\ CH_3\ \ CH_3$ ←側鎖；メチル基

2,3 - ジメチル ブタン ←主鎖の名称
↑ 側鎖の位置番号　↑ 側鎖の数と名称

⬆ 枝分かれがあるアルカンの名称

位置番号は，主鎖の末端から，できるだけ値が小さくなるようにつける。
また，位置番号と名称の間は-(ハイフン)でつなぐ。

◈1
アルカンの名称
$n≦4$ のアルカンは固有の名称でよばれる。$n≧5$ のアルカンは，ギリシャ語の数詞の語尾を「-ane」に変えてよぶ。

ギリシャ語の数詞

数	数詞
5	penta (ペンタ)
6	hexa (ヘキサ)
7	hepta (ヘプタ)
8	octa (オクタ)
9	nona (ノナ)
10	deca (デカ)

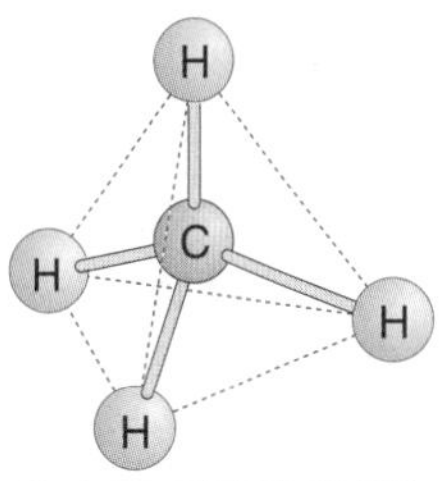

⬆ メタンの正四面体構造

n	R−	アルキル基
1	CH_3-	メチル基
2	C_2H_5-	エチル基
3	C_3H_7-	プロピル基
4	C_4H_9-	ブチル基

⬆ アルキル基

◈2
分子式C_4H_{10}のアルカンの構造異性体
• ブタン；沸点−1℃
$CH_3-CH_2-CH_2-CH_3$
• 2-メチルプロパン(イソブタン)；沸点−12℃
$CH_3-CH-CH_3$
$\qquad\ |$
$\quad\ CH_3$

6 アルカンの性質

① 炭素数nが大きくなるほど，融点や沸点が高くなる。[3]

② 水には溶けにくいが，(⑮　　　　溶媒)には溶けやすい。

7 メタンCH_4

① **実験室的製法**…酢酸ナトリウムの無水塩と水酸化ナトリウムの混合物を加熱する。　$CH_3COONa + NaOH \longrightarrow CH_4 + Na_2CO_3$

② 無色・無臭の気体で，空気より軽い。都市ガスの主成分。

8 アルカンの反応

① 常温では，酸や塩基，酸化剤，還元剤などと反応しない。

② **置換反応**…分子中の原子や原子団が，ほかの原子や原子団と置き換わる反応を(⑯　　　　反応)という。[4]

- アルカンは，光の存在下ではハロゲンの単体と置換反応を起こす。(ハロゲン→塩素や臭素)

例 メタンと塩素の混合気体に光を当てると，メタン分子中の水素原子Hが次々と塩素原子Clと置き換わっていく。[5]

メタン $\xrightarrow[+Cl_2]{光}$ クロロメタン $\xrightarrow[+Cl_2]{光}$ ジクロロメタン $\xrightarrow[+Cl_2]{光}$ トリクロロメタン $\xrightarrow[+Cl_2]{光}$ テトラクロロメタン

重要 ［置換反応］
分子中の原子や原子団が，ほかの原子や原子団と置き換わる反応。

B. シクロアルカン

1 シクロアルカン――環式の飽和炭化水素を(⑰　　　　)といい，一般式は(⑱　　　　)で表される。

① **性質**…化学的性質は，炭素数が同じアルカンとよく似ている。[6]

② **異性体**…$n \geqq 4$ のシクロアルカンでは，(⑲　　　　異性体)が存在する。[7]

シクロプロパン（沸点−33℃）　シクロブタン（沸点12℃）　シクロペンタン（沸点49℃）　シクロヘキサン（沸点81℃）

↑シクロアルカンの例

[3] **アルカンの融点や沸点**
直鎖状のアルカンの場合，炭素数nが1～4のものは気体，5～17のものは液体，18以上のものは固体である。これは，分子量が大きくなるほど，分子間にはたらくファンデルワールス力が強くなるからである。

[4] 置換反応によって分子内に導入された原子や原子団を**置換基**といい，生成した物質をもとの物質の**置換体**という。

[5] 塩素を含む有機化合物には，有毒なものが多い。

[6] n=3のシクロプロパンやn=4のシクロブタンは不安定で，環状構造を開く反応が起こりやすい。

[7] シクロブタンC_4H_8の異性体のうち，環状構造をもつものはメチルシクロプロパン(下図)のみである。

ミニテスト　［解答］別冊p.12

1 分子式C_4H_{10}で表される炭化水素の水素原子1個を塩素原子で置換した化合物には，構造異性体が何種類あるか。　(　　　　)

2 次の**ア**～**オ**から，鎖式の飽和炭化水素をすべて選べ。　(　　　　)

ア C_3H_8　**イ** C_2H_4　**ウ** C_3H_6　**エ** C_6H_{10}　**オ** C_4H_{10}

4 アルケンとアルキン

[解答] 別冊p.12

A. アルケン 出る

1 アルケン——炭素原子間に(❶　　　　**結合**)を1個もつ鎖式の不飽和炭化水素を(❷　　　　)といい，一般式は(❸　　　　)で表される。

2 主なアルケンの名称と性質※1

分子式	IUPAC名(アイユーパック)※2	慣用名	融点〔℃〕	沸点〔℃〕
C_2H_4	エテン	❹	−169	−104
C_3H_6	❺	プロピレン	−185	−47

3 アルケンの構造

① エチレンC_2H_4は(❻　　　　**状**)の分子である。

② C=C結合は，それを軸として回転(❼**でき**　　　　)。

4 エチレンC_2H_4——実験室では，エタノールと(❽　　　　)の混合物を約170℃に加熱してつくる。

5 アルケンの反応

① **付加反応**…アルケンの炭素原子間の(❾　　　　**結合**)の部分に水素やハロゲンなどが結合して，(❿　　　　**結合**)になる。

二重結合の一部が切れる

例

$$\underset{\text{エチレン}}{H_2C{=}CH_2} + \underset{\text{水素}}{H_2} \longrightarrow \underset{\text{エタン}}{H_3C{-}CH_3}$$

$$\underset{\text{エチレン}}{H_2C{=}CH_2} + \underset{\text{臭素（赤褐色）}}{Br_2} \longrightarrow \underset{\text{1,2-ジブロモエタン（無色）※3}}{CH_2Br{-}CH_2Br}$$

② **付加重合**…特定の条件下では，(⓫　　　　**結合**)をもつ分子どうしが次々に(⓬　　　　**反応**)を起こし，鎖状に結合する。

例

$$n\,\underset{\text{エチレン（単量体）※4}}{CH_2{=}CH_2} \longrightarrow \underset{\text{ポリエチレン（重合体）※4}}{\left[\,CH_2{-}CH_2\,\right]_n}$$

> **重要** [付加反応]
> **二重結合や三重結合などの一部が切れ，その部分にほかの原子や原子団が結合する反応。**

エチレンC_2H_4

$$H_2C{=}CH_2$$

プロペンC_3H_6

$$H_2C{=}CH{-}CH_3$$

↑アルケンの例

※1 **アルケンの名称**
同じ炭素数のアルカンの語尾-aneを-eneに変えて命名する。

※2 **IUPAC名**
国際名ともいい，世界共通で用いられる名称。最近は化合物の名称はIUPAC名で統一されつつあるが，簡単な化合物については，慣用名でよんでよいことになっている。

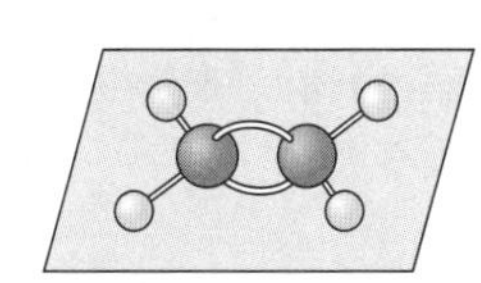

↑エチレンC_2H_4分子
●はC原子，○はH原子を示す。

※3
付加反応よる赤褐色の臭素Br_2の脱色が起これば，不飽和結合(C=CまたはC≡C)が検出できる。

※4
一般に，分子量が約1万以上の化合物を**高分子化合物**という。多くの高分子化合物は，小さな構成単位が繰り返し結合したような構造をしており，小さな構成単位のもとになる分子を**単量体(モノマー)**，できた高分子化合物を**重合体(ポリマー)**という。

B. アルキン 出る

1 アルキン――炭素原子間に（⑬　　　　**結合**）を1個もつ鎖式の不飽和炭化水素を（⑭　　　　）といい，一般式は（⑮　　　　）で表される。

2 主なアルキンの名称と性質[5]

分子式	IUPAC名	慣用名	融点〔℃〕	沸点〔℃〕
C_2H_2	エチン	⑯	−82	−74
C_3H_4	⑰	メチルアセチレン	−103	−23

3 アルキンの構造

① アセチレンは（⑱　　　　**状**）分子である。

② C≡C結合の原子間距離は，C=C結合よりも（⑲　　　**い**）。

4 アセチレンの製法と性質，反応

① **実験室的製法**…炭化カルシウム（カーバイド）に水を作用させる。

$$(⑳\qquad) + 2H_2O \longrightarrow C_2H_2 + Ca(OH)_2$$

② **性質**[6]　1．水にわずかに溶け，有機溶媒にはよく溶ける。

2．空気中ですすの多い炎をあげて燃え，多量の熱を発生する。[7]

③ **反応**[8]…水素，ハロゲン，水，酢酸，塩化水素，シアン化水素など，さまざまな分子と（㉑　　　　**反応**）を起こしやすい。[9]

例 $CH{\equiv}CH \xrightarrow[H_2]{Pt} CH_2{=}CH_2 \xrightarrow[H_2]{Pt}$ （㉒　　　　）

アセチレン　　エチレン　　エタン

$CH{\equiv}CH \xrightarrow[Br_2]{}$ （㉓　　　　） $\xrightarrow[Br_2]{} CHBr_2{-}CHBr_2$

1,2-ジブロモエチレン　　1,1,2,2-テトラブロモエタン

$H{-}C{\equiv}C{-}H + H_2O \xrightarrow{触媒} [CH(H){=}C(H)(OH)] \longrightarrow H{-}CH_2{-}C(=O){-}H$

ビニルアルコール[10]　　アセトアルデヒド

$H{-}C{\equiv}C{-}H + HCl \xrightarrow{触媒} H{-}C(H){=}C(H){-}Cl$ 塩化ビニル

$H{-}C{\equiv}C{-}H + HCN \xrightarrow{触媒} H{-}C(H){=}C(H){-}CN$ アクリロニトリル

アセチレンC_2H_2
H−C≡C−H

プロピンC_3H_4
$H{-}C{\equiv}C{-}CH_3$（H−C≡C−C(H)(H)−H）

アルキンの例

[5] **アルキンの名称**
同じ炭素数のアルカンの語尾-aneを-yneに変えて命名する。

[6] 純粋なアセチレンは無臭であるが，ふつうは硫化水素H_2Sなどの不純物を含むため，特有のにおいがある。

[7] **アセチレンの完全燃焼**
$C_2H_2(気) + \frac{5}{2}O_2(気) \longrightarrow 2CO_2(気) + H_2O(液)$　$\Delta H = -1301\ kJ$

[8] **アセチレンの重合反応**
アセチレンを赤熱した鉄に触れされると，3分子が重合してベンゼンが生じる。

[9] 三重結合への付加反応では，ハロゲン以外では触媒が必要である。

[10] **ビニルアルコール**
ビニルアルコールのようにC=C結合に−OHが結合した化合物を**エノール**という。エノールは不安定で，−OHのH原子が隣のC原子に移動して，カルボニル基に変化する。

ミニテスト　［解答］別冊p.12

次の(1)，(2)にあてはまる有機化合物を，それぞれあとの**ア**～**カ**からすべて選べ。

(1) 赤褐色の臭素水を脱色する。　（　　　）

(2) 完全燃焼によって生成する二酸化炭素と水の物質量の比が1：1になる。　（　　　）

ア アセチレン　**イ** エタン　**ウ** エチレン　**エ** シクロヘキサン　**オ** プロパン　**カ** メタン

練習問題　1章 有機化合物の特徴

［解答］別冊p.45

1 〈構造異性体〉

▶わからないとき→p.154,157

分子式C_5H_{12}で表されるアルカンの構造式をすべて書け。

ヒント　炭素数5のアルカンには，3種類の構造異性体が存在する。

2 〈エチレンの反応〉

▶わからないとき→p.159

エチレンを中心とする反応経路図の［　　］に適する化合物の示性式を入れよ。

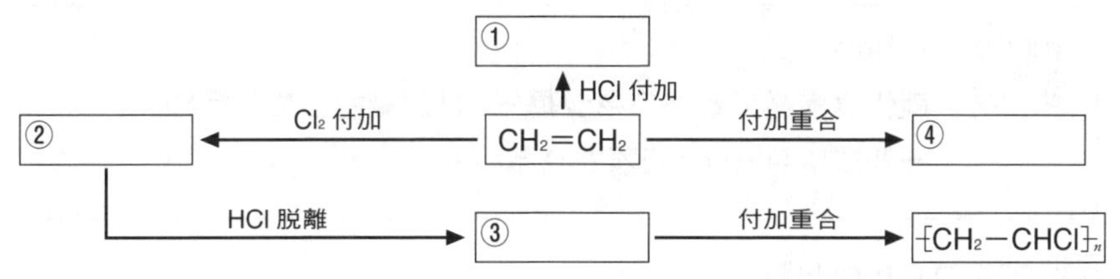

3 〈アセチレン〉

▶わからないとき→p.160

次の文章中の〔　〕には化学反応式，（　）には構造式を入れよ。

アセチレンは，炭化カルシウムに水を加えてつくる。このときの反応式は〔 ① 〕である。アセチレンは反応性に富むため，白金触媒の存在下で水素を付加すると（ ② ）になり，（ ② ）にさらに水素を付加すると（ ③ ）になる。水銀(Ⅱ)塩の存在下で水と反応すると，不安定な化合物（ ④ ）を経て，より安定な異性体（ ⑤ ）を生じる。また，アセチレンに塩化水素が付加すると（ ⑥ ）を生じる。アセチレンに臭素1分子が付加すると（ ⑦ ）になり，さらに臭素1分子が付加すると（ ⑧ ）になる。

ヒント　アセチレンは反応性に富み，次のような付加反応を起こす。
$CH{\equiv}CH + H{-}X \longrightarrow CH_2{=}CHX$

4 〈炭化水素の構造決定〉

▶わからないとき→p.155～156,159～160

ある鎖式炭化水素Aを元素分析した結果は，炭素85.7％，水素14.3％であった。また，Aを臭素水に通じると，臭素水の赤褐色がすみやかに消えて化合物Bが生じた。化合物Bの分子量はAの分子量の約4.81倍であった。次の各問いに答えよ。原子量；H＝1.0，C＝12，Br＝80

(1)　Aの組成式はどれか。次のア～オから1つ選べ。

ア　CH　　イ　CH_2　　ウ　CH_3　　エ　C_2H_3　　オ　C_3H_4

(2)　Bの分子式はどれか。次のア～オから1つ選べ。

ア　$C_2H_2Br_2$　　イ　$C_2H_4Br_2$　　ウ　$C_3H_4Br_4$

エ　$C_3H_6Br_2$　　オ　$C_4H_6Br_4$

ヒント　(2) アルケンの二重結合1個に対して，Br_2 1分子が付加する。

解答欄

1

2　①　②　③　④

3　①　②　③　④　⑤　⑥　⑦　⑧

4　(1)　(2)

2章 酸素を含む有機化合物

1 アルコールとエーテル

[解答] 別冊p.12

ヒドロキシ基
↓
R－OH

↑ アルコールの構造

A. アルコール 出る

1 アルコール――炭化水素の水素原子１個が（❶　　　　**基**）で置換された構造の化合物[1]。一般式は（❷　　　　）で表される。
→ 炭化水素基にヒドロキシ基が結合した形になっている

> **重要** ［アルコール］
> **炭化水素基にヒドロキシ基－OHが結合した化合物。**
> **一般式はR－OHで表される。**

2 アルコールの分類

① **分子中のヒドロキシ基－OHの数による分類**――２価以上のアルコールを**多価アルコール**という。

分類名	－OHの数	物質の例(化学式と名称)	
１価アルコール	❸	C_2H_5OH	❻
２価アルコール	❹	$C_2H_4(OH)_2$	❼ [2]
３価アルコール	❺	$C_3H_5(OH)_3$	❽ [3]

② **－OHが結合した炭素原子Cに結合する炭化水素基の数による分類**

分類名	－OHが結合したC原子	物質の例(構造式と名称)	
第一級アルコール[4]	ほかのC原子（❾　　**個**）と結合	CH_3-CH_2-OH（中央のCにH, Hが結合）	エタノール
第二級アルコール	ほかのC原子（❿　　**個**）と結合	$CH_3-CH(CH_3)-OH$（中央のCにCH_3, Hが結合）	2-プロパノール
第三級アルコール	ほかのC原子（⓫　　**個**）と結合	$CH_3-C(CH_3)_2-OH$（中央のCにCH_3, CH_3が結合）	2-メチル-2-プロパノール

③ **炭素数による分類**[5]

- （⓬　　　　）…炭素数が多いアルコール。
- （⓭　　　　）…炭素数が少ないアルコール。

---

[1] **アルコールの名称**
同じ炭素数のアルカンの語尾-eを，-olに変えて命名する。

[2] IUPAC名は1,2-エタンジオール。

[3] IUPAC名は1,2,3-プロパントリオール。

[4] メタノールCH_3OHは第一級アルコールに分類される。

[5] 炭素数$n \geqq 3$のアルコールは，構造異性体をもつ。

$n=3$のもの

$CH_3-CH_2-CH_2-OH$ 1-プロパノール

$CH_3-CH(OH)-CH_3$ 2-プロパノール

$n=4$のもの

$CH_3-CH_2-CH_2-CH_2-OH$ 1-ブタノール

$CH_3-CH_2-CH(OH)-CH_3$ 2-ブタノール

$CH_3-CH(CH_3)-CH_2-OH$ 2-メチル-1-プロパノール

$CH_3-C(CH_3)(OH)-CH_3$ 2-メチル-2-プロパノール

3 アルコールの工業的製法[6]

① **メタノールの製法**…一酸化炭素と水素を高温・高圧で反応させる。

$$CO + 2H_2 \xrightarrow[400℃]{ZnO} CH_3OH$$

② **エタノールの製法**…(⑭　　　　　　)に水を付加させる。

$$CH_2{=}CH_2 + H_2O \xrightarrow{H_3PO_4} C_2H_5OH$$

4 アルコールの性質と反応

① 炭素数が少ないものは常温で(⑮　　　**体**)で，水によく溶ける[7]。

② **ナトリウムとの反応**…水素を発生し，(⑯　　　　　　　　)を生じる[8]。この反応は，アルコール性の(⑰　　　　　**基**)の検出に用いられる。

例 $2C_2H_5OH + 2Na \longrightarrow 2C_2H_5ONa + H_2$
　　　　　　　　　　ナトリウムエトキシド

③ **脱水反応**…有機化合物から水が取れる反応。

1．濃硫酸を加えて約130℃に加熱すると，(⑱　　　　　　)を生じる。このように，2つの分子から水などの簡単な分子が取れて新しい分子ができる反応を(⑲　　　　**反応**)という[9]。

例 $C_2H_5OH + C_2H_5OH \xrightarrow[約130℃]{濃H_2SO_4} C_2H_5OC_2H_5 + H_2O$
　　　　　　　　　　ジエチルエーテル

2．濃硫酸を加えて約170℃に加熱すると，(⑳　　　　　　)を生じる。このように，1つの分子から原子や原子団が取れる反応を(㉑　　　　**反応**)といい，不飽和結合が生じることが多い。

例 $C_2H_5OH \xrightarrow[約170℃]{濃H_2SO_4} C_2H_4 + H_2O$
　　　　　　　　　　エチレン

④ **酸化反応**…酸化剤を加えて加熱すると，第一級アルコールは(㉒　　　　　　)を経て(㉓　　　　　　)に変化し，第二級アルコールは(㉔　　　　　)に変化する。第三級アルコールは(㉕**酸化**　　　　　)。

例 $C_2H_5OH \xrightarrow{酸化} CH_3CHO \xrightarrow{酸化} CH_3COOH$
　　エタノール　　　アセトアルデヒド　　　酢酸

$CH_3CH(OH)CH_3 \xrightarrow{酸化} CH_3COCH_3$
　　2-プロパノール　　　　　　アセトン

重要 ［アルコールの酸化反応］
第一級アルコール…アルデヒドを経てカルボン酸に変化。
第二級アルコール…ケトンに変化。
第三級アルコール…酸化されにくい。

---

[6] エタノールは，グルコースの**アルコール発酵**でも得られる。
$C_6H_{12}O_6 \longrightarrow 2C_2H_5OH + 2CO_2$

[7] アルコールは，疎水性(水になじみにくい)の炭化水素基と，親水性(水になじみやすい)のヒドロキシ基からなる。

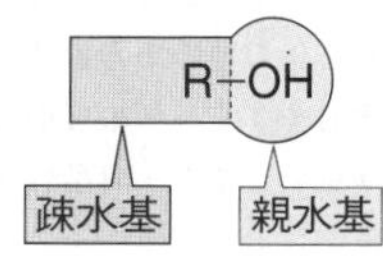

炭素数が多いほど，分子に占める疎水基の割合が大きくなるので，水に溶けにくくなる。

[8] **ナトリウムアルコキシド**
一般式R−ONaで表されるイオン性の物質で，強い塩基性を示す。
なお，アルコールとナトリウムの反応は，水とナトリウムの反応とよく似ているが，水との反応と比べると穏やかである。

[9] 水分子が取れる縮合反応を特に**脱水縮合**という。

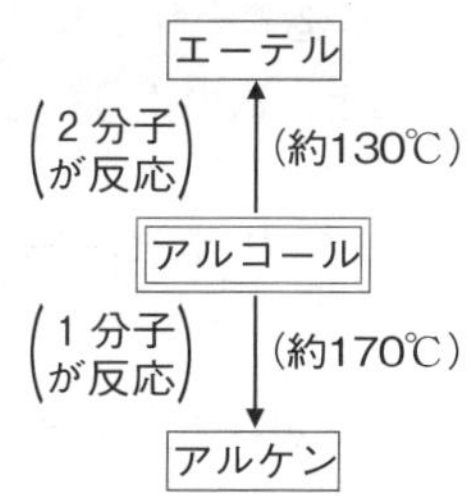

↑ アルコールと濃硫酸の反応
反応温度によって生成物が異なる。

エーテル結合
↓
R−O−R′

⬆ エーテルの構造

エーテルの名称は炭化水素基をアルファベット順に並べ，その後に「エーテル」をつけて命名する。

B. エーテル

1 エーテル――アルコール2分子が脱水縮合して生じる化合物。酸素原子に2個の(㉖　　　　**基**)が結合した構造をもち，一般式は R−O−R′で表される。また，−O−の結合を(㉗　　　　**結合**)という。

例 C_2H_5OH ＋ HOC_2H_5 ⟶ $C_2H_5OC_2H_5$ ＋ H_2O
ジエチルエーテル[10]

2 エーテルの性質

① 揮発性の(㉘　　　**体**)で，水に溶けない。
└→ ジメチルエーテルとエチルメチルエーテルは例外で，気体

② アルコールとは互いに(㉙　　　　**異性体**)の関係にあるが，アルコールより沸点が(㉚　　　**い**)。[11]
└→ CH_3OCH_3 は−25℃，C_2H_5OH は78℃

③ ナトリウムと(㉛**反応**　　　　)。

[10] **ジエチルエーテル**
$C_2H_5-O-C_2H_5$
単にエーテルともよばれ，特有のにおいのある液体。揮発しやすく，極めて引火性が強い。また，麻酔性がある。

[11]
アルコールの分子間には水素結合が形成されるが，エーテルの分子間には水素結合が形成されないためである。

重要 ［アルコールとエーテル］
互いに構造異性体の関係にある。アルコールはナトリウムと反応するが，エーテルは反応しない。

例題研究　アルコールの構造異性体

化学式C_4H_9OHで表されるアルコールは何種類存在するか。ただし，異性体は構造異性体のみ考えるものとする。

解き方

化学式から，このアルコールは分子式C_4H_{10}で表されるアルカンの1置換体である。このアルカンの構造異性体を炭素骨格のみで表すと，右の①，②の2つである。

① −C−C−C−C−

② −C−C−C−（中央のCに −C− が結合）

①，②のそれぞれについて，(㉜　　　　　**基**)が結合する位置を考えると，次のようになる。

−C−C−C−C−OH　　−C−C(OH)−C−C−　　−C−C(−C−)−C−OH　　−C−C(OH)(−C−)−C−

したがって，化学式C_4H_9OHで表されるアルコールは(㉝　　　**種類**)存在する。…答

ミニテスト　［解答］別冊p.12

次の(1)〜(3)のアルコールの名称と価数を答えよ。

(1) $CH_3CH(OH)CH_3$　名称(　　　　)　価数(　　　　)
(2) $CH_2(OH)CH(OH)CH_2OH$　名称(　　　　)　価数(　　　　)
(3) $CH_2(OH)CH_2OH$　名称(　　　　)　価数(　　　　)

2 アルデヒドとケトン

［解答］別冊p.12

A. アルデヒド 出る

1 アルデヒド――炭化水素の水素原子1個が（❶　　　　基）で置換された構造の化合物。一般式は（❷　　　　）で表される。

└→ 炭化水素基にホルミル基が結合した形になっている

① 第一級アルコールを（❸　　　　）すると得られ，アルデヒドを還元すると第一級アルコールになる。

② アルデヒドを酸化すると（❹　　　　）になる。

$$R-CH_2OH \underset{還元}{\overset{酸化}{\rightleftarrows}} R-CHO \xrightarrow{酸化} R-COOH$$

第一級アルコール　　アルデヒド　　カルボン酸

③ 中性の化合物で，ナトリウムと（❺反応　　　　）。

2 主なアルデヒド

① **ホルムアルデヒドHCHO**…刺激臭[1]のある（❻　　　　体）で，（❼　　　　）の酸化で得られる。水によく溶ける[2]。

② **アセトアルデヒドCH_3CHO**…刺激臭[1]のある（❽　　　　体）で，（❾　　　　）の酸化で得られる。水やアルコールによく溶ける。

重要

$$CH_3OH \xrightarrow{酸化} HCHO \xrightarrow{酸化} HCOOH$$

メタノール　　ホルムアルデヒド　　ギ酸

$$C_2H_5OH \xrightarrow{酸化} CH_3CHO \xrightarrow{酸化} CH_3COOH$$

エタノール　　アセトアルデヒド　　酢酸

3 アルデヒドの還元性――アルデヒドは（❿　　　　性）をもつ。

└→ アルデヒドの確認に利用

① （⓫　　　　反応）…アルデヒドをアンモニア性硝酸銀水溶液[3]に加えて温めると，試験管の内壁に（⓬　　　　）が析出する。

└→ 内壁が鏡のようになる

$$R-CHO + 2[Ag(NH_3)_2]^+ + 3OH^- \longrightarrow R-COO^- + 2Ag + 4NH_3 + 2H_2O$$

② **フェーリング液[4]の還元**…アルデヒドをフェーリング液に加えて加熱すると，（⓭　　　　色）の酸化銅（Ⅰ）が沈殿する。

$$R-CHO + 2Cu^{2+} + 5OH^- \longrightarrow R-COO^- + Cu_2O + 3H_2O$$

重要

［アルデヒドの還元性］

銀鏡反応…銀が鏡のように析出する。

フェーリング液の還元…酸化銅（Ⅰ）の赤色沈殿が生成する。

ホルミル基

R－C－H
　　‖
　　O

⬆ アルデヒドの構造

50～60℃の湯

メタノール

熱した銅線をメタノールの液面に近づける。

⬆ ホルムアルデヒドの生成

[1] 低級のアルデヒドは，刺激臭をもつ。

[2] **ホルマリン**
ホルムアルデヒドの約37％水溶液は**ホルマリン**とよばれる。希釈したものは，生物標本の保存に用いられる。

[3] **アンモニア性硝酸銀水溶液**
硝酸銀水溶液にアンモニア水を過剰に（いったん生じる酸化銀Ag_2Oの褐色沈殿が溶けるまで）加えた水溶液。$[Ag(NH_3)_2]^+$を含む。

[4] **フェーリング液**
硫酸銅（Ⅱ）$CuSO_4$水溶液（第1液）と，酒石酸ナトリウムカリウムと水酸化ナトリウムNaOHの混合水溶液（第2液）を，使用直前に混合したもの。

カルボニル基

R－C－R′
　‖
　O

⬆ケトンの構造

B. ケトン

1 ケトン──(⑭　　　　　　**基**)の炭素原子に2個の炭化水素基が結合した化合物。一般式は(⑮　　　　　　)で表される。

① 第二級アルコールを(⑯　　　　　)すると得られる。

② 酸化されにくく，還元性を(⑰示　　　　　)。⇨**銀鏡反応やフェーリング液の還元を起こさない。**

R－CH(OH)－R′ $\xrightarrow{\text{酸化}}$ R－CO－R′ ┈┈酸化されにくい┈┈→ ×
第二級アルコール　　　　ケトン

③ アルデヒドとは互いに(⑱　　　　　**異性体**)の関係にある。

> **重要**　[ケトンの性質]
> **還元性を示さないため，銀鏡反応やフェーリング液の還元を起こさない。**

2 アセトン CH_3COCH_3

① **実験室的製法**[◈5]　1．(⑲　　　　　　　)を酸化する。

2．(⑳　　　　　　　)を熱分解(乾留)する。

$$(CH_3COO)_2Ca \longrightarrow CaCO_3 + CH_3COCH_3$$

◈5
工業的には，クメン法によるフェノール製造の際に，副産物として多量に生成する。(p.178)

② **性質**　1．無色で芳香をもつ，揮発性の液体。

2．水，エタノール，エーテルなどと任意の割合で混じり合う。

3．有機化合物をよく溶かし，(㉑　　　　　**溶媒**)として用いられる。

3 ヨードホルム反応──**アセチル基** CH_3CO**－をもつケトンやアルデヒド**に(㉒　　　　　)と水酸化ナトリウム水溶液を加えて温めると，特有の臭気をもつヨードホルム CHI_3 の黄色沈殿が生じる。この反応を(㉓　　　　　**反応**)という。
└→ヨウ素ヨウ化カリウム水溶液(ヨウ素液)を用いてもよい

• ヨードホルム反応は，**$CH_3CH(OH)$－の構造をもつアルコール**でも起こる。
└→酸化されるとアセチル基 CH_3CO－に変化するため

{アセトン　ヨウ素液　　水酸化ナトリウム水溶液
約70℃の湯
⬆ヨードホルム反応

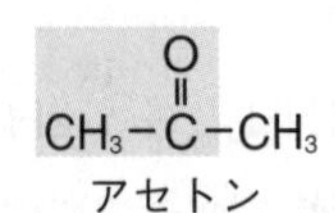

アセトン

CH₃－C(=O)－H
アセトアルデヒド

CH₃－CH(OH)－CH₃
2-プロパノール

CH₃－CH(OH)－H
エタノール

⬆ヨードホルム反応が陽性の化合物

ミニテスト　[解答] 別冊p.13

次の文章中の(　　)に適する語句を入れよ。

アルデヒドは(①　　　　　)性をもつため，容易に酸化されて(②　　　　　)に変化する。アルデヒドの水溶液をフェーリング液に加えて加熱すると，(③　　　　　)色の沈殿を生じる。また，アンモニア性硝酸銀水溶液に加えて温めると，容器の内壁に(④　　　　　)が析出する。

3 カルボン酸とエステル

［解答］別冊p.13

A. カルボン酸 出る

1 カルボン酸──分子中に（❶　　　　基）をもつ化合物。一般式は（❷　　　　）で表される。

① 第一級アルコールやアルデヒドを（❸　　　　）すると得られる。

$$R-CH_2OH \xrightarrow{\text{酸化}} R-CHO \xrightarrow{\text{酸化}} R-COOH$$

第一級アルコール　アルデヒド　カルボン酸

② 水溶液中では，カルボキシ基$-COOH$から水素イオンH^+が電離するため，弱い（❹　　　　性）を示す。

例 $CH_3COOH \rightleftarrows CH_3COO^- + H^+$

③ 有機溶媒中では，2分子が水素結合によって会合し，**二量体**となる。

2 カルボン酸の分類[1]──分子中の$-COOH$の数で分類する。

① **1価カルボン酸**…分子中の$-COOH$が（❺　　　　個）のカルボン酸。
└→モノカルボン酸ともいう

- 鎖式の1価カルボン酸を特に（❻　　　　）という。
- 炭素数が少ない脂肪酸を（❼　　　　），炭素数が多い脂肪酸を（❽　　　　）という。

② **2価カルボン酸**…分子中の$-COOH$が（❾　　　　個）のカルボン酸。
└→ジカルボン酸ともいう

③ **3価カルボン酸**…分子中の$-COOH$が（❿　　　　個）のカルボン酸。
└→トリカルボン酸ともいう

3 ギ酸HCOOH

① **実験室的製法**…（⓫　　　　）またはホルムアルデヒドを酸化する。

$$CH_3OH \xrightarrow{-2H} HCHO \xrightarrow{+O} HCOOH$$

メタノール　ホルムアルデヒド　ギ酸

② **性質**　1．無色・刺激臭の有毒な（⓬　　　　体）。

2．脂肪酸の中で最も強い酸性を示す。

3．還元性を示す（⓭　　　　基）をもち，**銀鏡反応を示す**。

4．（⓮　　　　）によって脱水され，一酸化炭素を生じる。
└→一酸化炭素の実験室的製法

$$HCOOH \xrightarrow[\text{脱水}]{\text{濃硫酸}} CO + H_2O$$

重要　［ギ酸HCOOH］
カルボキシ基をもつ。⇨酸性を示す。
ホルミル基をもつ。　⇨還元性を示す。

カルボキシ基
$R-C(=O)-OH$

カルボン酸の構造

水素結合
$R-C(=O\cdots H-O)(-O-H\cdots O=)C-R$

カルボン酸の二量体
二量体は，1つの分子であるかのようにふるまう。

[1] **官能基によるカルボン酸の分類**
カルボン酸には，分子内にカルボキシ基$-COOH$以外の官能基を含むものもある。

- **ヒドロキシ酸**…ヒドロキシ基$-OH$をもつカルボン酸。
例 $H-C(OH)(CH_3)-COOH$
- **アミノ酸**…アミノ基$-NH_2$をもつカルボン酸。
例 $H-C(NH_2)(H)-COOH$

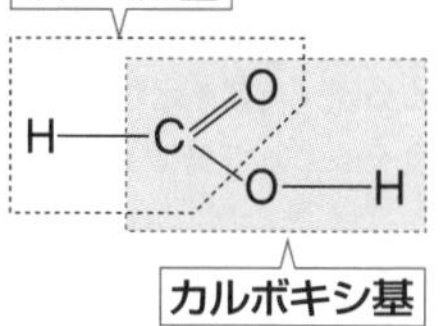

ギ酸の構造

4 酢酸 CH_3COOH――食酢の主要な成分。

① **実験室的製法**…(⑮　　　　　　)またはアセトアルデヒドを酸化する。

$$C_2H_5OH \xrightarrow{-2H} CH_3CHO \xrightarrow{+O} CH_3COOH$$

エタノール　アセトアルデヒド　酢酸

② **性質**　1．無色・刺激臭の液体で，水によく溶ける。

2．高純度の酢酸は(⑯　　　　　　)とよばれ，冬季には氷結する。

純粋な酢酸の融点は17℃

3．脱水剤と加熱すると，酢酸2分子から水1分子が取れて縮合し，(⑰　　　　　　)を生じる。[2]

└→カルボキシ基をもたないので，酸性を示さない

$$CH_3COOH + CH_3COOH \longrightarrow (CH_3CO)_2O + H_2O$$

無水酢酸

[2] **酸無水物**
無水酢酸のように，2個のカルボキシ基から水分子1個が取れた化合物を**酸無水物**という。

5 マレイン酸とフマル酸――C＝C結合の各炭素原子に－COOHが結合した不飽和ジカルボン酸で，**シス-トランス異性体**の関係にある。

① シス形のものを(⑱　　　　　　)といい，トランス形のものを(⑲　　　　　　)という。

H(HOOC)C＝C(H)(COOH)　マレイン酸　　H(HOOC)C＝C(COOH)(H)　フマル酸

② マレイン酸を加熱すると，分子内で脱水し，酸無水物である(⑳　　　　　　)に変化する。[3]

マレイン酸 $\xrightarrow{加熱}$ 無水マレイン酸 ＋ H_2O

	マレイン酸	フマル酸
融点〔℃〕	133	200℃で昇華
溶解度〔g/100g水〕	79	0.63
密度〔g/cm³〕	1.59	1.64
分子内脱水	する	しない

↑マレイン酸とフマル酸
分子内の2個の－COOHの位置は，マレイン酸では近く，フマル酸では遠い。これが化学的性質の違いのもととなる。

[3] マレイン酸は，二重結合の同じ側にカルボキシ基があるので，脱水されやすい。フマル酸は，二重結合の反対側にカルボキシ基があるので，脱水されにくい。

重要 ［マレイン酸とフマル酸］
シス形がマレイン酸で，トランス形がフマル酸。
マレイン酸は分子内で脱水し，無水マレイン酸になる。

6 カルボン酸の反応

① 塩基と**中和反応**を起こし，水溶性の塩をつくる。[4]

$$R-COOH + NaOH \longrightarrow R-COONa + H_2O$$

② 炭酸水素塩の水溶液を加えると，(㉑　　　　　　)が発生し(**弱酸の遊離**)，カルボン酸の塩が生じる。[5]

$$R-COOH + NaHCO_3 \longrightarrow R-COONa + H_2O + CO_2$$

[4] 高級脂肪酸は水には溶けにくいが，塩基の水溶液には塩をつくるのでよく溶ける。

[5] 酸の強さは
カルボン酸＞炭酸
であるため，弱いほうの酸である二酸化炭素が遊離する。
強酸＋弱酸の塩
⟶強酸の塩＋弱酸

③ カルボン酸の塩の水溶液に塩酸や希硫酸などの強酸を加えると，**弱酸の**（㉒　　　　）**が遊離**し，強酸の塩が生じる。

R－COONa ＋ HCl ⟶ R－COOH ＋ NaCl

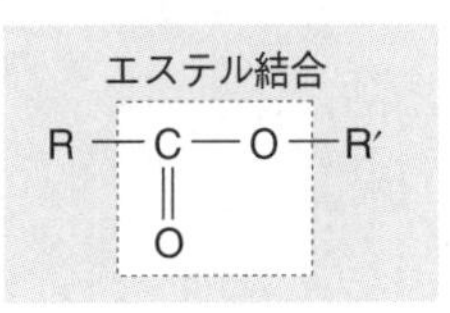

エステルの構造
エステルは，カルボン酸の名称の後ろにアルコールの炭化水素基の名称をつけて命名する。

B. エステル 出る

1 エステル――カルボン酸とアルコールが（㉓　　　　**縮合**）して生じる化合物。一般式はR－COO－R′で表される。また，－COO－の結合を（㉔　　　　**結合**）という。

（水分子が取れる）（エーテルR－O－R′と混同しないように注意する）

エステルを生成する反応を（㉕　　　　**化**）といい，カルボン酸からOH，アルコールからHが取れて水H_2Oとなる。

カルボン酸 ＋ アルコール ⟶ エステル ＋ 水

> **重要**　［エステルR－COO－R′］
> **カルボン酸とアルコールの脱水縮合で生成。**
> R－CO OH ＋ H O－R′ ⟶ R－COO－R′

2 酢酸エチル――酢酸とエタノールの混合物に濃硫酸を少量加えて加熱すると，**酢酸エチル**[6]と水が生成する。

この反応では，濃硫酸は（㉖　　　　）としてはたらく。

CH_3－CO OH ＋ H O－C_2H_5
酢酸　　エタノール

⟶ （㉗　　　　）＋ H_2O
酢酸エチル　　水

3 無機酸のエステル[7]――硝酸や硫酸などの酸も，アルコールと脱水縮合し，エステルを生じる。

例
CH_2－OH
|
CH －OH ＋ 3HO－NO_2 ―濃H_2SO_4→
|
CH_2－OH
グリセリン　　硝酸

CH_2－O－NO_2
|
CH －O－NO_2 ＋ $3H_2O$
|
CH_2－O－NO_2
ニトログリセリン[8]

4 エステルの性質

① 水に（㉘**溶け**　　　　），有機溶媒に（㉙**溶け**　　　　）。

② 低分子量のものは，**果実に似た芳香をもつ**揮発性の液体である。

③ カルボン酸とは互いに（㉚　　　　**異性体**）の関係にあるが，カルボン酸より融点や沸点が（㉛　　　　**い**）。

[6] **酢酸エチル**$CH_3COOC_2H_5$
無色で揮発性の液体。密度は0.90 g/cm³で，水に浮く。強い芳香をもち，香料に用いられる。また，接着剤や塗料の溶剤としても用いられる。

[7] 単にエステルというときはカルボン酸とのエステルを指す。硝酸や硫酸とのエステルは，それぞれ**硝酸エステル**，**硫酸エステル**という。

[8] **ニトログリセリン**
ニトロ基－NO_2が炭化水素基に直接結合していないので，ニトロ化合物ではない。ニトログリセリンは爆発しやすく，ダイナマイトの原料として利用されるほか，心臓病の薬としても利用される。

5 エステルの加水分解

① エステルに酸を加えて加熱すると，(㉜　　　　　　)が起こる。

例 $CH_3COOC_2H_5 + H_2O \underset{\text{エステル化}}{\overset{\text{加水分解}}{\rightleftarrows}} CH_3COOH + C_2H_5OH$

② エステルに塩基を加えて加熱しても，(㉝　　　　　　)が起こる。塩基によるエステルの加水分解を特に(㉞　　　　　　)という。

例 $CH_3COOC_2H_5 + NaOH \xrightarrow{\text{けん化}} CH_3COONa + C_2H_5OH$

重要実験

エステルの生成と性質

方法（操作）

(1) 乾いた試験管に氷酢酸とエタノールをそれぞれ約 2 mL とり，濃硫酸を数滴加えて，70～80℃の湯に浸し，試験管をときどき振り混ぜながら約10分間温める。このときの変化のようすを，においに注意して観察する。

(2) 冷却後，試験管に約10 mLの蒸留水を加えて振り混ぜた後，静置してようすを観察する。

(3) (2)の試験管の上層に分離した油状の液体を別の試験管にとり，2 mol/Lの水酸化ナトリウム水溶液約 4 mLを加え，70～80℃の湯に浸し，試験管をときどき振り混ぜながら約10分間温める。このときの変化のようすを観察する。

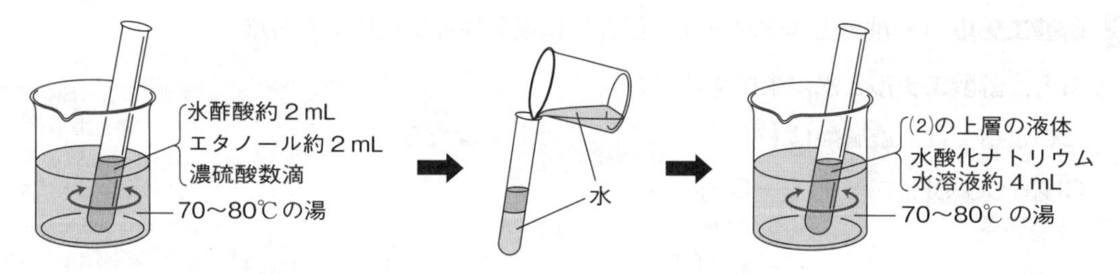

結果と考察

① (1)では，酢酸の刺激臭がなくなり，果実に似た芳香がするようになった。

⇨エステルである(㉟　　　　　　)が生成したため。（↳物質名）

$CH_3COOH + C_2H_5OH \longrightarrow$ (㊱　　　　　　) $+ H_2O$

② (2)では，油状の液体が上層，加えた水が下層となり，2層に分離した。

⇨酢酸エチルは水に(㊲溶け　　　　)，密度が水より(㊳　　　　い)ため。

③ (3)では，再び均一な溶液となり，酢酸エチルの芳香が弱くなった。

⇨酢酸エチルが(㊴　　　　　　)されて(㊵　　　　　　)とエタノールになり，水に溶けたため。

$CH_3COOC_2H_5 + NaOH \longrightarrow$ (㊶　　　　　　) $+ C_2H_5OH$

ミニテスト　　［解答］別冊p.13

1 分子式$C_2H_4O_2$で表されるカルボン酸とエステルを，それぞれ示性式で示せ。

カルボン酸(　　　　　　)　エステル(　　　　　　)

2 次の化合物の示性式を答えよ。

(1) 酢酸メチル　(　　　　　　)　(2) 酢酸ナトリウム　(　　　　　　)

(3) 無水酢酸　(　　　　　　)　(4) プロピオン酸　(　　　　　　)

4 油脂とセッケン

［解答］別冊p.13

A. 油脂

1 油脂――グリセリンと高級脂肪酸との（❶　　　　　　）。
（グリセリン→3価アルコール）

$$\begin{matrix} R-CO-OH & & HO-CH_2 & & R-COO-CH_2 & & \\ R'-CO-OH & + & HO-CH & \longrightarrow & R'-COO-CH & + & 3H_2O \\ R''-CO-OH & & HO-CH_2 & & R''-COO-CH_2 & & \end{matrix}$$

高級脂肪酸　　グリセリン　　油脂[*1]

2 油脂の分類

① **脂肪**…常温で（❷　　　　体）の油脂。**飽和脂肪酸[*2]を多く含む。**

例 牛脂（ヘット），豚脂（ラード）

② **脂肪油**…常温で（❸　　　　体）の油脂。**不飽和脂肪酸[*3]を多く含む。**

- （❹　　　　　　）…**空気中で固化しやすい**脂肪油。

例 アマニ油，大豆油

- （❺　　　　　　）…**空気中で固化しにくい**脂肪油。

例 オリーブ油，ツバキ油

3 硬化油――脂肪油にニッケルを触媒として水素を付加すると，固化する。こうしてできた油脂を（❻　　　　　　）という[*4]。

> **重要**　［油脂］
> **グリセリンと高級脂肪酸とのエステル。**
> **・常温で固体…脂肪　　・常温で液体…脂肪油**

B. セッケン 出る

1 セッケン――油脂に強塩基の水溶液を加えて加熱すると，油脂が（❼　　　　　　）されて，グリセリンと高級脂肪酸の塩が生じる。この高級脂肪酸の塩を（❽　　　　　　）という。
（→主にナトリウム塩やカリウム塩）

$$\begin{matrix} R-COO-CH_2 & & & & & & \\ R-COO-CH & + & 3NaOH & \longrightarrow & 3RCOONa & + & C_3H_5(OH)_3 \\ R-COO-CH_2 & & & & & & \end{matrix}$$

セッケン　　グリセリン

この加水分解生成物に飽和食塩水を加えると，セッケンが分離される。この操作を（❾　　　　　　）という。
（→多量の電解質を加えてコロイド粒子を沈殿させる）

> **重要**　**油脂 ＋ 強塩基 ⟶ セッケン ＋ グリセリン**
> 油脂→グリセリンと高級脂肪酸のエステル
> 強塩基→水酸化ナトリウムや水酸化カリウム
> セッケン→高級脂肪酸のナトリウム塩やカリウム塩
> グリセリン→$C_3H_5(OH)_3$

[*1] 油脂の一般式は次のように表すこともある。

$$\begin{matrix} CH_2-OCO-R \\ CH-OCO-R' \\ CH_2-OCO-R'' \end{matrix}$$

[*2] **飽和脂肪酸**

直鎖状の分子で，融点が高い。

パルミチン酸	$C_{15}H_{31}COOH$
ステアリン酸	$C_{17}H_{35}COOH$

[*3] **不飽和脂肪酸**

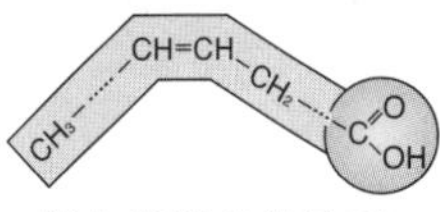

折れ線形の分子で，融点が低い。

オレイン酸	$C_{17}H_{33}COOH$
リノール酸	$C_{17}H_{31}COOH$
リノレン酸	$C_{17}H_{29}COOH$

[*4] 硬化油は，セッケンやマーガリンの原料に用いられる。

セッケンの製造

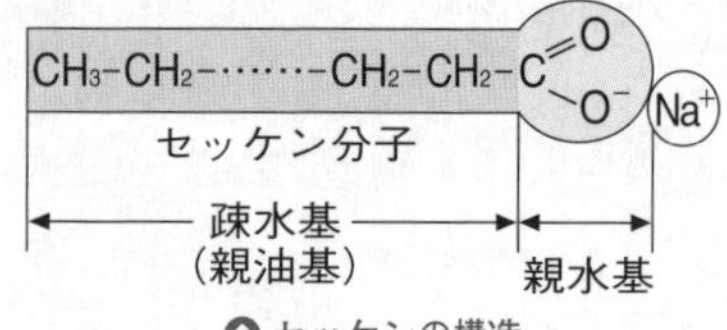

セッケンの構造

◈5
表面張力と界面活性剤
液体には，その表面をできるだけ小さくしようとする力(**表面張力**)がはたらく。界面活性剤は，水と油，水と空気などの境界面に配列し，水の表面張力を著しく低下させる。

◈6
動物性繊維の洗濯
羊毛や絹などの動物性繊維は主成分がタンパク質であり，特に塩基に弱い。そのため，洗濯の際はセッケンを用いず，合成洗剤を用いる。

◈7
硬水
カルシウムイオンCa^{2+}やマグネシウムイオンMg^{2+}を多く含む水。

◈8
合成洗剤の問題点
動物性繊維の洗濯にも使えたり，硬水中でも洗浄力を示したりするなど，セッケンよりも洗浄能力は優れている。その一方で，微生物による分解速度がセッケンよりもかなり遅く，環境への負荷がやや大きい。

2 セッケンの構造と乳化作用

① **界面活性剤**…セッケンは，(⑩　　　　基)である炭化水素基R−と(⑪　　　　基)である$-COO^-$からなる。このように，分子中に**親水基と疎水基をあわせもつ物質**を(⑫　　　　　)という。◈5 (p.186)
(⑩→親油基ともいう)

② セッケンは，水と油，水と空気などの境界面で，(⑬　　　　基)を水中に，(⑭　　　　基)を油や空気に向けて配列する。
(→界面ともいう)

③ **ミセル**…セッケンを一定濃度以上で水に溶かすと，**(⑮　　　　基)を内側に，(⑯　　　　基)を外側に向けて集まり，球状のコロイド粒子をつくる**。これを(⑰　　　　　)という。

④ **乳化作用**…セッケンが油汚れに触れると，油汚れはミセルの内側に取りこまれて水中に分散する。このような作用を(⑱　　　　　　　)といい，得られる溶液を(⑲　　　　)という。

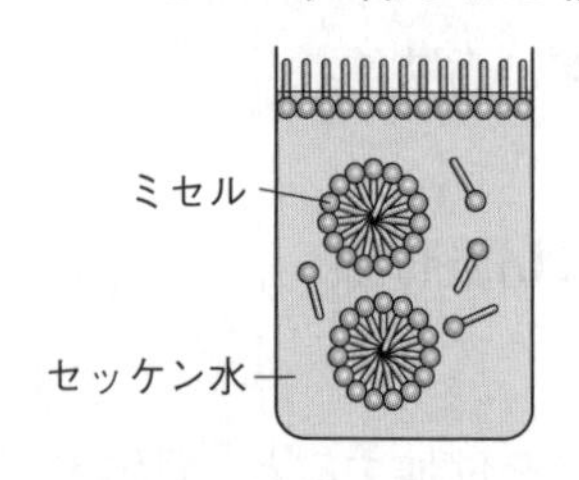

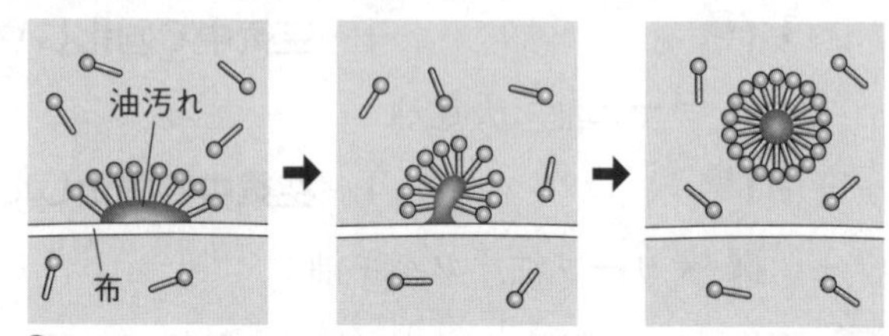

セッケンのミセルと乳化作用

3 セッケンの性質

① 強酸と弱塩基の塩で，水溶液中は弱い(⑳　　　　　性)を示す。◈6
(加水分解するため←)

② Ca^{2+}やMg^{2+}とは**水に不溶性の塩をつくる**ため，硬水中では洗浄力を失う。◈7

4 合成洗剤◈8 ——石油などから合成された界面活性剤。**中性洗剤**ともよばれる。

① 水によく溶け，水溶液は(㉑　　　　　性)を示す。
(→強酸と強塩基の塩で，加水分解しないため)

② Ca^{2+}やMg^{2+}と**水に不溶性の塩をつくらず**，硬水中でも洗浄力を示す。

高級アルコールの硫酸エステル塩

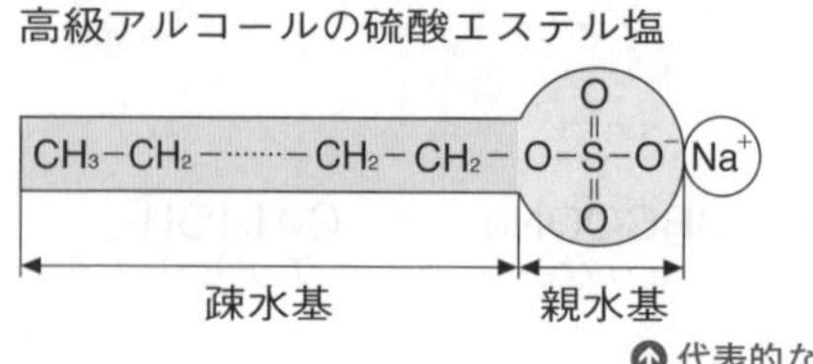

直鎖アルキルベンゼンスルホン酸塩(LAS)

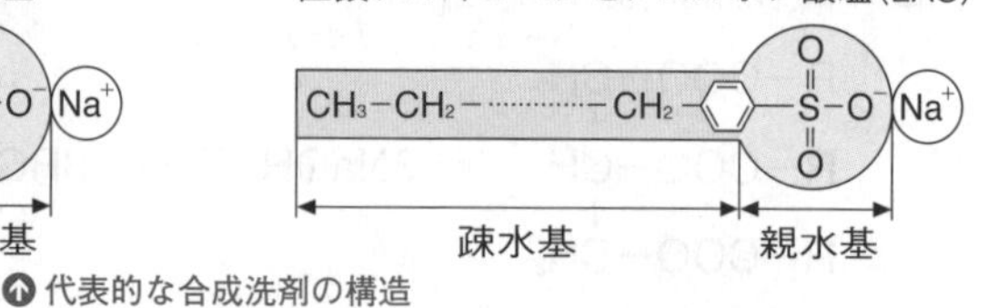

代表的な合成洗剤の構造

ミニテスト ［解答］別冊p.13

1 リノール酸$C_{17}H_{31}COOH$のみからなる油脂の示性式を答えよ。また，この油脂1分子中には，何個のC=C結合が含まれるか。　示性式(　　　　　　　　　　)　C=C結合の数(　　　　　)

2 セッケンの水溶液は塩基性，合成洗剤の水溶液は中性である。この理由を簡単に説明せよ。
(　　　　　　　　　　　　　　　　　　　　　　　　　　)

練習問題　2章 酸素を含む有機化合物

［解答］別冊p.46

1 〈アルコールの分類〉

▶わからないとき→p.162～163

次の化合物について，あとの各問いに答えよ。

ア CH_3OH　イ CH_3CH_2OH　ウ $C_2H_4(OH)_2$

エ $C_3H_5(OH)_3$　オ $(CH_3)_3COH$　カ $(CH_3)_2CHOH$

(1) 2価アルコールはどれか。

(2) 第三級アルコールはどれか。

(3) 酸化剤で酸化するとアセトアルデヒドを生じるものはどれか。

2 〈酸素を含む有機化合物の検出〉

▶わからないとき→p.162～166

次の化合物について，あとの各問いに答えよ。

ア HCHO　イ CH_3OH　ウ CH_3CHO　エ CH_3OCH_3

オ $CH_3CH(OH)CH_3$　カ CH_3COCH_3　キ CH_3CH_2CHO

(1) 銀鏡反応を示すものをすべて選べ。

(2) ナトリウムと反応するものをすべて選べ。

(3) ヨードホルム反応を示すものをすべて選べ。

ヒント (1) 分子中のホルミル基が反応。　(2) 分子中のヒドロキシ基が反応。
(3) CH_3CO-R や $CH_3CH(OH)-R$ の構造をもつ物質がヨードホルム反応を示す。

3 〈脂肪族化合物〉

▶わからないとき→p.159～160，162～170

次の化合物について，あとの各問いに答えよ。

ア エタノール　イ 1-プロパノール　ウ 2-プロパノール

エ アセトアルデヒド　オ アセトン　カ エチルメチルエーテル

キ エチレン　ク プロピン　ケ ギ酸　コ 酢酸

(1) 臭素水を加えると，臭素の赤褐色を脱色するものをすべて選べ。

(2) 水に溶けて酸性を示すものをすべて選べ。

(3) 酸化するとアルデヒドを生じるアルコールをすべて選べ。

(4) 酸化するとケトンを生じるアルコールをすべて選べ。

ヒント 酸化されると，第一級アルコールはアルデヒドに，第二級アルコールはケトンになる。

4 〈カルボン酸とエステル〉

▶わからないとき→p.167～170

分子式 $C_3H_6O_2$ で表される化合物A，Bがある。Aは水によく溶け，水溶液は酸性を示す。Bは水に溶けにくいが，水酸化ナトリウム水溶液を加えて加熱すると，化合物Cと塩である化合物Dが得られた。化合物Cを酸化すると，化合物Eを経て化合物Fを生じた。化合物EおよびFは銀鏡反応を示した。化合物A～Fの示性式と名称を書け。

ヒント Bはエステルで，CH_3COOCH_3 と $HCOOC_2H_5$ の2種類が考えられる。

1
(1) ＿＿＿＿
(2) ＿＿＿＿
(3) ＿＿＿＿

2
(1) ＿＿＿＿
(2) ＿＿＿＿
(3) ＿＿＿＿

3
(1) ＿＿＿＿
(2) ＿＿＿＿
(3) ＿＿＿＿
(4) ＿＿＿＿

4
A 示性式 ＿＿＿＿
名称 ＿＿＿＿
B 示性式 ＿＿＿＿
名称 ＿＿＿＿
C 示性式 ＿＿＿＿
名称 ＿＿＿＿
D 示性式 ＿＿＿＿
名称 ＿＿＿＿
E 示性式 ＿＿＿＿
名称 ＿＿＿＿
F 示性式 ＿＿＿＿
名称 ＿＿＿＿

5 〈分子式$C_4H_{10}O$の化合物〉

▶わからないとき→p.162～170

次の文章を読んで，あとの各問いに答えよ。

分子式が$C_4H_{10}O$で示される有機化合物には，A～Gの構造異性体が存在する。B，D，Eは，枝分かれのあるアルキル基をもつ。また，ⓐCには不斉炭素原子がある。

ⓑA～Dはナトリウムと反応して気体を発生するが，E～Gはナトリウムと反応しない。

A～Dのそれぞれを二クロム酸カリウムの硫酸酸性水溶液に入れて温めると，A，Bは(　　)を生成したのち，さらに酸化されてカルボン酸になる。同じ反応条件でCはケトンへと酸化されるが，Dは酸化されにくい。

ⓒAに酢酸と少量の濃硫酸(触媒)を加えて加熱すると，果実のような芳香をもつ化合物と水とを生成する。

Gはⓓ1種類のアルコールに濃硫酸を加え，130～140℃に加熱することにより合成することができる。

(1)　A～Gを，それぞれの違いがわかるように，簡略化した構造式で示せ。

(2)　下線部ⓐで示されるような化合物には立体的な構造が異なる1対の異性体が存在する。このような異性体を何というか。

(3)　下線部ⓑで発生する気体の名称を記せ。

(4)　(　　)に適する化合物の一般名を記せ。

(5)　下線部ⓒで示される反応を化学反応式で示せ。

(6)　下線部ⓓのアルコールの名称を記せ。

ヒント　$C_4H_{10}O$の異性体には，アルコールとエーテルがある。酸化の特徴から，A・Bは第一級アルコール，Cは第二級アルコール，Dは第三級アルコールとわかる。

5

(1) A

B

C

D

E

F

G

(2)

(3)

(4)

(5)

(6)

6 〈油脂とセッケン〉

▶わからないとき→p.171～172

次の文章を読んで，あとの各問いに答えよ。

油脂は，高級脂肪酸と(①)価のアルコールであるグリセリンとのエステルである。天然の油脂に含まれる高級脂肪酸には，炭素数18のステアリン酸などの飽和脂肪酸や，同じく炭素数18であるが炭素原子間に二重結合を1個もつオレイン酸などの不飽和脂肪酸がある。油脂を水酸化ナトリウム水溶液とともに加熱すると，(②)されてグリセリンと高級脂肪酸のナトリウム塩である(③)が得られる。

セッケンは，1分子中に(④)性の炭化水素基の部分と(⑤)性のカルボン酸イオンの部分をもっている。少量の油とセッケン水を混ぜると，油滴を中心にして(④)基を内側に，(⑤)基を外側にして，(⑥)とよばれるコロイド粒子をつくり，水中に分散する。

セッケンは弱酸の高級脂肪酸と強塩基の水酸化ナトリウムの塩であるため，水溶液中では一部が加水分解されて，(⑦)性を示す。

(1)　文章中の(　　)に適する語句や数を記入せよ。

(2)　下線部をもとに，ステアリン酸とオレイン酸の示性式を示せ。

ヒント　セッケンは，分子中に疎水基と親水基をあわせもつ界面活性剤である。

6

(1) ①

②

③

④

⑤

⑥

⑦

(2) ステアリン酸

オレイン酸

芳香族化合物

1 芳香族炭化水素

［解答］別冊p.13

A. 芳香族炭化水素 出る

1 ベンゼンC_6H_6の構造

① **構造**…ベンゼンは，右図(a)のように6個の炭素原子が（❶　　　　形）状に結合した環式炭化水素で，すべての原子が同じ（❷　　　　上）にある。

② **ベンゼンの表し方**…構造式は，右図(b)のように単結合と二重結合を交互に書いて表す。**実際には，炭素原子間の結合はすべて同等で，**（❸　　　　結合）と（❹　　　　結合）の中間的な結合である。[※1]

③ **ベンゼン環…ベンゼンの炭素骨格を**（❺　　　　）という。通常は，右図(c)のように炭素原子Cや水素原子Hおよび，C−Hの価標を省略して表す。

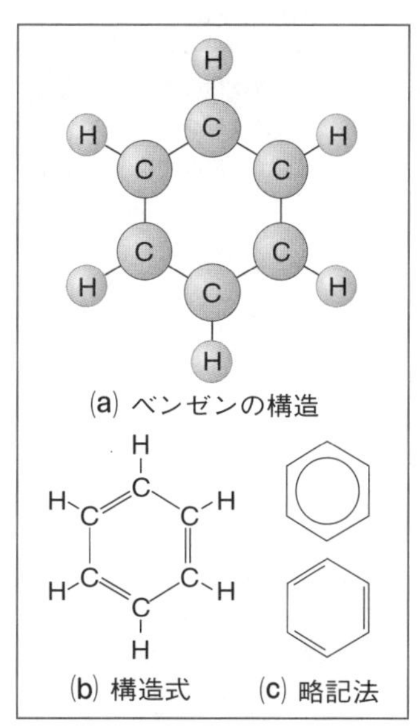

ベンゼンの構造

2 ベンゼンの性質

① 特有のにおいをもつ（❻　　　　色）の（❼　　　　体）で，水に溶けにくい。また，毒性が強い。[※2]

② 空気中では，（❽　　　　）の多い炎を出して燃える。
　└→不完全燃焼によって生じる

③ 多くの芳香族化合物の合成原料となる。

3 ベンゼンの置換体とその異性体

① **トルエン$C_6H_5CH_3$**…ベンゼンの水素原子（❾　　　　個）をメチル基で置換した化合物。ベンゼンの一置換体には，置換基の位置の違いによる構造異性体は存在しない。

② **キシレン$C_6H_4(CH_3)_2$**…ベンゼンの水素原子（❿　　　　個）をメチル基で置換した化合物。ベンゼンの二置換体には，置換基の位置によって *o*−（オルト），*m*−（メタ），*p*−（パラ）の3種類の（⓫　　　　異性体）が存在する。

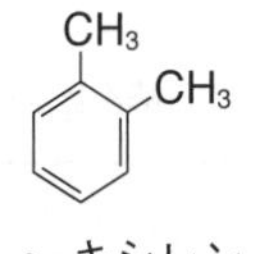

o−キシレン

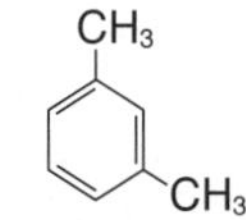

m−キシレン

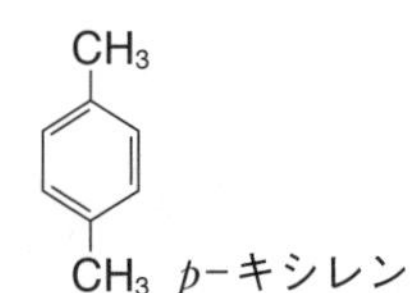

p−キシレン

キシレンの構造異性体

※1
ドイツの化学者ケクレは，二重結合の位置は絶えず移動していて，二重結合と単結合の中間的な性質を示すと考えた。しかし，その後の研究で，二重結合は移動するのでなく，すべての炭素間の結合は，単結合と二重結合の中間的な結合であることが明らかになった。

※2
ベンゼンはかつては有機溶媒として用いられたが，現在は，より毒性の小さいトルエンやエチルベンゼンなどが用いられている。

CH_3　　CH_2CH_3

トルエン　エチルベンゼン

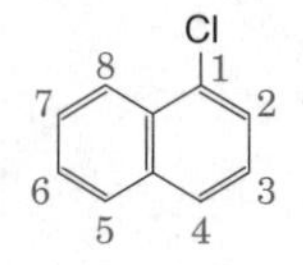

1-クロロナフタレン

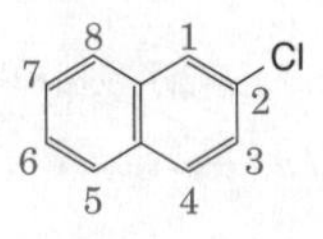

2-クロロナフタレン

ナフタレンの一置換体
ナフタレンの置換体の構造異性体は，置換基が直結している炭素原子の位置番号で区別する。

> **重要** ［ベンゼンの二置換体］
> ***o*-，*m*-，*p*-の3種類の構造異性体が存在する。**

4 ナフタレン$C_{10}H_8$

① **構造**…(⑫　　　　　)が2個結びついた構造。

② **置換体**…一置換体には，(⑬　　　**種類**)の構造異性体が存在する。

B. 芳香族炭化水素の反応

1 ベンゼンの置換反応

——ベンゼンの水素原子は，ほかの原子や原子団と置き換わる(⑭　　　**反応**)を起こしやすい。

① **ハロゲン化**…鉄粉を触媒として塩素を作用させると，水素原子が塩素原子で置換される。塩素原子との置換反応を(⑮　　　　)といい，ハロゲン原子との置換反応を(⑯　　　　)という。

$$C_6H_6 + Cl_2 \xrightarrow{Fe} C_6H_5\text{-}Cl + HCl$$

クロロベンゼン◈3

② **ニトロ化**…濃硝酸と濃硫酸の混合物(**混酸**)を作用させると，水素原子がニトロ基で置換される。この反応を(⑰　　　　)という。

$$C_6H_6 + HNO_3 \xrightarrow[60℃]{濃硫酸} C_6H_5\text{-}NO_2 + H_2O$$

ニトロベンゼン◈4

③ **スルホン化**…濃硫酸を加えて加熱すると，水素原子がスルホ基で置換される。この反応を(⑱　　　　)という。

$$C_6H_6 + H_2SO_4 \xrightarrow[80℃]{} C_6H_5\text{-}SO_3H + H_2O$$

ベンゼンスルホン酸◈5

2 ベンゼンの付加反応

——通常は付加反応を起こさないが，特別な条件下では付加反応が起こる。

$$C_6H_{12} \xleftarrow[\text{(高温・高圧)}]{\text{PtまたはNi}\ 3H_2} C_6H_6 \xrightarrow[3Cl_2]{光(紫外線)} C_6H_6Cl_6$$

(⑲　　　　)　　(⑳　　　　)◈6

◈3
クロロベンゼン
水に溶けにくい無色の液体。さらに塩素化すると，防虫剤に使われる白色の固体の*p*-ジクロロベンゼンになる。

◈4
ニトロベンゼン
水に溶けにくい淡黄色の液体。水よりも重い。

◈5
ベンゼンスルホン酸
水に溶けて強い酸性を示す。有機溶媒には溶けにくい。

◈6
1,2,3,4,5,6-ヘキサクロロシクロヘキサン
ベンゼンヘキサクロリド(BHC)ともよばれ，かつて農薬として用いられたが，土壌への残留による環境汚染が強く，製造や使用が禁止された。

ミニテスト　［解答］別冊p.13

トルエン$C_6H_5CH_3$のベンゼン環の水素原子H 1個をニトロ基$-NO_2$で置換した化合物の構造異性体の構造式と名称をすべて書け。

2 フェノール類

［解答］別冊p.14

A. フェノール類 出る

1 フェノール類——ベンゼン環に(❶　　　　基)が結合した化合物を**フェノール類**という。

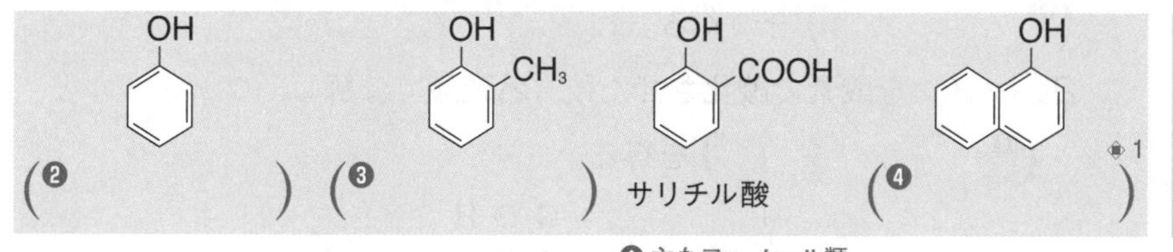

⬆主なフェノール類

❖1 ナフタレンにヒドロキシ基が直結した化合物を，特にナフトール類ということがある。

2 フェノール類の性質——アルコールとは少し異なる性質を示す。

① **アルコールとの相違点**

1．水溶液中でわずかに電離して，弱い(❺　　　　性)を示す。

$$C_6H_5\text{-}OH \rightleftarrows C_6H_5\text{-}O^- + H^+$$

フェノキシドイオン

2．水には溶けにくいが，水酸化ナトリウム水溶液には(❻　　　　)という塩をつくって溶ける。ナトリウムフェノキシドの水溶液に二酸化炭素を通じると，(❼　　　　)が遊離する。

(塩をつくって→中和反応)

(遊離する→酸の強さは，炭酸(二酸化炭素)＞フェノール類)

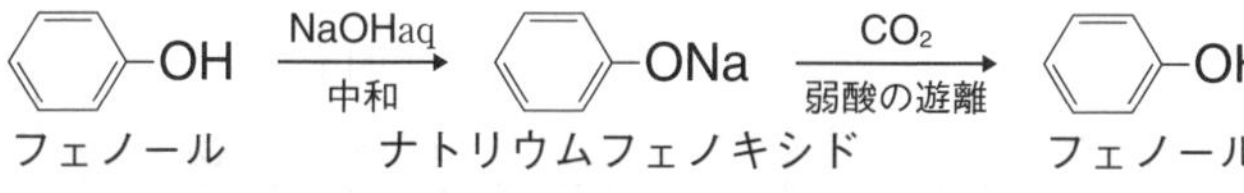

3．塩化鉄(Ⅲ)水溶液で**青～赤紫色**に呈色する。

> **重要** ［フェノール類の性質(アルコールとの相違点)］
> **弱酸で，塩基と反応して水溶性の塩をつくる。**
> **炭酸よりも弱い酸である。**
> **塩化鉄(Ⅲ)水溶液で青～赤紫色に呈色する。**

❖2 **ベンジルアルコール**
ベンジルアルコールは，ヒドロキシ基がベンゼン環とは結合していないので，フェノール類ではなく，アルコールである。したがって，塩化鉄(Ⅲ)水溶液では呈色しない。

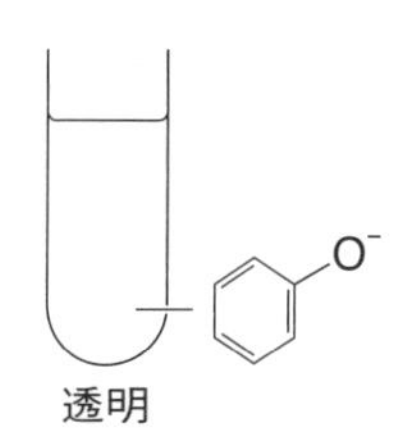

CO_2を通じる。

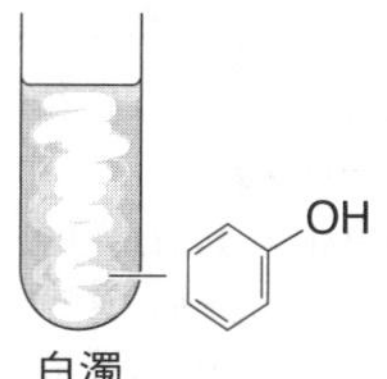

⬆フェノールの遊離

② **アルコールとの共通点**

1．ナトリウムと反応して(❽　　　　)を発生する。

$$2C_6H_5\text{-}OH + 2Na \longrightarrow 2C_6H_5\text{-}ONa + H_2$$

2．無水酢酸と反応して(❾　　　　)を生成する。[3]

$$C_6H_5\text{-}OH + (CH_3CO)_2O \longrightarrow C_6H_5\text{-}OCOCH_3 + CH_3COOH$$

酢酸フェニル

❖3 この反応はアセチル基CH_3CO-を導入しているので，**アセチル化**とよばれる。(p.180)

◈4
フェノールは，石炭の乾留によって得られたことから，石炭酸ともよばれる。

◈5
現在，フェノールは，工業的にはすべてクメン法で製造されている。

◈6
アルカリ融解
水酸化ナトリウムなどの強塩基の固体と，融解状態で反応させる操作を**アルカリ融解**という。

◈7
ピクリン酸
IUPAC名は2,4,6-トリニトロフェノール。黄色の結晶で，水に溶けて酸性を示す。また，爆発性をもつ。

◈8
この反応は，フェノールの検出・定量にも利用される。

3 フェノール C_6H_5OH [◈4]

① 特有のにおいをもつ無色の（⑩　　　　体）（融点41℃）。
② 殺菌作用が強く，皮膚を激しく侵す。
③ 医薬品や染料，合成樹脂などの合成原料となる。

4 フェノールの製法 [◈5]

① **クメン法**　1．触媒を用いてベンゼンとプロペンを反応させて，（⑪　　　　）をつくる。
2．クメンを酸素で酸化させた後，希硫酸で分解し，フェノールと（⑫　　　　）を得る。

ベンゼン ＋ プロペン $H_3C-CH=CH_2$ —触媒/付加→ クメン（$H_3C-CH(C_6H_5)-CH_3$） —O_2/酸化→ クメンヒドロペルオキシド（$H_3C-C(O-O-H)(C_6H_5)-CH_3$） —$H_2SO_4$/分解→ フェノール ＋ アセトン（$(H_3C)_2C=O$）

② **ベンゼンスルホン酸を経由した合成**…ベンゼンスルホン酸ナトリウムに（⑬　　　　　　）を加え，融解状態で反応させる。[◈6]

ベンゼン —H_2SO_4/スルホン化→ ベンゼンスルホン酸（SO_3H） —NaOHaq→ （SO_3Na） —NaOH/融解→ ナトリウムフェノキシド（ONa） —CO_2/弱酸の遊離→ フェノール（OH）

③ **クロロベンゼンを経由した合成**…クロロベンゼンを高温・高圧下で水酸化ナトリウム水溶液と反応させる。

ベンゼン —(Fe)，Cl_2/塩素化→ （Cl） —NaOHaq/高温・高圧→ （ONa） —CO_2/弱酸の遊離→ （OH）

5 フェノールの反応——ベンゼンと比べて置換反応を起こしやすい。

（→ *o*-位と*p*-位が置換されやすい）

① **ニトロ化**…（⑭　　　　）を作用させると，最終的には，*o*-位と*p*-位がすべてニトロ化された（⑮　　　　）を生じる。[◈7]

（→ 濃硝酸と濃硫酸の混合物）

C_6H_5OH ＋ $3HNO_3$ —H_2SO_4→ ピクリン酸（OH, O_2N, NO_2, NO_2） ＋ $3H_2O$

② **臭素化**…臭素水を十分に加えると，ただちに（⑯　　　　　　　　）の白色沈殿を生じる。[◈8]

C_6H_5OH ＋ $3Br_2$ ⟶ 2,4,6-トリブロモフェノール（OH, Br, Br, Br） ＋ 3HBr

3 芳香族カルボン酸

［解答］別冊p.14

A. 芳香族カルボン酸

1 芳香族カルボン酸――ベンゼン環に（❶　　　　　　　　**基**）が結合した化合物を**芳香族カルボン酸**という。[◈1]

2 芳香族カルボン酸の反応――塩基の水溶液には，水溶性の塩をつくって溶ける。生じた塩の水溶液に（❷　　　　　　　　）を加えると，もとの芳香族カルボン酸が遊離する。

（↳中和反応）（↳塩酸や希硫酸）（↳弱酸の遊離）

例

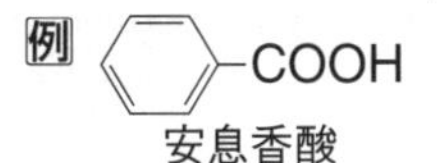

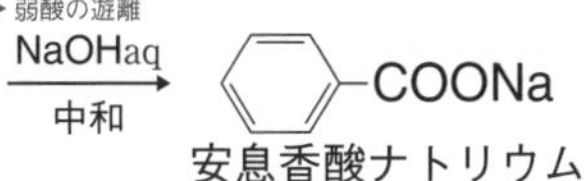

HClaq → 弱酸の遊離 → COOH

3 安息香酸 C_6H_5COOH

① **製法**…トルエンやエチルベンゼンを過マンガン酸カリウム水溶液で（❸　　　　　　　　）する。[◈2]

トルエン（$-CH_3$）―酸化→ 安息香酸（$-COOH$）←酸化― エチルベンゼン（$-CH_2CH_3$）

② **性質**　1．冷水には溶けにくいが，熱水には溶ける。（↳水溶液は弱い酸性を示す）

2．防腐剤，医薬品，染料，香料などの原料に用いられる。

◈1
芳香族カルボン酸の性質
脂肪族カルボン酸の性質とよく似ており，一般的に次のような性質をもつ。
① 室温では固体である。
② 水に溶けにくい。
③ 弱酸である。

◈2
ベンゼン環の側鎖の酸化
ベンゼン環に結合した炭化水素基（側鎖）を酸化すると，その炭素数に関係なく，カルボキシ基に変化する。

B. フタル酸とテレフタル酸

1 フタル酸 o-$C_6H_4(COOH)_2$

① **製法**…o-キシレンを（❹　　　　　　　　）する。

o-キシレン（CH_3, CH_3）―酸化→ フタル酸（$COOH$, $COOH$）

② **性質**…フタル酸を加熱すると（❺　　　　　　　　**反応**）が起こり，酸無水物である（❻　　　　　　　　）になる。[◈3]

フタル酸 ―加熱→ 無水フタル酸 ＋ H_2O

2 テレフタル酸 p-$C_6H_4(COOH)_2$[◈4]――p-キシレンを（❼　　　　　　　　）すると得られ，ポリエチレンテレフタラートの原料として用いられる。

$H_3C-C_6H_4-CH_3$（p-キシレン）―酸化→ $HOOC-C_6H_4-COOH$（テレフタル酸）

◈3
無水フタル酸
工業的には，酸化バナジウム(Ⅴ)V_2O_5を触媒として，ナフタレンを空気酸化して製造する。

ナフタレン ―O_2，V_2O_5（触媒）→ 無水フタル酸

無水フタル酸は，フェノールフタレインや合成樹脂（グリプタル樹脂）の原料に用いられる。

◈4
フタル酸やテレフタル酸の構造異性体には，イソフタル酸 m-$C_6H_4(COOH)_2$ もある。

C. サリチル酸 出る

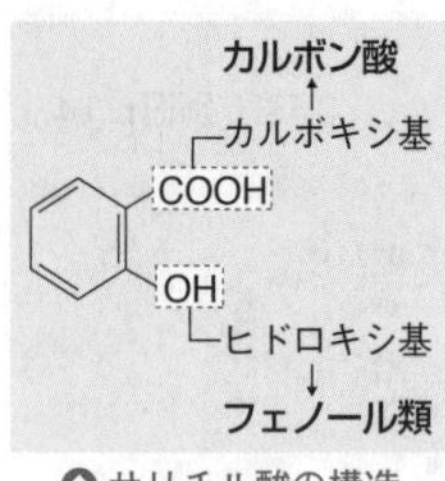

サリチル酸の構造

1 サリチル酸 o-$C_6H_4(OH)COOH$ ――ベンゼン環の隣り合う水素原子2個が，カルボキシ基とヒドロキシ基に置換された化合物。

① (❽　　　　色) の針状結晶。

② 水にわずかに溶け，弱い (❾　　　　性) を示す。
　└→ 温水にはかなり溶ける

③ (❿　　　　) と (⓫　　　　) の両方の性質をもつ。⇨ (⓬　　　　水溶液) で赤紫色を呈する。
　└→ フェノール類としての性質

2 サリチル酸の製法 ――ナトリウムフェノキシドに高温・高圧の (⓭　　　　) を反応させてサリチル酸ナトリウムをつくる。サリチル酸ナトリウムの水溶液に希硫酸を加えると，サリチル酸が遊離する。
　弱酸の遊離 ←

フェノール（C_6H_5OH） —NaOH／中和→ ナトリウムフェノキシド（C_6H_5ONa） —CO_2／高温・高圧→ サリチル酸ナトリウム（$C_6H_4(OH)COONa$） —H_2SO_4／弱酸の遊離→ サリチル酸（$C_6H_4(OH)COOH$）

3 サリチル酸の反応

① **カルボン酸としての反応**…サリチル酸を (⓮　　　　) と濃硫酸とともに加熱すると，(⓯　　　　化) が起こり，**サリチル酸メチル**[◈5]が生成する。
　└→ 触媒

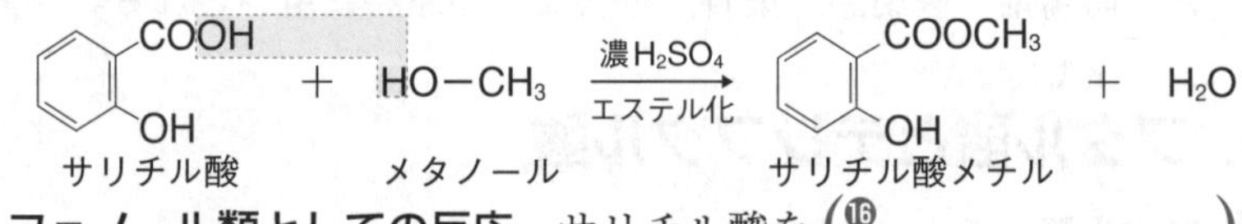

② **フェノール類としての反応**…サリチル酸を (⓰　　　　) とともに加熱すると，**アセチル基** CH_3CO- が導入され，**アセチルサリチル酸**[◈6]が生成する。このように，有機化合物にアセチル基を導入する反応を，(⓱　　　　化) という。

サリチル酸（$C_6H_4(OH)COOH$） ＋ 無水酢酸（$(CH_3CO)_2O$） —濃H_2SO_4／アセチル化→ アセチルサリチル酸（$C_6H_4(OCOCH_3)COOH$） ＋ CH_3COOH

> **重要** ［サリチル酸の構造と反応］
> **カルボキシ基 −COOH をもつ。**
> **⇨メタノールとのエステル化で，サリチル酸メチルを生成。**
> **ヒドロキシ基 −OH をもつ。**
> **⇨無水酢酸とのアセチル化で，アセチルサリチル酸を生成。**

◈5
サリチル酸メチル
強い芳香をもつ無色の液体。消炎・鎮痛剤（湿布薬）に用いられる。
サリチル酸メチルにはフェノール性の−OHが残っているので，塩化鉄（Ⅲ）水溶液で赤紫色に呈色する。

◈6
アセチルサリチル酸
無色の結晶。解熱・鎮痛剤に用いられる。
アセチルサリチル酸はフェノール性の−OHが残っていないので，塩化鉄（Ⅲ）水溶液で呈色しない。

重要実験

サリチル酸メチルの合成

方法（操作）

(1) 少量のサリチル酸を試験管にとって水を加え，よく振り混ぜて溶かす。これに，塩化鉄(Ⅲ)水溶液を滴下して，色の変化を見る。

(2) 乾いた試験管にサリチル酸0.5 gをとってメタノール3 mLと濃硫酸0.3 mLを加え，においに着目しながら弱火で加熱する。

(3) 溶液を冷却後，飽和炭酸水素ナトリウム水溶液に注ぐ。

結果と考察

① (1)では，塩化鉄(Ⅲ)水溶液によって（⓲　　　色）に呈色した。

⇨サリチル酸は（⓳　　　）であるため。
└→ベンゼン環にヒドロキシ基が結合している

② (2)では，湿布薬のような芳香がした。

⇨サリチル酸の（⓴　　　基）とメタノールの（㉑　　　基）が脱水して縮合し，サリチル酸メチルが生じたため。

③ (3)では，ビーカーの底に油状の液体が沈むとともに，気体が発生した。

⇨ビーカーの底に沈んだことから，サリチル酸メチルは水に難溶で，水より（㉒　　　い）ことがわかる。発生した気体は（㉓　　　）で，未反応のサリチル酸や触媒の濃硫酸による弱酸の遊離反応で生じたものである。

重要実験

アセチルサリチル酸の合成

方法（操作）

(1) 乾いた試験管にサリチル酸0.5 gと無水酢酸3 mLを入れて溶かす。ここに濃硫酸0.1 mLを加えてよく振り混ぜた後，約60 ℃の湯に10分間浸す。

(2) 試験管を流水で冷却して，結晶を析出させる。ろ過によって結晶を取り出し，さらに冷水で数回洗った後，乾燥させる。

(3) 結晶に塩化鉄(Ⅲ)水溶液を加え，色の変化を見る。

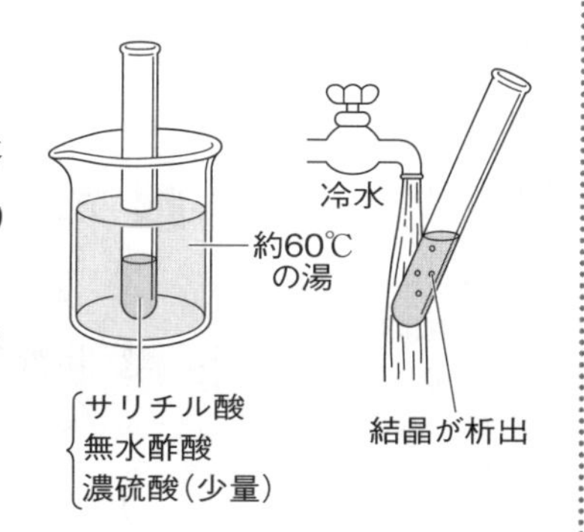

結果と考察

① (2)で得られた結晶は，サリチル酸の（㉔　　　基）が（㉕　　　化）されてできたアセチルサリチル酸である。

② (3)では，わずかに赤紫色の呈色が見られた。

⇨アセチルサリチル酸はフェノール類ではないため，塩化鉄(Ⅲ)水溶液では呈色しない。わずかに呈色したのは，結晶中に未反応の（㉖　　　）が混入したためと考えられる。
┌→ベンゼン環に結合したヒドロキシ基をもたない

ミニテスト

[解答] 別冊p.14

次の(1)，(2)の反応をそれぞれ何というか。

(1) サリチル酸にメタノールを作用させ，サリチル酸メチルを得る反応。（　　　）

(2) サリチル酸に無水酢酸を作用させ，アセチルサリチル酸を得る反応。（　　　）

4 芳香族アミン

［解答］別冊p.14

A. アニリン 出る

1 芳香族アミン——アンモニアNH_3の水素原子を炭化水素基Rで置換した化合物を（❶　　　）という。アミンのうち，ベンゼン環に**アミノ基$-NH_2$**が結合した化合物を，特に（❷　　　）という。アミンは，（❸　　　性）を示す代表的な有機化合物である。[1]

2 アニリン$C_6H_5NH_2$——特有のにおいをもつ，（❹　　　色）[2]で油状の液体。水には溶けにくいが，塩酸には（❺　　　）という塩をつくって溶ける。

C_6H_5–NH_2 ＋ HCl ⟶ C_6H_5–NH_3Cl

3 アニリンの製法——（❻　　　）をスズ（または鉄）と濃塩酸で（❼　　　）すると[3]，アニリン塩酸塩が得られる。

2 C_6H_5–NO_2 ＋ 3Sn ＋ 14HCl

⟶ 2 C_6H_5–NH_3Cl ＋ $3SnCl_4$ ＋ $4H_2O$

これに水酸化ナトリウム水溶液を加えると，アニリンが遊離する。
└→弱塩基の遊離

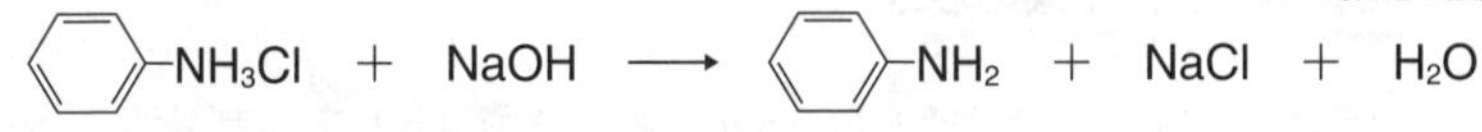

4 アニリンの反応

① さらし粉水溶液を加えると酸化され，（❽　　　色）を呈する。[4]

② 硫酸酸性の二クロム酸カリウム水溶液で酸化すると，（❾　　　）とよばれる黒色物質を生じる。

③ 無水酢酸を作用させるとアミノ基がアセチル化され，（❿　　　）とよばれる白色の結晶を生じる。[5]

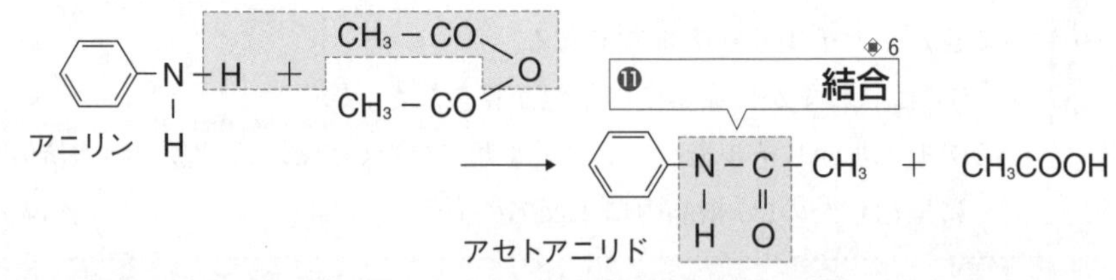

重要
［アニリン$C_6H_5NH_2$］
ニトロベンゼンの還元で生成する芳香族アミン。
水には溶けないが，塩酸には中和して溶ける。

---

[1] アミンは弱塩基である。また，芳香族アミンは，脂肪族アミンに比べると，塩基性がかなり弱い。

[2] アニリンは酸化されやすいため，空気中ではしだいに褐色～赤褐色になる。

[3] **アニリンの工業的製法**
工業的には，ニトロベンゼンをニッケルなどを触媒として，水素で還元して製造する。

[4] この反応は，アニリンの検出に用いられる。

[5] **アセトアニリド**
かつてはアンチフェブリンとよばれる解熱剤として用いられた。副作用が強いため，現在はアセトアミノフェンが用いられている。

HO–C_6H_4–N(H)–C(=O)–CH_3
アセトアミノフェン

[6] **アミド**
$-NH-CO-$の構造を**アミド結合**といい，アミド結合をもつ化合物を**アミド**という。アミドは，酸や塩基によって加水分解され，もとのアミンとカルボン酸を生じる。

B. アゾ化合物 出る

1 ジアゾ化――アニリンの希塩酸溶液に亜硝酸ナトリウム水溶液を加え（↳氷冷しながら行う）ると，(⑫　　　　)が生じる。

ジアゾニウムイオン$R-N^+≡N$を含む塩を**ジアゾニウム塩**といい，芳香族アミンからジアゾニウム塩が生じる反応を(⑬　　　　化)という。[◈7]

◈7　ジアゾ化は0～5℃の低温で行う。これは，ジアゾニウム塩は室温では不安定で，すぐにフェノール類と窒素に分解してしまうからである。

$$C_6H_5-NH_2 + 2HCl + NaNO_2 \xrightarrow{0\sim5℃} C_6H_5-N^+≡NCl^- + NaCl + 2H_2O$$

アニリン　　　　塩化ベンゼンジアゾニウム

2 ジアゾカップリング――塩化ベンゼンジアゾニウム水溶液にナトリウムフェノキシド水溶液を加えると，(⑭　　　　色)の*p*-ヒドロキシアゾベンゼン（*p*-フェニルアゾフェノールともいう）が生じる。

アゾ基$-N=N-$をもつ化合物を**アゾ化合物**[◈8]といい，ジアゾニウム塩からアゾ化合物をつくる反応を(⑮　　　　)という。

◈8　芳香族アゾ化合物は赤～黄色を示すものが多く，**アゾ染料**として用いられる。

$$C_6H_5-N^+≡NCl^- + C_6H_5-ONa \longrightarrow C_6H_5-N=N-C_6H_4-OH + NaCl$$

ナトリウムフェノキシド　　*p*-ヒドロキシアゾベンゼン

重要実験

アニリンの合成と反応

方法(操作)

(1) 試験管にニトロベンゼンを1 mLとり，粒状のスズ3 gと濃塩酸5 mLを加え，右図のように約70℃の湯で加熱する。

(2) ニトロベンゼンの油滴が消えたら加熱をやめ，（↳ときどき振り混ぜる）内容物のうち液体だけを三角フラスコに移す。冷却後，水酸化ナトリウム水溶液を少量ずつ十分に加える。（↳いちど生じる白色沈殿が消えるまで加える）

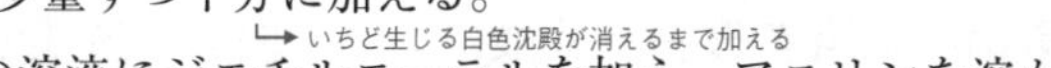

(3) (2)の溶液にジエチルエーテルを加え，アニリンを溶かす。

(4) 上部のエーテル層をスポイトで蒸発皿にとり，ジエチルエーテルを蒸発させる。

(5) (4)で残った液体を時計皿にとり，水を少し加えた後，さらし粉水溶液を加えて色の変化を見る。

結果と考察

① (1)では，ニトロベンゼンをスズと濃塩酸で(⑯　　　　)し，アニリン塩酸塩を得ている。

$$2C_6H_5NO_2 + 3Sn + 14HCl \longrightarrow 2C_6H_5NH_3Cl + 3SnCl_4 + 4H_2O$$

② (2)では，強塩基の水酸化ナトリウムによって，(⑰　　　　塩基)のアニリンが遊離する。

③ (5)では，(⑱　　　　色)に呈色した。⇨アニリンの生成が確認できた。

ミニテスト　[解答] 別冊p.14

アニリンを塩酸に溶かしたとき，溶液中に存在する有機化合物の名称と示性式を示せ。

名称(　　　　　　)　示性式(　　　　　　)

5 芳香族化合物の分離

[解答] 別冊p.14

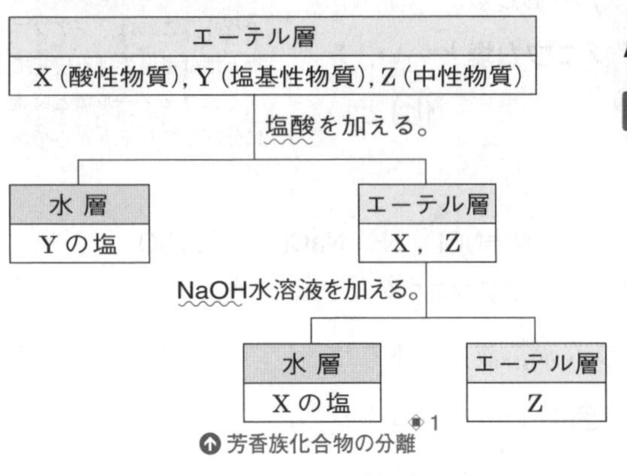

芳香族化合物の分離[1]

A. 芳香族化合物の分離の原則

1 中和反応を利用する——エーテルに溶けた芳香族化合物[2]のうち，酸や塩基と反応して塩(イオン)に変化した物質は，(❶　　　　)に溶けやすくなるが，(❷　　　　)に溶けにくくなるため，(❸　　　　層)に移動する。

このような溶解性の違いを利用して，有機化合物を分離することができる。

[1] 有機化合物の分離は，**分液ろうと**を用いた抽出によって行われることが多い。

[2] 一般に，芳香族化合物は，ジエチルエーテル(エーテル)などの有機溶媒に溶けやすく，水に溶けにくい。

酸性の物質	カルボン酸，フェノール類
塩基性の物質	アミン(アニリン)
中性の物質	炭化水素(トルエンなど)，ニトロ化合物

例1．塩基性物質のアニリンに塩酸を加えると，(❹　　　　)を生じて水層に分離される。

例2．酸性物質のフェノールに水酸化ナトリウム水溶液を加えると(❺　　　　)を生じて水層に分離される。

> **重要**
> **酸性物質……塩基を加えると塩となり，水層へ移動。**
> **塩基性物質…酸を加えると塩となり，水層へ移動。**
> **中性物質……酸・塩基を加えても，エーテル層に残る。**

2 酸の強弱の違いを利用する——強酸により，弱酸が遊離する。

酸の強さ；**スルホン酸＞カルボン酸＞炭酸＞フェノール類**

例 酸性物質の安息香酸とフェノールは，炭酸水素ナトリウム$NaHCO_3$水溶液を使うと分離できる。炭酸より強い酸である(❻　　　　)は$NaHCO_3$と反応して塩を生じ，水層に移動する。一方，炭酸より弱い酸である(❼　　　　)は$NaHCO_3$と反応しないので，エーテル層にとどまる。

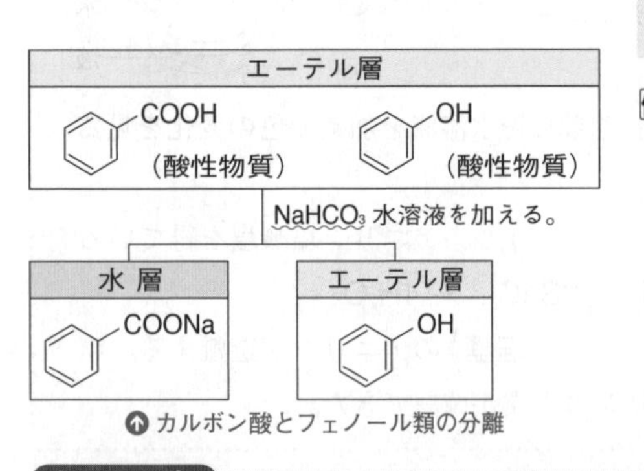

カルボン酸とフェノール類の分離

ミニテスト

[解答] 別冊p.14

次の(1)，(2)にあてはまる芳香族化合物を，あとの**ア**～**オ**からすべて選べ。

(1) 水酸化ナトリウム水溶液を加えると，エーテル層から水層に移る。(　　　　)

(2) 塩酸を加えると，エーテル層から水層に移る。(　　　　)

ア ニトロベンゼン　**イ** アニリン　**ウ** フェノール　**エ** トルエン　**オ** 安息香酸

6 有機化合物と人間生活

［解答］別冊p.14

A. 医薬品

1 医薬品とその歴史――病気の診断や(❶　　　　)，予防などに用いる物質を**医薬品**という。医薬品は，次の①～③の順に発達してきた。

① 自然に存在し，病気の治療に役立つ植物などを，そのままの状態で利用したり，乾燥・粉末加工したりして，医薬品として利用する。このような医薬品を(❷　　　　)[*1]という。

② 生薬中の有効成分を(❸　　　　)し，医薬品として利用する。

③ 有効成分の構造を分析し，似た構造をもつ物質を(❹　　　　)して医薬品をつくる。

2 医薬品の作用――通常，医薬品は複数の**薬理作用**をもつ。
（薬理作用：医薬品がもつさまざまな作用）

① (❺　　　　)…その医薬品がもつ有効な作用。
（薬効ともいう）

② (❻　　　　)…その医薬品がもつ人体に有害な作用。

3 対症療法薬と化学療法薬[*2]

① **対症療法薬**…病気の症状を緩和し，自然治癒(ちゆ)を促す医薬品。

例 • (❼　　　　)…解熱鎮痛剤。アスピリン。
• (❽　　　　)…消炎鎮痛剤。
• ニトログリセリン[*3]…狭心症の治療薬。

② **化学療法薬**…病気の根本原因に直接作用して，生物体の活動をもとに戻す医薬品。

1．**サルファ剤**…スルファニルアミドやその誘導体[*4]には，抗菌作用がある。スルファニルアミドの誘導体は(❾　　　　)と総称され[*5]，抗菌目薬などに用いられる。

2．**抗生物質**…微生物がつくる，ほかの微生物の増殖を阻止する物質。

例 • (❿　　　　)…フレミングがアオカビから発見。細菌の細胞壁合成を阻害する。
• (⓫　　　　)…ワックスマンが土壌中の細菌から発見。細菌のタンパク質合成を阻害する。

3．**抗癌剤**(こうがんざい)…癌の増殖を抑制する。 例 シスプラチン[*6]

4．**殺菌消毒薬**…(⓬　　　　)やヨウ素など。
（⓬：酸化作用を利用／ヨウ素など：細菌を構成するタンパク質を変性させる(p.203)）

5．**耐性菌**…(⓭　　　　)に強い抵抗性をもつ細菌。
（⓭に関連：バンコマイシン耐性腸球菌）

例 MRSA，VRE
（MRSA：メチシリン耐性黄色ブドウ球菌）

---

*1 **生薬の例**
- キニーネ(キナの樹皮)
- モルヒネ(ケシの実)
- コカイン(コカの葉)

*2 病気の治療法には，症状を抑えることを目的とした対症療法と，病気の原因を取り除く化学療法(原因療法)がある。

*3 **ニトログリセリン**

$$\begin{array}{l} CH_2-O-NO_2 \\ | \\ CH-O-NO_2 \\ | \\ CH_2-O-NO_2 \end{array}$$

体内で分解してNOを生じ，血管拡張作用を示す。

*4 **誘導体**
ある化合物Aの構造の一部を変化させて化合物Bが得られたとき，化合物Bを化合物Aの誘導体という。

*5 **スルファニルアミドとその誘導体の構造**
- スルファニルアミド

$H_2N-C_6H_4-S(=O)_2-NH_2$

- 誘導体の例

$H_2N-C_6H_4-S(=O)_2-NHR$

*6 **シスプラチン**

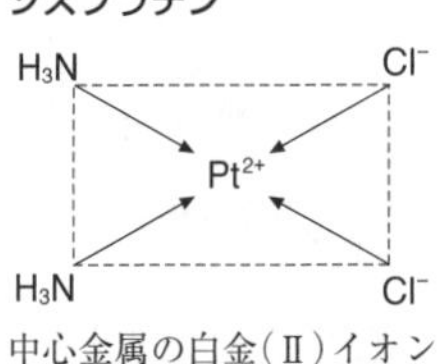

中心金属の白金(Ⅱ)イオンに，アンモニア分子2個と塩化物イオン2個がシス形に配位した構造である。

◈7
色素
可視光線の一部を吸収し，固有の色を示す物質。水などの溶媒に溶けて繊維や紙に染着するものを**染料**，溶媒に溶けずに物質の表面に分散させて着色するものを**顔料**という。

◈8
このほかに，染料を分散剤を用いてコロイドに近い微粒子として水中に分散させて染着させる**分散染料**もある。

◈9
オレンジⅡ（赤橙色）

アゾ染料の１つである。

◈10
インジゴ（青色）

◈11
アリザリン（赤色）

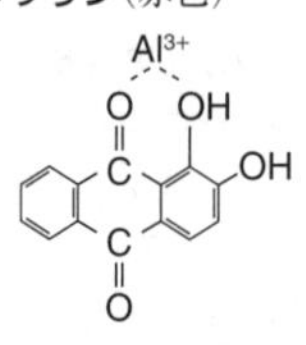

◈12
ゼオライト

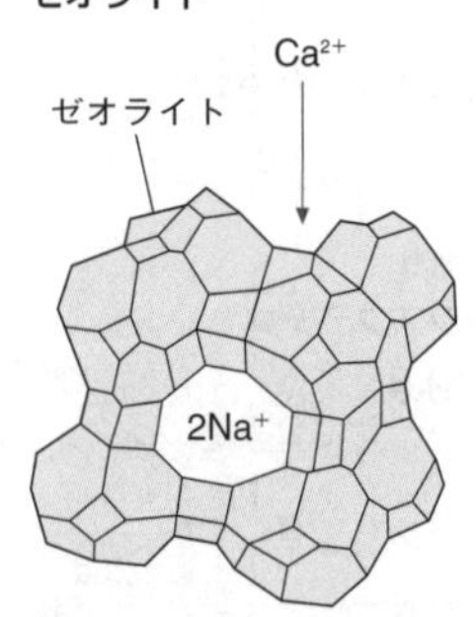

ゼオライトの中央部で$2Na^+$とCa^{2+}が交換される。

B. 染料

1 染料――繊維に色素[◈7]が結びつくことを（⑭　　　　）といい，繊維に染着する色素を（⑮　　　　）という。
（⑭：分子間力や化学結合で結びつく）

① **天然染料**…植物や動物，鉱物などから得られる染料。

- **植物染料**…（⑯　　　　）（→アイ（藍）の葉から得られる），（⑰　　　　）（→アカネ（茜）の根から得られる）など。
- **動物染料**…（⑱　　　　）（→コチニール虫から得られる），（⑲　　　　）（→アクキガイから得られる）など。

② **合成染料**…石炭や石油などから合成された染料。

例 モーブ（→世界初の合成染料），（⑳　　　　）（→アゾ基をもつ染料の総称）

2 染色方法による分類

染料の種類[◈8]	染色方法や特徴	染料の例
直接染料	水素結合などで，繊維に直接染着する	コンゴーレッド
㉑　　　　染料	染料の酸性（塩基性）の部分と繊維の塩基性（酸性）の官能基の部分がイオン結合で結びついて染着する。	オレンジⅡ[◈9]
塩基性染料		メチレンブルー
㉒　　　　染料	塩基性下で還元して水溶性に変化させて染着した後，空気酸化して発色させる。	インジゴ[◈10]
㉓　　　　染料	繊維を金属塩で処理した後，染料を染着させる。	アリザリン[◈11]

C. 界面活性剤

1 界面活性剤の種類

界面活性剤の種類	構造や特徴
陰イオン界面活性剤	親水基が陰イオン。洗浄力が大きく，洗剤として広く用いられている。
㉔　　　　界面活性剤	親水基が陽イオン。洗浄力は弱いが，殺菌・消毒作用をもつ。逆性セッケンともいう。
㉕　　　　界面活性剤	酸性下では陽イオン，塩基性下では陰イオンになる。酸性でも塩基性でも使用できる。
非イオン界面活性剤	水中でイオン化しない。皮膚に優しい。

2 添加剤――洗濯用の洗剤には，ビルダー（洗浄補助剤）などの添加剤が加えられている。

① **水軟化剤**…水中のCa^{2+}やMg^{2+}を取り除く。（㉖　　　　）[◈12]など。（→Ca^{2+}やMg^{2+}をNa^+と交換する）

② **アルカリ剤**…洗浄力を高める。炭酸ナトリウムなど。（→一般に，塩基性下のほうが汚れが落ちやすい）

③ **分散剤**…汚れの再付着を防ぐ。ポリアクリル酸ナトリウムなど。

④ **酵素**…タンパク質や脂肪を分解する。プロテアーゼやリパーゼなど。

練習問題　3章 芳香族化合物

［解答］別冊p.47

1 〈芳香族化合物の構造異性体〉

▶わからないとき→p.175～178

分子式C_7H_8Oで表される芳香族化合物には，右の物質のほかに4種類の構造異性体が存在する。その構造式をすべて書け。

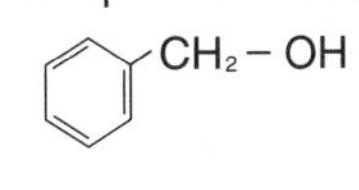

ヒント　ベンゼンの一置換体と二置換体のそれぞれについて考える。

2 〈塩化鉄(Ⅲ)水溶液による呈色〉

▶わからないとき→p.177

塩化鉄(Ⅲ)水溶液で呈色しない芳香族化合物を，次の**ア**～**エ**から選べ。

ア （ベンゼン環－OH）　**イ** （ベンゼン環－CH_2－OH）　**ウ** （ベンゼン環にCH_3とOH）　**エ** （ベンゼン環にCOOHとOH）

3 〈フェノールの製法〉

▶わからないとき→p.178

次のⅠ，Ⅱは，フェノールの製法である。①～⑦に適する操作を，あとの**ア**～**ク**から重複なく選び，記号で答えよ。

Ⅰ　ベンゼン ―①→ $CH_3-CH-CH_3$（ベンゼン環） ―②→ $CH_3-C(O-O-H)-CH_3$（ベンゼン環） ―③→ OH（ベンゼン環）

Ⅱ　ベンゼン ―④→ SO_3H（ベンゼン環） ―⑤→ SO_3Na（ベンゼン環） ―⑥→ ONa（ベンゼン環） ―⑦→ OH（ベンゼン環）

ア　希硫酸を用いて分解する。　**イ**　濃硫酸を加えて加熱する。
ウ　空気中の酸素で酸化する。　**エ**　水に溶かして二酸化炭素を通す。
オ　融解状態で，水酸化ナトリウムと反応させる。
カ　水酸化ナトリウム水溶液を加える。
キ　水酸化ナトリウム水溶液を加え，高圧下で加熱する。
ク　触媒を用いてプロペンと反応させる。

ヒント　Ⅰはクメン法，Ⅱはベンゼンスルホン酸を経由したフェノールの製法である。

4 〈芳香族化合物の反応〉

▶わからないとき→p.175～183

次の反応によって生成する芳香族化合物**A**～**D**の構造式を書け。

(1)　ニトロベンゼンをスズと濃塩酸で還元した後，水酸化ナトリウム水溶液を作用させると**A**が生成する。
(2)　ベンゼンに濃硫酸と濃硝酸を作用させると**B**が生成する。
(3)　アニリンを低温でジアゾ化し，ナトリウムフェノキシドと反応させると，**C**が生成する。
(4)　サリチル酸にメタノールと少量の濃硫酸を加えて反応させると，**D**が生成する。

（解答欄）
1
2
3　①　②　③　④　⑤　⑥　⑦
4　A　B　C　D

5 〈サリチル酸の反応〉

▶わからないとき→p.180

次の文章を読んで，あとの各問いに答えよ。原子量；H=1.0，C=12，O=16

Ⅰ　Ⓐ乾いた試験管にサリチル酸0.50 gをとり，無水酢酸2 mLを加えた。振り混ぜながら濃硫酸3滴を加え，試験管を60℃の湯に10分間浸した。

Ⅱ　試験管を湯から取り出し，流水で冷やした後，Ⓑ水15 mLを加えてガラス棒でよくかき混ぜると，結晶が析出した。この結晶をろ過してよく乾燥すると，0.48 gであった。

(1)　下線部Ⓐで，よく乾いた試験管を用いる理由を説明せよ。

(2)　下線部Ⓑの操作の目的を説明せよ。

(3)　この実験で起こった変化を化学反応式で示せ。

(4)　この反応の収率〔%〕を求めよ。

ヒント　(4) 理論上の生成量に対する実際の生成量の割合を収率という。

6 〈芳香族炭化水素の推定〉

▶わからないとき→p.175～181

次の文章を読んで，あとの各問いに答えよ。

芳香族炭化水素A，B，Cは，いずれも分子式C_8H_{10}で示される。化合物Aのベンゼン環の水素原子1個をヒドロキシ基で置き換えて得られる化合物は1種類のみである。一方，化合物Bのベンゼン環の水素原子1個をヒドロキシ基で置き換えた化合物には3種類の異性体が存在する。

化合物AとBを過マンガン酸カリウムで酸化すると，同じ分子式の化合物が得られた。一方，化合物Cを過マンガン酸カリウムで酸化すると，化合物Dが得られた。化合物Dのベンゼン環の水素原子1個をヒドロキシ基で置き換えた化合物には，3種類の異性体が存在する。

(1)　下線部の3種類の異性体の構造式を書け。

(2)　化合物Cの構造式を書け。

ヒント　分子式がC_8H_{10}で表される芳香族化合物には4種類の構造異性体が存在する。

7 〈芳香族化合物の分離〉

▶わからないとき→p.184

トルエン，フェノール，安息香酸，アニリンの混合物のエーテル溶液がある。①～⑤の操作によって，右図のように分離した。A～Dの化合物の名称を答えよ。

〔操作〕①　塩酸を加えて振り混ぜる。

②　水酸化ナトリウム水溶液を加えて，塩基性にする。

③　水酸化ナトリウム水溶液を加える。

④　二酸化炭素を十分に吹きこんでから，エーテルを加えて振り混ぜる。

⑤　塩酸を加えて酸性にする。

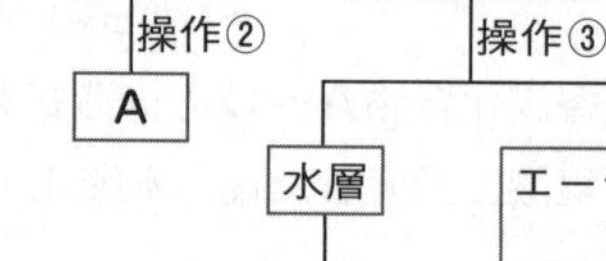

5
(1)
(2)
(3)
(4)　%

6
(1)
(2)

7
A
B
C
D

定期テスト対策問題　5編　有機化合物

［時 間］50分
［合格点］70点
［解 答］別冊p.49

1 次の各問いに答えよ。 〔各3点　合計6点〕

(1) 分子式C_4H_8で示される炭化水素には，何種類の異性体が存在するか。ただし，シス-トランス異性体も区別せよ。

(2) C_7H_8Oで示される芳香族化合物には，何種類の構造異性体が存在するか。

(1)		(2)	

2 炭素，酸素，水素からなる有機化合物36.0 mgを完全燃焼させたところ，二酸化炭素と水がそれぞれ52.8 mg，21.6 mg得られた。また，分子量測定の結果，この有機化合物の分子量は60であることがわかった。次の各問いに答えよ。原子量；H＝1.0，C＝12，O＝16 〔各3点　合計12点〕

(1) この化合物36.0 mg中の炭素の質量を求めよ。

(2) この化合物の組成式を求めよ。

(3) この化合物の分子式を求めよ。

(4) この化合物にはカルボキシ基－COOHが含まれているとして，示性式を書け。

(1)		(2)		(3)		(4)	

3 右図は，エチレンとアセチレンを中心にした反応系統図である。A～Dにあてはまる化合物の構造式と，①～④にあてはまる反応の種類を書け。 〔各1点　合計8点〕

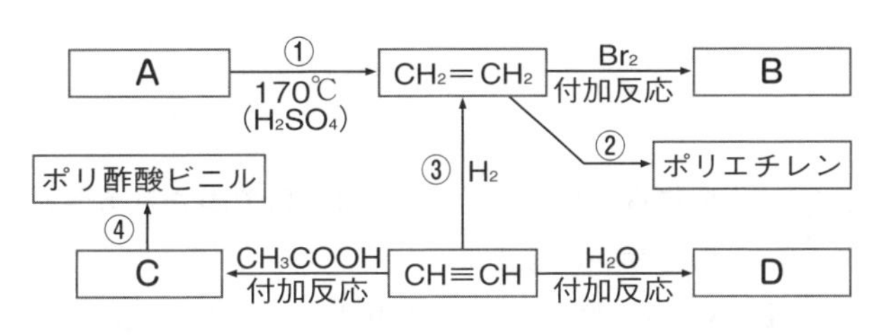

A	B	C	D
①	②	③	④

4 1価の飽和アルコール2.3 gに過剰のナトリウムを加えて反応させたところ，水素が標準状態で0.56 L発生した。次の各問いに答えよ。原子量；H＝1.0，C＝12，O＝16 〔各3点　合計9点〕

(1) アルコールの化学式をROHとして，ナトリウムとの反応を化学反応式で表せ。

(2) このアルコールの分子量を求めよ。

(3) このアルコールの示性式を書け。

(1)			
(2)		(3)	

5 次の文章を読んで，あとの各問いに答えよ。

〔(1),(2)…各2点，(3)…各3点　合計19点〕

分子式$C_4H_{10}O$で表される化合物A～Dは，いずれもナトリウムと反応して水素を発生した。

また，化合物A～Dを硫酸酸性の二クロム酸カリウム水溶液で酸化したところ，化合物A，B，Dは酸化されたが，Cは酸化されなかった。化合物B，Dが酸化されて生成した物質は，ともにフェーリング液を還元して赤色沈殿を生じた。一方，化合物Aが酸化されて生成した化合物Eは，フェーリング液を還元しなかったが，塩基性の水溶液中でヨウ素と反応し，特有のにおいをもつ黄色沈殿を生じた。

さらに，化合物BとDの構造を調べると，化合物Bの炭化水素基には枝分かれがあり，化合物Dの炭化水素基には枝分かれがないことがわかった。

(1) 下線部より，化合物A～Dは一般に何とよばれるか。その名称を記せ。

(2) フェーリング液を還元して得られる赤色沈殿の化学式を書け。

(3) 化合物A～Eの構造を右の例にならって記せ。　　(例)　CH_3-CH_2-OH

(1)		(2)	
(3)	A	B	C
	D	E	

6 化合物A～Cは，分子式$C_8H_{10}O$で表される芳香族化合物である。次のⅠ～Ⅴの記述を読んで，あとの各問いに答えよ。

〔各3点　合計15点〕

Ⅰ　A～Cはいずれもナトリウムと激しく反応するが，塩化鉄(Ⅲ)水溶液で呈色しなかった。

Ⅱ　穏やかに酸化すると，AからはD，BからはE，CからはFが得られた。

Ⅲ　DとFは銀鏡反応を示すが，Eは示さなかった。

Ⅳ　AとBを濃硫酸と170℃に加熱すると，どちらからもGが得られた。Gを付加重合させると，高分子化合物が得られた。

Ⅴ　C，Fを触媒を用いて十分に空気酸化させると，どちらからもHが得られた。Hを加熱すると，分子内脱水が起こった。

(1) 化合物A～Cの構造式を書け。

(2) 下線部の高分子化合物の名称を記せ。

(3) 化合物A～Gのうち，不斉炭素原子をもつものをすべて選べ。

(1)	A	B	C
(2)		(3)	

7 次の図は，ベンゼンを中心にした反応経路図である。あとの各問いに答えよ。

原子量；H=1.0，C=12，O=16　〔(1),(2)…各2点，(3)…各1点，(4)…4点　合計17点〕

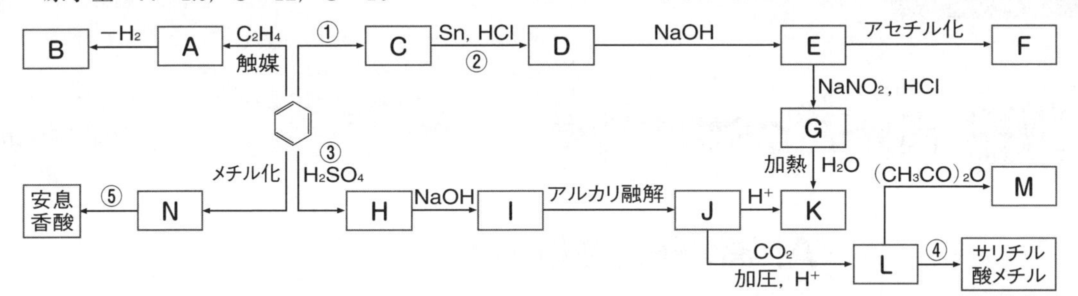

(1) 化合物B，F，Mの構造式を示せ。

(2) 化合物GとJをカップリングさせてできる主生成物の構造式を書け。

(3) ①～⑤の反応の名称を次の**ア**～**ケ**から選べ。

ア アセチル化　**イ** スルホン化　**ウ** ニトロ化　**エ** ジアゾ化　**オ** エステル化

カ ジアゾカップリング　**キ** 付加反応　**ク** 還元　**ケ** 酸化

(4) 化合物LからMへの反応で化合物Mが3.0g生成した。このとき，反応した無水酢酸$(CH_3CO)_2O$の質量は何gか。有効数字2桁で答えよ。

(1)	B			F			M		
(2)									
(3)	①		②		③		④		⑤		(4)	

8 ベンゼン，アニリン，フェノール，安息香酸のエーテル混合溶液がある。この4種類の有機化合物を分離するため，右図の操作を行った。　〔各2点　合計14点〕

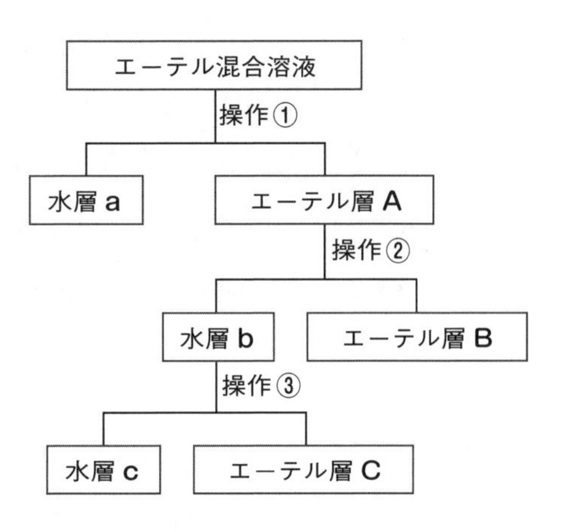

(1) 操作①～③にあてはまるものを，次の**ア**～**ウ**から選べ。

ア 水酸化ナトリウム水溶液を十分に加え，振り混ぜる。

イ 二酸化炭素を十分に吹きこみ，振り混ぜてから，エーテルを加える。

ウ 塩酸を十分に加え，振り混ぜる。

(2) 水層a，c，エーテル層B，Cに含まれる化合物の構造式を書け。

(1)	①		②		③	
(2)	a	c	B	C		

1章 天然高分子化合物

1 高分子化合物の特徴

［解答］別冊p.15

A. 高分子化合物 出る

	有機高分子化合物	無機高分子化合物
天然高分子化合物	・デンプン ・セルロース ・タンパク質	・石英 ・長石 ・雲母
合成高分子化合物	・ナイロン ・ポリエチレン ・合成ゴム	・ガラス ・シリコーン樹脂

高分子化合物の分類

1 高分子化合物――分子量が**約1万以上**の化合物。ふつう，単に**高分子**という。

① 炭素原子を骨格とした（❶　　　　**高分子化合物**）と，炭素以外の原子を骨格とした（❷　　　　**高分子化合物**）がある。
（↳ケイ素Si，ホウ素Bなど）

② 天然に存在する（❸　　　　**高分子化合物**）と，人工的につくられた（❹　　　　**高分子化合物**）[1]がある。

[1] 合成高分子化合物は，その用途によって，合成樹脂（プラスチック），合成繊維，合成ゴムなどに分類される。

2 単量体と重合体

① 高分子化合物のもととなる小さな分子を（❺　　　　）といい，単量体から生じた高分子を（❻　　　　）という。
（↳モノマーともいう）（↳ポリマーともいう）

② 多数の単量体が結びついて重合体になる反応を（❼　　　　）という。

③ 重合体を構成する単量体の数（重合体を構成する繰り返し単位の数）を（❽　　　　）という。

3 付加重合と縮合重合

① 二重結合を開きながら重合する反応を（❾　　　　）といい，生じた重合体を（❿　　　　）という。

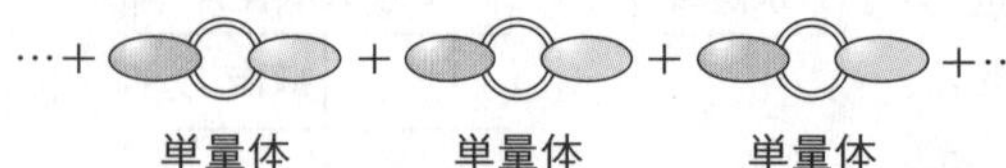

例 $n\mathrm{CH_2{=}CH_2} \longrightarrow \mathrm{\text{+}CH_2{-}CH_2\text{+}}_n$ ポリエチレン

② 水などの簡単な分子が取れながら重合する反応を（⓫　　　　）といい，生じた重合体を（⓬　　　　）という。

単量体　単量体　単量体　単量体　縮合重合　縮合重合体　水など

4 共重合――2種類以上の単量体を混合して行う重合反応を，特に（⓭　　　　）といい，生じた重合体を**共重合体**[2]という。

[2] 単量体の混合割合やつながり方の違いで，さまざまな性質をもつものが生じる。

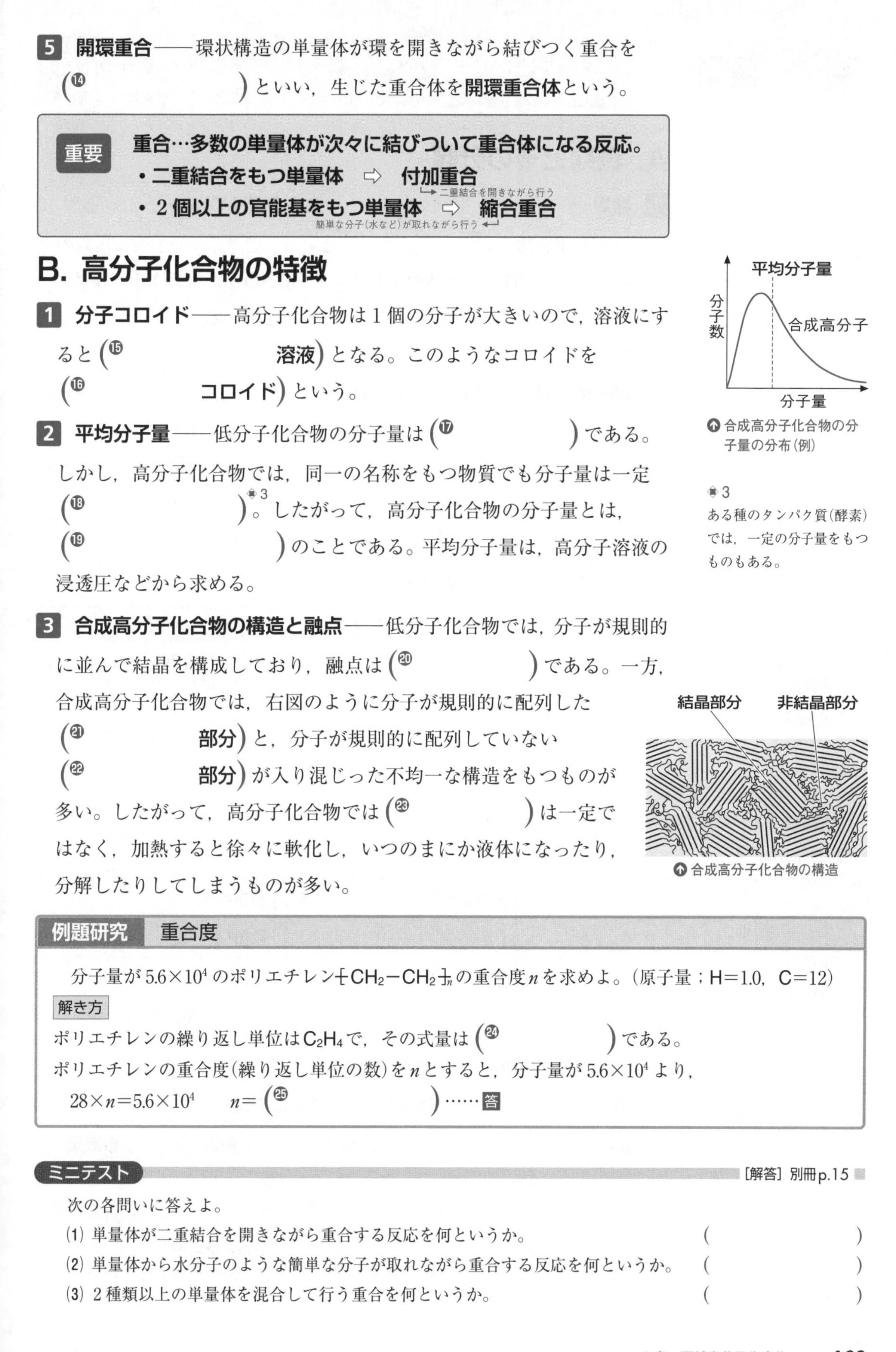

5 開環重合──環状構造の単量体が環を開きながら結びつく重合を（⑭　　　　　）といい，生じた重合体を**開環重合体**という。

> **重要**　**重合…多数の単量体が次々に結びついて重合体になる反応。**
> - **二重結合をもつ単量体　⇨　付加重合**（二重結合を開きながら行う）
> - **2 個以上の官能基をもつ単量体　⇨　縮合重合**（簡単な分子（水など）が取れながら行う）

B. 高分子化合物の特徴

1 分子コロイド──高分子化合物は 1 個の分子が大きいので，溶液にすると（⑮　　　　　**溶液**）となる。このようなコロイドを（⑯　　　　　**コロイド**）という。

合成高分子化合物の分子量の分布（例）

2 平均分子量──低分子化合物の分子量は（⑰　　　　　）である。しかし，高分子化合物では，同一の名称をもつ物質でも分子量は一定（⑱　　　　　）[3]。したがって，高分子化合物の分子量とは，（⑲　　　　　）のことである。平均分子量は，高分子溶液の浸透圧などから求める。

3 ある種のタンパク質（酵素）では，一定の分子量をもつものもある。

3 合成高分子化合物の構造と融点──低分子化合物では，分子が規則的に並んで結晶を構成しており，融点は（⑳　　　　　）である。一方，合成高分子化合物では，右図のように分子が規則的に配列した（㉑　　　　　**部分**）と，分子が規則的に配列していない（㉒　　　　　**部分**）が入り混じった不均一な構造をもつものが多い。したがって，高分子化合物では（㉓　　　　　）は一定ではなく，加熱すると徐々に軟化し，いつのまにか液体になったり，分解したりしてしまうものが多い。

合成高分子化合物の構造

例題研究　重合度

分子量が 5.6×10^4 のポリエチレン $\text{-}[CH_2-CH_2]\text{-}_n$ の重合度 n を求めよ。（原子量；H＝1.0，C＝12）

解き方

ポリエチレンの繰り返し単位は C_2H_4 で，その式量は（㉔　　　　　）である。
ポリエチレンの重合度（繰り返し単位の数）を n とすると，分子量が 5.6×10^4 より，

$28\times n=5.6\times10^4$　　$n=$（㉕　　　　　）……答

ミニテスト　［解答］別冊 p.15

次の各問いに答えよ。

(1) 単量体が二重結合を開きながら重合する反応を何というか。（　　　　）
(2) 単量体から水分子のような簡単な分子が取れながら重合する反応を何というか。（　　　　）
(3) 2 種類以上の単量体を混合して行う重合を何というか。（　　　　）

2 糖類

［解答］別冊p.15

◈1
元素組成が炭素と水からできているように見えることから**炭水化物**ともよばれる。

◈2
加水分解により，その1分子から単糖2～10分子程度を生じるものを**少糖類**(**オリゴ糖**)という。少糖類には二糖類も含まれる。

◈3
ブドウ糖ともいう。

◈4
果糖ともいう。

◈5
麦芽糖ともいう。

◈6
ショ糖ともいう。

◈7
乳糖ともいう。

A. 糖類とその分類

1 糖類――デンプンやショ糖など，一般式 $C_m(H_2O)_n$ $(m \geqq n,\ m \geqq 3)$ で表される化合物を(❶　　　　)[◈1]という。糖類は，分子内に複数のヒドロキシ基－OHと，1個のホルミル基－CHOまたはカルボニル基 >C=O をもつ。特に，植物体には広く分布している。

2 糖類の分類――糖類は，加水分解のしかたで，次のように分類される。

① それ以上加水分解されない糖の最小単位………(❷　　　　)
② 1分子が加水分解すると単糖2分子を生じる…・(❸　　　　)
③ 1分子が加水分解すると多数の単糖[◈2]を生じる…・(❹　　　　)

単糖類(→単糖ともいう)と二糖類(→二糖ともいう)は，水によく溶け，甘味を示す。一方，多糖類(→多糖ともいう)は水に溶けにくく，ほとんど甘味を示さない。

種類	名称	加水分解生成物	存在
単糖類 $C_6H_{12}O_6$	❺ [◈3]	加水分解されない	果実，はちみつ，血液
	❻ [◈4]		果実，はちみつ
	ガラクトース		寒天，動物の乳，脳細胞
二糖類 $C_{12}H_{22}O_{11}$	❼ [◈5]	グルコース2分子	水あめ，麦芽
	セロビオース	グルコース2分子	マツの葉(少量)
	❽ [◈6]	グルコース＋フルクトース	サトウキビ，テンサイ
	❾ [◈7]	グルコース＋ガラクトース	動物の乳
多糖類 $(C_6H_{10}O_5)_n$	❿	多数のグルコース	穀類(米，麦)，いも類
	⓫		植物の細胞壁
	グリコーゲン		動物の肝臓，筋肉

◈8
ラクトース(乳糖)を酵素ラクターゼで加水分解すると，グルコースとガラクトースが生成する。

3 糖類の加水分解――多糖類は，酵素の作用によって(⓬　　　　)を経て単糖類まで加水分解された後，体内に吸収される[◈8]。

多糖類	酵素	二糖類	酵素	単糖類
デンプン	(⓭　　　) →	マルトース	(⓮　　　) →	グルコース
セルロース	(⓯　　　) →	セロビオース	セロビアーゼ →	グルコース

B. 単糖類の構造と性質 出る

1 グルコース(ブドウ糖)――グルコースの結晶は，6個の原子が環状につながった**六員環構造**をとる。下図(a)の構造を(⑯　　　-グルコース)，(c)の構造を(⑰　　　-グルコース)という。また，水溶液中では，一部の分子の六員環構造が開いて(b)のような**鎖状構造**をとり，これら3種の異性体が(⑱　　　　状態)[9]にある。

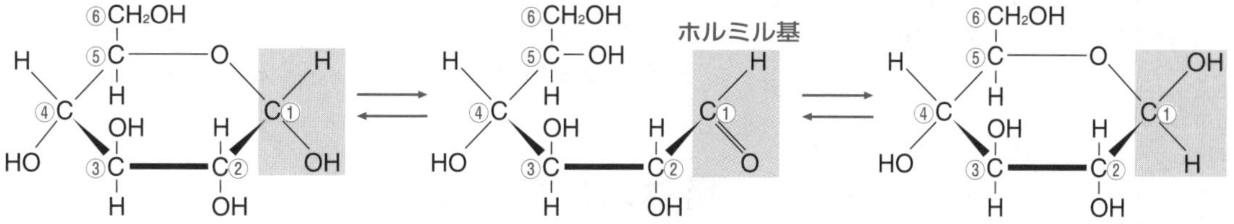

9
通常，グルコースはα型で存在するが，水に溶かすと，25℃ではα型とβ型と鎖状構造が36％，64％，少量(0.01％)で平衡状態となる。

ホルミル基

(a) α-グルコース　(b) 鎖状構造　(c) β-グルコース

グルコースの構造

分子中の手前にある結合を太線で示す。⑥の$-CH_2OH$を環の上側に置いたとき，①の$-OH$が環の下側にあるものを**α型**，上側にあるものを**β型**という。α-グルコースとβ-グルコースは互いに立体異性体の関係にある。

鎖状構造のグルコースには(⑲　　　　基)が存在するため，グルコースの水溶液は**還元性**を示す[10]。すなわち，(⑳　　　　反応)を示したり，(㉑　　　　液)を還元したりする。

10
結晶は還元性を示さない。

2 フルクトース(果糖)――フルクトースはグルコースの構造異性体で，糖類の中では最も甘味が強い。フルクトースの結晶は，主に下図(a)の**六員環構造**をとるが，二糖類を構成するときは(c)のような**五員環構造**をとる。

また，水溶液中では，一部の分子の環構造が開いて(b)のような**鎖状構造**をとり，六員環構造(α型，β型)，五員環構造(α型，β型)を含めて，これらの5種の異性体が(㉒　　　　状態)にある。

フルクトースの水溶液が(㉓　　　　性)を示すのは，鎖状構造のフルクトースに酸化されやすい**ヒドロキシケトン基**$-COCH_2OH$**が存在**するからである[11]。

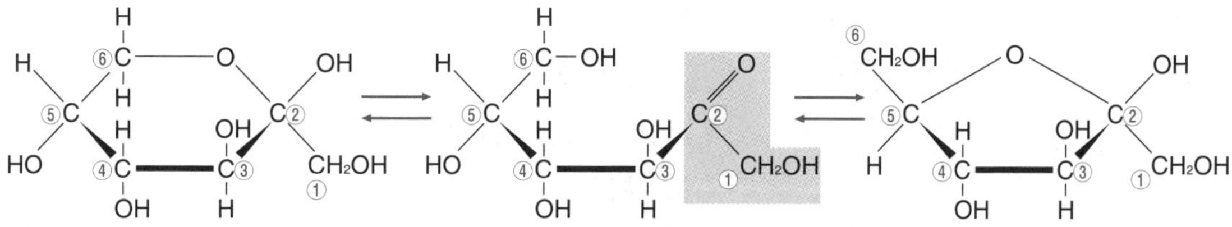

11
還元性を示すのは，水溶液中で次の平衡が存在し，ホルミル基を生じるためである。

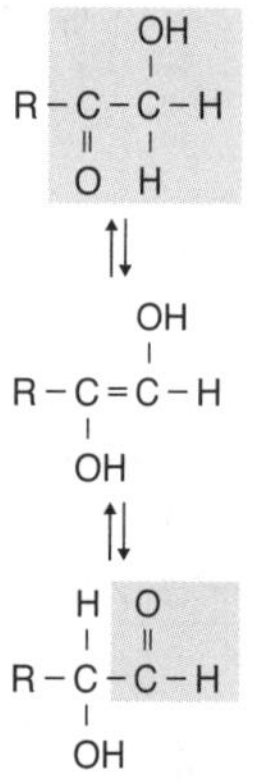

(a) β-フルクトース（六員環）　(b) 鎖状構造　(c) β-フルクトース（五員環）

フルクトースの構造

六員環，五員環のどちらにも，②の$-OH$が環の下側にあるα-フルクトースが存在する。また，鎖状構造にホルミル基をもつ単糖類を**アルドース**，カルボニル基をもつ単糖類を**ケトース**という。

C. 二糖類の構造と性質

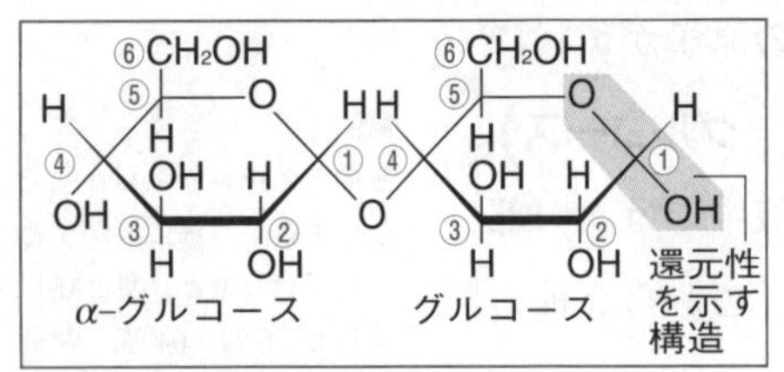

マルトース

　の部分のように，同一のC原子に$-OH$と$-O-$が結合した構造を**ヘミアセタール構造**という。

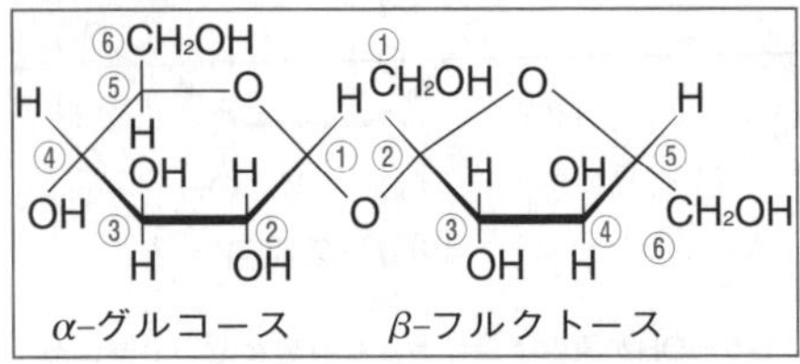

スクロース

はちみつは天然の転化糖である。転化糖はスクロースより甘味が強く，清涼飲料水やアイスクリームなどに多く用いられている。

◈12
スクロースを加水分解すると，旋光性が右旋性から左旋性に変化するので，スクロースの加水分解を**転化**という。

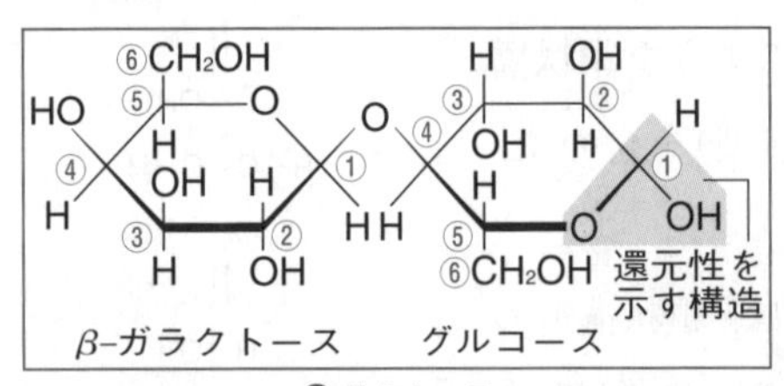

ラクトース

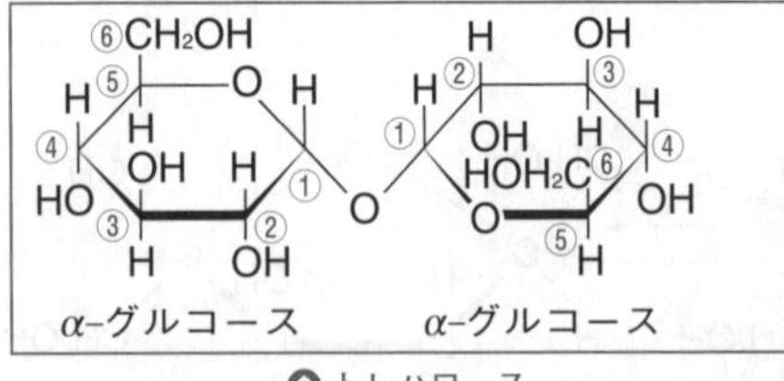

トレハロース

1 マルトース（麦芽糖）――デンプンを酵素（㉔　　　）で加水分解すると，マルトースが得られる。マルトースは（㉕　　　）と別のグルコースが脱水縮合した構造をもつ。このとき生じた結合を**α-グリコシド結合**という。

マルトースには開環するとホルミル基を生じる構造（**ヘミアセタール構造**）があるので，水溶液は（㉖　　　**性**）を示す。

2 スクロース（ショ糖）――スクロースはα-グルコースと（㉗　　　）が脱水縮合した構造をもち，水溶液は還元性を（㉘**示**　　　）。これは，グルコースとフルクトースがいずれも還元性を示すヘミアセタール構造の部分で脱水縮合しているためである。

スクロースを希酸や（㉙　　　）で加水分解すると，グルコースとフルクトースの等量混合物（**転化糖**◈12という）が得られ，還元性を示す。
（㉙→酵素）

3 ラクトース（乳糖）――ラクトースはβ-ガラクトースと（㉚　　　）が脱水縮合した構造をもつ。ラクトースにはヘミアセタール構造があるので，水溶液は還元性を示す。ラクトースを希酸や（㉛　　　）で加水分解すると，ガラクトースとグルコースを生成する。
（㉛→酵素）

4 セロビオース――セロビオースはβ-グルコースが別のグルコースと脱水縮合した構造をもち，水溶液は還元性を示す。

5 トレハロース――トレハロースは2分子のα-グルコースがいずれも還元性を示すヘミアセタール構造の部分で脱水縮合した構造をもち，還元性を示さない。

> **重要**
> **単糖類…すべて還元性を示す。**
> **二糖類…還元性を示すもの（還元糖）と示さないもの（非還元糖）がある。**
> （還元糖→マルトース，ラクトース，セロビオースなど）
> （非還元糖→スクロース，トレハロース）

D. 多糖類の構造と性質 出る

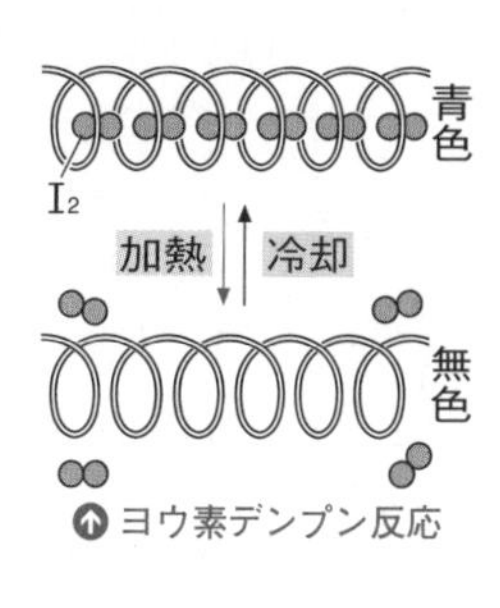

ヨウ素デンプン反応

1 デンプン――デンプンは，多数の（㉜　　　　　　　　　）が縮合重合してできた高分子化合物で，グルコース6個で1回転するような（㉝　　　　**構造**）をとる。デンプン水溶液に**ヨウ素ヨウ化カリウム水溶液（ヨウ素溶液）**を加えると，デンプンのらせん構造の中にヨウ素分子が入りこみ，青～赤紫色に呈色する。この反応を（㉞　　　　　　　　　）という。この反応は鋭敏で，微量のデンプンやヨウ素の検出に用いられる。

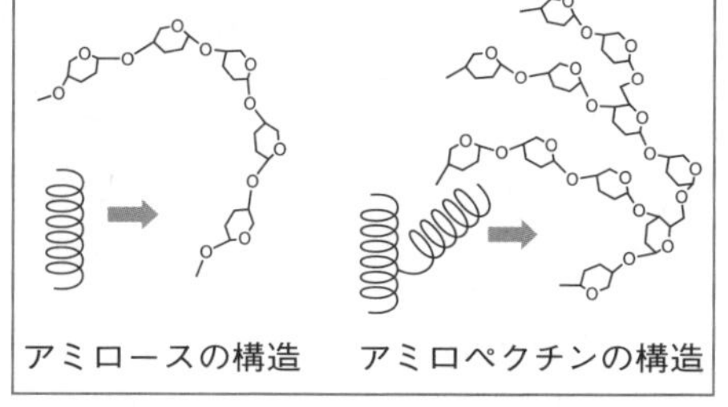

2 デンプンの構造――デンプンの粒は，**アミロース**が**アミロペクチン**によって包まれた構造をしている。

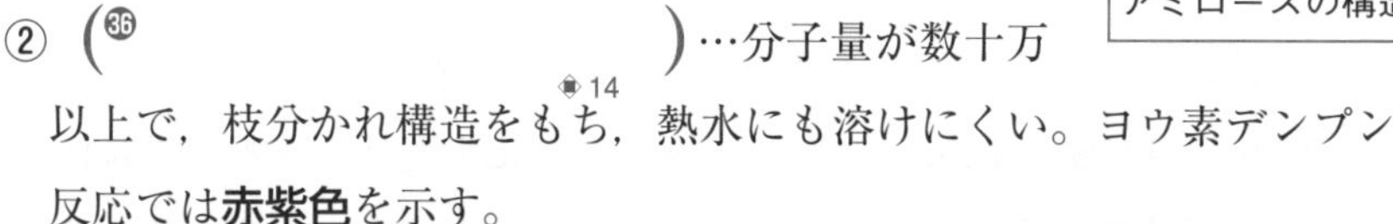

① （㉟　　　　　　　　　）…分子量が数万程度で，直鎖状構造をもち[13]，熱水にも溶ける。ヨウ素デンプン反応では**濃青色**を示す。

② （㊱　　　　　　　　　）…分子量が数十万以上で，枝分かれ構造をもち[14]，熱水にも溶けにくい。ヨウ素デンプン反応では**赤紫色**を示す。

3 グリコーゲン――動物の肝臓に多く含まれ，**動物デンプン**ともよばれる。構造や分子量はアミロペクチンに似ているが，枝分かれがさらに（㊲　　　　**い**）。また，ヨウ素デンプン反応では**赤褐色**を示す。

4 セルロース[15]――セルロースは，多数の（㊳　　　　　　　　　）が縮合重合してできた高分子化合物で，分子量は数百万以上にもなり，熱水にも溶けない。

セルロースでは，隣り合ったβ-グルコースの環平面は，互いに表裏表裏と反転しながら結合しており，分子全体では（㊴　　　　**状構造**）をとる。したがって，ヨウ素デンプン反応は（㊵**示**　　　　）。

セルロース分子は，分子内や分子間で多くの水素結合が形成され，強い繊維状の物質となる。

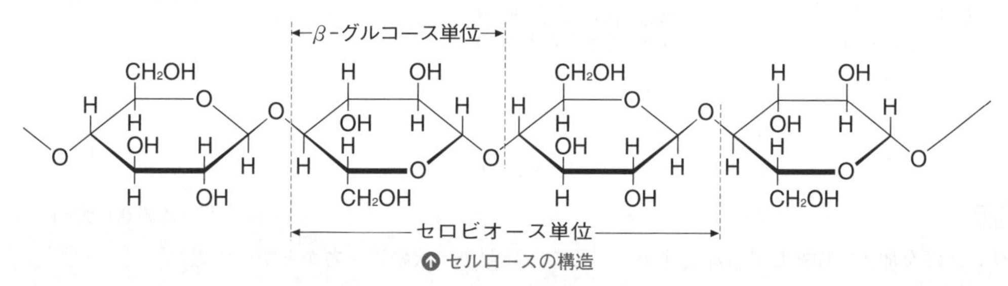

セルロースの構造

5 多糖類の還元性――多糖類は，いずれも還元性を示さない。

[13] アミロースは，1位と4位の−OHだけでグリコシド結合している。

[14] アミロペクチンは，1位と4位の−OHだけでなく，1位と6位の−OHでもグリコシド結合している。

[15] セルロースはヒトの体内では加水分解できず，栄養とはならないが，食物繊維として腸管のはたらきを整える役割がある。

E. セルロース工業

1 セルロースの示性式——セルロース$(C_6H_{10}O_5)_n$を構成するグルコース単位にはヒドロキシ基－OHが3個存在する。したがって，セルロースの示性式は(㊶　　　　　)と表される。

2 ニトロセルロース——セルロースに濃硝酸と濃硫酸の混合物(混酸)を反応させると，(㊷　　　　　)[16]が得られる。
└→硝酸エステル

◈16
トリニトロセルロースは，点火すると一瞬で燃焼することから，無煙火薬の原料に用いられる。

3 再生繊維——天然繊維を溶液状態にしてから，再び繊維状にしたものを(㊸　　　　　)という。再生繊維のうち，セルロースから得られるものを(㊹　　　　　)という。

① **銅アンモニアレーヨン(キュプラ)**…水酸化銅(Ⅱ)を濃アンモニア水に溶かした溶液(㊺　　　　　**試薬**)にセルロースを溶かし，細孔から希硫酸中に押し出してセルロースを再生させたものを(㊻　　　　　)または**キュプラ**という。

セルロースの再生

② **ビスコースレーヨン**…セルロースを濃い水酸化ナトリウム水溶液と二硫化炭素CS_2と反応させた後，薄い水酸化ナトリウム水溶液に溶かすと，**ビスコース**とよばれる赤褐色のコロイド溶液が得られる。これを希硫酸中に押し出してセルロースを再生させると，(㊼　　　　　)ができる[17]。

◈17
ビスコースを膜状に押し出したものを**セロハン**という。

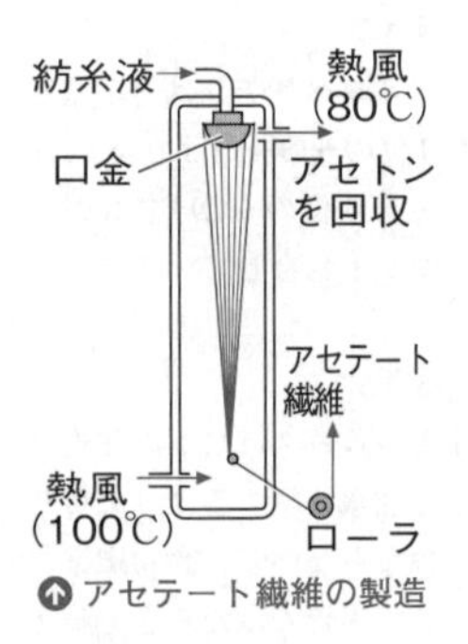

アセテート繊維の製造

4 半合成繊維——天然繊維を化学的に処理し，その官能基の一部を化学変化させたものを(㊽　　　　　)という。

- **アセテート繊維**…セルロースを無水酢酸と少量の濃硫酸(触媒)および氷酢酸(溶媒)と反応させると，セルロース中のヒドロキシ基がすべてアセチル化され，(㊾　　　　　)ができる。これを部分的に加水分解してジアセチルセルロースにすると，アセトンに可溶となる。このアセトン溶液を細孔から温かい空気中に押し出し，乾燥して得られる繊維が(㊿　　　　　)である。

$$[C_6H_7O_2(OH)_3]_n \xrightarrow{\text{無水酢酸}} [C_6H_7O_2(OCOCH_3)_3]_n \xrightarrow{\text{加水分解}} [C_6H_7O_2(OH)(OCOCH_3)_2]_n$$

セルロース　　トリアセチルセルロース　　ジアセチルセルロース

ミニテスト [解答] 別冊p.15

フェーリング液を加えて加熱しても赤色沈殿が生じない糖類を，次の**ア**～**カ**からすべて選べ。

ア グルコース　**イ** スクロース　**ウ** トレハロース　(　　　　)
エ フルクトース　**オ** マルトース　**カ** ラクトース

3 アミノ酸とタンパク質

［解答］別冊p.15

A. アミノ酸の構造と性質 出る

1 アミノ酸――分子中にアミノ基$-NH_2$とカルボキシ基$-COOH$をもつ化合物を（❶　　　　　）という。

① $-NH_2$と$-COOH$が同じ炭素原子に結合しているアミノ酸を，特に（❷　　　　　）という。タンパク質を構成するα-アミノ酸は約20種類である。

H
|
R−C−COOH
|
NH_2

⬆ α-アミノ酸
側鎖R−は，水素原子や炭化水素基などである。

② **アミノ酸の分類**

- **中性アミノ酸**…分子中に$-COOH$と$-NH_2$を1個ずつもつ。（→ $-COOH$と$-NH_2$の数が同じ）
- **酸性アミノ酸**…側鎖にも$-COOH$をもつ。（→ $-COOH$のほうが数が多い）
- **塩基性アミノ酸**…側鎖にも$-NH_2$をもつ。（→ $-NH_2$のほうが数が多い）

2 アミノ酸の種類[1]――アミノ酸は，側鎖R−によって種類が決まる。

[1] α-アミノ酸は，単にアミノ酸とよぶことが多い。本書でも，以降は単にアミノ酸とよぶ。

① **主なアミノ酸**

分類	名称	略号	構造式（側鎖／共通部分）	等電点	特徴・所在
中性アミノ酸	グリシン	Gly	$H-CH(NH_2)COOH$	6.0	鏡像異性体なし
	アラニン	Ala	$CH_3-CH(NH_2)COOH$	6.0	広く分布
	セリン	Ser	$HO-CH_2-CH(NH_2)COOH$	5.7	絹
	フェニルアラニン	Phe	$C_6H_5-CH_2-CH(NH_2)COOH$	5.5	広く分布
	チロシン	Tyr	$HO-C_6H_4-CH_2-CH(NH_2)COOH$	5.7	牛乳
	システイン	Cys	$HS-CH_2-CH(NH_2)COOH$	5.1	毛，爪
	メチオニン	Met	$H_3C-S-(CH_2)_2-CH(NH_2)COOH$	5.7	牛乳
	トレオニン	Thr	$CH_3-CH(OH)-CH(NH_2)COOH$	6.2	不斉炭素原子2個
酸性アミノ酸	アスパラギン酸	Asp	$HOOC-CH_2-CH(NH_2)COOH$	2.8	植物
	グルタミン酸	Glu	$HOOC-(CH_2)_2-CH(NH_2)COOH$	3.2	小麦
塩基性アミノ酸	リシン	Lys	$H_2N-(CH_2)_4-CH(NH_2)COOH$	9.7	広く分布

② ヒトが体内で十分に合成できないアミノ酸を（❸　　　　　）といい，食品から摂取する必要がある。

3 アミノ酸の鏡像異性体――側鎖R−がHである（❹　　　　　）（→ 最も簡単な構造のアミノ酸）以外のアミノ酸は，**不斉炭素原子**をもち，（❺　　　　　）が存在する。D型とL型に区別されるが，タンパク質のほとんどはL型から構成される。

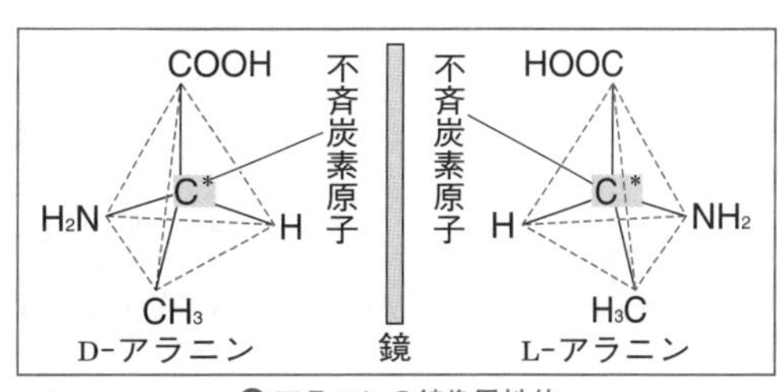

⬆ アラニンの鏡像異性体

4 アミノ酸の性質

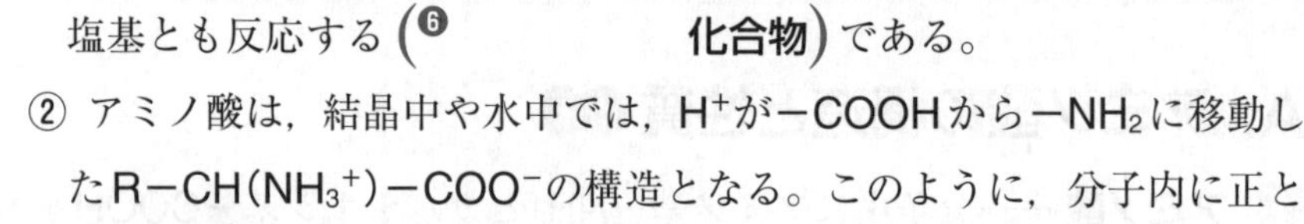

① アミノ酸は，酸性の$-COOH$と塩基性の$-NH_2$をもつため，酸とも塩基とも反応する（❻　　　　**化合物**）である。

② アミノ酸は，結晶中や水中では，H^+が$-COOH$から$-NH_2$に移動した$R-CH(NH_3^+)-COO^-$の構造となる。このように，分子内に正と負の電荷をあわせもつイオンを（❼　　　　**イオン**）という。

③ 水に溶けやすく，有機溶媒に溶けにくい。また，融点が比較的高い。[2]

5 アミノ酸の電離平衡

——アミノ酸の水溶液では，陽イオン，双性イオン，陰イオンが（❽　　　　**状態**）にあり，水溶液のpHによってその割合が変化する。[3]

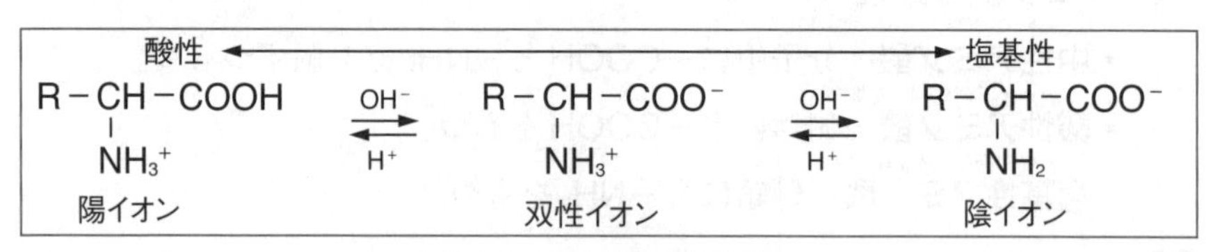

アミノ酸水溶液の電離平衡

6 アミノ酸の等電点

——アミノ酸の水溶液のpHを調節すると，アミノ酸の陽イオンと陰イオンの数が等しくなり，アミノ酸全体の電荷の和が0となることがある。このときのpHを，アミノ酸の（❾　　　　）という。等電点では，アミノ酸はほとんどが（❿　　　　**イオン**）として存在する。

① 中性アミノ酸の等電点は，6前後のものが多い。酸性アミノ酸の等電点はこれより（⓫　　　　**く**），塩基性アミノ酸の等電点はこれより（⓬　　　　**い**）。
（⓫→酸性側，⓬→塩基性側）

② アミノ酸による等電点の違いを利用すると，（⓭　　　　）によってアミノ酸を異なる位置に分離することができる。

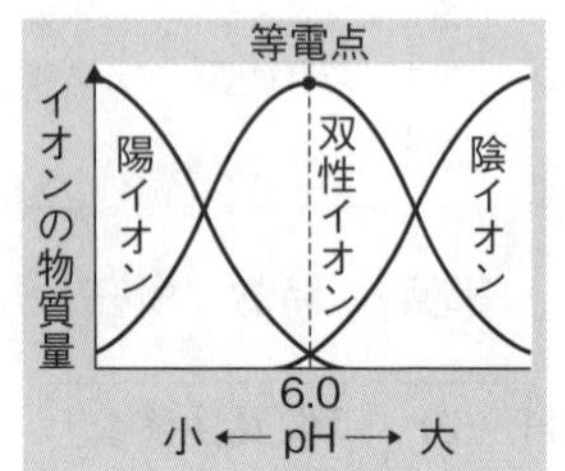

アラニンの各イオンの割合

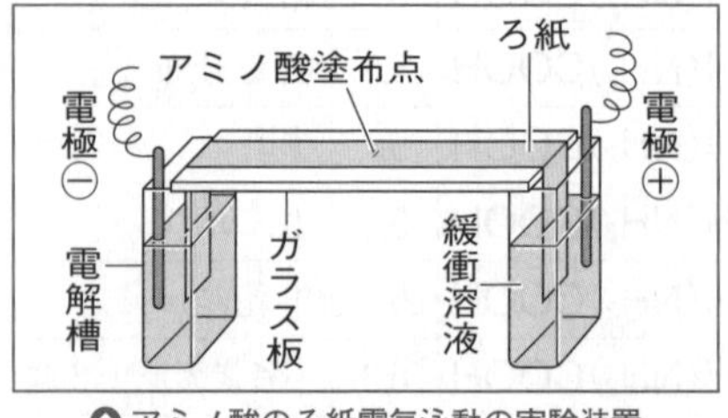

アミノ酸のろ紙電気泳動の実験装置

例 pHが6の緩衝液中で，次の3種類のアミノ酸の混合水溶液の電気泳動を行う。

水溶液のpH	0　　3　　6　　9　　12
グルタミン酸（酸性アミノ酸）	陽イオン／双性イオン／陰イオン
アラニン（中性アミノ酸）	陽イオン／双性イオン／陰イオン
リシン（塩基性アミノ酸）	陽イオン／双性イオン／陰イオン

- グルタミン酸は主に（⓮　　　　**イオン**）で存在し，陽極側に移動。
- アラニンは主に（⓯　　　　**イオン**）で存在し，移動しない。
- リシンは主に（⓰　　　　**イオン**）で存在し，陰極側に移動。

[2] アミノ酸の結晶では，双性イオンどうしが互いに静電気的な力で引き合っている。そのため，イオン結晶に近い構造となっており，溶解性や融点がイオン結晶に近い性質を示す。

[3] 溶液を酸性にすると，$-COO^-$がH^+を受け取って$-COOH$となり，陽イオンになる。溶液を塩基性にすると，$-NH_3^+$がH^+を放出して$-NH_2$となり，陰イオンになる。

7 ニンヒドリン反応——アミノ酸の水溶液にニンヒドリン水溶液を加えて温めると，紫色に呈色する[*4]。この反応は（⑰　　　　反応）とよばれ，**アミノ酸やタンパク質のアミノ基$-NH_2$の検出**に用いられる。

*4 アミノ酸中の$-NH_2$とニンヒドリン2分子が縮合して，紫色の色素を生じる。

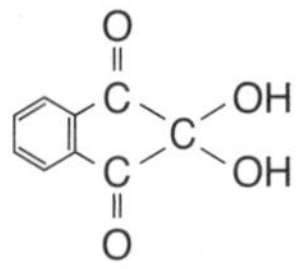

ニンヒドリン分子

B. タンパク質の構造 出る

1 ペプチド

① **ペプチド結合**…アミノ酸のカルボキシ基$-COOH$と別のアミノ酸のアミノ基$-NH_2$が脱水縮合してできたアミド結合$-CO-NH-$を，特に（⑱　　　　結合）という。

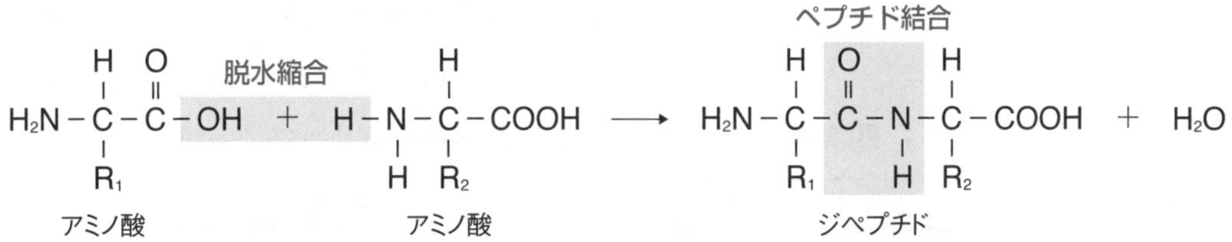

脱水縮合

$H_2N-CH(R_1)-CO-OH + H-NH-CH(R_2)-COOH \longrightarrow H_2N-CH(R_1)-CO-NH-CH(R_2)-COOH + H_2O$

アミノ酸　アミノ酸　ジペプチド（ペプチド結合）

② （⑲　　　　）…アミノ酸がペプチド結合してできた物質。

- **ジペプチド**…2分子のアミノ酸が縮合したペプチド。
- （⑳　　　　）…3分子のアミノ酸が縮合したペプチド。
- （㉑　　　　）[*5]…多数のアミノ酸が縮合したペプチド。

*5 ポリペプチドの構造をもつ鎖状の高分子化合物で，特有の機能をもつものを**タンパク質**とよぶ。

2 ペプチドの構造異性体

——グリシン（略号；Gly）とアラニン（略号；Ala）各1分子からなるジペプチドの場合，

（i）Glyの$-COOH$とAlaの$-NH_2$が縮合したペプチド

（ii）Glyの$-NH_2$とAlaの$-COOH$が縮合したペプチド

の2種類の（㉒　　　　異性体）が存在する。

*6 ペプチドの末端にある$-NH_2$を**N末端**，$-COOH$を**C末端**という。

（i）ペプチド結合
$H_2N-CH_2-CO-NH-CH(CH_3)-COOH$
N末端[*6]　C末端[*6]

（ii）ペプチド結合
$HOOC-CH_2-NH-CO-CH(CH_3)-NH_2$
C末端　N末端

グリシンとアラニンからなるジペプチドの構造異性体

例題研究　鎖状トリペプチドの構造異性体

グリシン（Gly），アラニン（Ala），チロシン（Tyr）各1分子からなる鎖状のトリペプチドには，何種類の構造異性体が存在するか。

解き方

3種類のアミノ酸の結合順序は，どのアミノ酸が中央にくるかで決まるので（㉓　　　　通り）である。それぞれに対して，ペプチド結合の向きが$-CO-NH-$と$-NH-CO-$の（㉔　　　　通り）あるから，構造異性体の総数は，

3×2=6（種類）　……答

注 左側がN末端，右側がC末端と固定して，数学の順列の考え方を用いて，3!=6（通り）と計算してもよい。

◈7
タンパク質の二次構造以上をまとめて**高次構造**という。

◈8
側鎖R－間の相互作用

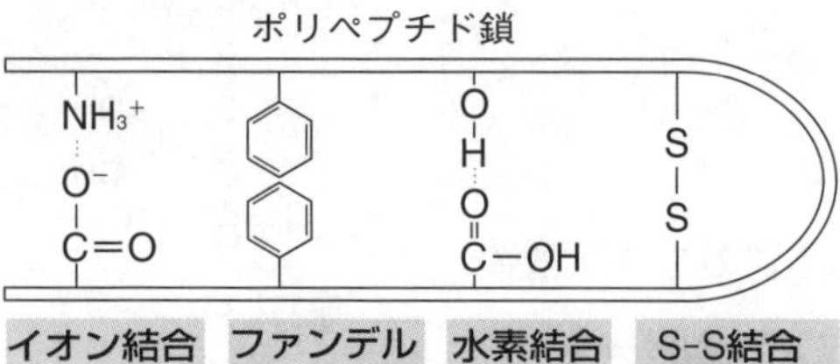

3 タンパク質の構造[7]

① **一次構造**…タンパク質を構成するアミノ酸の配列順序。

② **二次構造**…ポリペプチド鎖のペプチド結合の間で，＞C=O ······ H−N＜ のような（㉕　　　　**結合**）が形成されて生じる部分的な立体構造。らせん状の（㉖　　　　**構造**）や，ジグザグ状の（㉗　　　　**構造**）などがある。

③ **三次構造**…ポリペプチド鎖は，その側鎖R－間にはたらく相互作用[8]や，（㉘　　　　**結合**）などによって折りたたまれ，特有の立体構造をとる。
└→ −S−S−

④ **四次構造**…三次構造をとった複数のポリペプチド鎖が集まったもの。

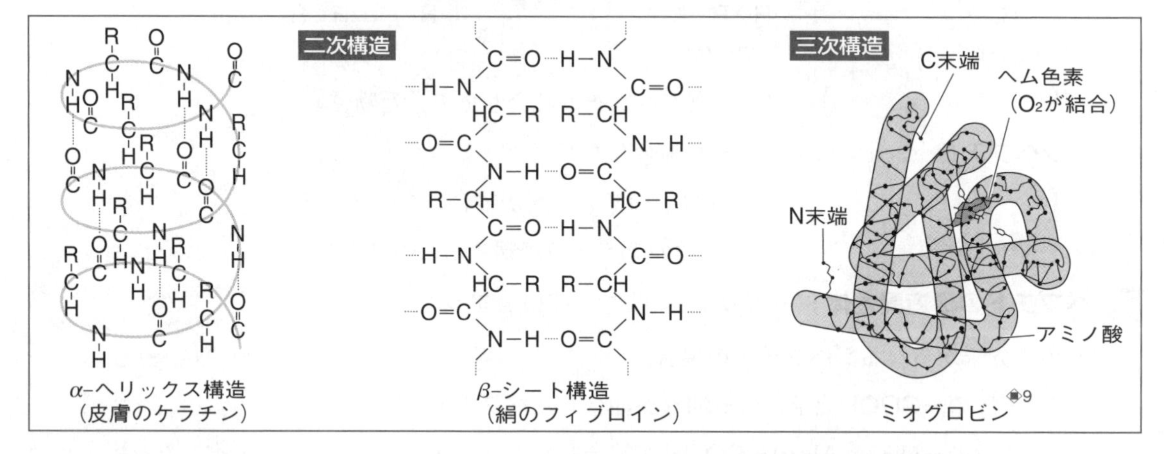

α-ヘリックス構造（皮膚のケラチン）　β-シート構造（絹のフィブロイン）　ミオグロビン[9]

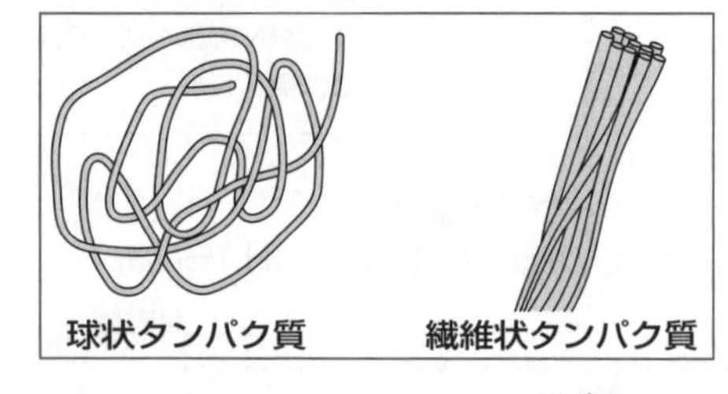

4 球状タンパク質と繊維状タンパク質

① （㉙　　　　**タンパク質**）…ポリペプチド鎖が球状に折れ曲がってできたタンパク質。一般に，親水基を外側，疎水基を内側に向けているため，水に溶け（㉚　　**く**），生理的機能をもつものが多い。

② （㉛　　　　**タンパク質**）…何本ものポリペプチド鎖が束状になってできたタンパク質。水に溶け（㉜　　**い**）。

◈9
ミオグロビン
筋肉中で酸素を貯蔵するはたらきをもつ，153個のアミノ酸からなるタンパク質で，その77％はα−ヘリックス構造でできている。

5 単純タンパク質と複合タンパク質

① （㉝　　　　**タンパク質**）…加水分解すると**アミノ酸だけを生じる**タンパク質。

② （㉞　　　　**タンパク質**）…加水分解すると，アミノ酸以外に**糖，核酸，色素，リン酸，脂質などを生じる**タンパク質。だ液中のムチン（└→糖を生じる），血液中のヘモグロビン（└→色素を生じる），牛乳中のカゼイン（└→リン酸を生じる）など。

C. タンパク質の性質と反応 出る

1 タンパク質の変性[10]――タンパク質に(㉟　　　), 強酸, 強塩基, 有機溶媒, 重金属イオンを加えると凝固・沈殿する。これは, タンパク質の(㊱　　　構造)が壊れることによって起こる。
└→いったん壊れると, もとに戻らないことが多い

2 ビウレット反応――タンパク質水溶液に水酸化ナトリウム水溶液と少量の硫酸銅(Ⅱ)水溶液を加えると, 赤紫色になる。これは, (㊲　　　個)以上のペプチド結合をもつ化合物で見られる。

3 キサントプロテイン反応――タンパク質水溶液に(㊳　　　)を加えて加熱すると黄色となり, 冷却後, アンモニア水を加えて塩基性にすると橙黄色になる。
└→タンパク質中のベンゼン環のニトロ化が原因

4 硫黄反応――タンパク質水溶液に水酸化ナトリウムを加えて加熱した後, 酢酸鉛(Ⅱ)水溶液を加えると, (㊴　　　)の黒色沈殿を生じる。
└→硫黄の検出に用いる

[10] タンパク質の変性

卵白アルブミン
(球状タンパク質)

↓変性

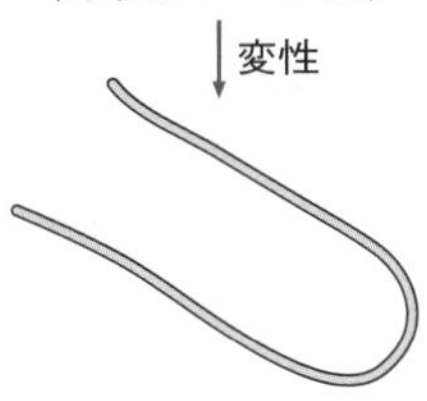

変性によって分子がのびた状態になると, 疎水基の影響が強く現れ, 凝固・沈殿が起こる。

重要実験

タンパク質の反応

方法(操作)

(1) 卵白水溶液を4本の試験管に取り, (a)にはエタノール, (b)には 6 mol/L 塩酸, (c)には0.1 mol/L 硫酸銅(Ⅱ)水溶液を加える。また, (d)は穏やかに加熱する。

(2) 卵白水溶液に 2 mol/L 水酸化ナトリウム水溶液を加えてよく混ぜ, さらに0.1 mol/L 硫酸銅(Ⅱ)水溶液を少量加える。

(3) 卵白水溶液に濃硝酸を加え, 穏やかに加熱する。冷却後, 溶液が塩基性になるまで 2 mol/L アンモニア水を加える。

(4) 卵白水溶液に水酸化ナトリウムの小粒を加えて加熱し, 0.1 mol/L 酢酸鉛(Ⅱ)水溶液を加えて振り混ぜる。

結果と考察

① (1)では, (a)〜(c)は白色沈殿が生じ, (d)は凝固した。⇨タンパク質が(㊵　　　)した。

② (2)では, 溶液の色は(㊶　　　色)を呈した。⇨(㊷　　　反応)

③ (3)では, 濃硝酸を加えた直後は白色沈殿を生じたが, 加熱すると(㊸　　　色)に, さらに塩基性にすると(㊹　　　色)になった。⇨(㊺　　　反応)を示したことから, 構成アミノ酸には(㊻　　　)をもつアミノ酸が含まれる。

④ (4)では, (㊼　　　色)の沈殿を生じた。⇨構成アミノ酸には, (㊽　　　)を含むアミノ酸が含まれる。

ミニテスト

[解答] 別冊p.15

グリシン $CH_2(NH_2)COOH$ は, ①等電点, ②等電点より酸性の溶液中, ③等電点より塩基性の溶液中では, おもにどのような構造で存在するか。それぞれ示性式で書け。

①(　　　) ②(　　　) ③(　　　)

4 酵素のはたらき

[解答] 別冊p.15

A. 酵素のはたらき 出る

1 **酵素**――生体内に存在する[※1]，触媒としての作用をもつ物質を(❶　　　　　)という。酵素の主成分は(❷　　　　　　　　)で[※2]ある。

※1
ヒトの場合，約5000種類が存在する。

※2
酵素は有機物である。白金Pt，酸化マンガン(Ⅳ)MnO_2のような触媒を**無機触媒**という。

2 **基質特異性**――酵素がはたらく相手の物質を(❸　　　　　　)という。**酵素が作用する基質は決まっていて，それ以外の物質には作用しない**。これを酵素の(❹　　　　　　　　)という。

酵素は，その特定の部分(**活性部位**)だけで基質と反応するため，基質と酵素の関係は，**“鍵と鍵穴”**の関係にたとえられる。

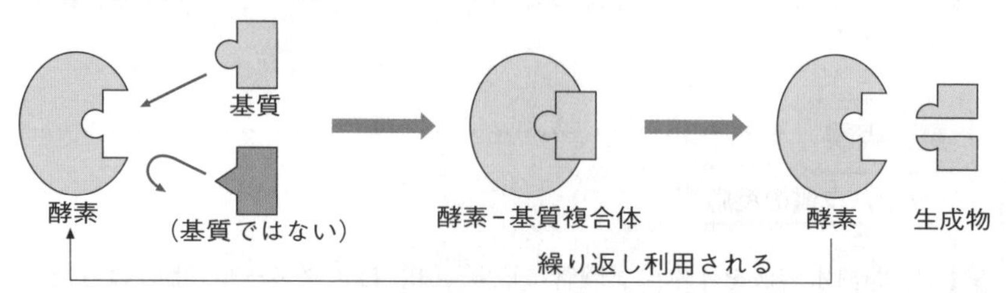

酵素のはたらき(模式図)

最適温度と最適pH

3 **最適温度**――酵素が最もよくはたらく温度を(❺　　　　　　)という。多くの酵素の最適温度は35～40℃である。高温になると(→60℃以上)，酵素はそのはたらきを失う(**失活**)。これは，熱によって酵素中のタンパク質が(❻　　　　　　)するためである。

4 **最適pH**――酵素が最もよくはたらくpHを(❼　　　　　　)という。多くの酵素は，中性付近(pH＝7)に最適pHをもつ。(→ペプシン(pH≒2，胃液)，トリプシン(pH≒8，すい液)は例外)

5 **補酵素**――酵素のはたらきを調節する低分子の有機化合物を(❽　　　　　)という。補酵素は比較的熱に強い。多くのビタミンB群が補酵素としてはたらく。

種類	はたらき	種類	はたらき
加水分解酵素	基質に水を加えて分解する。	**合成酵素**	2個の基質をつなぐ。
酸化還元酵素	基質を酸化・還元する。	**転移酵素**	基質中の官能基を別の分子に移動させる。
脱離酵素	基質から官能基や分子を取り去る。	**異性化酵素**	基質中の原子の配列を変える。

酵素の種類

酵素	基質	生成物
❾	デンプン	マルトース
❿	マルトース	グルコース
⓫	スクロース	グルコース　＋　フルクトース
⓬	セルロース	セロビオース
リパーゼ	⓭	脂肪酸　＋　モノグリセリド
ペプシン	⓮	ペプチド
トリプシン	タンパク質	⓯
ペプチダーゼ	ペプチド	⓰
カタラーゼ	⓱	酸素　＋　水
チマーゼ	グルコース	⓲　　　＋　二酸化炭素

⬆主な酵素

チマーゼは，十数種類の酵素からなる酵素群である。

重要実験

酵素の実験

目的　肝臓片に含まれる酵素（⓳　　　　）が過酸化水素を分解するはたらきを確認し，酵素に対する熱，酸，塩基の影響を調べる。

方法(操作)　試験管A～Eに次のものを加えて，気体が発生するかどうか調べる。気体が発生したものについては，発生した気体に火のついた線香を近づけ，変化を調べる。

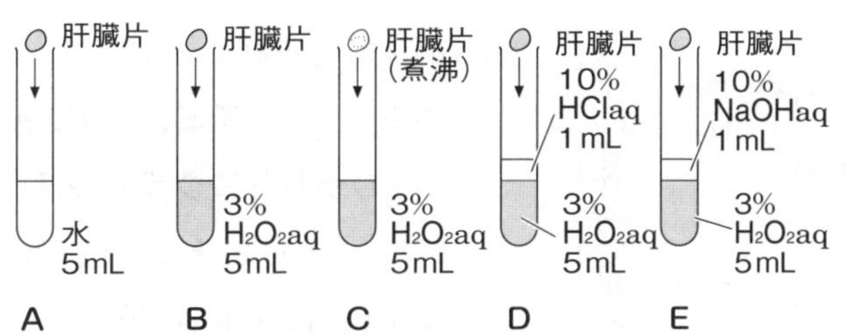

結果と考察

① Bのみ，気体が発生した。⇨線香が激しく燃焼したので，気体は（⓴　　　　）である。

② Cでは**熱**，Dでは**酸**，Eでは**塩基**により，酵素をつくるタンパク質が（㉑　　　　）し，その触媒作用が失われたと考えられる。

③ Aは，肝臓片からは酸素が発生しないことを確認する（㉒　　　　**実験**）である。

ミニテスト　［解答］別冊p.15

(1) 酵素は特定の基質のみにはたらく。この性質を何というか。（　　　　）

(2) 酵素と無機触媒のはたらきの違いを，反応速度と温度の関係に着目して説明せよ。

（　　　　）

5 核酸

[解答] 別冊p.15

A. 核酸 出る

◈1
「細胞の核に含まれる酸性物質」として名づけられた。

1 **核酸**[1]——すべての生物に存在し，その遺伝情報の伝達や発現に重要な役割を果たす高分子化合物。

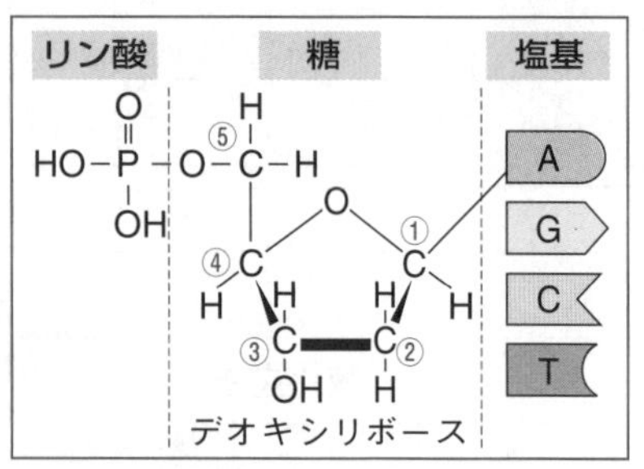

DNAのヌクレオチド

2 **ヌクレオチド**——窒素を含む塩基と五炭糖および，リン酸が結合した化合物を（❶　　　　　）という。核酸は，多数のヌクレオチドが糖とリン酸の部分で縮合重合[2]してできた（❷　　　　　）でできている。
└→ 鎖状の高分子化合物

◈2
糖の3位の−OHとリン酸の−OHの間で脱水縮合が起こる。このとき生じた結合をリン酸エステル結合という。

3 **DNAとRNA**

① 糖の部分がデオキシリボース$C_5H_{10}O_4$で構成されている核酸を**DNA**（=❸　　　　　）という。DNAは主に核に存在し，親から子へと形質を伝える（❹　　　　　）の本体である。通常，2本鎖の構造をもち，分子量は10^6より大きい。

② 糖の部分がリボース$C_5H_{10}O_5$で構成されている核酸を**RNA**（=❺　　　　　）という。RNAは核にも細胞質にも存在し，DNAの遺伝情報にしたがって，生体内での（❻　　　　　）の合成に関わる。通常，1本鎖の構造をもち，分子量は10^6より小さい。

③ DNAに含まれる塩基は，アデニン(A)，グアニン(G)，シトシン(C)，**チミン(T)**であるが，RNAでは，チミン(T)のかわりに**ウラシル(U)**が含まれる。

④ アデニン(A)とチミン(T)は2本，グアニン(G)とシトシン(C)は3本の（❼　　　　　**結合**）によって結びつき，塩基対をつくる。このような塩基どうしの関係を**相補性**という。

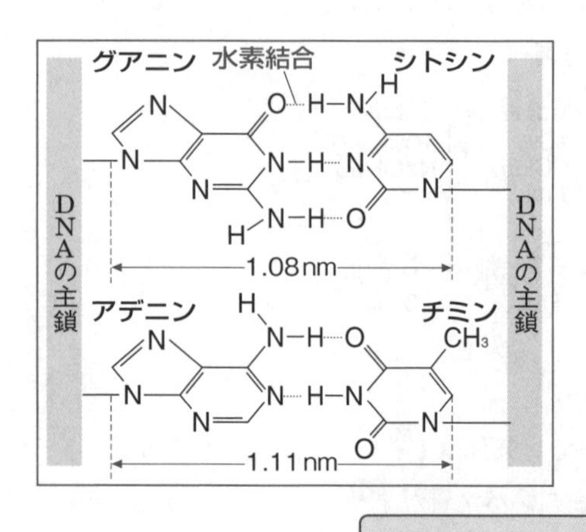

> **重要**
> **DNA…糖はデオキシリボース。塩基はA，G，C，T。**
> **2本鎖の構造。遺伝子の本体。**
> **RNA…糖はリボース。塩基はA，G，C，U。**
> **1本鎖の構造。タンパク質の合成。**

B. DNAの構造とそのはたらき

1 DNAの構造

① DNAの塩基の量には，**A=T，G=Cの関係がある**。◈3
└→1949年，シャルガフ

② DNAは**らせん構造**をとっている。
└→1952年，ウィルキンス

③ DNAでは，2本のヌクレオチド鎖が相補的な塩基対による
└→AとT，CとG
(❽　　　　**結合**)によって結ばれ，全体が大きならせん状になっている。これを，DNAの(❾　　　　**構造**)という。この考えは，1953年に(❿　　　　)と(⓫　　　　)◈4によって提唱されたものである。

④ DNAでは，4種の塩基の配列順序が，全生物の形質を決定する(⓬　　　　**情報**)として利用されている。
└→塩基配列という

◈3
DNA中の塩基の割合

生物＼塩基	A	G	C	T
ヒト	30.9	19.9	19.8	29.4
酵母	31.3	18.7	17.1	32.9
大腸菌	24.7	26.0	25.7	23.6

（単位：モル％）

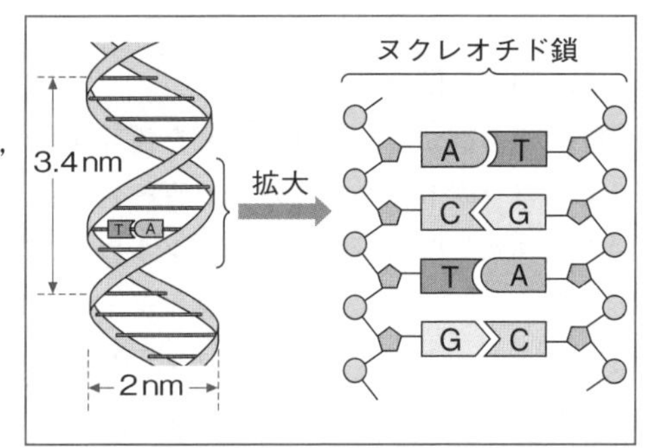

⬆ DNAの二重らせん構造

2 DNAの複製　発展

① 細胞が分裂するとき，DNAの2本鎖がほどかれる。

② それぞれのDNA鎖が鋳型となり，新しいヌクレオチド鎖がつくられるので，もととまったく同じ二重らせんが2組できる。これを**DNAの**(⓭　　　　)という。

◈4
この業績により，ワトソン（アメリカ）とクリック（イギリス）は1962年にノーベル生理学・医学賞を受賞した。

3 タンパク質の合成

RNAには，DNAの情報を写し取る**伝令RNA**，アミノ酸を運搬する**転移RNA（運搬RNA）**，リボソームを構成する**リボソームRNA**がある。
（伝令RNA└→mRNA，転移RNA└→tRNA，リボソームRNA└→rRNA）

① 核の中でDNAの必要な部分がほどかれ，(⓮　　　　**RNA**)にコピーされる。これを遺伝情報の**転写**という。

② 細胞質中にある(⓯　　　　**RNA**)は，特定のアミノ酸と結合し，これをリボソームまで運ぶ。

③ リボソーム上で伝令RNAの遺伝情報にもとづいてアミノ酸が並べられ，(⓰　　　　**RNA**)のはたらきによって(⓱　　　　**結合**)が形成され，タンパク質が合成される。これを遺伝情報の**翻訳**という。

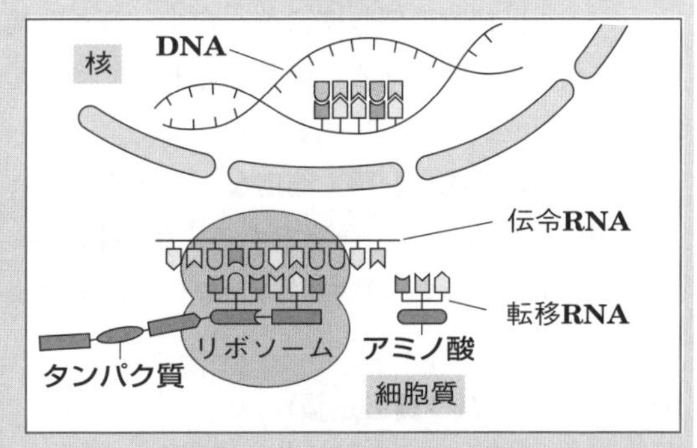

⬆ タンパク質合成のしくみ

ミニテスト　［解答］別冊p.16

(1) 核酸のうち，2本のヌクレオチド鎖が二重らせん構造をとっているものは何か。　(　　　　)

(2) DNA中の塩基のうち，アデニンと塩基対をつくるものは何か。　(　　　　)

練習問題　1章 天然高分子化合物

[解答] 別冊p.52

1 〈糖類〉

▶わからないとき→p.194～197

次の(1)～(7)にあてはまる糖類を，あとの**ア**～**ク**からすべて選べ。ただし，該当なしの場合は×を記せ。

(1) 分子式が$C_{12}H_{22}O_{11}$である。　(2) 高分子化合物である。

(3) 加水分解を受けない。　(4) 冷水にも熱水にも溶けない。

(5) 水溶液がフェーリング液を還元する。

(6) ヨウ素溶液を加えると，青～青紫色を呈する。

(7) 加水分解の最終生成物がグルコースだけである。

ア グルコース　**イ** フルクトース　**ウ** セルロース

エ マルトース　**オ** ラクトース　**カ** ガラクトース

キ スクロース　**ク** デンプン

ヒント　多糖類はすべて還元性を示さない。二糖類の多くは還元性を示すが，スクロースやトレハロースは還元性を示さない。

1
(1) ＿＿＿＿
(2) ＿＿＿＿
(3) ＿＿＿＿
(4) ＿＿＿＿
(5) ＿＿＿＿
(6) ＿＿＿＿
(7) ＿＿＿＿

2 〈多糖類〉

▶わからないとき→p.197

次の文章中の(　)に適する語句を入れよ。

(①)は穀類やいも類に多く含まれる多糖類で，多数の(②)分子が縮合重合した化合物である。全体としては(③)状の構造をもち，枝分かれがある(④)と枝分かれがない(⑤)の2種類の成分からなる。(①)は，ヨウ素溶液によって青～赤紫色に呈色する。この反応を(⑥)という。

(⑦)は植物の細胞壁に多く含まれる多糖類で，多数の(⑧)分子が縮合重合した化合物である。分子全体としては(⑨)状の構造をもつ。(⑦)は，ヨウ素溶液によって呈色しない。

(⑩)は動物の肝臓や筋肉などに多く含まれる多糖類で，多数の(②)分子が縮合重合した化合物である。構造は(④)と似ているが，枝分かれは(④)よりも多い。(⑩)は，ヨウ素溶液によって(⑪)色に呈色する。

2
① ＿＿＿＿
② ＿＿＿＿
③ ＿＿＿＿
④ ＿＿＿＿
⑤ ＿＿＿＿
⑥ ＿＿＿＿
⑦ ＿＿＿＿
⑧ ＿＿＿＿
⑨ ＿＿＿＿
⑩ ＿＿＿＿
⑪ ＿＿＿＿

3 〈タンパク質の定量〉

▶わからないとき→p.201～203

タンパク質を含む食品1.0 gに濃硫酸を加えて加熱分解した後，塩基性にして，この食品中に含まれる窒素をすべてアンモニアに変え，発生したアンモニアを0.050 mol/L硫酸20 mLに吸収させた。残った硫酸を中和するのに0.050 mol/L水酸化カリウム水溶液28 mLを要した。次の各問いに答えよ。

原子量；H＝1.0，N=14

(1) 発生したアンモニアの物質量は何molか。

(2) この食品中のタンパク質の割合(質量)は何％か。ただし，タンパク質の窒素含有率(質量)を16％とする。

ヒント　(1) この滴定の終点では，(酸の放出したH^+の物質量)＝(塩基の放出したOH^-の物質量)が成り立つ。

3
(1) ＿＿＿＿ mol
(2) ＿＿＿＿ %

4 〈アミノ酸〉

▶わからないとき→p.199～201

次の文章を読み，あとの各問いに答えよ。

α-アミノ酸は，同じ炭素原子にアミノ基と(①)基が結合した両性化合物で，天然に約20種類存在する。一般式は，$R-CH(NH_2)COOH$で表され，RがHのものを(②)，RがCH_3のものを(③)，RがCH_2SHのものを(④)という。(②)以外のすべてのα-アミノ酸には(⑤)異性体が存在する。

α-アミノ酸の水溶液中では，3種類のイオンが平衡状態で存在する。水溶液中で正・負の電荷の総和が0になるpHを(⑥)という。

多数のα-アミノ酸が(⑦)結合によって結合した構造をもち，特有の機能をもつものを(⑧)という。α-アミノ酸やタンパク質の水溶液に(⑨)水溶液を加えて温めると，紫色を呈する。この反応は，α-アミノ酸やタンパク質の(⑩)基の検出に利用される。

(1)　(　)に適する語句を入れよ。

(2)　(②)について，(i)酸性溶液，(ii)塩基性溶液，(iii)中性溶液中にそれぞれ最も多量に存在するイオンを示性式で書け。

4

(1) ①
②
③
④
⑤
⑥
⑦
⑧
⑨
⑩

(2) (i)
(ii)
(iii)

5 〈タンパク質の性質〉

▶わからないとき→p.203

卵白の水溶液に対して，次の操作を行った。それぞれの操作によっておこる反応や現象の名称を書け。また，反応後の溶液の色や沈殿の色を**A群**から，反応によって確認される事柄を**B群**から選べ。ただし，該当なしの場合は×を記せ。

(1)　水酸化ナトリウム水溶液を加えた後，硫酸銅(Ⅱ)水溶液を少量加える。

(2)　濃硝酸を加えて加熱し，冷却後，アンモニア水を十分に加える。

(3)　多量のエタノールを加える。

(4)　水酸化ナトリウム水溶液を加えて加熱後，酢酸鉛(Ⅱ)水溶液を加える。

〔A群〕 **ア** 黒　**イ** 青　**ウ** 赤紫　**エ** 白　**オ** 橙黄　**カ** 緑

〔B群〕 **キ** 窒素　**ク** 硫黄　**ケ** ペプチド結合　**コ** アミノ基　**サ** ホルミル基　**シ** ベンゼン環　**ス** カルボキシ基

5

(1)
(2)
(3)
(4)

6 〈DNAの構造〉

▶わからないとき→p.206～207

右図は，DNAの構造を模式的に示したもので，G，A，T，Cは塩基を記号で表したものである。次の各問いに答えよ。

(1)　図の**a**～**c**の各部分の名称を記せ。

(2)　図中の①～④にあてはまる塩基を正式名称で答えよ。

(3)　DNA鎖は，どのような立体構造をとっているか。

(4)　(3)の立体構造を，1953年にはじめて提唱した2人の学者名を答えよ。

6

(1) a
b
c

(2) ①
②
③
④

(3)

(4)

2章 合成高分子化合物

1 合成繊維

［解答］別冊p.16

	名称	例
天然繊維	植物繊維	綿，麻
天然繊維	動物繊維	羊毛，絹
化学繊維	再生繊維	レーヨン
化学繊維	半合成繊維	アセテート
化学繊維	合成繊維	ナイロン

↑繊維の分類

A. 繊維の分類

1 繊維の分類——細い糸状にした物質を**繊維**という。

① (❶　　　　**繊維**)…天然から得られる繊維。セルロースを主成分とする(❷　　　　**繊維**)と，タンパク質を主成分とする(❸　　　　**繊維**)がある。

② (❹　　　　**繊維**)…天然繊維以外の繊維。天然繊維を化学的に処理してつくる**再生繊維**や**半合成繊維**と，石油などを原料として合成される(❺　　　　**繊維**)がある。

B. 合成繊維 出る

1 ポリアミド系合成繊維——分子内に多数のアミド結合をもつ。

① **ナイロン66**[※1]…アメリカの**カロザース**が1935年に発明した。アジピン酸とヘキサメチレンジアミンの(❻　　　　**重合**)でつくられる。

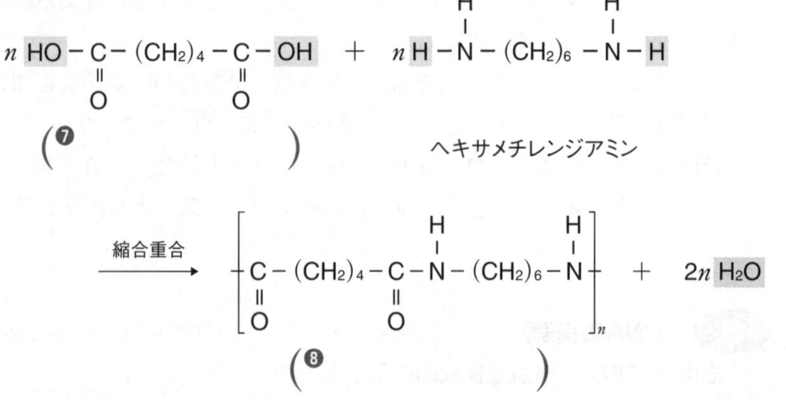

※1
最初の6はジアミンの炭素数，あとの6はジカルボン酸の炭素数を表す。

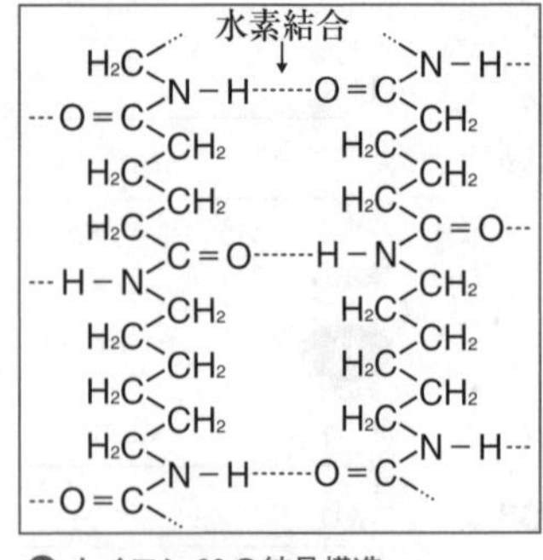

↑ナイロン66の結晶構造
ナイロン66の分子は絹に似た性質をもつが，水素結合によって強く結びついており，絹より丈夫である一方，吸湿性は小さい。

② **ナイロン6**[※2]…ε(イプシロン)-カプロラクタムに少量の水を加えて加熱すると，(❾　　　　**重合**)が起こり，**ナイロン6**が生成する。

$$n\,\mathrm{CH_2}\langle\begin{smallmatrix}\mathrm{CH_2-CH_2-C=O}\\ \mathrm{CH_2-CH_2-N-H}\end{smallmatrix}\rangle \xrightarrow{\text{開環重合}} \left[\mathrm{\underset{\underset{O}{\|}}{C}-(CH_2)_5-\underset{\underset{H}{|}}{N}}\right]_n$$

ε-カプロラクタム　　(❿　　　　)

※2
ナイロン6は，1941年，日本の星野孝平らが開発したものである。

③ **アラミド繊維**[3]…ナイロン66のメチレン鎖$(CH_2)_n$の部分をベンゼン環で置きかえた構造をもつ芳香族のポリアミド系合成繊維を(⑪　　　　　　)といい，強度・耐熱性が大きい。

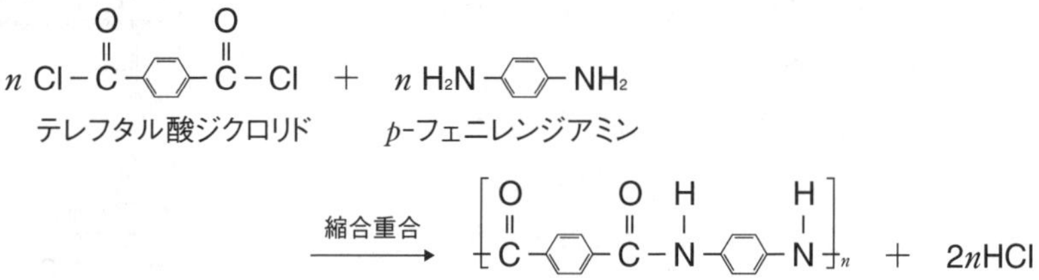

n Cl−C(=O)−C₆H₄−C(=O)−Cl ＋ n H_2N−C₆H₄−NH_2

テレフタル酸ジクロリド　p-フェニレンジアミン

縮合重合 → [−C(=O)−C₆H₄−C(=O)−N(H)−C₆H₄−N(H)−]$_n$ ＋ $2n$HCl

2 ポリエステル系合成繊維――分子内に多数のエステル結合をもつ。

- **ポリエチレンテレフタラート**（→PETと略されることが多い）…2価カルボン酸のテレフタル酸と，2価アルコールのエチレングリコールを(⑫　　　　**重合**)させると(⑬　　　　　　)が得られる[4]。

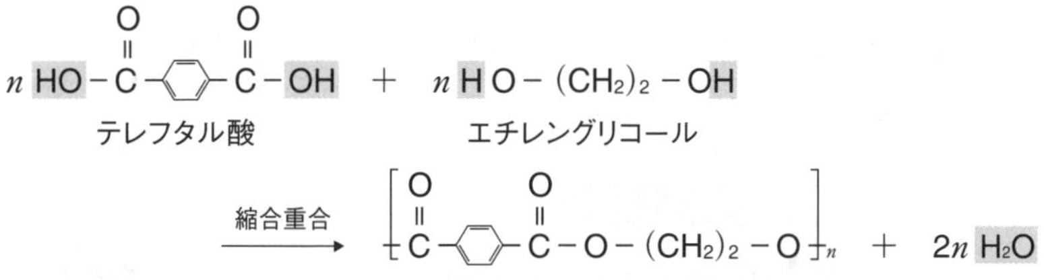

n HO−C(=O)−C₆H₄−C(=O)−OH ＋ n HO−$(CH_2)_2$−OH

テレフタル酸　エチレングリコール

縮合重合 → [−C(=O)−C₆H₄−C(=O)−O−$(CH_2)_2$−O−]$_n$ ＋ $2n$ H_2O

ポリエチレンテレフタラート

3 アクリル繊維――アクリロニトリルを(⑭　　　　**重合**)させると，(⑮　　　　**繊維**)が得られる[5]。

アクリロニトリルに塩化ビニル（$CH_2=CHCl$）やアクリル酸メチル（$CH_2=CHCOOCH_3$）などを共重合させて得られる合成繊維[6]を**アクリル系繊維**という。

4 ビニロン[7]――酢酸ビニルを付加重合してポリ酢酸ビニルをつくる。これを水酸化ナトリウム水溶液で(⑯　　　　)すると，**ポリビニルアルコール**(略称PVA)が得られる。PVAを紡糸した後，ホルムアルデヒド水溶液で処理して(⑰　　　　**化**)すると，水に溶けない繊維である**ビニロン**ができる[8]。

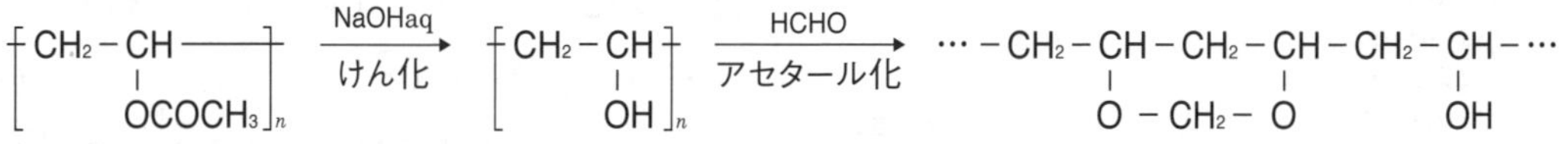

[−CH_2−CH($OCOCH_3$)−]$_n$ （ポリ酢酸ビニル） —NaOHaq けん化→ [−CH_2−CH(OH)−]$_n$ （ポリビニルアルコール） —HCHO アセタール化→ …−CH_2−CH−CH_2−CH−CH_2−CH(OH)−… （2つのCHがO−CH_2−Oで結ばれる）（ビニロン）

> **重要**　[合成繊維の分類]
>
> **縮合重合による**
> - **ポリアミド系……ナイロンなど**
> - **ポリエステル系…ポリエチレンテレフタラートなど**
>
> **付加重合による**
> - **アクリル繊維**
> - **ビニロン**

[3] パラ系のアラミド繊維はケブラー®ともよばれ，防弾チョッキ，宇宙船，スポーツ用品などに利用される。また，メタ系のアラミド繊維は，消防服に利用される。

[4] ポリエチレンテレフタラートは親水基をもたないので，水を吸収せず，しわになりにくい。各種の衣料品やペットボトルに多く使われ，リサイクルが進んでいる。

[5] 羊毛に似た風合いをもち，保温性に優れる。アクリル繊維を高温にして炭化させたものが**炭素繊維**である。

[6] 塩化ビニルを加えると難燃性に，アクリル酸メチルを加えると染色性が向上する。

[7] 1939年，京都大学の桜田一郎が発明した。綿に似た性質をもつ，日本初の合成繊維である。

[8] ビニロンには−OHが残っているので，適度な吸湿性を示し，強度や耐摩耗性が大きい。

重要実験

ナイロン66の合成

方法(操作)

(1) ビーカーAでシクロヘキサンにアジピン酸ジクロリドを溶かし，ビーカーBで水に水酸化ナトリウムとヘキサメチレンジアミンを溶かす。

(2) ビーカーAの溶液(密度約0.8 g/cm^3)をビーカーBの溶液(密度約1.0 g/cm^3)に，ガラス棒を伝わらせて静かに注ぐ。2層の境界面に生じた膜を引き上げて試験管に巻き取り，水とアセトンで交互に洗った後，乾燥させる。

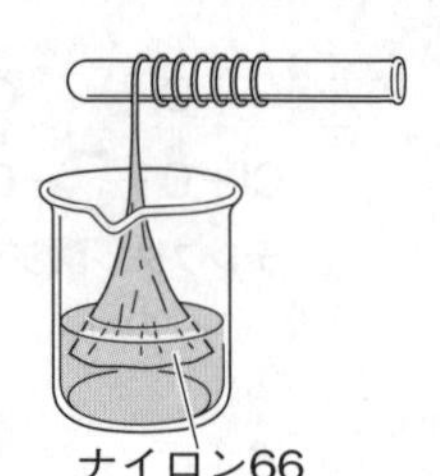

結果と考察

① ナイロン66が生成する反応は，次の化学反応式で表される。

$$n\mathrm{Cl{-}C(=O){-}(CH_2)_4{-}C(=O){-}Cl} + n\mathrm{H{-}N(H){-}(CH_2)_6{-}N(H){-}H}$$

$$\longrightarrow \left[\mathrm{C(=O){-}(CH_2)_4{-}C(=O){-}N(H){-}(CH_2)_6{-}N(H)}\right]_n + 2n(⑱\qquad)$$

② (1)で水酸化ナトリウムを加えるのは，反応で生成する(⑲　　　　)を中和し，縮合重合の反応速度が低下しないようにするためである。

C. 天然繊維

ルーメン

綿花　綿の断面(240倍)

⬆綿の構造

綿は内部に中空部分(ルーメン)をもち，吸湿性も大きい。

1 綿――アオイ科の植物で，種子の表面に発生する綿毛の短繊維を利用。ほぼ純粋な(⑳　　　　)からなる。扁平でねじれがあり，糸に紡ぎやすい。

2 麻――亜麻(あま)や苧麻(ちょま)の茎の短繊維を利用。主成分は(㉑　　　　)で，吸湿性や吸水性が大きい。

3 絹――カイコガの繭(まゆ)から得られる長繊維(約1500 m)を利用。主成分は，**フィブロイン**とよばれる(㉒　　　　)である。しなやかで美しい光沢をもつが，光により変色しやすい。

4 羊毛――羊の体毛の短繊維を利用。**ケラチン**とよばれる(㉓　　　　)からなる。繊維の表面に鱗(うろこ)状のキューティクルがあり，撥水性(はっすいせい)，保温性や吸湿性が大きい。

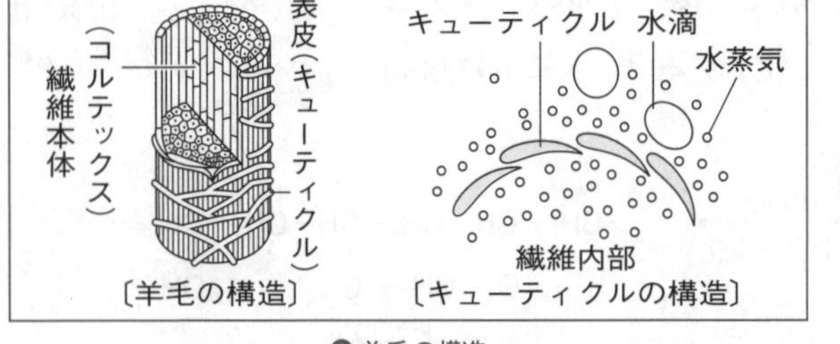

⬆羊毛の構造

羊毛は，キューティクルの隙間から，空気や水蒸気が出入りできる。

ミニテスト

[解答] 別冊p.16

次の各繊維は，ア～オのどれに分類されるか。

(1) 羊毛　(　　)　(2) 綿　(　　)　(3) レーヨン　(　　)

(4) ナイロン　(　　)　(5) 絹　(　　)　(6) アセテート　(　　)

ア 半合成繊維　イ 植物繊維　ウ 動物繊維　エ 再生繊維　オ 合成繊維

2　合成樹脂(プラスチック)

［解答］別冊p.16

A. 合成樹脂の構造と性質

1 熱可塑(かそ)性樹脂と熱硬化性樹脂——合成樹脂(プラスチック)[◈1]は，熱に対する性質から，次のように分類される。

① (❶　　　　**樹脂**)…加熱すると軟化し，冷やすと再び硬くなる性質をもつ合成樹脂。(❷　　　**重合**)によってできたものが多い。

② (❸　　　　**樹脂**)…加熱すると硬くなり，再び軟化しない性質をもつ合成樹脂。(❹　　　**縮合**)によってできたものが多い。

◈1 合成高分子化合物のうち，熱や圧力を加えると成形・加工のできるものを**合成樹脂(プラスチック)**という。石油からつくられたプラスチックは，密度が小さく，薬品にも侵されにくい。

熱可塑性樹脂	熱硬化性樹脂
主鎖 ●(❺　　　**構造**)の高分子。 ●成形・加工がしやすい。	側鎖　主鎖 ●(❻　　　**構造**)の高分子。 ●耐熱性・耐溶剤性に富む。

B. 熱可塑性樹脂

1 付加重合で得られる熱可塑性樹脂[◈2]——(❼　　　　**基**)

$CH_2=CH-$をもつ単量体は，付加重合によって鎖状構造の高分子をつくる。

◈2 ポリエチレンテレフタラートやナイロンなどは，縮合重合で得られる熱可塑性樹脂である。

$$n\ \mathrm{CH_2=CHX} \xrightarrow{\text{付加重合}} \left[\begin{array}{cc} \mathrm{H} & \mathrm{X} \\ | & | \\ -\mathrm{C} - & \mathrm{C}- \\ | & | \\ \mathrm{H} & \mathrm{H} \end{array}\right]_n$$

単量体　　　重合体

単量体の示性式・名称	重合体の名称	おもな特徴
$CH_2=CH_2$　エチレン	❽	軽量，耐水性，電気絶縁性
$CH_2=CH(CH_3)$　プロペン(プロピレン)	❾	軽量，耐熱性，強度大
$CH_2=CHCl$　塩化ビニル	❿	耐薬品性，難燃性
$CH_2=CH(C_6H_5)$　スチレン	⓫	透明，電気絶縁性
$CH_2=CH(OCOCH_3)$　酢酸ビニル	⓬	低軟化点，接着性
$CH_2=CCl_2$　塩化ビニリデン	ポリ塩化ビニリデン	耐薬品性，耐熱性
$CH_2=C(CH_3)COOCH_3$　メタクリル酸メチル	⓭	光の透過性大，強度大
$CF_2=CF_2$　テトラフルオロエチレン	ポリテトラフルオロエチレン	耐熱性，耐薬品性，撥水性

2 高密度ポリエチレンと低密度ポリエチレン

高密度ポリエチレン(HDPE)	低密度ポリエチレン(LDPE)
●10^6 Pa，60℃程度の条件で，触媒を使って合成する。	●10^8 Pa，200℃程度の条件で，無触媒で合成する。
●密度は0.94～0.96 g/cm^3。	●密度は0.91～0.93 g/cm^3。
●枝分かれが少なく，結晶部分が(⑭　　　い)。	●枝分かれが多く，結晶部分が(⑯　　　い)。
●分子間力は(⑮　　　い)。	●分子間力は(⑰　　　い)。
●半透明で，硬く，強度は大きい。	●透明で，軟らかく，強度は小さい。
●ポリ容器などに用いられる。	●ポリ袋などに用いられる。

C. 熱硬化性樹脂

1 熱硬化性樹脂――分子中に3個以上の官能基をもつ単量体が(⑱　　　)[3]すると，立体網目構造の高分子ができる。
└→付加反応と縮合反応の繰り返しで進む重合反応

① **フェノール樹脂**[4]…フェノールに酸または塩基を触媒として(⑲　　　　　)を反応させると，それぞれ**ノボラック**や**レゾール**とよばれる中間生成物を経由して，硬い(⑳　　　　　)ができる。

触媒 加熱

■は付加縮合を行う部分

② **アミノ樹脂**…アミノ基をもつ単量体からつくられた熱硬化性樹脂。

単量体の構造式・名称	重合体の名称	おもな特徴
$H_2N-C(=O)-NH_2$ 尿素　$H-C(=O)-H$ ホルムアルデヒド	㉑	耐薬品性，電気絶縁性，着色性がよい
メラミン　$H-C(=O)-H$ ホルムアルデヒド	㉒	硬い，光沢大，耐熱性

■は付加縮合を行う部分を示す。

◈3
多価カルボン酸やその無水物と多価アルコールから得られる**アルキド樹脂**のように，縮合重合で得られる熱硬化性樹脂もある。**グリプタル樹脂**は代表的なアルキド樹脂で，無水フタル酸とグリセリンを縮合重合してつくられる。

◈4
1907年，ベークランド(アメリカ)が発明した世界初の合成樹脂で，**ベークライト**ともよばれる。フェノール樹脂は耐熱性や電気絶縁性にすぐれ，調理器具の取っ手やプリント配線基板などに用いられる。

D. イオン交換樹脂 出る

1 陽イオン交換樹脂――スチレンとp-ジビニルベンゼンの共重合体をつくり，これを濃硫酸で（㉓　　　　化）したもの。イオン交換樹脂中の（㉔　　　　イオン）と溶液中の陽イオンが交換される。◈5

$$ \text{▨}-SO_3H + Na^+ \rightleftarrows \text{▨}-SO_3^-Na^+ + H^+ \quad \cdots\cdots(\mathrm{i}) $$

└→樹脂本体

2 陰イオン交換樹脂――スチレンとp-ジビニルベンゼンの共重合体に，塩基性のアルキルアンモニウム基などを導入したもの。イオン交換樹脂中の（㉕　　　　イオン）と溶液中の陰イオンが交換される。◈5

$$ \text{▨}-CH_2-N^+(CH_3)_2-CH_3OH^- + Cl^- \rightleftarrows \text{▨}-CH_2-N^+(CH_3)_2-CH_3Cl^- + OH^- \quad \cdots(\mathrm{ii}) $$

3 イオン交換樹脂の再生――(i)，(ii)は可逆反応で，使用したイオン交換樹脂を酸や（㉖　　　　）の水溶液と反応させると，もとの状態に戻すことができる。これをイオン交換樹脂の（㉗　　　　）という。

◈5
陽イオン交換樹脂と陰イオン交換樹脂を同時に用いると，**脱イオン水**(純水)が得られる。

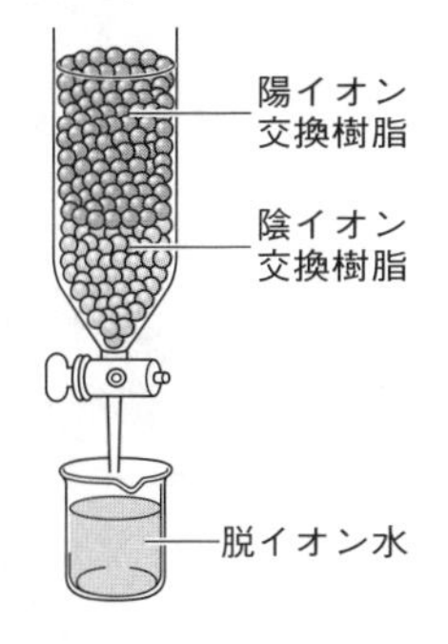

例題研究 イオン交換樹脂

陽イオン交換樹脂に硫酸銅(Ⅱ)水溶液10 mLを流し，純水でよく洗った。この流出液を0.10 mol/L水酸化ナトリウム水溶液で滴定したところ，13 mLを要した。硫酸銅(Ⅱ)水溶液の濃度は何mol/Lか。

解き方

陽イオン交換樹脂の樹脂本体をRで示すと，陽イオンどうしの交換は次のように表される。

$$ 2R-SO_3H + Cu^{2+} \longrightarrow (R-SO_3)_2Cu + 2H^+ $$

反応式の係数の比より，陽イオンは物質量比$Cu^{2+}:H^+=$（㉘　：　）で交換される。また，流出液の中和では，物質量比$H^+:OH^-=$（㉙　：　）で反応する。

よって，陽イオン交換樹脂で交換されたCu^{2+}と，流出液の中和に使われたOH^-の物質量比は，$Cu^{2+}:OH^-=$（㉚　：　）である。

したがって，硫酸銅(Ⅱ)水溶液のモル濃度をx〔mol/L〕とすると，

$$ x\times\frac{10}{1000}\,\mathrm{L} : 0.10\,\mathrm{mol/L}\times\frac{13}{1000}\,\mathrm{L}=1:2 \qquad x=(㉛\qquad \mathrm{mol/L}) $$ ……答

ミニテスト

[解答] 別冊p.16

1 分子量が2.0×10^5であるポリ塩化ビニル$\{CH_2-CHCl\}_n$の重合度を求めよ。
(原子量：H=1.0，C=12，Cl=35.5)　（　　　）

2 次の合成樹脂は，熱可塑(かそ)性樹脂と熱硬化性樹脂のどちらか。

(1) ポリ塩化ビニル（　　　）　(2) フェノール樹脂（　　　）
(3) ポリエチレン（　　　）　(4) ポリエチレンテレフタラート（　　　）
(5) 尿素樹脂（　　　）　(6) ポリスチレン（　　　）

3 ゴム

［解答］別冊p.16

A. 天然ゴム 出る

1 天然ゴム(生ゴム)

① ゴムノキからとれる白い樹液(**ラテックス**)はコロイド溶液の一種である。これに酢酸などを加えて凝固させ，さらに水洗・乾燥させたものを**天然ゴム**または(❶　　　　　)という。

② 天然ゴムの主成分は，イソプレン分子が(❷　　　　　**重合**)した**ポリイソプレン**$(C_5H_8)_n$と同じ構造をもつ。天然ゴムを空気を遮断して加熱する(乾留)と，熱分解され，イソプレンC_5H_8が得られる。
└→無色の液体

③ 天然ゴムのポリイソプレンは，C=C結合の部分がすべて(❸　　　　　**形**)の構造をしている。[1]

$CH_2=C(CH_3)-CH=CH_2$ ⟶ $\cdots-[CH_2-C(CH_3)=CH-CH_2]-\cdots$

イソプレン　　　　イソプレンの単位　シス形　ポリイソプレン

④ シス形のゴム分子は折れ曲がった構造のため，分子全体では丸まった形をとりやすい。ゴム分子に外力を加えると，C−C結合の部分が回転してのびた形になるが，外力を除くと，分子自身の熱運動によって，もとの丸まった形に戻っていく。

こうして，ゴム特有の弾性(=❹　　　　　)が表れる。

2 加硫

① 天然ゴムに硫黄を数%加えて加熱する操作を(❺　　　　　)という。

② 加硫されたゴムを，(❻　　　　　**ゴム**)という。

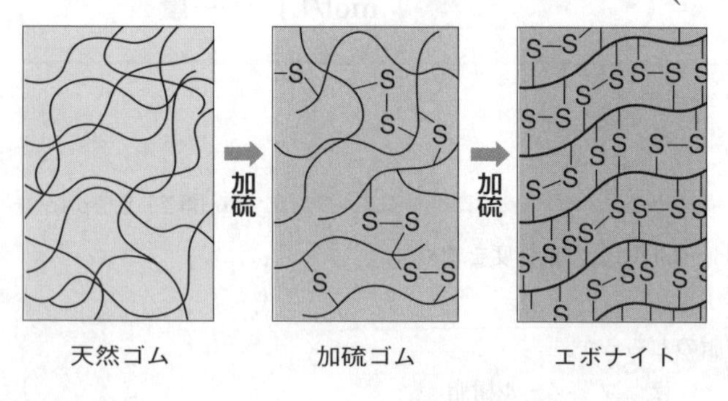

天然ゴム　　加硫ゴム　　エボナイト

③ 加硫することにより，ゴムの弾性や強度が大きくなり，耐久性なども向上する。[2] これは，鎖状のゴム分子のところどころに硫黄原子を仲立ちとした(❼　　　　　**構造**)がつくられ，分子が立体網目状につながるためである。
└→橋かけ構造

④ 天然ゴムに硫黄を30〜40%加えて長時間加熱すると，(❽　　　　　)とよばれる黒色の硬いプラスチック状の物質になる。

[1] アカテツ科の常緑高木の樹液から得られる**グッタペルカ**は，C=C結合の部分がトランス形のポリイソプレンでできており，弾性のない硬いプラスチック状の物質である。

[2] 天然ゴムは多数のC=C結合をもつため，空気中で酸化されてしだいに弾性を失う(**ゴムの劣化**)。S原子の架橋構造ができると，分子が網目状につながって弾性が強くなるとともに，C=C結合が酸化されにくくなるため，化学的に安定なゴムになる。

B. 合成ゴム

1 合成ゴム――イソプレンに似た構造の単量体を(❾　　　　**重合**)させると，弾性のある(❿　　　　)が得られる。[3]

2 付加重合で得られる合成ゴム

① **ブタジエンゴム**…耐摩耗性，耐寒性に優れる。

$$nCH_2=CH-CH=CH_2 \longrightarrow \left[CH_2-CH=CH-CH_2\right]_n$$

1,3-ブタジエン　　(⓫　　　　)

② **クロロプレンゴム**…耐候性，耐油性に優れる。

$$nCH_2=\underset{\displaystyle Cl}{\underset{|}{C}}-CH=CH_2 \longrightarrow \left[CH_2-\underset{\displaystyle Cl}{\underset{|}{C}}=CH-CH_2\right]_n$$

クロロプレン　　(⓬　　　　)

3 共重合で得られる合成ゴム

① **スチレン-ブタジエンゴム(SBR)**…耐摩耗性，耐熱性，機械的強度に優れる。[4]

$$CH_2=CH-CH=CH_2 + \underset{\displaystyle C_6H_5}{\underset{|}{CH}}=CH_2 \longrightarrow \cdots-CH_2-CH=CH-CH_2-\underset{\displaystyle C_6H_5}{\underset{|}{CH}}-CH_2-\cdots$$

(⓭　　　　)　(⓮　　　　)　スチレン-ブタジエンゴム

② **アクリロニトリル-ブタジエンゴム(NBR)**…特に耐油性に優れる。[5]

$$CH_2=CH-CH=CH_2 + CH_2=\underset{\displaystyle CN}{\underset{|}{CH}} \longrightarrow \cdots-CH_2-CH=CH-CH_2-CH_2-\underset{\displaystyle CN}{\underset{|}{CH}}-\cdots$$

1,3-ブタジエン　(⓯　　　　)　アクリロニトリル-ブタジエンゴム

4 その他のゴム

- **シリコーンゴム**…分子中にSi－O結合を含み，ゴム弾性のもととなるC＝C結合をもたない。耐久性，耐熱性，耐寒性，耐薬品性に優れる。
  └→ゴムの劣化の原因でもある

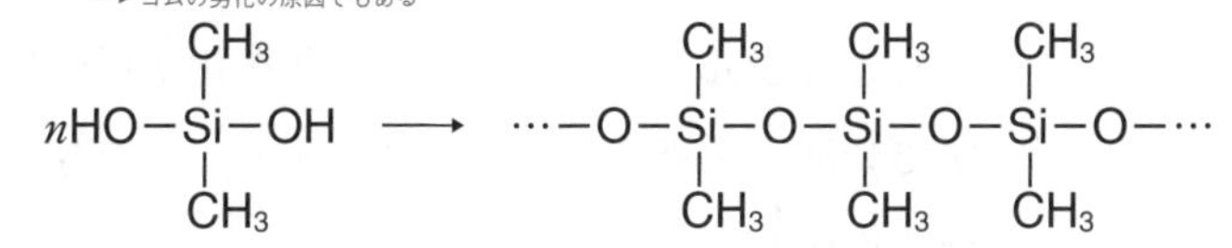

[3] 合成ゴムの分子中のC＝C結合には，シス形とトランス形の構造が混在する。弾性が見られるのはシス形だけであるから，合成ゴムの弾性は天然ゴムにはおよばない。

[4] SBRはベンゼン環を含むので，機械的強度が大きく，自動車のタイヤに用いられる。

[5] NBRには極性の強いシアノ基－CNが存在するので，耐油性が非常に強く，石油ホースや印刷ロールに用いられる。

ミニテスト　[解答] 別冊p.16

次の記述に該当する語句，名称を答えよ。

(1) 天然ゴムに硫黄を数%加えて加熱する操作。　(　　　　)

(2) 天然ゴムに硫黄を30～40%加えて加熱して得られる，硬いプラスチック状の物質。　(　　　　)

(3) スチレンと1,3-ブタジエンを1：4(質量比)で混合したものを共重合させて得られる合成ゴム。　(　　　　)

4 高分子化合物と人間生活

［解答］別冊p.16

A. プラスチックの利用

1 機能性高分子──特殊な機能をもった高分子化合物。

① (❶　　　　**高分子**)…多量の水を吸収して保持できる高分子。

例 $n\mathrm{CH_2{=}CH(COONa)} \xrightarrow{\text{付加重合}} \mathrm{[CH_2{-}CH(COONa)]_n}$ ポリアクリル酸ナトリウム ◈1

② (❷　　　　**高分子**)…生体内や微生物によって分解されやすい高分子。

例 $n\mathrm{HO{-}CH(CH_3){-}COOH}$（乳酸） $\xrightarrow{\text{縮合重合}}$ $\mathrm{[O{-}CH(CH_3){-}CO]_n}$（ポリ乳酸 ◈2）

③ (❸　　　　**高分子**)…金属と同程度の電気伝導性をもつ高分子。

例 $n\mathrm{CH{\equiv}CH}$（アセチレン） $\xrightarrow{\text{付加重合}}$ $\mathrm{[CH{=}CH]_n}$（ポリアセチレン ◈3）

④ (❹　　　　**高分子**)…光によって重合がさらに進み，溶媒に不溶となる高分子。

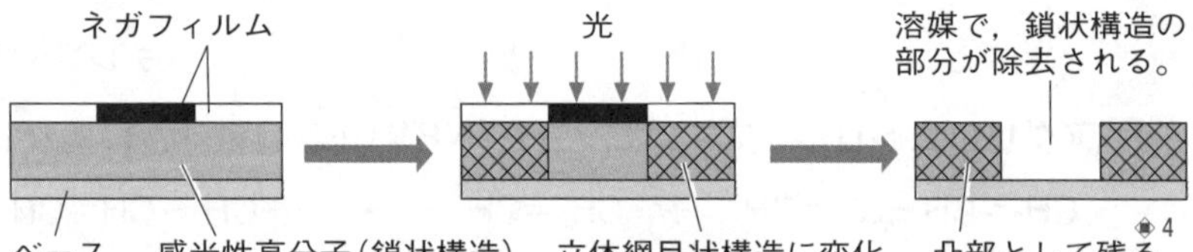

感光性高分子を用いた印刷用の凸版の製造（模式図）

◈1
この高分子が吸水すると，$-\mathrm{COONa}$の部分が電離し，$-\mathrm{COO^-}$どうしが反発して網目が広がり，浸透圧によって，この隙間に水が入ってくる。

◈2
ポリ乳酸のような脂肪族のポリエステルは，生分解性が高い。

◈3
ポリアセチレンはコンデンサーや携帯電話の電池などの材料に応用されている。

◈4
鎖状構造の高分子は溶媒に溶けて除去されるが，光が当たって立体網目構造となった部分は溶媒に不溶で残るので，印刷用の凸版をつくることができる。

B. プラスチックのリサイクル 出る

① (❺　　　　**リサイクル**)…廃プラスチックを粉砕してから融解し，再度成形して利用する。主にペットボトルの再利用で行われる。

② (❻　　　　**リサイクル**)…廃プラスチックを化学反応によって原料物質(単量体)まで分解し，再び合成して利用する。マテリアルリサイクルが困難な熱硬化性樹脂の再利用で有効。

③ (❼　　　　**リサイクル**)…廃プラスチックを燃焼させ，発生する熱エネルギーを利用する。

ミニテスト

［解答］別冊p.16

次の機能性高分子の名称を答えよ。

(1) 金属と同程度の電気伝導性をもつ高分子。　(　　　　)
(2) 光が当たると溶媒に不溶となる高分子。　(　　　　)
(3) 生体内や微生物によって分解されやすい高分子。　(　　　　)
(4) 多量の水を吸収して保持できる高分子。　(　　　　)

練習問題　2章 合成高分子化合物

［解答］別冊p.53

1 〈合成繊維〉

▶わからないとき→p.210～212

次の文章を読み，あとの各問いに答えよ。

ナイロンは代表的な合成繊維で，ⓐ強度や耐久性に優れる。ナイロン66は(①)とヘキサメチレンジアミンの(②)重合で合成され，ⓑナイロン6はε-カプロラクタムの(③)重合で合成される。

ⓒポリエチレンテレフタラートは吸湿性をほとんど示さず，しわになりにくい合成繊維で，テレフタル酸と(④)の(②)重合で合成される。また，アクリロニトリルを(⑤)重合させて得られるポリアクリロニトリルを主成分とする繊維は(⑥)とよばれ，羊毛に似た性質をもつ。

(1) 文章中の(　)に適する語句を入れよ。

(2) 下線部ⓐについて，ナイロンが強度や耐久性に優れる理由を，分子構造をもとに説明せよ。

(3) 下線部ⓑ，ⓒの高分子を示性式で表せ。

2 〈ナイロン66の合成〉

▶わからないとき→p.210，212

次のA，Bの溶液を右図のように混合すると，2層に分離し，境界面にナイロン66の薄膜ができたので，試験管に巻き取った。あとの各問いに答えよ。

原子量；H=1.0，C=12，N=14，O=16

A；水酸化ナトリウムとヘキサメチレンジアミンの混合水溶液

B；アジピン酸ジクロリドのジクロロメタン溶液

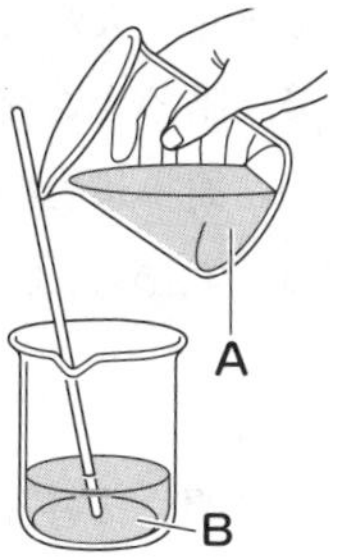

A

B

(1) この合成反応を，化学反応式で表せ。

(2) この合成で，Bの溶液にAの溶液を注いだ理由を説明せよ。

(3) 生じたナイロン66の分子量が2.0×10^5のとき，ナイロン66分子中には何個のアミド結合が存在するか。分子の末端の構造(−H，−OH)は考慮しなくてよい。

ヒント (3) ナイロン66の繰り返し単位中には，2個のアミド結合が存在する。

3 〈ビニロン〉

▶わからないとき→p.211

次の図は，ビニロンの合成反応を模式的に示したものである。あとの各問いに答えよ。

アセチレン
酢　酸
① → 酢酸ビニル ② → A ③ 塩基 → B
紡糸 硫酸ナトリウム水溶液 → 繊　維
乾燥
④ ← ビニロン
C

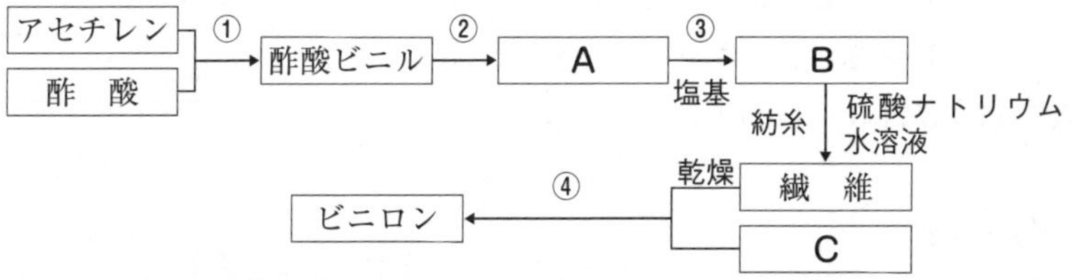

(1) 図中の①～④にあてはまる反応の名称を答えよ。

(2) 図中のA～Cにあてはまる物質の名称を答えよ。

(3) ビニロンが適度な吸湿性を示す理由を説明せよ。

1
(1) ①
②
③
④
⑤
⑥
(2)
(3) ⓑ
ⓒ

2
(1)
(2)
(3)　　個

3
(1) ①
②
③
④
(2) A
B
C
(3)

4 〈合成樹脂〉
▶わからないとき→p.213～214

次の文章中の(　)に適する語句を入れよ。

ポリエチレンやポリ塩化ビニル，ポリエチレンテレフタラートのように，加熱すると軟化する合成樹脂を(①)という。ポリエチレンやポリ塩化ビニルは，(②)をもつ単量体が(③)してできるが，ポリエチレンテレフタラートは，1分子中に2個の官能基をもつ単量体が(④)してできる。(①)は，いずれも(⑤)構造をもつ高分子である。

これに対して，フェノール樹脂やメラミン樹脂のように，加熱すると硬化する合成樹脂を(⑥)という。これらの樹脂が硬化するのは，加熱によって，高分子がもつ(⑦)構造が発達するからである。

4
①
②
③
④
⑤
⑥
⑦

5 〈イオン交換樹脂〉
▶わからないとき→p.215

次の文章を読み，あとの各問いに答えよ。

スチレンに少量の*p*-ジビニルベンゼンを(①)させると，立体網目構造をもつポリスチレン樹脂ができる。これに(②)を作用させると，陽イオン交換樹脂が得られる。陽イオン交換樹脂には多くの(③)基が存在するため，水溶液を流すと，陽イオン交換樹脂中の(④)イオンと水溶液中の陽イオンが交換される。

(1) 文章中の(　)に適する語句を入れよ。

(2) イオン交換を行った後，陽イオン交換樹脂をもとの状態に再生するには，どのような操作が必要か。簡単に説明せよ。

ヒント (2) イオン交換の反応は，可逆反応である。

5
(1) ①
②
③
④
(2)

6 〈天然ゴムと合成ゴム〉
▶わからないとき→p.216～217

次の文章を読み，あとの各問いに答えよ。原子量：H＝1.0，C＝12

天然ゴムは(①)が付加重合した構造をもつ高分子化合物で，分子式は$(C_5H_8)_n$で表される。天然ゴムの分子中には多数のC＝C結合が存在するが，すべて(②)形であり，これがゴム特有の弾性のもととなる。

天然ゴムは弾性が小さい。また，高温では軟らかく，低温では硬くてもろい。天然ゴムに数％の(③)を加えて加熱すると，(③)原子による(④)構造が生じ，弾性や強度などの性能が向上する。この操作を(⑤)という。

合成ゴムは，ⓐ1,3-ブタジエンやⓑクロロプレンのように，(①)に似た構造をもつ単量体を重合させたものである。ブタジエンゴムやクロロプレンゴムは，それぞれ1種類の単量体を(⑥)させて得られる合成ゴムである。一方，(⑦)は1,3-ブタジエンとスチレンを(⑧)させて得られる合成ゴムで，ベンゼン環を含むため機械的な強度に優れ，自動車のタイヤなどに用いられる。

(1) 文章中の(　)に適する語句を入れよ。

(2) ⓐ，ⓑの物質を示性式で表せ。

(3) 得られた天然ゴムの平均分子量が1.7×10^5のとき，(①)の平均重合度を求めよ。

6
(1) ①
②
③
④
⑤
⑥
⑦
⑧
(2) ⓐ
ⓑ
(3)

定期テスト対策問題　6編　高分子化合物

［時 間］50分
［合格点］70点
［解 答］別冊p.55

1　次の文章を読み，あとの各問いに答えよ。　〔各2点　合計16点〕

グルコースは，結晶中では下図のAの構造をとるが，水溶液中ではA，B，鎖状構造の3つの異性体が(　①　)状態にある。グルコースの水溶液は，(　②　)反応を示したり，(　③　)液を還元したりするなど，還元性を示す。これは，鎖状構造の異性体に(　④　)基が存在するからである。

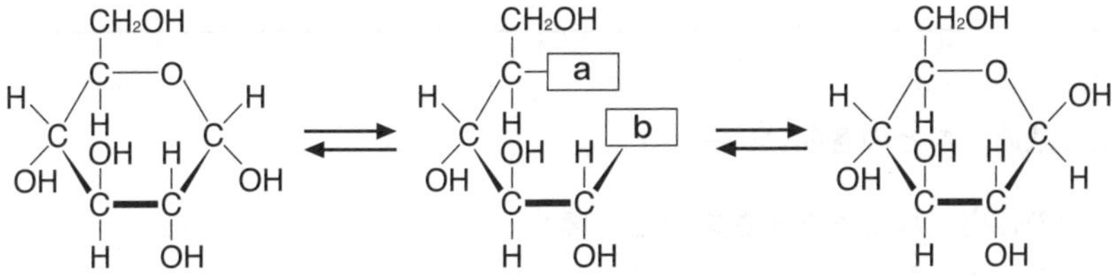

A　　鎖状構造　　B

(1)　文章中の(　)に適する語句を入れよ。

(2)　図のA，Bの異性体の名称を答えよ。

(3)　図のa，bに適する示性式を入れよ。

(1)	①		②		③		④	
(2)	A		B		(3)	a	b	

2　次の文章中の(　)に適する語句を入れよ。　〔各2点　合計16点〕

Ⅰ　セルロースを濃い水酸化ナトリウム水溶液に浸した後，二硫化炭素CS_2と反応させ，うすい水酸化ナトリウム水溶液に溶かすと，(　①　)とよばれる粘性のある赤褐色のコロイド溶液が得られる。(　①　)を細孔から希硫酸中に押し出してセルロースを再生させた繊維を(　②　)といい，薄膜状に再生させたものを(　③　)という。

Ⅱ　水酸化銅(Ⅱ)を濃アンモニア水に溶かすと，(　④　)とよばれる深青色の溶液が得られる。(　④　)にセルロースを溶かすと，粘性の大きいコロイド溶液となる。このコロイド溶液を細孔から希硫酸中に押し出し，セルロースを再生させた繊維を(　⑤　)という。

Ⅲ　濃硫酸を加えた氷酢酸中でセルロースを無水酢酸と反応させると，(　⑥　)が得られる。(　⑥　)はアセトンに溶けにくいが，穏やかに加水分解して(　⑦　)にすると，アセトンに溶けるようになる。(　⑦　)のアセトン溶液を細孔から温かい空気中に押し出して乾燥させて得られる繊維を(　⑧　)という。

①		②		③	
④		⑤		⑥	
⑦		⑧			

3 アラニン$CH_3CH(NH_2)COOH$は，水溶液中ではA，B，Cの3種類の構造のイオンが電離平衡の状態にあり，それぞれの電離定数は次のように与えられる。あとの各問いに答えよ。

〔(1)…各2点，(2)…4点　合計10点〕

$A \rightleftarrows B + H^+$　($K_1 = 5.0 \times 10^{-3}$ mol/L)

$B \rightleftarrows C + H^+$　($K_2 = 2.0 \times 10^{-10}$ mol/L)

(1)　A～Cをそれぞれ示性式で表せ。

(2)　アラニンの等電点(水溶液全体の電荷が0となるpH)を求めよ。

(1)	A	B	C
(2)			

4 次の文章を読み，あとの各問いに答えよ。

〔各2点　合計16点〕

　酵素は，生物の体内で起こるさまざまな化学反応を促進する(　①　)として作用する。酵素の主成分は(　②　)であるため，酸化マンガン(Ⅳ)や白金などの無機物の(　①　)とは異なる性質を示す。例えば，酵素は決まった物質にしか作用しない。この性質を酵素の(　③　)という。また，酵素には最もよくはたらく温度やpHがあり，多くの酵素では35～40℃，pH7前後である。

図1

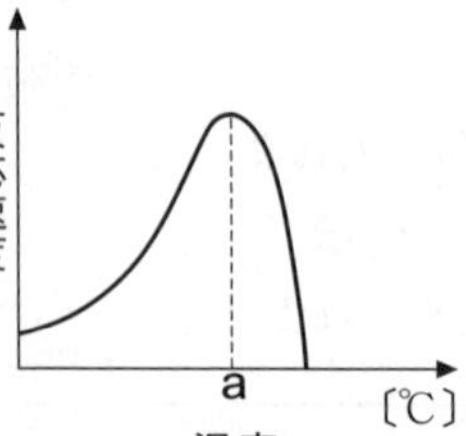

反応速度

a　〔℃〕

温度

図2

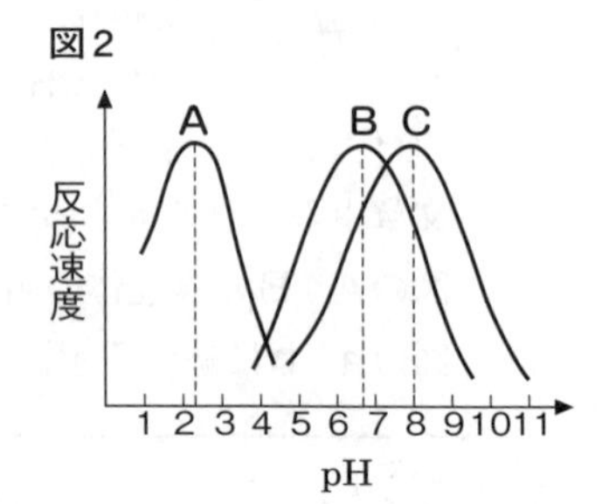

(1)　文章中の(　)に適する語句を入れよ。

(2)　**図1**は，温度と酵素のはたらきの関係を表している。

　①　酵素のはたらきが最も大きくなる温度aを何というか。

　②　温度がaよりも高くなると，酵素のはたらきが急激に小さくなる理由を説明せよ。

(3)　**図2**は，pHと酵素のはたらきの関係を表している。次の①～③の各酵素を表しているものを，図中のA～Cから選べ。

　①　トリプシン　　②　ペプシン　　③　アミラーゼ

(1)	①	②	③
(2)	①	②	
(3)	①	②	③

5 次の(1)～(6)について，DNAだけにあてはまるものにはA，RNAだけにあてはまるものにはB，DNAとRNAのどちらにもあてはまるものにはC，DNAとRNAのどちらにもあてはまらないものにはDをつけよ。

〔各1点　合計6点〕

(1)　主に核に存在する。

(2)　ポリヌクレオチドである。

(3)　C，H，O，N，Sの5元素からなる。

(4)　構成する糖の分子式は$C_5H_{10}O_5$である。

(5)　塩基として，チミン(T)が含まれる。

(6)　二重らせん構造をもつ。

(1)		(2)		(3)		(4)		(5)		(6)	

6 次のA～Eの高分子化合物について，あとの各問いに答えよ。原子量；H=1.0，C=12

〔各2点　合計14点〕

A　ポリ塩化ビニル　　B　ポリスチレン　　C　ポリプロピレン

D　ナイロン6　　E　ポリエチレンテレフタラート

(1)　A～Cの単量体を示性式で表せ。また，D，Eの単量体の名称をすべて答えよ。

(2)　単量体の縮合重合によって生じるものを，A～Eから選び，記号で答えよ。

(3)　得られたポリスチレンの平均分子量が 2.0×10^5 のとき，平均重合度を求めよ。

(1)	A	B	C
	D	E	
(2)		(3)	

7 次の(1)～(4)の合成樹脂の構造を，A群のア～エから選び，記号で答えよ。また，性質や用途を，B群のカ～ケから選び，記号で答えよ。

〔各1点　合計8点〕

(1)　グリプタル樹脂　　(2)　フェノール樹脂　　(3)　メラミン樹脂　　(4)　尿素樹脂

〔A群〕ア　　イ　　ウ　　エ

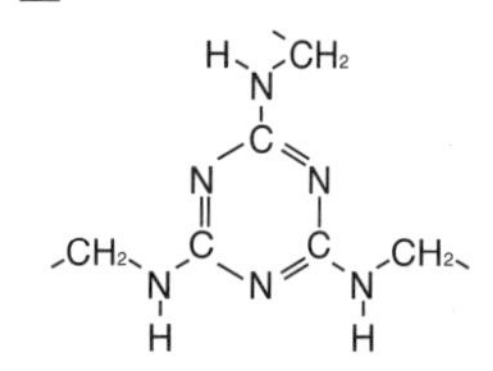

〔B群〕カ　異なる硬さの樹脂をつくれるため，塗料や接着剤などに用いられる。

キ　硬くて丈夫で，光沢をもつため，食器や化粧板に用いられる。

ク　電気絶縁性や耐薬品性に優れ，着色性もよいため，電気器具や日用雑貨に用いられる。

ケ　ベークライトともよばれる。耐熱性や電気絶縁性に優れるため，調理器具の取っ手やプリント配線基板などに用いられる。

(1)			(2)			(3)			(4)		

8 次の文章中の(　)に適する語句を入れよ。

〔各2点　合計14点〕

ラテックスとよばれる白い樹液からつくられる天然ゴムは，イソプレンが(①)してできた鎖状の高分子である。天然ゴムの分子中には炭素原子間の(②)結合が存在し，すべて(③)形となっているため，特有のゴム弾性を示す。天然ゴムに適量の硫黄を加えて加熱する(④)とよばれる操作を行うと，天然ゴムの分子間に硫黄原子による(⑤)構造が生じるため，弾性，強度，耐久性などが向上する。

イソプレンによく似た構造の単量体を重合させると，天然ゴムに似た性質をもつ物質が得られる。このような物質を(⑥)という。1,3-ブタジエンを付加重合させるとブタジエンゴムが得られるが，1,3-ブタジエンに適量のアクリロニトリルを加えて(⑦)させると，耐油性にすぐれたアクリロニトリル-ブタジエンゴムが得られる。

①		②		③		④	
⑤		⑥		⑦			

②

□ 編集協力　㈱アポロ企画　㈱オルタナプロ　山本麻由

□ DTP　㈱明友社

□ 図版作成　㈱明友社　藤立育弘

シグマベスト
必修整理ノート 化学

著　者　卜部吉庸
発行者　益井英郎
印刷所　岩岡印刷株式会社
発行所　株式会社文英堂
〒601-8121　京都市南区上鳥羽大物町28
〒162-0832　東京都新宿区岩戸町17
(代表)03-3269-4231

●落丁・乱丁はおとりかえします。

ΣBEST シグマベスト

必修整理ノート

化学

解答集

文英堂

空欄・ミニテストの解答

1編1章
物質の状態変化

〈p.6～7〉
1 物質の三態

❶ 三態　❷ 固体
❸ 液体　❹ 気体
❺ 体積　❻ 形
❼ 大き　❽ 熱運動
❾ 融解　❿ 凝固
⓫ 等しい　⓬ 蒸発
⓭ 凝縮　⓮ 昇華
⓯ 凝華　⓰ 融解熱
⓱ 沸騰　⓲ 沸点
⓳ 蒸発熱　⓴ 大き
㉑ 2.5　㉒ 4.2
㉓ 41　㉔ 136.4
㉕ 圧力　㉖ 状態図
㉗ 融解　㉘ 蒸気圧
㉙ 昇華圧　㉚ 三重点
㉛ 臨界点　㉜ 超臨界状態
㉝ 超臨界流体　㉞ 5.2×10^5
㉟ −79

〈p.8〉
2 状態変化と分子間力

❶ 分子間力　❷ 高
❸ ファンデルワールス力
❹ 分子量　❺ 極性分子
❻ 大き　❼ 強
❽ 水素結合　❾ 弱
❿ 強　⓫ 高

ミニテスト

解き方　(1) 分子量は $F_2(38) < Cl_2(71)$ なので，Cl_2 のほうが沸点が高い。
(2) 分子量は $H_2O(18) < H_2S(34)$ であるが，水素結合を形成する H_2O のほうが沸点が高い。
(3) 分子量は $HCl(36.5) > HF(20)$ であるが，水素結合を形成する HF のほうが沸点が高い。

答　(1) 塩素　(2) 水
(3) フッ化水素

〈p.9～11〉
3 粒子の熱運動と蒸気圧

❶ 臭素　❷ 拡散
❸ 熱運動　❹ ではない
❺ 大き　❻ 大き
❼ 熱　❽ 圧力
❾ N/m^2　❿ 大気圧
⓫ 水銀柱　⓬ 1気圧
⓭ 760　⓮ 蒸発
⓯ 一定　⓰ 増加
⓱ 気液平衡　⓲ 飽和蒸気圧
⓳ 大き　⓴ 蒸気圧曲線
㉑ 沸騰　㉒ 沸点
㉓ 低　㉔ 高
㉕ 1.013×10^5　㉖ 78

ミニテスト

解き方　ア…各気体分子は衝突によって運動量を交換し合うので，熱運動の向きや速さが絶えず変化している。
ウ…気体分子は熱運動によって拡散し，やがて均一な組成の混合気体になる。
エ…同温では，気体分子がもつ平均の運動エネルギーは等しく，分子の質量(分子量)が小さいほど，平均の速さが大きい。

答　ア，イ

1編2章
気体の性質

〈p.14～15〉
1 ボイル・シャルルの法則

❶ 反比例　❷ 0.80
❸ $\frac{1}{273}$　❹ 絶対零度
❺ 絶対温度　❻ ケルビン
❼ 273　❽ 比例
❾ 5.5　❿ 反比例
⓫ 比例　⓬ 0.500
⓭ 1.0

ミニテスト

解き方　求める気体の体積を V〔L〕とすると，ボイル・シャルルの法則より，

$$\frac{1.5\times10^5\ \mathrm{Pa}\times5.0\ \mathrm{L}}{(273+27)\ \mathrm{K}}=\frac{1.0\times10^5\ \mathrm{Pa}\times V}{(273+127)\ \mathrm{K}}$$

$V=10$ L

答　10 L

〈p.16～17〉
2 気体の状態方程式

❶ 0　❷ 1.013×10^5
❸ 22.4　❹ 8.31×10^3
❺ 気体定数　❻ n
❼ 状態方程式　❽ $\frac{wRT}{PV}$
❾ 分子量　❿ 0.415
⓫ 300　⓬ 8.3×10^3
⓭ 0.050　⓮ 1.0×10^5
⓯ 0.560　⓰ 1.0
⓱ 300　⓲ 44
⓳ 44

ミニテスト

解き方　気体の状態方程式より，

$$PV=\frac{w}{M}RT \rightarrow M=\frac{wRT}{PV}$$

この式に $P=9.4\times10^4$ Pa, $V=1.2$ L, $w=2.0$ g, $R=8.3\times10^3$ Pa・L/(K・mol), $T=300$ K を代入して計算すると，

$M\fallingdotseq44$ g/mol → 分子量は44

答　44

〈p.18～20〉
3 混合気体の圧力

❶ 拡散　❷ 全圧
❸ 分圧　❹ 和
❺ P_A+P_B　❻ 分圧
❼ $n_A : n_B$　❽ 体積
❾ $n_A : n_B$　❿ n_A+n_B
⓫ $\frac{n_A}{n}$　⓬ $\frac{n_B}{n}$
⓭ モル分率　⓮ 平均分子量
⓯ 0.050　⓰ 0.10
⓱ 8.0×10^4　⓲ 1.6×10^5
⓳ 水上　⓴ 水蒸気

㉑ 9.6×10^4　㉒ 0.032
㉓ いる　㉔ いない

ミニテスト

解き方　H_2の分圧をP_{H_2}, N_2の分圧をP_{N_2}とする。
ボイルの法則より，H_2について，
$5.0\times10^4\ \mathrm{Pa}\times1.5\ \mathrm{L}=P_{H_2}\times3.0\ \mathrm{L}$
$P_{H_2}=2.5\times10^4\ \mathrm{Pa}$
N_2について，
$1.0\times10^5\ \mathrm{Pa}\times1.2\ \mathrm{L}=P_{N_2}\times3.0\ \mathrm{L}$
$P_{N_2}=4.0\times10^4\ \mathrm{Pa}$
全圧は，各成分気体の分圧の和に等しいから，
$2.5\times10^4\ \mathrm{Pa}+4.0\times10^4\ \mathrm{Pa}$
$=6.5\times10^4\ \mathrm{Pa}$
答　$6.5\times10^4\ \mathrm{Pa}$

〈p.21〉

4 理想気体と実在気体

❶ 理想気体　❷ 0
❸ はたらかない　❹ 実在気体
❺ 0　❻ 1.0
❼ 大き　❽ 多
❾ 大き　❿ 穏やかに

ミニテスト

解き方　低圧では，単位体積中の分子の数が少なくなるので，分子自身の体積の影響が小さくなる。また，高温では，分子の熱運動が激しくなるので，分子間力の影響が小さくなる。
答　ウ

1編3章
溶液の性質

〈p.24～27〉

1 溶解と溶解度

❶ 溶解　❷ 溶質
❸ 溶媒　❹ 溶液
❺ 水溶液　❻ 静電気
❼ 水和　❽ 水素
❾ 溶けやすい　❿ 溶けにくい
⓫ 溶けにくい　⓬ 溶けやすい
⓭ 溶解度　⓮ 飽和溶液
⓯ 溶解平衡　⓰ 溶質
⓱ 溶解度曲線　⓲ 再結晶
⓳ 大き　⓴ 小さ
㉑ 溶媒　㉒ 32
㉓ 68　㉔ 78
㉕ 37　㉖ 110
㉗ 22　㉘ 1.013×10^5
㉙ 小さ　㉚ 大き
㉛ 圧力　㉜ 一定
㉝ ヘンリー　㉞ $\frac{1}{5}$
㉟ 32

ミニテスト

解き方　(1)飽和水溶液100 gに含まれるH_3BO_3の質量をx〔g〕とすると，H_3BO_3は水100 gに15 gまで溶けるから，
$\frac{15\ \mathrm{g}}{100\ \mathrm{g}+15\ \mathrm{g}}=\frac{x}{100\ \mathrm{g}}$　$x\fallingdotseq13\ \mathrm{g}$
(2) 0 ℃，1.0×10^5 Paで水1.0 Lに溶けるN_2の物質量は，
$\frac{22.4\ \mathrm{mL}}{22.4\ \mathrm{L/mol}}=1.00\times10^{-3}\ \mathrm{mol}$
気体の溶解度〔mol〕は，気体の圧力と溶媒の量に比例するから，0 ℃，5.0×10^5 Paで水10 Lに溶けるN_2の物質量は，
$1.00\times10^{-3}\ \mathrm{mol}\times\frac{5.0\times10^5\ \mathrm{Pa}}{1.0\times10^5\ \mathrm{Pa}}\times\frac{10\ \mathrm{L}}{1.0\ \mathrm{L}}$
$=5.0\times10^{-2}\ \mathrm{mol}$
N_2のモル質量は28 g/molなので，その質量は，
$28\ \mathrm{g/mol}\times5.0\times10^{-2}\ \mathrm{mol}=1.4\ \mathrm{g}$
答　(1)13 g　(2)1.4 g

〈p.28～29〉

2 溶液の濃度

❶ 溶質　❷ 溶質
❸ 溶液　❹ 125
❺ 20　❻ 1
❼ mol/L　❽ 溶質
❾ 溶液　❿ メスフラスコ
⓫ 溶媒　⓬ 溶質
⓭ 溶媒　⓮ 0.050
⓯ 0.200　⓰ 0.25
⓱ （溶液の）密度　⓲ モル濃度
⓳ 0.10　⓴ 4.0
㉑ 1.2　㉒ 1200
㉓ 240　㉔ 6.0
㉕ 6.0

ミニテスト

解き方　H_2SO_4のモル質量は98 g/molなので，49 gの物質量は，
$\frac{49\ \mathrm{g}}{98\ \mathrm{g/mol}}=0.50\ \mathrm{mol}$
(1) $\frac{0.50\ \mathrm{mol}}{0.200\ \mathrm{L}}=2.5\ \mathrm{mol/L}$
(2)希硫酸200 mLの質量は，
$1.2\ \mathrm{g/mL}\times200\ \mathrm{mL}=240\ \mathrm{g}$
これに含まれる水の質量は，
$240\ \mathrm{g}-49\ \mathrm{g}=191\ \mathrm{g}$
よって，質量モル濃度は，
$\frac{0.50\ \mathrm{mol}}{0.191\ \mathrm{kg}}\fallingdotseq2.6\ \mathrm{mol/kg}$
答　(1)2.5 mol/L　(2)2.6 mol/kg

〈p.30～32〉

3 希薄溶液の性質

❶ 溶媒　❷ 蒸気圧降下
❸ 高　❹ 沸点上昇
❺ 凝固点降下　❻ 比例
❼ 溶媒　❽ 2
❾ 2　❿ 2
⓫ 水　⓬ 水
⓭ 尿素水溶液　⓮ 1.3
⓯ 沸点上昇　⓰ 9.0
⓱ 3.0　⓲ 60
⓳ 60　⓴ 溶媒
㉑ 溶媒　㉒ 浸透
㉓ 浸透圧　㉔ モル濃度
㉕ 純水

ミニテスト

解き方　(1)沸点上昇や凝固点降下の大きさは，全溶質粒子の質量モル濃度に比例する。塩化ナトリウムNaClなどの電解質は，電離後の全溶質粒子数で考える。
(2) $\Pi V=nRT$に$V=0.500$ L，$n=0.10$ mol，$R=8.3\times10^3$ Pa·L/(K·mol)，$T=300$ Kを代入して計算する。
答　(1)沸点が最も高い…**ウ**
凝固点が最も低い…**ウ**
(2)5.0×10^5 Pa

〈p.33～35〉

4 コロイド溶液

❶, ❷ 10^{-9}, 10^{-6}(順不同)
❸ コロイド溶液 ❹ ゾル
❺ ゲル
❻ 酸化水酸化鉄(Ⅲ)
(水酸化酸化鉄(Ⅲ))
❼ 大き ❽ 散乱
❾ チンダル現象 ❿ 半透
⓫ できる ⓬ できない
⓭ 透析 ⓮ ブラウン運動
⓯ 熱運動 ⓰ 電気泳動
⓱ 疎水コロイド ⓲ 凝析
⓳ 大き ⓴ 親水コロイド
㉑ 水和水 ㉒ 塩析
㉓ 疎水 ㉔ 凝析
㉕ 保護コロイド

ミニテスト

解き方 (1)有機物のコロイドは,親水コロイドであるものが多い。
(2)無機物のコロイドは,疎水コロイドであるものが多い。疎水コロイドは,少量の電解質を加えると容易に沈殿する(凝析)。
(3)塩化ナトリウムや硫酸銅(Ⅱ)の水溶液は真の溶液で,チンダル現象など,コロイド溶液の性質は示さない。

答 (1)**ア, エ, カ** (2)**ウ, オ, ク** (3)**イ, キ**

1編4章
固体の構造

〈p.38〉

1 結晶と非晶質

❶ 結晶 ❷ 非晶質
❸ 軟化 ❹ 分子間力
❺ イオン結合 ❻ 金属結合
❼ 原子 ❽ 低い
❾ 極めて高い ❿ なし
⓫ あり

ミニテスト

解き方 一般に,金属元素だけからなる物質は金属結晶,金属元素と非金属元素からなる物質はイオン結晶をつくる。また,非金属元素だけからなる物質のうち,炭素C,ケイ素Si,二酸化ケイ素SiO_2は共有結合の結晶をつくるが,それ以外は分子結晶をつくると考えてよい。

答 (1)**ウ, カ** (2)**イ, オ** (3)**エ, キ** (4)**ア, ク**

〈p.39～43〉

2 結晶の構造

❶ 結晶格子 ❷ 単位格子
❸ 金属結晶 ❹ 面心立方格子
❺ 最密構造 ❻ 配位数
❼ 充填率 ❽ 8
❾ 12 ❿ 体心立方格子
⓫ 面心立方格子 ⓬ 六方最密構造
⓭ $\sqrt{2}a$ ⓮ $\sqrt{3}a$
⓯ 0.143 ⓰ 4
⓱ 2.7 ⓲ イオン結晶
⓳ 配位数 ⓴ 6
㉑ 8 ㉒ 4
㉓ 6 ㉔ 4
㉕ 8 ㉖ 6
㉗ $2a+2b$
㉘ 共有結合の結晶
㉙ 4 ㉚ 正四面体
㉛ 3 ㉜ 分子間力
㉝ Si－O(Si－O－Si)
㉞ 8 ㉟ 2.0×10^{-23}
㊱ 3.4 ㊲ 分子間力
㊳ 分子結晶 ㊴ 低
㊵ 大き ㊶ 4
㊷ 1.7

ミニテスト

解き方 (2)体心立方格子は配位数8の結晶構造で,最密構造よりも隙間が多い。
(3)配位数12のとき,最密構造となる。単位格子が立方体で4個の原子が含まれるものが面心立方格子で,底面がひし形の四角柱で2個の原子が含まれるものが六方最密構造である。

答 (1)面心立方格子
(2)体心立方格子 (3)六方最密構造

2編1章
化学反応と熱・光

〈p.49～52〉

1 エンタルピーと熱化学反応式

❶ 発熱反応 ❷ 吸熱反応
❸ エンタルピー
❹ 反応エンタルピー
❺ 減少 ❻ 負
❼ 増加 ❽ 正
❾ 1 ❿ －
⓫ ＋ ⓬ CO
⓭ 0.25 ⓮ 284
⓯ －284 ⓰ 完全燃焼
⓱ 単体 ⓲ 3.9
⓳ 1 ⓴ 6.0
㉑ 44 ㉒ 51
㉓ 比熱(比熱容量)
㉔ 30.0 ㉕ 2.1
㉖ 42 ㉗ －42

ミニテスト

答 (1)燃焼エンタルピー
(2)溶解エンタルピー
(3)生成エンタルピー
(4)中和エンタルピー

〈p.53～55〉

2 ヘスの法則

❶ ヘスの法則
❷ $\Delta H_4+\Delta H_5+\Delta H_6$
❸ －286 ❹ 44
❺ －242 ❻ －75
❼ －75 ❽ －44
❾ －56 ❿ -1.0×10^2
⓫ －100.6 ⓬ ΔH_3

ミニテスト

解き方 問題中の2つの熱化学反応式を,左から順に(i)式,(ii)式とする。
水(液体)の生成エンタルピーは,次のように表すことができる。

$$H_2 + \frac{1}{2}O_2 \longrightarrow H_2O(液) \quad \Delta H=x\,[kJ]$$

この反応式は,(i)式－(ii)式を計算した後,H_2O(液)を右辺に移項すれば得られる。反応エンタルピー

についても同様の計算を行うと，

$\Delta H=(-242\text{ kJ})-44\text{ kJ}$
$=-286\text{ kJ}$

答　-286 kJ/mol

〈p.56～57〉

3 結合エンタルピー

❶ 結合エンタルピー（結合エネルギー）　❷ kJ/mol　❸ 436
❹ 436　❺ 1664
❻ 4　❼ 416
❽ 2　❾ -185
❿ 3　⓫ 2253
⓬ 3　⓭ 2346
⓮ -93

ミニテスト

解き方　水（気体）の生成エンタルピーは，次のように表すことができる。

$$H_2 + \frac{1}{2}O_2 \longrightarrow H_2O(\text{気})\quad \Delta H=x\,[\text{kJ}]$$

この熱化学反応式について，反応物の結合エンタルピーの総和は，

$$436\text{ kJ/mol}\times1\text{ mol}+498\text{ kJ/mol}\times\frac{1}{2}\text{ mol}=685\text{ kJ}$$

生成物の結合エンタルピーの総和は，水分子H_2O中には$O-H$結合が2個あることに注意して，

$463\text{ kJ/mol}\times2\text{ mol}=926\text{ kJ}$

（反応エンタルピー）＝（反応物の結合エンタルピーの総和）－（生成物の結合エンタルピーの総和）より，

$x=685\text{ kJ}-926\text{ kJ}$
$=-241\text{ kJ}$

答　-241 kJ/mol

〈p.58〉

4 化学反応と光

❶ 大き　❷ 化学発光
❸ 酸化還元　❹ ルミノール
❺ 光化学　❻ 銀
❼ 光合成

2編2章 電池と電気分解

〈p.61～64〉

1 電池

❶ 酸化還元　❷ 電解質
❸ 負　❹ 大き
❺ 正　❻ 小さ
❼ 酸化　❽ 還元
❾ 起電力　❿ 負極
⓫ 正極　⓬ Zn（亜鉛）
⓭ 一次電池　⓮ 二次電池
⓯ 亜鉛
⓰ 酸化マンガン（Ⅳ）
⓱ 1.5
⓲ 水酸化カリウム
⓳ 酸化鉛（Ⅳ）　⓴ 希硫酸
㉑ 2.0　㉒ $PbSO_4$
㉓ Pb　㉔ PbO_2
㉕ 燃料電池　㉖ $2H^+$
㉗ $4H^+$　㉘ 小さ
㉙ 大き　㉚ 小さ

ミニテスト

解き方　[1] 電池では，イオン化傾向が大きいほうの金属が負極になる。

(1) イオン化傾向は Zn＞Ag
(2) イオン化傾向は Fe＞Cu

[2] 鉛蓄電池では，放電時，次の反応が起こる。

負極；$Pb + SO_4^{2-} \longrightarrow PbSO_4 + 2e^-$

正極；
$PbO_2 + SO_4^{2-} + 4H^+ + 2e^- \longrightarrow PbSO_4 + 2H_2O$

全体；$Pb + PbO_2 + 2H_2SO_4 \longrightarrow 2PbSO_4 + 2H_2O$

硫酸H_2SO_4が消費されて水H_2Oが生じるので，電解液の硫酸の濃度は小さくなる。
また，各電極は$Pb \rightarrow PbSO_4$，$PbO_2 \rightarrow PbSO_4$と変化するので，どちらも質量が大きくなる。

答　[1] (1) 亜鉛　(2) 鉄
[2] 硫酸の濃度…小さくなる。
正極の質量…大きくなる。
負極の質量…大きくなる。

〈p.65～69〉

2 電気分解

❶ 酸化還元　❷ 陰
❸ 陽　❹ 陽
❺ 還元　❻ Cu
❼ 電子　❽ 水素
❾ 陰　❿ 酸化
⓫ Cl_2　⓬ 電子
⓭ 酸素　⓮ 酸化
⓯ $2e^-$　⓰ H_2
⓱ $2e^-$　⓲ Cu
⓳ $2Cl^-$　⓴ Cu^{2+}
㉑ Ag^+　㉒ O_2
㉓ 銅（Ⅱ）　㉔ 青
㉕ 銅　㉖ 青紫
㉗ ヨウ素　㉘ 塩素
㉙ 1 C　㉚ 電気量
㉛ 1　㉜ 0.5
㉝ 3860　㉞ 9.65×10^4
㉟ 0.0400　㊱ $\frac{1}{2}$
㊲ 1.28　㊳ $\frac{1}{4}$
㊴ 0.224　㊵ 陽
㊶ 陰　㊷ 電解精錬
㊸ 小さ　㊹ 陽極泥
㊺ 大き　㊻ $2Cl^-$
㊼ H_2　㊽ 水酸化物
㊾ 陰
㊿ イオン交換膜法
51 溶融塩電解（融解塩電解）
52 ボーキサイト　53 氷晶石
54 陰　55 めっき
56 電気めっき　57 亜鉛
58 スズ

ミニテスト

解き方　(1) $KCl \longrightarrow K^+ + Cl^-$
陰極では，カリウムイオンK^+は還元されず，かわりに水H_2Oが還元される。

$2H_2O + 2e^- \longrightarrow H_2 + 2OH^-$

(2) $CuSO_4 \longrightarrow Cu^{2+} + SO_4^{2-}$
陽極では，硫酸イオンSO_4^{2-}は酸化されず，かわりに水H_2Oが酸化される。

$2H_2O \longrightarrow O_2 + 4H^+ + 4e^-$

答　(1) 陰極…H_2　陽極…Cl_2
(2) 陰極…Cu　陽極…O_2

3編1章

化学反応の速さ

〈p.75～77〉

1 反応の速さと反応条件

❶温度 ❷増加
❸反応速度 ❹係数
❺1：1：2 ❻比例
❼濃度(モル濃度)
❽反応速度式 ❾反応速度
❿0.325 ⓫しない
⓬大き ⓭衝突
⓮濃度(モル濃度)
⓯大き ⓰2～4
⓱触媒 ⓲大き

ミニテスト

解き方　反応速度は，次の式で表される。

$$反応速度=\frac{モル濃度の変化量}{反応時間}$$

(1) $v=-\frac{0.10\text{ mol/L}-0.13\text{ mol/L}}{60\text{ s}}$
$=5.0\times10^{-4}\text{mol/(L·s)}$

(2)反応式の係数の比より，酸素の濃度 $[O_2]$ は0 mol/Lから0.015 mol/Lに変化するから，
$v=\frac{0.015\text{ mol/L}-0\text{ mol/L}}{60\text{ s}}$
$=2.5\times10^{-4}\text{ mol/(L·s)}$

別解　反応式の係数の比より，H_2O_2 の分解速度と O_2 の生成速度が2：1となることから計算してもよい。

答　(1) 5.0×10^{-4} mol/(L·s)
(2) 2.5×10^{-4} mol/(L·s)

〈p.78～79〉

2 反応の速さと活性化エネルギー

❶衝突 ❷エネルギー
❸遷移(活性化)
❹活性化エネルギー
❺大き ❻小さ
❼遷移(活性化)
❽反応エンタルピー
❾小さ ❿小さ
⓫活性化 ⓬触媒
⓭小さ ⓮反応
⓯均一 ⓰不均一

ミニテスト

解き方　(1)反応するときに超えなければならないエネルギーの山，すなわち，反応物と遷移状態のエネルギーの差が，活性化エネルギーである。

(2)反応物がもつエネルギーのほうが9 kJ大きく，これが反応によって放出される。

(3) $H_2 + I_2 \longrightarrow 2HI$ の反応と，$2HI \longrightarrow H_2 + I_2$ の反応では，遷移状態が同じになる。したがって，2HIがもつエネルギーと遷移状態のエネルギーの差が，$2HI \longrightarrow H_2 + I_2$ の反応の活性化エネルギーとなる。

答　(1)活性化エネルギー
(2)9 kJのエネルギーが放出される
(3)183 kJ

3編2章

化学平衡

〈p.81～85〉

1 化学平衡と平衡定数

❶ヨウ化水素 ❷可逆
❸逆 ❹不可逆
❺沈殿 ❻正
❼逆 ❽ $v_1=v_2$
❾化学平衡 ❿一定
⓫同じ ⓬ $v_1=v_2$
⓭平衡定数 ⓮化学平衡
⓯36 ⓰4.0
⓱一定
⓲モル濃度(濃度)
⓳圧平衡定数 ⓴濃度平衡定数
㉑状態方程式 ㉒モル濃度
㉓ $K_c(RT)^{-2}$ ㉔ $\frac{20}{100}$
㉕0.080 ㉖0.040
㉗ 2.0×10^{-2}mol/L
㉘ 3.0×10^5 ㉙0.080
㉚0.040 ㉛ 5.0×10^4

ミニテスト

解き方　1 ア　化学平衡の状態とは，反応が完全に停止している状態ではない。
イ　平衡状態では，各物質の濃度が等しくなるとは限らない。
ウ　平衡状態では，各物質の濃度の比が化学反応式の係数の比に等しくなるとは限らない。

2 $aA + bB \rightleftarrows cC + dD$ で表される反応が平衡状態にあるとき，化学平衡の法則より，次の関係式が成り立つ。

$K=\frac{[C]^c[D]^d}{[A]^a[B]^b}$

(3)平衡定数は，気体成分の濃度だけで表す。

答　1 エ，オ
2 (1) $K=\frac{[SO_3]^2}{[SO_2]^2[O_2]}$
(2) $K=\frac{[NO_2]^2}{[N_2O_4]}$
(3) $K=\frac{[CO][H_2]}{[H_2O]}$

〈p.86～88〉

2 化学平衡の移動

❶打ち消す ❷ルシャトリエ
❸ヨウ化水素 ❹右
❺減少 ❻増加
❼しない ❽吸熱
❾発熱 ❿小さ
⓫ハーバー・ボッシュ
⓬減少 ⓭低
⓮高 ⓯反応速度
⓰反応装置 ⓱触媒

ミニテスト

解き方　1 ルシャトリエの原理を使って考える。
(1) N_2 が減少する方向(右)に平衡が移動する。
(2)反応によって気体の分子数が変化しないので，平衡は移動しない。
(3)触媒は反応速度を大きくするが，平衡の移動には関係しない。
(4)発熱する方向(左)に平衡が移動する。なお，右向きの反応は，反応エンタルピーが正の値なので吸熱反応である。

2 正反応が進むと，気体の分子数が減少し，発熱する。触媒は，

平衡の移動には関係しない。

ア　触媒は反応速度を大きくするが，平衡の移動には関係しない。

イ　気体の分子数が増加する方向(左)に平衡が移動する。

ウ　気体の分子数が減少する方向(右)に平衡が移動する。

エ　吸熱する方向(左)に平衡が移動する。

オ　発熱する方向(右)に平衡が移動する。

答　1 (1)右　(2)移動しない　(3)移動しない　(4)左

2 ウ，オ

3編3章
電解質水溶液の平衡

〈p.91～92〉

1 電離平衡と電離定数

❶ 強電解質　❷ 弱電解質
❸ 平衡　❹ 電離平衡
❺ 電離度　❻ 電離平衡
❼ 化学平衡(質量作用)
❽ 一定　❾ 電離定数
❿ $c\alpha$　⓫ $c\alpha^2$
⓬ 大き　⓭ 電離平衡
⓮ 一定　⓯ 電離定数

ミニテスト

解き方　(1)OH^-の濃度が減少する方向(左)に平衡が移動する。

(2)ナトリウムイオンNa^+と塩化物イオンCl^-は，NH_3の電離平衡には影響を与えない。

(3)加熱すると，NH_3の水への溶解度が小さくなる。よって，NH_3が生成する方向(左)に平衡が移動する。

答　(1)左　(2)移動しない　(3)左

〈p.93～94〉

2 水のイオン積とpH

❶ 電離平衡　❷ 水のイオン積
❸ 反比例　❹ 酸
❺ 中　❻ 塩基
❼ 水素イオン濃度
❽ pH　❾ 常用対数
❿ 0.050　⓫ 12.7
⓬ 2.7×10^{-5}　⓭ 2.3×10^{-5}

ミニテスト

解き方　(1)H_2SO_4は2価の酸であるから，

$[H^+]=1.0\times10^{-4}\,mol/L\times1.0\times2$
$=2.0\times10^{-4}\,mol/L$

$pH=-\log_{10}(2.0\times10^{-4})$
$=-\log_{10}2.0+4=3.7$

(2)CH_3COOHは弱酸で，モル濃度がさほど小さくないから，

$[H^+]=\sqrt{cK_a}$
$=\sqrt{0.10\,mol/L\times2.7\times10^{-5}\,mol/L}$
$=\sqrt{2.7\times10^{-6}}\,mol/L$

$pH=-\log_{10}\sqrt{2.7\times10^{-6}}$
$=-\frac{1}{2}\log_{10}(2.7\times10^{-6})$
$=-\frac{1}{2}\times0.43+3\fallingdotseq2.8$

答　(1)3.7　(2)2.8

〈p.95～99〉

3 塩の溶解平衡

❶ 緩衝液　❷ 弱塩基
❸ 電離平衡　❹ 電離
❺ CH_3COO^-　❻ CH_3COOH
❼ 電離定数　❽ モル濃度
❾ 0.10　❿ 0.20
⓫ $\frac{[CH_3COOH]}{[CH_3COO^-]}$
⓬ 4.9　⓭ 中
⓮ 塩の加水分解　⓯ 水素
⓰ 塩基　⓱ アンモニア
⓲ 酸　⓳ 加水分解
⓴ 加水分解定数　㉑ 大き
㉒ 0.10　㉓ 5.22
㉔ 飽和　㉕ 溶解度積
㉖ 生じる　㉗ 生じない
㉘ 塩化物　㉙ ナトリウム
㉚ 共通イオン効果
㉛ 右　㉜ 左
㉝ 左　㉞ 右
㉟ 9.0×10^{-11}　㊱ 9.6×10^{-6}
㊲ $1.0\times10^{-4}+y$　㊳ 1.0×10^{-4}
㊴ 9.0×10^{-7}　㊵ 大き
㊶ 生成する

4編1章
非金属元素の性質

〈p.105～106〉

1 元素の分類と性質

❶ 原子番号　❷ 族
❸ 同族元素　❹ 周期
❺ 典型　❻ 遷移
❼ 2　❽ 縦(上下)
❾ 横(左右)　❿ 一定
⓫ 無　⓬ 有
⓭ 金属　⓮ 非金属
⓯ 大き　⓰ 小さ
⓱ 陽性　⓲ 陰性
⓳ 遷移　⓴ 典型
㉑ 金属　㉒ 非金属

ミニテスト

解き方　ア　遷移元素は，すべて金属元素である。

ウ　典型元素の特徴である。遷移元素はすべて金属元素で，単体は熱や電気を伝えやすい。

答　イ，エ

〈p.107〉

2 水素と貴ガス

❶ $ZnSO_4$　❷ 陰
❸ 軽　❹ 還元性
❺ 水素化合物　❻ 酸
❼ 18　❽ アルゴン
❾ 8　❿ 0
⓫ 単原子　⓬ 低

ミニテスト

解き方　(1)ア　銅Cuは水素H_2よりイオン化傾向が小さいので，希硫酸を加えてもH_2は発生しない。

ウ　水酸化ナトリウムNaOH水溶液を電気分解すると，陰極でH_2が発生する。

$2H_2O + 2e^- \longrightarrow H_2 + 2OH^-$

(2)貴ガスの単体は，分子量が大きいものほど分子間力が強くはたらくので，沸点が高くなる。

答　(1)ア

(2)He，Ne，Ar，Kr，Xe

〈p.108～110〉

3 ハロゲンとその化合物

❶17　❷7
❸陰　❹フッ素
❺塩素　❻臭素
❼気体　❽液体
❾固体　❿黄緑色
⓫赤褐色　⓬大き(強)
⓭小さ(弱)　⓮臭素
⓯ヨウ素　⓰O_2
⓱$MnCl_2 + Cl_2 + 2H_2O$
⓲高度さらし粉　⓳刺激
⓴塩化水素　㉑水蒸気
㉒下方　㉓昇華
㉔ヨウ素デンプン
㉕刺激　㉖フッ化水素
㉗フッ化水素酸　㉘ホタル石
㉙2HF　㉚ガラス
㉛H_2SiF_6
㉜塩化ナトリウム
㉝$NaHSO_4$　㉞無
㉟塩酸
㊱塩化アンモニウム
㊲4HCl　㊳$2Cl_2$
㊴次亜塩素酸　㊵酸化(漂白)
㊶$CuCl_2$　㊷臭素
㊸ヨウ素　㊹ヨウ素
㊺$Cl_2 > Br_2 > I_2$

ミニテスト

解き方　2 (1)　構造が似た物質では，分子量が大きいものほど分子間力が強くはたらくので，沸点が高くなる。ただし，フッ化水素HFは，分子間に水素結合を形成するため，沸点が著しく高い。

(2)　ハロゲン化水素は強酸であるが，HFだけは弱酸である。これは，H−Fの結合エンタルピーが非常に大きいことが主な原因と考えられている。

答　1 (1)臭素　(2)ヨウ素
2 (1)**ア**　(2)**ア**

〈p.111～113〉

4 酸素・硫黄とその化合物

❶触媒　❷液体空気
❸無　❹無
❺酸化物　❻淡青
❼特異　❽酸化
❾酸性　❿塩基性
⓫両性　⓬オキソ酸
⓭同素体　⓮斜方硫黄
⓯単斜硫黄　⓰ゴム状硫黄
⓱濃硫酸　⓲無
⓳刺激　⓴酸
㉑還元　㉒酸化
㉓接触
㉔酸化バナジウム(V)
㉕三酸化硫黄　㉖発煙硫酸
㉗不揮発　㉘吸湿
㉙脱水　㉚酸化
㉛二酸化硫黄　㉜水素
㉝無　㉞腐卵
㉟酸　㊱還元
㊲硫化物

ミニテスト

解き方　(1)$Zn + H_2SO_4 \longrightarrow ZnSO_4 + H_2$
この反応は，希硫酸の酸としての性質を利用している。

(2)$Cu + 2H_2SO_4 \longrightarrow CuSO_4 + 2H_2O + SO_2$
銅はイオン化傾向が小さく，一般的な酸とは反応しない。この反応は，熱濃硫酸がもつ酸化作用を利用している。

答　(1)**イ**　(2)**エ**

〈p.114～117〉

5 窒素・リンとその化合物

❶液体空気　❷窒素酸化物
❸四酸化三鉄
❹ハーバー・ボッシュ
❺無　❻刺激
❼塩基　❽青
❾NH_4^+　❿上方
⓫塩化アンモニウム
⓬無　⓭水上
⓮下方　⓯赤褐
⓰酸　⓱オストワルト
⓲白金　⓳酸
⓴褐色　㉑酸化
㉒不動態　㉓同素体
㉔淡黄色
㉕赤褐色(暗赤色)
㉖する　㉗しない
㉘吸湿　㉙潮解
㉚酸
㉛$CaCl_2 + 2H_2O + 2NH_3$
㉜水
㉝塩化アンモニウム
㉞NH_4Cl　㉟上方
㊱小さ　㊲上昇
㊳青
㊴水酸化物イオン
㊵$NH_4^+ + OH^-$

ミニテスト

解き方　(1)オストワルト法は，アンモニアを原料とした硝酸の工業的製法である。3つの工程からなるが，これらを1つの化学反応式にまとめると，次のようになる。

$NH_3 + 2O_2 \longrightarrow HNO_3 + H_2O$

(3)黄リンは自然発火するので，水中で保存する。

(4)硝酸は光によって分解するため，褐色びんで保存する。

答　(1)アンモニア
(2)ハーバー・ボッシュ法
(3)**ウ**　(4)**ウ**

〈p.118～120〉

6 炭素・ケイ素とその化合物

❶ダイヤモンド　❷黒鉛
❸フラーレン　❹網目
❺層状
❻カーボンナノチューブ
❼無定形炭素　❽濃硫酸
❾無　❿無
⓫強　⓬還元
⓭希塩酸　⓮キップ
⓯無　⓰無
⓱酸
⓲炭酸カルシウム
⓳ドライアイス　⓴共有結合
㉑半導体　㉒共有結合

㉓高　㉔光ファイバー
㉕ケイ酸ナトリウム
㉖水ガラス　㉗ケイ酸
㉘シリカゲル　㉙乾燥

ミニテスト

(解き方) (2)石灰水は，水酸化カルシウム$Ca(OH)_2$の飽和水溶液である。また，生じた沈殿は炭酸カルシウム$CaCO_3$である。
(3)一酸化炭素COは，高温では強い還元力をもつ。

答 (1)$CaCO_3 + 2HCl \longrightarrow CaCl_2 + H_2O + CO_2$
(2)$Ca(OH)_2 + CO_2 \longrightarrow CaCO_3 + H_2O$
(3)$Fe_2O_3 + 3CO \longrightarrow 2Fe + 3CO_2$

〈p.121～122〉

7 気体の製法と性質

❶希硫酸　❷水上置換
❸濃塩酸
❹塩化ナトリウム
❺下方置換　❻2HF
❼過酸化水素　❽$3O_2$
❾水上置換　❿銅
⓫FeS　⓬$2H_2O$
⓭水上置換　⓮$2NH_4Cl$
⓯上方置換　⓰希硝酸
⓱水上置換　⓲濃硝酸
⓳下方置換　⓴CO
㉑$CaCO_3$　㉒無色
㉓黄緑色　㉔刺激臭
㉕刺激臭　㉖酸性
㉗淡青色　㉘刺激臭
㉙酸性　㉚無色
㉛腐卵臭　㉜刺激臭
㉝塩基性　㉞無色
㉟赤褐色　㊱刺激臭
㊲無臭　㊳酸性

ミニテスト

(解き方) (1)$Fe + 2HCl \longrightarrow FeCl_2 + H_2$
(2)$Cu + 4HNO_3 \longrightarrow Cu(NO_3)_2 + 2H_2O + 2NO_2$
(3)$3Cu + 8HNO_3 \longrightarrow 3Cu(NO_3)_2 + 4H_2O + 2NO$
(4)$Cu + 2H_2SO_4 \longrightarrow CuSO_4 + 2H_2O + SO_2$
(5)$FeS + H_2SO_4 \longrightarrow FeSO_4 + H_2S$

答 (1)水素　(2)二酸化窒素
(3)一酸化窒素　(4)二酸化硫黄
(5)硫化水素

4編2章
典型金属元素の性質

〈p.125～126〉

1 アルカリ金属とその化合物

❶Na　❷陽
❸黄　❹大き
❺溶融塩電解(融解塩電解)
❻水素　❼石油
❽塩化ナトリウム
❾陰　❿塩基
⓫潮解
⓬炭酸ナトリウム
⓭アンモニアソーダ
⓮アンモニア
⓯炭酸水素ナトリウム
⓰水酸化カルシウム
⓱弱　⓲する
⓳風解　⓴酸素
㉑水素　㉒塩基
㉓ナトリウム
㉔$2NaOH + H_2$

〈p.127～128〉

2 アルカリ土類金属とその化合物

❶Ca　❷陽
❸溶融塩電解(融解塩電解)
❹橙赤　❺黄緑
❻熱水　❼白
❽水酸化カルシウム
❾白　❿石灰水
⓫炭酸カルシウム
⓬炭酸水素カルシウム
⓭石灰岩　⓮二酸化炭素
⓯セッコウ　⓰焼きセッコウ
⓱白　⓲造影剤

ミニテスト

(解き方) (1)石灰水は，水酸化カルシウム$Ca(OH)_2$の飽和水溶液である。また，生じた沈殿は炭酸カルシウム$CaCO_3$である。
(2)生じた$CaCO_3$の沈殿は，過剰の二酸化炭素CO_2を吹きこむことにより，炭酸水素カルシウム$Ca(HCO_3)_2$となって溶ける。

答 (1)$Ca(OH)_2 + CO_2 \longrightarrow CaCO_3 + H_2O$
(2)$CaCO_3 + CO_2 + H_2O \longrightarrow Ca(HCO_3)_2$

〈p.129～130〉

3 アルミニウムとその化合物

❶両性　❷ボーキサイト
❸溶融塩電解(融解塩電解)
❹不動態　❺テルミット
❻水素　❼$2AlCl_3$
❽$2Na[Al(OH)_4]$
❾両性　❿白
⓫$AlCl_3$
⓬$Na[Al(OH)_4]$
⓭複塩　⓮水素
⓯両性　⓰$Al(OH)_3$
⓱$Na[Al(OH)_4]$
⓲$Al(OH)_3$　⓳$AlCl_3$

ミニテスト

(解き方) (1)アルミニウムイオンAl^{3+}を含む水溶液に塩基の水溶液を加えると，水酸化アルミニウム$Al(OH)_3$の白色ゲル状沈殿が生じる。
(2)$Al(OH)_3$は両性水酸化物で，強塩基の水溶液には，錯イオンであるテトラヒドロキシドアルミン酸イオン$[Al(OH)_4]^-$を生じて溶ける。

答 (1)$Al^{3+} + 3OH^- \longrightarrow Al(OH)_3$
(2)$Al(OH)_3 + OH^- \longrightarrow [Al(OH)_4]^-$

〈p.131〉

4 スズ・鉛とその化合物

❶低　❷水素
❸ブリキ　❹青銅

❺ 無鉛はんだ　❻ 還元
❼ 低　❽ 大き
❾ 水素　❿ 希塩酸
⓫ にくい　⓬ 酸化

ミニテスト

解き方　鉛(Ⅱ)イオンPb^{2+}は，さまざまな陰イオンと沈殿をつくる。白色以外の沈殿については，しっかりと覚えておく。

答　(1)白色　(2)黒色　(3)白色　(4)黄色

4編3章
遷移元素の性質

〈p.134〉

1 遷移元素の特徴

❶ 同族元素　❷ 2
❸ 同周期元素　❹ 高
❺ 酸化　❻ 有
❼ 触媒

ミニテスト

答　(1)遷移元素　(2)典型元素　(3)典型元素　(4)遷移元素

〈p.135〉

2 錯イオン

❶ 配位　❷ 錯イオン
❸ 配位子　❹ 配位数
❺ 錯塩
❻ 価数(電荷の総和)

ミニテスト

解き方　配位数が2の錯イオンは直線形，配位数が6の錯イオンは正八面体形である。配位数が4のイオンは正四面体形のものが多いが，銅の錯イオンは正方形である。

答　(名称，立体構造の順に)
(1)ジアンミン銀(Ⅰ)イオン，**ア**
(2)テトラアクア銅(Ⅱ)イオン，**イ**
(3)ヘキサシアニド鉄(Ⅲ)酸イオン，**エ**
(4)テトラアンミン亜鉛(Ⅱ)イオン，**ウ**

〈p.136〉

3 亜鉛とその化合物

❶ 水素　❷ $ZnCl_2$
❸ $Na_2[Zn(OH)_4]$
❹ トタン　❺ 黄銅
❻ 白　❼ 両性
❽ 白　❾ $Zn(OH)_2$
❿ 両性　⓫ $ZnCl_2$
⓬ $Na_2[Zn(OH)_4]$
⓭ $[Zn(NH_3)_4]^{2+}$

ミニテスト

解き方　(1)亜鉛イオンZn^{2+}を含む水溶液に塩基の水溶液を加えると，水酸化亜鉛$Zn(OH)_2$の白色ゲル状沈殿が生じる。
(2)$Zn(OH)_2$は両性水酸化物で，強塩基の水溶液には，錯イオンであるテトラヒドロキシド亜鉛(Ⅱ)酸イオン$[Zn(OH)_4]^{2-}$を生じて溶ける。
(3)$Zn(OH)_2$は過剰のアンモニアNH_3水にも，錯イオンであるテトラアンミン亜鉛(Ⅱ)イオン$[Zn(NH_3)_4]^{2+}$を生じて溶ける。

答　(1)$Zn^{2+} + 2OH^- \longrightarrow Zn(OH)_2$
(2)$Zn(OH)_2 + 2NaOH \longrightarrow Na_2[Zn(OH)_4]$
(3)$Zn(OH)_2 + 4NH_3 \longrightarrow [Zn(NH_3)_4]^{2+} + 2OH^-$

〈p.137～138〉

4 鉄・クロムとその化合物

❶ 銑鉄　❷ 鋼
❸ 水素　❹ $FeSO_4$
❺ 不動態　❻ 酸化鉄(Ⅲ)
❼ 四酸化三鉄　❽ 緑白
❾ 赤褐　❿ 青緑色
⓫ 黄色　⓬ 黄褐色
⓭ 暗赤色
⓮ ヘキサシアニド鉄(Ⅲ)酸カリウム
⓯ 濃青
⓰ ヘキサシアニド鉄(Ⅱ)酸カリウム
⓱ 濃青　⓲ 血赤
⓳ 黄　⓴ 黄
㉑ 赤褐　㉒ 黄
㉓ 黄　㉔ 赤橙
㉕ 赤橙　㉖ 赤橙
㉗ 酸化　㉘ 暗緑

ミニテスト

解き方　(1)単体の鉄は，鉄鉱石中の酸化鉄を，コークスの燃焼で生じた一酸化炭素で還元して得る。石灰石は，鉄鉱石中の不純物をスラグとして除去するはたらきをする。
(2)鉄鉱石の還元で得られる鉄を銑鉄という。銑鉄は炭素を約4％含み，硬いがもろい。
(3)銑鉄に酸素を吹きこみ，炭素含有量を2～0.02％まで減らした鉄を鋼という。鋼は強靭(きょうじん)で粘りがある。

答　(1)鉄鉱石，コークス，石灰石　(2)銑鉄　(3)鋼

〈p.139～140〉

5 銅・銀とその化合物

❶ 粗銅　❷ 硫酸銅(Ⅱ)
❸ 電解精錬　❹ 電気
❺ 緑青　❻ 酸化
❼ 酸化銅(Ⅱ)　❽ 酸化銅(Ⅰ)
❾ 青　❿ 青白
⓫ 酸化銅(Ⅱ)　⓬ 深青
⓭ $[Cu(NH_3)_4]^{2+}$
⓮ 大き　⓯ 酸化
⓰ 無　⓱ 光
⓲ フッ化銀　⓳ 白色
⓴ 淡黄色　㉑ 黄色
㉒ 黒　㉓ 褐
㉔ 無
㉕ $2[Ag(NH_3)_2]^+$

ミニテスト

解き方　(2)水酸化銅(Ⅱ)$Cu(OH)_2$は，過剰のアンモニアNH_3水には，錯イオンであるテトラアンミン銅(Ⅱ)イオン$[Cu(NH_3)_4]^{2+}$を生じて溶ける。

答　(1)$Cu^{2+} + 2OH^- \longrightarrow Cu(OH)_2$
(2)$Cu(OH)_2 + 4NH_3 \longrightarrow [Cu(NH_3)_4]^{2+} + 2OH^-$

〈p.141～143〉

6 金属陽イオンの検出と分離

❶黄 ❷白
❸黄 ❹青白
❺赤褐 ❻褐
❼緑白 ❽赤褐
❾, ❿中，塩基（順不同）
⓫黄 ⓬橙赤
⓭青緑 ⓮$Al(OH)_3$
⓯$Zn(OH)_2$ ⓰$Cu(OH)_2$
⓱Ag_2O ⓲両性
⓳$[Al(OH)_4]^-$ ⓴$[Zn(OH)_4]^{2-}$
㉑$Al(OH)_3$ ㉒$Zn(OH)_2$
㉓$Cu(OH)_2$ ㉔Ag_2O
㉕$[Zn(NH_3)_4]^{2+}$
㉖$[Cu(NH_3)_4]^{2+}$
㉗$[Ag(NH_3)_2]^+$
㉘HCl ㉙H_2S

ミニテスト

解き方 (1) $Ag^+ + Cl^- \longrightarrow AgCl\downarrow$

(2) ろ液は酸性になっているので，Cu^{2+}は沈殿を生じるが，Fe^{3+}は沈殿を生じない。ただし，硫化水素H_2Sによって還元され，Fe^{2+}に変化する。

$Cu^{2+} + S^{2-} \longrightarrow CuS\downarrow$

$2Fe^{3+} + H_2S \longrightarrow 2Fe^{2+} + S + 2H^+$

(3) 煮沸して未反応のH_2Sを追い出した後，Fe^{2+}を希硝酸で酸化してFe^{3+}に戻す。ここにNH_3水を十分に加えると，Fe^{3+}とAl^{3+}がそれぞれ反応して沈殿を生じる。

$Fe^{3+} + 3OH^- \longrightarrow FeO(OH)\downarrow + H_2O$

$Al^{3+} + 3OH^- \longrightarrow Al(OH)_3\downarrow$

(4) アルカリ土類金属の炭酸塩は，水に溶けにくい。

$Ba^{2+} + CO_3^{2-} \longrightarrow BaCO_3\downarrow$

答 (1) AgCl (2) CuS
(3) $FeO(OH)$，$Al(OH)_3$
(4) $BaCO_3$

〈p.144～146〉

7 無機物質と人間生活

❶軽 ❷重
❸貴 ❹鉄
❺アルミニウム ❻銅
❼金 ❽白金
❾チタン ❿タングステン
⓫酸素 ⓬トタン
⓭ブリキ ⓮合金
⓯黄銅 ⓰青銅
⓱白銅 ⓲ステンレス鋼
⓳ジュラルミン
⓴マグネシウム合金
㉑ニクロム ㉒無鉛はんだ
㉓水素吸蔵合金 ㉔形状記憶合金
㉕アモルファス合金
㉖超伝導合金 ㉗セラミックス
㉘陶磁器 ㉙土器
㉚大 ㉛陶器
㉜磁器 ㉝なし
㉞焼結 ㉟融点
㊱ソーダ石灰 ㊲鉛
㊳ホウケイ酸 ㊴石英
㊵ファインセラミックス

ミニテスト

答 (1)①延性 ②金属光沢 ③電気
(2)①セラミックス ②陶磁器 ③ガラス

5編1章 有機化合物の特徴

〈p.152～154〉

1 有機化合物の分類と特徴

❶炭素 ❷少な
❸多 ❹低
❺にくい ❻やすい
❼炭化水素 ❽炭素
❾単
❿, ⓫二重，三重（順不同）
⓬官能基 ⓭アルコール
⓮アルデヒド ⓯カルボン酸
⓰エーテル ⓱アミン
⓲構造 ⓳構造
⓴二重 ㉑シス
㉒トランス ㉓不斉炭素

ミニテスト

解き方 (1) 有機化合物に必ず含まれる元素は炭素Cである。
(2) 有機化合物は非電解質であるものが多い。また，水には溶けにくく，有機溶媒には溶けやすいものが多い。

答 (1)× (2)×

〈p.155～156〉

2 有機化合物の分析

❶組成 ❷分子
❸構造 ❹CO_2
❺H_2O ❻NH_3
❼青緑 ❽黒
❾割合 ❿CO_2
⓫H_2O ⓬炭素
⓭水素
⓮塩化カルシウム
⓯ソーダ石灰 ⓰原子の数
⓱12 ⓲1.0
⓳16 ⓴$C_xH_yO_z$
㉑$C_{nx}H_{ny}O_{nz}$ ㉒6.0
㉓1.0 ㉔8.0
㉕1：2：1 ㉖CH_2O
㉗30 ㉘2
㉙$C_2H_4O_2$

ミニテスト

解き方 有機化合物Xが100 gあるとすると，含まれる炭素Cは80 g,

水素Hは20gである。よって，原子の数の比は，

$C:H=\frac{80\,g}{12}:\frac{20\,g}{1.0}=1:3$

したがって，組成式はCH_3で，組成式の式量は15である。分子量が30であるから，

$\frac{分子量}{組成式の式量}=\frac{30}{15}=2$

よって，分子式はC_2H_6である。

答 C_2H_6

〈p.157〜158〉

3 アルカンとシクロアルカン

❶アルカン　❷C_nH_{2n+2}
❸CH_4　❹エタン
❺プロパン　❻ブタン
❼ヘキサン　❽C_9H_{20}
❾気体　❿液体
⓫正四面体　⓬アルキル
⓭構造　⓮アルキル
⓯有機　⓰置換
⓱シクロアルカン
⓲C_nH_{2n}　⓳構造

ミニテスト

解き方　[1] まず，C_4H_{10}の構造異性体について考え，次に，それぞれの構造異性体について，水素原子Hを塩素原子Clに置換したときに，何種類の構造ができるかを考える。

次の図の①〜④はすべてH原子を表し，同じ番号のH原子がCl原子に置換されたものは，同じ構造である。

```
    ①  ②  ②  ①
    |   |   |   |
①−C − C − C − C−①
    |   |   |   |
    ①  ②  ②  ①
```
2種類

```
    ③    ④    ③
    |     |     |
③−C ── C ── C−③
    |     |     |
    ③    |    ③
       ③−C−③
          |
          ③
```
2種類

[2] 鎖式の飽和炭化水素は，アルカンである。アルカンの一般式はC_nH_{2n+2}で表される。

答 [1] 4種類　[2] ア，オ

〈p.159〜160〉

4 アルケンとアルキン

❶二重　❷アルケン
❸C_nH_{2n}　❹エチレン
❺プロペン　❻平面
❼ない　❽濃硫酸
❾二重　❿単
⓫二重　⓬付加
⓭三重　⓮アルキン
⓯C_nH_{2n-2}　⓰アセチレン
⓱プロピン　⓲直線
⓳短　⓴CaC_2
㉑付加　㉒CH_3-CH_3
㉓$CHBr=CHBr$

ミニテスト

解き方　**ア**　アセチレン$CH\equiv CH$はアルキンで，三重結合をもつ。

イ　エタンCH_3-CH_3はアルカンで，不飽和結合をもたない。

ウ　エチレン$CH_2=CH_2$はアルケンで，二重結合をもつ。

エ　シクロヘキサンC_6H_{12}は，環式の飽和炭化水素で，不飽和結合をもたない。

オ　プロパン$CH_3-CH_2-CH_3$はアルカンで，不飽和結合をもたない。

カ　メタンCH_4はアルカンで，不飽和結合をもたない。

(1)不飽和結合(二重結合や三重結合)をもつ化合物は，臭素との付加反応を起こす。

(2)炭化水素C_xH_yの完全燃焼は，次の化学反応式で表される。

$$C_xH_y + \left(x+\frac{y}{2}\right)O_2 \longrightarrow xCO_2 + \frac{y}{2}H_2O$$

よって，$x:y=1:2$のとき，二酸化炭素CO_2と水H_2Oが物質量比1：1で生成する。

答 (1)ア，ウ　(2)ウ，エ

5編2章 酸素を含む有機化合物

〈p.162〜164〉

1 アルコールとエーテル

❶ヒドロキシ　❷R−OH
❸1　❹2
❺3　❻エタノール
❼エチレングリコール
❽グリセリン　❾1
❿2　⓫3
⓬高級アルコール
⓭低級アルコール
⓮エチレン　⓯液
⓰ナトリウムアルコキシド
⓱ヒドロキシ　⓲エーテル
⓳縮合　⓴アルケン
㉑脱離　㉒アルデヒド
㉓カルボン酸　㉔ケトン
㉕されにくい　㉖炭化水素
㉗エーテル　㉘液
㉙構造　㉚低
㉛しない　㉜ヒドロキシ
㉝4

ミニテスト

解き方　アルコールは，もとになる炭化水素の名称の語尾-eを-olに変えて命名する。もとの炭化水素に枝分かれがある場合，主鎖の何番目の炭素原子にヒドロキシ基−OHがついているかも示す。

答 (名称，価数の順に)

(1)2−プロパノール，1価

(2)グリセリン(1,2,3−プロパントリオール)，3価

(3)エチレングリコール(1,2−エタンジオール)，2価

〈p.165〜166〉

2 アルデヒドとケトン

❶ホルミル(アルデヒド)
❷R−CHO　❸酸化
❹カルボン酸　❺しない
❻気　❼メタノール
❽液　❾エタノール
❿還元　⓫銀鏡
⓬銀　⓭赤

⓮ カルボニル　⓯ R−CO−R′
⓰ 酸化　⓱ さない
⓲ 構造
⓳ 2−プロパノール
⓴ 酢酸カルシウム
㉑ 有機　㉒ ヨウ素
㉓ ヨードホルム

ミニテスト

解き方

② $RCHO + [O] \longrightarrow RCOOH$
　　　　酸化剤

③ $RCHO + 2Cu^{2+} + 5OH^-$
$\longrightarrow RCOO^- + Cu_2O + 3H_2O$
　　　　　　　酸化銅(Ⅰ)

④ $RCHO + 2Ag^+ + 3OH^-$
$\longrightarrow RCOO^- + 2Ag + 2H_2O$
　　　　　　　銀

答 ①還元　②カルボン酸　③赤　④銀

〈p.167～170〉

3 カルボン酸とエステル

❶ カルボキシ　❷ R−COOH
❸ 酸化　❹ 酸
❺ 1　❻ 脂肪酸
❼ 低級脂肪酸　❽ 高級脂肪酸
❾ 2　❿ 3
⓫ メタノール　⓬ 液
⓭ ホルミル(アルデヒド)
⓮ 濃硫酸　⓯ エタノール
⓰ 氷酢酸　⓱ 無水酢酸
⓲ マレイン酸　⓳ フマル酸
⓴ 無水マレイン酸
㉑ 二酸化炭素　㉒ カルボン酸
㉓ 脱水　㉔ エステル
㉕ エステル　㉖ 触媒
㉗ $CH_3COOC_2H_5$
㉘ にくく　㉙ やすい
㉚ 構造　㉛ 低
㉜ 加水分解　㉝ 加水分解
㉞ けん化　㉟ 酢酸エチル
㊱ $CH_3COOC_2H_5$
㊲ にくく　㊳ 小さ
㊴ 加水分解(けん化)
㊵ 酢酸ナトリウム
㊶ CH_3COONa

ミニテスト

解き方　1 酢酸とギ酸メチルは同一の分子式をもち，構造異性体の関係にある。

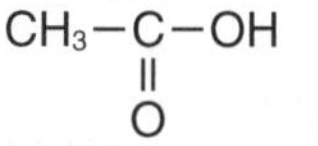

```
CH3−C−OH
    ‖
    O        酢酸

H−C−O−CH3
  ‖
  O       ギ酸メチル
```

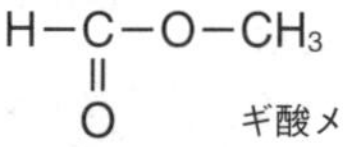

2 (1)酢酸 CH_3COOH から OH，メタノール CH_3OH から H が取れる形で脱水縮合して生じる物質である。
(2)酢酸と水酸化ナトリウムの中和で生じる物質である。
(3)酢酸２分子が脱水縮合して生じる物質である。
(4)炭素数が３で１価の飽和カルボン酸である。

答　1 カルボン酸…CH_3COOH
エステル…$HCOOCH_3$
2 (1) CH_3COOCH_3
(2) CH_3COONa
(3) $(CH_3CO)_2O$
(4) CH_3CH_2COOH
(C_2H_5COOH)

〈p.171～172〉

4 油脂とセッケン

❶ エステル　❷ 固
❸ 液　❹ 乾性油
❺ 不乾性油　❻ 硬化油
❼ 加水分解(けん化)
❽ セッケン　❾ 塩析
❿ 疎水　⓫ 親水
⓬ 界面活性剤　⓭ 親水
⓮ 疎水(親油)　⓯ 疎水(親油)
⓰ 親水　⓱ ミセル
⓲ 乳化作用　⓳ 乳濁液
⓴ 塩基　㉑ 中

ミニテスト

解き方　1 １種類の脂肪酸から構成される油脂の一般式は，$(RCOO)_3C_3H_5$ で表される。
飽和のアルキル基の一般式は，$C_nH_{2n+1}-$ で表される。リノール酸のアルキル基は $C_{17}H_{31}-$ で，飽和のアルキル基 $C_{17}H_{35}-$ より水素原子 H が４個少ない。したがって，リノール酸に含まれる C=C 結合の数は，
$\frac{4}{2}=2$
よって，油脂１分子中の C=C 結合の数は，
$3\times2=6$

答　1 示性式…$(C_{17}H_{31}COO)_3C_3H_5$
C=C 結合の数…6 個
2 セッケンは弱酸と強塩基の塩なので加水分解して塩基性を示すが，合成洗剤は強酸と強塩基の塩なので加水分解せず，中性を示すから。

5編3章 芳香族化合物

〈p.175～176〉

1 芳香族炭化水素

❶ 正六角　❷ 平面
❸,❹ 単，二重(順不同)
❺ ベンゼン環　❻ 無
❼ 液　❽ すす
❾ 1　❿ 2
⓫ 構造　⓬ ベンゼン環
⓭ 2　⓮ 置換
⓯ 塩素化　⓰ ハロゲン化
⓱ ニトロ化　⓲ スルホン化
⓳ シクロヘキサン
⓴ 1,2,3,4,5,6−ヘキサクロロシクロヘキサン

ミニテスト

解き方　トルエンのメチル基 $-CH_3$ に対して，*o*−位，*m*−位，*p*−位の水素原子 H をそれぞれニトロ基 $-NO_2$ に置換した化合物を考える。

答

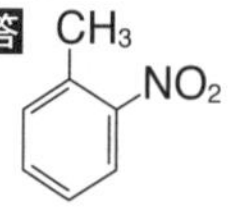

CH_3 / NO_2（ベンゼン環構造式）　*o*−ニトロトルエン

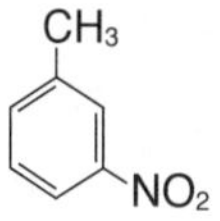

CH_3 / NO_2（ベンゼン環構造式）　*m*−ニトロトルエン

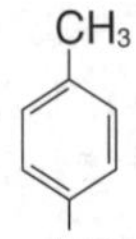

p-ニトロトルエン

〈p.177～178〉

2 フェノール類

❶ ヒドロキシ　❷ フェノール
❸ o-クレゾール
❹ 1-ナフトール
❺ 酸
❻ ナトリウムフェノキシド
❼ フェノール　❽ 水素
❾ エステル　❿ 固
⓫ クメン　⓬ アセトン
⓭ 水酸化ナトリウム
⓮ 混酸　⓯ ピクリン酸
⓰ 2,4,6-トリブロモフェノール

〈p.179～181〉

3 芳香族カルボン酸

❶ カルボキシ　❷ 強酸
❸ 酸化　❹ 酸化
❺ 脱水　❻ 無水フタル酸
❼ 酸化　❽ 無(白)
❾ 酸
❿, ⓫ カルボン酸，フェノール類（順不同）
⓬ 塩化鉄(Ⅲ)　⓭ 二酸化炭素
⓮ メタノール　⓯ エステル
⓰ 無水酢酸　⓱ アセチル
⓲ 赤紫　⓳ フェノール類
⓴ カルボキシ　㉑ ヒドロキシ
㉒ 重　㉓ 二酸化炭素
㉔ ヒドロキシ　㉕ アセチル
㉖ サリチル酸

ミニテスト

解き方　(1)サリチル酸のカルボキシ基とメタノールのヒドロキシ基で脱水が起こり，エステルが生じる。

$C_6H_4(OH)COOH + CH_3OH \longrightarrow C_6H_4(OH)COOCH_3 + H_2O$

(2)サリチル酸のヒドロキシ基と無水酢酸が反応し，アセチル基が導入される。

$C_6H_4(OH)COOH + (CH_3CO)_2O \longrightarrow C_6H_4(OCOCH_3)COOH + CH_3COOH$

答　(1)エステル化　(2)アセチル化

〈p.182～183〉

4 芳香族アミン

❶ アミン　❷ 芳香族アミン
❸ 塩基　❹ 無
❺ アニリン塩酸塩
❻ ニトロベンゼン
❼ 還元　❽ 赤紫
❾ アニリンブラック
❿ アセトアニリド
⓫ アミド
⓬ 塩化ベンゼンジアゾニウム
⓭ ジアゾ　⓮ 赤橙
⓯ ジアゾカップリング
⓰ 還元　⓱ 弱
⓲ 赤紫

ミニテスト

解き方　アニリンは塩基性の物質なので，塩酸を加えるとアニリン塩酸塩となり，水に溶ける。

$C_6H_5NH_2 + HCl \longrightarrow C_6H_5NH_3Cl$

答　名称…アニリン塩酸塩
示性式…$C_6H_5NH_3Cl$

〈p.184〉

5 芳香族化合物の分離

❶ 水　❷ エーテル
❸ 水
❹ アニリン塩酸塩
❺ ナトリウムフェノキシド
❻ 安息香酸　❼ フェノール

ミニテスト

解き方　ニトロベンゼンとトルエンは中性の物質，アニリンは塩基性の物質，フェノールと安息香酸は酸性の物質である。
(1)酸性の物質は，水酸化ナトリウム水溶液との中和によって塩となり，水層に移動する。
(2)塩基性の物質は，塩酸との中和によって塩となり，水層に移動する。

答　(1)ウ，オ　(2)イ

〈p.185～186〉

6 有機化合物と人間生活

❶ 治療　❷ 生薬
❸ 抽出　❹ 合成
❺ 主作用　❻ 副作用
❼ アセチルサリチル酸
❽ サリチル酸メチル
❾ サルファ剤　❿ ペニシリン
⓫ ストレプトマイシン
⓬ エタノール　⓭ 抗生物質
⓮ 染着　⓯ 染料
⓰ インジゴ　⓱ アリザリン
⓲ カルミン酸
⓳ ジブロモインジゴ
⓴ アゾ染料　㉑ 酸性
㉒ 建染め　㉓ 媒染
㉔ 陽イオン　㉕ 両性
㉖ ゼオライト

6編1章
天然高分子化合物

〈p.192～193〉

1 高分子化合物の特徴

❶ 有機　❷ 無機
❸ 天然　❹ 合成
❺ 単量体　❻ 重合体
❼ 重合　❽ 重合度
❾ 付加重合　❿ 付加重合体
⓫ 縮合重合　⓬ 縮合重合体
⓭ 共重合　⓮ 開環重合
⓯ コロイド　⓰ 分子
⓱ 一定　⓲ ではない
⓳ 平均分子量　⓴ 一定
㉑ 結晶　㉒ 非結晶
㉓ 融点　㉔ 28
㉕ 2.0×10^3

ミニテスト

答 (1)付加重合　(2)縮合重合
(3)共重合

〈p.194～198〉

2 糖類

❶ 糖類　❷ 単糖類(単糖)
❸ 二糖類(二糖)　❹ 多糖類(多糖)
❺ グルコース　❻ フルクトース
❼ マルトース　❽ スクロース
❾ ラクトース　❿ デンプン
⓫ セルロース　⓬ 二糖類(二糖)
⓭ アミラーゼ　⓮ マルターゼ
⓯ セルラーゼ　⓰ α
⓱ β　⓲ 平衡
⓳ ホルミル(アルデヒド)
⓴ 銀鏡　㉑ フェーリング
㉒ 平衡　㉓ 還元
㉔ アミラーゼ
㉕ α-グルコース
㉖ 還元
㉗ β-フルクトース
㉘ さない
㉙ インベルターゼ(スクラーゼ)
㉚ グルコース　㉛ ラクターゼ
㉜ α-グルコース
㉝ らせん
㉞ ヨウ素デンプン反応
㉟ アミロース
㊱ アミロペクチン
㊲ 多
㊳ β-グルコース
㊴ 直線　㊵ さない
㊶ $[C_6H_7O_2(OH)_3]_n$
㊷ トリニトロセルロース
㊸ 再生繊維　㊹ レーヨン
㊺ シュワイツァー(シュバイツァー)
㊻ 銅アンモニアレーヨン
㊼ ビスコースレーヨン
㊽ 半合成繊維
㊾ トリアセチルセルロース
㊿ アセテート繊維

ミニテスト

解き方　フェーリング液は，還元されると酸化銅(Ⅰ)Cu_2Oの赤色沈殿を生じる。単糖類は，すべて還元性を示す。一方，二糖類は，マルトースやラクトースのように還元性を示す還元糖と，スクロースやトレハロースのように還元性を示さない非還元糖がある。

答 **イ，ウ**

〈p.199～203〉

3 アミノ酸とタンパク質

❶ アミノ酸　❷ α-アミノ酸
❸ 必須アミノ酸　❹ グリシン
❺ 鏡像異性体(光学異性体)
❻ 両性　❼ 双性
❽ 平衡　❾ 等電点
❿ 双性　⓫ 小さ
⓬ 大き　⓭ 電気泳動
⓮ 陰　⓯ 双性
⓰ 陽　⓱ ニンヒドリン
⓲ ペプチド　⓳ ペプチド
⓴ トリペプチド　㉑ ポリペプチド
㉒ 構造　㉓ 3
㉔ 2　㉕ 水素
㉖ α-ヘリックス
㉗ β-シート　㉘ ジスルフィド
㉙ 球状　㉚ やす
㉛ 繊維状　㉜ にく
㉝ 単純　㉞ 複合
㉟ 熱　㊱ 立体(高次)
㊲ 2　㊳ 濃硝酸
㊴ 硫化鉛(Ⅱ)　㊵ 変性
㊶ 赤紫　㊷ ビウレット
㊸ 黄　㊹ 橙黄
㊺ キサントプロテイン
㊻ ベンゼン環　㊼ 黒
㊽ 硫黄

ミニテスト

解き方　アミノ酸は，等電点ではほとんどが双性イオンとなっている。等電点より酸性側になればなるほど陽イオンの割合が多くなり，塩基性になればなるほど陰イオンの割合が多くなる。

答 ①$CH_2(NH_3^+)COO^-$
②$CH_2(NH_3^+)COOH$
③$CH_2(NH_2)COO^-$

〈p.204～205〉

4 酵素のはたらき

❶ 酵素　❷ タンパク質
❸ 基質　❹ 基質特異性
❺ 最適温度　❻ 変性
❼ 最適pH　❽ 補酵素
❾ アミラーゼ　❿ マルターゼ
⓫ インベルターゼ(スクラーゼ)
⓬ セルラーゼ　⓭ 油脂
⓮ タンパク質　⓯ ペプチド
⓰ アミノ酸　⓱ 過酸化水素
⓲ エタノール　⓳ カタラーゼ
⓴ 酸素　㉑ 変性
㉒ 対照

ミニテスト

解き方　(2)一般に，温度が高いほど，反応速度は大きくなる。しかし，酵素は主にタンパク質でできているため，高温になると変性してそのはたらきを失う。

答 (1)基質特異性
(2)無機触媒は高温になるほど反応速度が大きくなるが，酵素は特定の温度(最適温度)付近で反応速度が最大になる。

〈p.206～207〉

5 核酸

❶ ヌクレオチド
❷ ポリヌクレオチド

❸デオキシリボ核酸
❹遺伝子 ❺リボ核酸
❻タンパク質 ❼水素
❽水素 ❾二重らせん
❿, ⓫ワトソン, クリック(順不同)
⓬遺伝 ⓭複製
⓮伝令(m)
⓯転移(運搬, t)
⓰リボソーム(r)
⓱ペプチド

ミニテスト

答 (1)DNA (2)チミン

6編2章
合成高分子化合物

〈p.210～212〉

1 合成繊維

❶天然 ❷植物
❸動物 ❹化学
❺合成 ❻縮合
❼アジピン酸 ❽ナイロン66
❾開環 ❿ナイロン6
⓫アラミド繊維 ⓬縮合
⓭ポリエチレンテレフタラート
⓮付加 ⓯アクリル
⓰けん化 ⓱アセタール
⓲HCl ⓳塩化水素
⓴セルロース ㉑セルロース
㉒タンパク質 ㉓タンパク質

ミニテスト

解き方 天然から得られる繊維を天然繊維といい, 植物繊維と動物繊維に分けられる。再生繊維は天然繊維をいったん溶媒に溶かして再生した繊維, 半合成繊維は天然繊維の官能基の一部を変化させた繊維である。また, 合成繊維は, 石油などをもとに合成された繊維である。

答 (1)ウ (2)イ (3)エ (4)オ (5)ウ (6)ア

〈p.213～215〉

2 合成樹脂(プラスチック)

❶熱可塑性 ❷付加
❸熱硬化性 ❹付加
❺鎖状 ❻立体網目
❼ビニル ❽ポリエチレン
❾ポリプロピレン
❿ポリ塩化ビニル
⓫ポリスチレン
⓬ポリ酢酸ビニル
⓭ポリメタクリル酸メチル
⓮多 ⓯大き(強)
⓰少な ⓱小さ(弱)
⓲付加縮合
⓳ホルムアルデヒド
⓴フェノール樹脂
㉑尿素樹脂(ユリア樹脂)
㉒メラミン樹脂 ㉓スルホン
㉔水素 ㉕水酸化物
㉖塩基 ㉗再生
㉘1：2 ㉙1：1
㉚1：2 ㉛6.5×10^{-2}

ミニテスト

解き方 [1] $-CH_2-CHCl-$ (繰り返し単位)の式量は62.5であるから, 重合度をnとすると,
$2.0\times10^5=62.5n$
$n=3.2\times10^3$

[2] 付加重合体(ポリ塩化ビニル, ポリエチレン, ポリスチレンなど)や官能基が2個の単量体による縮合重合体(ポリエチレンテレフタラートなど)は, 分子が直鎖状構造をとるので, 熱可塑性樹脂である。

官能基が3個以上の単量体とホルムアルデヒドとの付加縮合体(フェノール樹脂, 尿素樹脂など)は, 分子が立体網目状構造をとるので, 熱硬化性樹脂である。

答 [1] 3.2×10^3
[2] (1)熱可塑性樹脂
(2)熱硬化性樹脂
(3)熱可塑性樹脂
(4)熱可塑性樹脂
(5)熱硬化性樹脂
(6)熱可塑性樹脂

〈p.216～217〉

3 ゴム

❶生ゴム ❷付加
❸シス ❹ゴム弾性
❺加硫 ❻弾性
❼架橋 ❽エボナイト
❾付加 ❿合成ゴム
⓫ブタジエンゴム
⓬クロロプレンゴム
⓭1,3-ブタジエン
⓮スチレン
⓯アクリロニトリル

ミニテスト

解き方 (1)天然ゴム(生ゴム)は鎖状の高分子であるが, 硫黄原子による架橋構造ができると, 立体網目状の構造となる。そのため, 弾性が大きくなり, 化学的に強くなる。この操作を加硫という。

答 (1)加硫 (2)エボナイト
(3)スチレン-ブタジエンゴム

〈p.218〉

4 高分子化合物と人間生活

❶吸水性 ❷生分解性
❸導電性 ❹感光性
❺マテリアル ❻ケミカル
❼サーマル

ミニテスト

解き方 (1)ポリアセチレンなどがある。
(2)ポリケイ皮酸ビニルなどがある。
(3)ポリ乳酸などがある。
(4)ポリアクリル酸ナトリウムなどがある。

答 (1)導電性高分子
(2)感光性高分子
(3)生分解性高分子
(4)吸水性高分子

練習問題・定期テスト対策問題の解答

1編 物質の状態と変化

練習問題

1章 物質の状態変化

1 (1) *a*…0℃ *b*…100℃ (2) AB…融解 CD…沸騰 (3) AB…エ CD…オ
(4) 40 kJ/mol (5) 4.4 J

2 (1) × (2) × (3) ○ (4) ○ (5) × (6) ×

3 (1) O…三重点 A…臨界点 (2) OA…蒸気圧曲線 OB…融解曲線 OC…昇華圧曲線
(3) Ⅰ…固体 Ⅱ…液体 Ⅲ…気体 (4) 超臨界流体 (5) 融点…低くなる。 沸点…高くなる。

4 ① 凝縮 ② 気液平衡 ③ 飽和蒸気圧(蒸気圧) ④ 大き ⑤ 蒸発 ⑥ 沸騰 ⑦ 沸点
⑧ 蒸気圧 ⑨ 低

5 (1) 760 mm (2) 728 mm (3) 742 mm

6 (1) 34℃ (2) 68℃ (3) C，B，A (4) A，B，C

解き方

1 (1)～(3) 純物質の固体を加熱すると，温度が上昇し，融点に達すると融解が始まる(A点)。**融解中は外部から加えたエネルギーが状態変化に使われるため，温度が変化しない**(AB間)。このとき，固体と液体が共存している。

融解が終わってすべて液体に変化すると(B点)，再び温度が上昇するようになるが，沸点に達すると沸騰が始まる(C点)。**沸騰中は外部から加えたエネルギーが状態変化に使われるため，温度が変化しない**(CD間)。このとき，液体と気体が共存している。

沸騰が終わってすべて気体に変化すると(D点)，再び温度が上昇するようになる。

(4) 2.0 kJ/min×(30−10) min＝40 kJ

(5) 水1gの温度を1℃上昇させるのに必要な熱量(比熱)を*x*〔J/(g･℃)〕とおく。H_2O＝18より，水1 molの質量は18 gであるから，グラフのBC間について，

x×18 g×100℃＝2.0×10^3 J/min×(10−6) min

x≒4.4 J/(g･℃)

2 (1) 固体では，粒子は定位置を中心にわずかに振動している。

(2) 粒子間に引力がほとんどはたらかず，粒子が自由に移動できるのは気体である。

(5) 気体分子の平均の速さは，温度が高いほど大きくなる。

(6) 物体の状態は，温度だけでなく，圧力によっても変化する。

3 (3) 点O(**三重点**)より高く，点A(**臨界点**)より低い圧力では，温度を高くしていくと，物質の状態が固体→液体→気体と変化する。

(5) **OAは右上がりの曲線なので，圧力が高いほど沸点が高くなる。OBは右下がりの曲線なので，圧力が高いほど融点が低くなる。**

4 液体を密閉容器に入れて放置すると，蒸発する分子と凝縮する分子の数が等しくなる(**気液平衡**)。

開放容器に入れて放置すると，絶え間なく蒸発が続き，気液平衡にはならない。**液体の蒸気圧が外圧と等しくなったとき，沸騰が起こる。**

5 (1) **図1では，高さ*h*の水銀柱の重さによる圧力が，大気圧**(約1.0×10^5 Pa＝760 mmHg)**とつり合っている。**

(2) **図2では，高さ*x*の水銀柱の重さによる圧力と水の蒸気圧の和が，大気圧とつり合っている**から，水銀柱の重さによる圧力は，

760 mmHg−32 mmHg＝728 mmHg

(3) 760 mmHg−18 mmHg＝742 mmHg

6 (1) ふつう，沸点は，大気圧が約1.0×10^5 Paのときの値で表す。Aの蒸気圧が1.0×10^5 Paになる温度を読み取れば，約34℃である。

(2)　Bの蒸気圧が6.0×10^4 Paになる温度を読み取れば約68℃であることがわかる。

(3)　**分子間力が大きい物質ほど気体になりにくく**，同温で比較したとき，蒸気圧が小さい。

(4)　**蒸発熱が小さい物質ほど気体になりやすく**，沸点が低い。すなわち，同温で比較したとき，蒸気圧が大きい。

2章　気体の性質

1 5.0 L

2 (1) 91 mL　(2) 2.0 g/L　(3) 46

3 166

4 容積…8.3 L　CO_2…1.5×10^4 Pa　H_2…4.5×10^4 Pa　N_2…6.0×10^4 Pa

5 0.41 g

6 (1) 2.0×10^4 Pa　(2) 1.8×10^5 Pa

7 (1) CH_4…4.0×10^4 Pa　O_2…9.0×10^4 Pa　(2) 27　(3) 5.4×10^4 Pa

8 イ，ウ，オ

解き方

1　求める体積をV〔L〕とすると，ボイル・シャルルの法則より，

$$\frac{1.0\times10^5\ \text{Pa}\times6.0\ \text{L}}{(273+27)\ \text{K}}=\frac{2.0\times10^5\ \text{Pa}\times V}{(273+227)\ \text{K}}$$

$V=5.0$ L

2 (1)　求める体積をV〔L〕とすると，ボイル・シャルルの法則より，

$$\frac{8.0\times10^4\ \text{Pa}\times0.125\ \text{L}}{(273+27)\ \text{K}}=\frac{1.0\times10^5\ \text{Pa}\times V}{273\ \text{K}}$$

$V=0.091$ L$=91$ mL

(2)　$\dfrac{0.184\ \text{g}}{0.091\ \text{L}}\fallingdotseq2.0$ g/L

(3)　気体の状態方程式より，$PV=\dfrac{w}{M}RT$

この気体のモル質量をM〔g/mol〕とすると，

$$8.0\times10^4\ \text{Pa}\times0.125\ \text{L}=\frac{0.184\ \text{g}}{M}\times8.3\times10^3\ \text{Pa·L/(K·mol)}\times(273+27)\ \text{K}$$

$M\fallingdotseq46$ g/mol　→　分子量は46

3　**97℃でフラスコ内を満たしていた蒸気の質量が2.00 gであるから**，この試料のモル質量をM〔g/mol〕とすると，気体の状態方程式より，

$$1.00\times10^5\ \text{Pa}\times0.370\ \text{L}=\frac{2.00\ \text{g}}{M}\times8.3\times10^3\ \text{Pa·L/(K·mol)}\times(273+97)\ \text{K}$$

$M=166$ g/mol　→　分子量は166

4　各成分気体の物質量は，

CO_2；$\dfrac{2.2\ \text{g}}{44\ \text{g/mol}}=0.050$ mol

H_2；$\dfrac{0.30\ \text{g}}{2.0\ \text{g/mol}}=0.15$ mol

N_2；$\dfrac{5.6\ \text{g}}{28\ \text{g/mol}}=0.20$ mol

したがって，全成分気体の物質量の和は，

0.050 mol＋0.15 mol＋0.20 mol＝0.40 mol

容器の容積をV〔L〕とすると，気体の状態方程式より，

$$1.2\times10^5\ \text{Pa}\times V=0.40\ \text{mol}\times8.3\times10^3\ \text{Pa·L/(K·mol)}\times(273+27)\ \text{K}$$

$V=8.3$ L

また，**分圧＝全圧×モル分率**より，各成分気体の分圧は，

CO_2；$1.2\times10^5\ \text{Pa}\times\dfrac{0.050\ \text{mol}}{0.40\ \text{mol}}=1.5\times10^4$ Pa

H_2；$1.2\times10^5\ \text{Pa}\times\dfrac{0.15\ \text{mol}}{0.40\ \text{mol}}=4.5\times10^4$ Pa

N_2；$1.2\times10^5\ \text{Pa}\times\dfrac{0.20\ \text{mol}}{0.40\ \text{mol}}=6.0\times10^4$ Pa

5　水上捕集した場合，次の関係が成り立つ。

捕集した気体の圧力＋飽和水蒸気圧＝大気圧

したがって，捕集したCOの分圧は，

$1.0\times10^5\ \text{Pa}-4.0\times10^3\ \text{Pa}=9.6\times10^4$ Pa

COの質量をw〔g〕とすると，気体の状態方程式より，

$$9.6\times10^4\ \text{Pa}\times0.380\ \text{L}=\frac{w}{28\ \text{g/mol}}\times8.3\times10^3\ \text{Pa·L/(K·mol)}\times(273+27)\ \text{K}$$

$w\fallingdotseq0.41$ g

6 (1)　**混合気体では，分圧の比は物質量の比と等しいから**，60℃におけるH_2Oの分圧は，全圧

とモル分率から，

$$1.0\times10^5\ \mathrm{Pa}\times\frac{1}{4+1}=2.0\times10^4\ \mathrm{Pa}$$

60℃でH_2Oの凝縮が見られたことから，H_2Oの分圧が飽和水蒸気圧と等しくなったことがわかる。したがって，60℃におけるH_2Oの飽和蒸気圧は2.0×10^4 Paである。

(2) 体積変化前のN_2の分圧は，

$$1.0\times10^5\ \mathrm{Pa}\times\frac{4}{4+1}=8.0\times10^4\ \mathrm{Pa}$$

ボイルの法則より，体積を半分にすると気体の圧力は2倍になるから，体積変化後のN_2の分圧は，

$$8.0\times10^4\ \mathrm{Pa}\times2=1.6\times10^5\ \mathrm{Pa}$$

一方，H_2Oは60℃で**気液平衡に達しているので，体積を半分にすると水がさらに凝縮し，**その分圧は飽和蒸気圧と等しい2.0×10^4 Paに保たれる。

よって，全圧は，

$$1.6\times10^5\ \mathrm{Pa}+2.0\times10^4\ \mathrm{Pa}=1.8\times10^5\ \mathrm{Pa}$$

7 (1) 混合後のCH_4，O_2の分圧をP_{CH_4}〔Pa〕，P_{O_2}〔Pa〕とすると，ボイルの法則より，

$$1.0\times10^5\ \mathrm{Pa}\times2.0\ \mathrm{L}=P_{CH_4}\times5.0\ \mathrm{L}$$
$$P_{CH_4}=4.0\times10^4\ \mathrm{Pa}$$
$$1.5\times10^5\ \mathrm{Pa}\times3.0\ \mathrm{L}=P_{O_2}\times5.0\ \mathrm{L}$$
$$P_{O_2}=9.0\times10^4\ \mathrm{Pa}$$

(2) 混合気体では，**分圧の比は物質量の比と等しい**から，物質量の比は，

CH_4：O_2＝4.0×10^4 Pa：9.0×10^4 Pa＝4：9

混合気体の平均分子量は，各成分気体の分子量とモル分率から，

$$16\times\frac{4}{4+9}+32\times\frac{9}{4+9}\fallingdotseq27$$

(3) 反応によって生じた水がすべて気体になったと仮定すると，反応による気体の圧力の変化は次のようになる。

	CH_4	＋ $2O_2$	⟶ CO_2	＋ $2H_2O$
反応前〔Pa〕	4.0×10^4	9.0×10^4	0	0
反応後〔Pa〕	0	1.0×10^4	4.0×10^4	8.0×10^4

水がすべて気体であると仮定したときの水蒸気の圧力は，27℃における水の飽和蒸気圧4.0×10^3 Paより大きいので，容器内には液体の水が存在することがわかる。よって，真の水蒸気の分圧は，4.0×10^3 Paである。したがって，全圧は，

$$1.0\times10^4\ \mathrm{Pa}+4.0\times10^4\ \mathrm{Pa}+4.0\times10^3\ \mathrm{Pa}$$
$$=5.4\times10^4\ \mathrm{Pa}$$

8 ア **実在気体では分子間力がはたらく**ので，高圧では液体への状態変化が起こる。

エ **二酸化炭素**(分子量44)**は，水素**(分子量2.0)**より分子量が大きいので，分子間力も大きい**ため，理想気体からのずれも大きくなる。

3章 溶液の性質

1 (1) Ⓐ…電解質 Ⓑ…非電解質 (2) ① Ⓒ ② Ⓐ ③ Ⓑ ④ Ⓐ ⑤ Ⓑ ⑥ Ⓒ ⑦ Ⓐ

2 (1) 131 g (2) 56 g (3) 84 g

3 64 g

4 ① 0.99 L，1.4 g ② 2.0 L，2.5 g

5 (1) 6.7%，0.40 mol/kg (2) 0.25 mol/L，4.0%

6 (1) a…水 b…グルコース水溶液 c…塩化ナトリウム水溶液 (2) 100℃ (3) 100.1℃
(4) 高い…水 低い…塩化ナトリウム水溶液

7 0.37 g

8 ① 赤褐 ② チンダル ③ 透析 ④ 電気泳動 ⑤ 正 ⑥ 疎水 ⑦ 凝析 ⑧ 保護

解き方

1 一般に，**イオン結晶や極性分子は水などの極性溶媒に溶けやすく，無極性分子はヘキサンなどの無極性溶媒に溶けやすい。**

イオン結晶は，水に溶けると電離する。分子からなる物質は，塩化水素のように電離するものと，スクロースやエタノールのように電離しないものがある。

2 (1) **60℃の水100 gには，硝酸カリウムKNO_3 110 gが溶け，飽和水溶液が210 gできる。**よって，飽和水溶液250 g中のKNO_3の質量をx〔g〕とすると，

$$\frac{溶質}{水溶液}=\frac{110\ \text{g}}{210\ \text{g}}=\frac{x}{250\ \text{g}} \qquad x \fallingdotseq 131\ \text{g}$$

(2) 10℃では，硝酸カリウム KNO_3 は水100 gに22 g溶ける。水200 gに溶ける質量を x〔g〕とすると，

$$\frac{溶質}{溶媒}=\frac{22\ \text{g}}{100\ \text{g}}=\frac{x}{200\ \text{g}} \qquad x=44\ \text{g}$$

よって，析出する結晶の質量は，

100 g−44 g=56 g

(3) 60℃の水が100 gのとき，飽和水溶液が210 gできる。これを10℃に冷却すると，析出する結晶の質量は，60℃と10℃における溶解度の差に相当するから，

110 g−22 g=88 g

よって，飽和水溶液が200 gのときに析出する結晶の質量を x〔g〕とすると，

$$\frac{析出量}{溶液}=\frac{88\ \text{g}}{210\ \text{g}}=\frac{x}{200\ \text{g}} \qquad x \fallingdotseq 84\ \text{g}$$

3 80℃で溶ける $CuSO_4 \cdot 5H_2O$ の質量を x〔g〕とすると，$CuSO_4$=160，$CuSO_4 \cdot 5H_2O$=250より，**その中に含まれる $CuSO_4$ の質量は $\frac{160}{250}x$ と表せる**。よって，

$$\frac{溶質}{水溶液}=\frac{56\ \text{g}}{100\ \text{g}+56\ \text{g}}=\frac{\frac{160}{250}x}{50\ \text{g}+x} \qquad x \fallingdotseq 64\ \text{g}$$

4 0℃，1.0×10^6 Paの空気中での O_2，N_2 の分圧は，

O_2；$1.0\times10^6\ \text{Pa}\times\frac{1}{1+4}=2.0\times10^5\ \text{Pa}$

N_2；$1.0\times10^6\ \text{Pa}\times\frac{4}{1+4}=8.0\times10^5\ \text{Pa}$

ヘンリーの法則より，**気体の溶解度（物質量）は，その気体の圧力（混合気体の場合はその分圧）に比例する**から，0℃の水10 Lに溶ける O_2 と N_2 の物質量は，

O_2；$2.2\times10^{-3}\ \text{mol}\times\frac{2.0\times10^5\ \text{Pa}}{1.0\times10^5\ \text{Pa}}\times\frac{10\ \text{L}}{1.0\ \text{L}}$

$=4.4\times10^{-2}$ mol

N_2；$1.1\times10^{-3}\ \text{mol}\times\frac{8.0\times10^5\ \text{Pa}}{1.0\times10^5\ \text{Pa}}\times\frac{10\ \text{L}}{1.0\ \text{L}}$

$=8.8\times10^{-2}$ mol

よって，O_2 の体積と質量は，

$22.4\ \text{L/mol}\times4.4\times10^{-2}\ \text{mol} \fallingdotseq 0.99\ \text{L}$

$32\ \text{g/mol}\times4.4\times10^{-2}\ \text{mol} \fallingdotseq 1.4\ \text{g}$

また，N_2 の体積と質量は，

$22.4\ \text{L/mol}\times8.8\times10^{-2}\ \text{mol} \fallingdotseq 2.0\ \text{L}$

$28\ \text{g/mol}\times8.8\times10^{-2}\ \text{mol} \fallingdotseq 2.5\ \text{g}$

5 (1) 質量パーセント濃度は，

$$\frac{36\ \text{g}}{500\ \text{g}+36\ \text{g}}\times100 \fallingdotseq 6.7 \quad \rightarrow \quad 6.7\ \%$$

また，グルコース36 gの物質量は，

$$\frac{36\ \text{g}}{180\ \text{g/mol}}=0.20\ \text{mol}$$

よって，質量モル濃度は，

$$\frac{0.20\ \text{mol}}{0.500\ \text{kg}}=0.40\ \text{mol/kg}$$

(2) $CuSO_4 \cdot 5H_2O$ 25 gに含まれる $CuSO_4$ の質量は，$CuSO_4$=160，$CuSO_4 \cdot 5H_2O$=250より，

$$25\ \text{g}\times\frac{160}{250}=16\ \text{g}$$

その物質量は，

$$\frac{16\ \text{g}}{160\ \text{g/mol}}=0.10\ \text{mol}$$

よって，モル濃度は，

$$\frac{0.10\ \text{mol}}{0.400\ \text{L}}=0.25\ \text{mol/L}$$

また，この水溶液の質量は，

$1.0\ \text{g/cm}^3\times400\ \text{mL}=400\ \text{g}$

したがって，質量パーセント濃度は，

$$\frac{16\ \text{g}}{400\ \text{g}}\times100=4.0 \quad \rightarrow \quad 4.0\ \%$$

6 (1) **溶液の質量モル濃度が大きいほど，同温における蒸気圧は小さくなり，沸点（蒸気圧が 1.0×10^5 Paになる温度）が高くなる**。このとき，**溶質が電解質の場合は，溶液の質量モル濃度は，電離後の溶質粒子の総数で考える。**

塩化ナトリウムNaClの場合，

$NaCl \longrightarrow Na^+ + Cl^-$

と電離するので，0.2 mol/kgと考える。

(2) t_1 は水の沸点である。

(3) **質量モル濃度が m〔kg/mol〕のとき，沸点上昇度 Δt_b〔K〕はモル沸点上昇 k_b〔K·kg/mol〕を使って $\Delta t_b=k_b m$ と表される。**

t_1 と t_2 の差が0.05 K，すなわち，m=0.1 mol/kgのときの沸点上昇が0.05 Kであるから，m=0.2 mol/kgのときの沸点上昇は，

$$0.05\ \text{K}\times\frac{0.2\ \text{mol/kg}}{0.1\ \text{mol/kg}}=0.1\ \text{K} \quad \rightarrow \quad 0.1\ ℃$$

よって，

t_3=100℃+0.1℃=100.1℃

(4) **溶液の質量モル濃度が大きいほど，凝固点降下が大きくなり，凝固点が低くなる。**

7 **同温では，希薄溶液の浸透圧は，溶液のモル濃度に比例する**。このとき，**溶質が電解質の場合は，溶液のモル濃度は，電離後の溶質粒子の総数で考える。**

ここで，$CaCl_2$ 水溶液のモル濃度を c〔mol/L〕とすると，

$CaCl_2 \longrightarrow Ca^{2+} + 2Cl^-$

と電離することから，電離後の溶質粒子の総数で考えると，モル濃度は $3c$ と表される。よって，

$3c=0.10\ \text{mol/L} \qquad c=\frac{0.10}{3}\ \text{mol/L}$

この水溶液100 mLに含まれる$CaCl_2$の質量は,

$111\ g/mol \times \frac{0.10}{3}\ mol/L \times 0.100\ L = 0.37\ g$

8 ① 塩化鉄(Ⅲ)$FeCl_3$水溶液を沸騰水に加えると, 赤褐色の酸化水酸化鉄(Ⅲ)FeO(OH)のコロイド溶液が得られる。

$FeCl_3 + 2H_2O \longrightarrow FeO(OH) + 3HCl$

③ コロイド粒子は一般的な溶媒・溶質の粒子よりも大きいため, セロハンなどの**半透膜**を通過できない。これを利用してコロイド溶液中の不純物を除く操作が**透析**である。

④, ⑤ FeO(OH)は正に帯電している。これは, **電気泳動**によって, コロイド粒子は陰極側に移動することによって確かめられる。

⑥〜⑧ 一般に, 無機物のコロイドは水との親和性が小さく(**疎水コロイド**), 有機物のコロイドは水との親和性が大きい(**親水コロイド**)。疎水コロイドは少量の電解質でも容易に沈殿する(**凝析**)が, 親水コロイドを加えておくと凝析しにくくなる。このようなはたらきをする親水コロイドを**保護コロイド**という。

4章 固体の構造

1 (1) A…結晶 B…非晶質(アモルファス) (2) イ

2 ① 自由電子 ② 金属結晶 ③ イオン結合 ④ イオン結晶 ⑤ 分子間力 ⑥ 分子結晶

3 (1) エ, キ (2) ウ, カ (3) ア, ク (4) イ, ケ

4 (1) 面心立方格子 (2) 4個 (3) $\frac{\sqrt{2}}{4}a$

5 (1) 8.5×10^{-23} g (2) 6.3 g/cm^3 (3) 1.3×10^{-8} cm

6 (1) 4.6×10^{-23} cm^3 (2) 1.7 g/cm^3

7 (1) Cu^+…4個 O^{2-}…2個 (2) Cu_2O (3) Cu^+…2 O^{2-}…4

8 ① 4 ② 共有 ③ 正四面体 ④ 通さない ⑤ 3 ⑥ 正六角形 ⑦ 通す

解き方

1 Aのように, 粒子が規則正しく配列してできた固体を**結晶**といい, 決まった外形と一定の融点をもつ。

Bのように, 粒子が規則正しく配列していない固体を**非晶質(アモルファス)**といい, 決まった外形や一定の融点をもたない。これは, 粒子間の結合力が一定ではないためである。

2 (1) 金属原子が集まると, **金属結晶**をつくる。

(2) 金属原子と非金属原子が集まると, **イオン結晶**をつくる。

(3) 非金属原子が集まると, 共有結合によって分子をつくり, 分子は分子間力によって**分子結晶**をつくる。ただし, C, Siどうしは分子をつくらず, 共有結合だけで結晶をつくる(**共有結合の結晶**)。

3 それぞれの結晶における構成粒子と粒子間の結合の種類は, 次の通りである。

結晶	構成粒子	結合の種類
イオン結晶	陽・陰イオン	イオン結合
共有結合の結晶	Cなどの原子	共有結合
分子結晶	分子	分子間力
金属結晶	金属原子	金属結合

4 (2) 単位格子の各頂点にある原子は$\frac{1}{8}$個分, 各面の中心にある原子は$\frac{1}{2}$個分が単位格子に含まれるから,

$\frac{1}{8}\times8 + \frac{1}{2}\times6 = 4 \rightarrow$ 4個

(3) 面心立方格子では, 面の対角線上で各原子が接しているから, 金属原子の半径をr〔cm〕とすると,

$\sqrt{2}a = 4r \qquad r = \frac{\sqrt{2}}{4}a$

5 (1) この金属原子のモル質量は51 g/molであるから, 原子1個あたりの質量は,

$\frac{51\ g/mol}{6.0\times10^{23}/mol} = 8.5\times10^{-23}\ g$

(2) 単位格子の各頂点にある原子は$\frac{1}{8}$個分, 内

部にある原子は1個分が単位格子に含まれるから，単位格子中に含まれる原子の数は，

$\frac{1}{8}\times8 + 1 = 2$ → 2個

一辺3.0×10^{-8} cmの立方体に原子2個が含まれることから，密度は，

$\frac{8.5\times10^{-23}\ \mathrm{g}\times2}{(3.0\times10^{-8}\ \mathrm{cm})^3}\fallingdotseq6.3\ \mathrm{g/cm^3}$

(3) 体心立方格子では，立方体の対角線上で各原子が接しているから，単位格子の一辺をa〔cm〕，金属原子の半径をr〔cm〕とすると，

$\sqrt{3}a=4r$

$r=\frac{\sqrt{3}}{4}a=\frac{1.73}{4}\times3.0\times10^{-8}\ \mathrm{cm}$

$\fallingdotseq1.3\times10^{-8}\ \mathrm{cm}$

6 (1) 単位格子の底面のひし形は，右図のように，一辺の長さがaの正三角形を2つ合わせた形をしている。よって，単位格子の体積は，

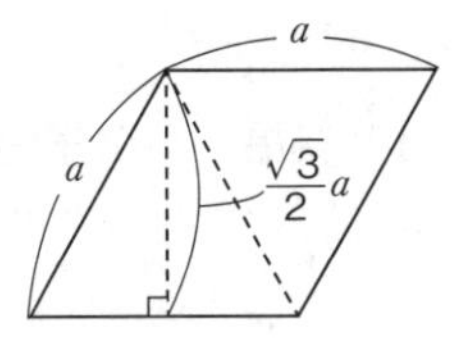

$a\times\frac{\sqrt{3}}{2}a\times b=\frac{\sqrt{3}}{2}a^2b$

$=\frac{1.73}{2}\times(3.2\times10^{-8}\ \mathrm{cm})^2\times5.2\times10^{-8}\ \mathrm{cm}$

$=4.60\cdots\times10^{-23}\ \mathrm{cm^3}\fallingdotseq4.6\times10^{-23}\ \mathrm{cm^3}$

(2) 単位格子に含まれる原子の数は，右図より，

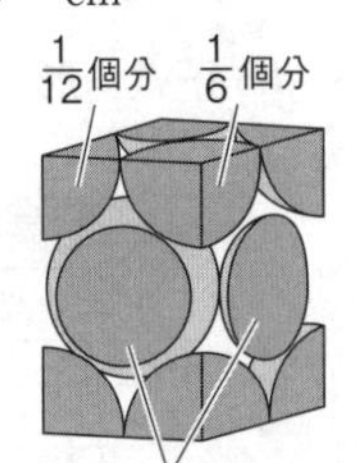

$\frac{1}{12}\times4 + \frac{1}{6}\times4 + 1$

$= 2$ → 2個

Mgのモル質量は24 g/molであるから，原子1個あたりの質量は，

$\frac{24\ \mathrm{g/mol}}{6.0\times10^{23}/\mathrm{mol}}=4.0\times10^{-23}\ \mathrm{g}$

よって，結晶の密度は，

$\frac{4.0\times10^{-23}\ \mathrm{g}\times2}{4.60\times10^{-23}\ \mathrm{cm^3}}\fallingdotseq1.7\ \mathrm{g/cm^3}$

7 (1) Cu^+は，すべて単位格子の内部にあるので，計4個である。

O^{2-}は，単位格子の各頂点にあるものは$\frac{1}{8}$個分，内部にあるものは1個分が単位格子に含まれるから，

$\frac{1}{8}\times8 + 1 = 2$ → 2個

(2) 単位格子に含まれるイオンの数は，

$Cu^+ : O^{2-}=4:2=2:1$

よって，組成式はCu_2Oである。

(3) Cu^+は，立方体の対角線上で，2個のO^{2-}と接している。

O^{2-}は，自身を中心とする正四面体の頂点にある4個のCu^+と接している。

8 ダイヤモンドは，炭素原子Cがもつ4個の価電子をすべて共有結合に使っている。そのため，粒子間の結合が非常に強い。

一方，黒鉛は，C原子がもつ価電子のうち，3個を共有結合に使っている。残る1つの価電子が平面構造に沿って動くため，電気を通す。また，各層は分子間力によって結びついているだけなので，薄くはがれやすい。

定期テスト対策問題

1

(1)	O	三重点			B	臨界点				
(2)	I	固体	II	液体	III	気体	IV	超臨界状態		
(3)	①	a→b	融解	a→c	昇華	②	a→b	ア	a→c	オ

2

①	分子量	②	分子間力	③	正四面体	④	無極性
⑤	折れ線	⑥	極性	⑦	水素結合		

3

50

4

(1)	6.5×10^4 Pa	(2)	5.3×10^4 Pa

5

(1)	1.0	(2)	A	H_2	B	O_2	C	CO_2	(3)	ア，ウ

6				
(1)	0℃	理由	気体の溶解度は，低温ほど大きいから。	
(2)	1.9×10^{-2} g	(3)	2：1	

7					
(1)	過冷却	(2)	寒剤による吸熱量と凝固による発熱量がつり合っているから。	(3)	c
(4)	溶媒のみが凝固するので，溶液の濃度が徐々に大きくなり，凝固点降下が大きくなるから。				
(5)	b	(6)	61		

8					
(1)	$FeCl_3 + 2H_2O \longrightarrow FeO(OH) + 3HCl$	(2)	透析	(3)	H^+，Cl^-
(4)	イ	理由	価数が大きい陰イオンを含む電解質の水溶液だから。		

9						
(1)	Na^+	4個	Cl^-	4個	(2)	2.2 g/cm^3

解き方

1 (1)　3本の曲線が交わる点Oを**三重点**といい，固体・液体・気体が共存できる唯一の点である。

点Oから上にのびる曲線OAを**融解曲線**，右側にのびる曲線OBを**蒸気圧曲線**，左下にのびる曲線OCを**昇華圧曲線**という。蒸気圧曲線が途切れる点Bを**臨界点**といい，これより高温・高圧にすると，物質は液体とも気体とも区別がつかない**超臨界流体**となる。

(2)　圧力が三重点より高く，臨界点より低いとき，圧力一定で温度を高くすると，物質の状態は固体(Ⅰ)→液体(Ⅱ)→気体(Ⅲ)と変化する。

(3)　温度一定で氷を加圧すると(a→b)，水は固体から液体へと変化し，体積が約10％小さくなる。また，固体・液体では，圧力変化による体積変化は，ほとんどない。

温度一定で氷を減圧すると(a→c)，水は固体から気体へと変化し，体積が非常に大きくなる。また，**ボイルの法則より，温度一定であれば，気体の圧力と体積は反比例する。**

2 ①，②　**構造が似た分子では，分子量が大きいほど，分子間力が強くはたらく。**そのため，一般に，同族元素の水素化合物の融点・沸点は，分子量が大きいほど高い。

③～⑥　14族元素の水素化合物は正四面体形で，**無極性分子**である。一方，16族元素の水素化合物は折れ線形で，**極性分子**である。**極性分子間には，分散力のほか，静電気的な引力もはたらく**ため，同程度の分子量をもつ無極性分子よりも分子間力が強くなり，融点・沸点が高い。

⑦　酸素原子Oは，水素原子Hとの電気陰性度の差が大きいので，水分子H_2Oは特に大きな極性をもつ。そのため，**H_2O分子中のO原子は，隣接するH_2O分子中のH原子との間に水素結合を形成する。**水素結合は**ファンデルワールス力**(分散力と静電気的な引力)よりも強いため，H_2Oは融点・沸点が異常に高い。同様のことは，15族のアンモニアNH_3，17族のフッ化水素HFにもいえる。

3　ボンベから押し出された気体は，メスシリンダー内に捕集される。捕集された気体の質量は，

67.40 g－66.42 g＝0.98 g

また，

(捕集した気体の分圧)

＝(大気圧)－(27℃での飽和水蒸気圧)

$=1.02\times10^5\ \mathrm{Pa}-4.0\times10^3\ \mathrm{Pa}=9.8\times10^4\ \mathrm{Pa}$

気体のモル質量をM〔g/mol〕とすると，気体の状態方程式$PV=\dfrac{w}{M}RT$より，

$9.8\times10^4\ \mathrm{Pa}\times0.500\ \mathrm{L}$

$=\dfrac{0.98\ \mathrm{g}}{M}\times8.3\times10^3\ \mathrm{Pa\cdot L/(K\cdot mol)}\times(273+27)\ \mathrm{K}$

$M\fallingdotseq50$ g/mol　→　分子量は50

4 (1)　**40℃ではグラフが直線なので，フラスコ内のベンゼンはすべて気体として存在している。**

求める圧力をP〔Pa〕とすると，混合気体全体について，気体の状態方程式より，

$P\times2.0\ \mathrm{L}=(0.010+0.040)\ \mathrm{mol}$

$\times8.3\times10^3\ \mathrm{Pa\cdot L/(K\cdot mol)}\times(273+40)\ \mathrm{K}$

$P\fallingdotseq6.5\times10^4\ \mathrm{Pa}$

(2)　**10℃ではグラフが曲線なので，フラスコ内のベンゼンは一部が凝縮して液体として存在している。**したがって，ベンゼンの分圧は飽和蒸気圧と等しく，6.0×10^3 Paである。

窒素の分圧をP〔Pa〕とすると，気体の状態方程式より，

$P\times2.0\ \mathrm{L}=0.040\ \mathrm{mol}\times8.3\times10^3\ \mathrm{Pa\cdot L/(K\cdot mol)}$

$\times(273+10)\ \mathrm{K}$

$P=4.69\cdots\times10^4\ \mathrm{Pa}$

よって，全圧は，

$6.0\times10^3\ \mathrm{Pa}+4.69\times10^4\ \mathrm{Pa}\fallingdotseq5.3\times10^4\ \mathrm{Pa}$

5 (1)　理想気体の状態方程式より，

$PV=nRT$　$\frac{PV}{nRT}=1.0$

(2) 水素H_2，酸素O_2，二酸化炭素CO_2の分子の極性と分子量は，次の通りである。

分子	結合の極性	分子全体の極性	分子量
H_2	なし	なし	2.0
O_2	なし	なし	32
CO_2	あり	なし	44

したがって，結合に極性がなく，分子量が最も小さいH_2が最も理想気体に近い。また，結合に極性があり，分子量が最も大きいCO_2が最も理想気体から外れる。

(3)ア **低圧では，気体の体積に対する分子自身の体積の割合が小さくなる**ので，分子自身の体積が無視できる。

イ **低温では，分子の熱運動が穏やかになる**ので，分子間力の影響が大きくなる。

ウ 実在気体では，$\frac{PV}{nRT}$の値は1から外れる。

エ 分子間の相互作用が強いほど，理想気体からのずれが大きくなる。

カ **高温では，分子の熱運動が激しくなる**ので，分子間力の影響が小さくなり，理想気体に近づく。

6 (2) **ヘンリーの法則**より，**一定温度では，一定量の溶媒に溶ける気体の物質量は，その気体の圧力に比例する。**したがって，溶解量は，

$\frac{0.021\ \mathrm{L}}{22.4\ \mathrm{L/mol}}\times\frac{5.0\times10^5\ \mathrm{Pa}}{1.0\times10^5\ \mathrm{Pa}}\times\frac{2.0\ \mathrm{L}}{1.0\ \mathrm{L}}$

$=9.37\cdots\times10^{-3}\ \mathrm{mol}$

H_2のモル質量は2.0 g/molであるから，質量は，

$2.0\ \mathrm{g/mol}\times9.37\times10^{-3}\ \mathrm{mol}\fallingdotseq1.9\times10^{-2}\ \mathrm{g}$

(3) 窒素N_2，酸素O_2の分圧は，

N_2：$1.0\times10^5\ \mathrm{Pa}\times\frac{4}{4+1}=8.0\times10^4\ \mathrm{Pa}$

O_2：$1.0\times10^5\ \mathrm{Pa}\times\frac{1}{4+1}=2.0\times10^4\ \mathrm{Pa}$

20℃(温度b)の水に溶けるN_2，O_2の体積(標準状態に換算した値)は，

N_2：$0.015\ \mathrm{L}\times\frac{8.0\times10^4\ \mathrm{Pa}}{1.0\times10^5\ \mathrm{Pa}}=0.012\ \mathrm{L}$

O_2：$0.030\ \mathrm{L}\times\frac{2.0\times10^4\ \mathrm{Pa}}{1.0\times10^5\ \mathrm{Pa}}=0.0060\ \mathrm{L}$

よって，体積比は，

N_2：$O_2$$=0.012\ \mathrm{L}:0.0060\ \mathrm{L}=2:1$

7 (1)，(3) 凝固点より低温でありながら液体状態を保っている不安定な状態を**過冷却**という。過冷却の状態で凝固が始まると，急激に凝固が進行し，放出される凝固熱によって温度が急上昇する。

(5) 過冷却が起こらなかったとしたら，直線deの延長線がもとの冷却曲線と交わった点bで，凝固が始まったと考えられる。

(6) **質量モル濃度がm〔mol/kg〕のとき，凝固点降下Δt_f〔K〕はモル凝固点降下k_f〔K·kg/mol〕を使って$\Delta t_f=k_f m$と表される。**

Xのモル質量をM〔g/mol〕とすると，

$0.20\ \mathrm{K}=1.85\ \mathrm{K\cdot kg/mol}\times\frac{\frac{0.33\ \mathrm{g}}{M}}{0.050\ \mathrm{kg}}$

$M\fallingdotseq61\ \mathrm{g/mol}$ → 分子量は61

8 (1) 塩化鉄(Ⅲ)$FeCl_3$水溶液を沸騰水に加えると，赤褐色の酸化水酸化鉄(Ⅲ)$FeO(OH)$のコロイド溶液が得られる。

$FeCl_3 + 2H_2O \longrightarrow FeO(OH) + 3HCl$

(2) つくったコロイド溶液には，$FeO(OH)$のコロイド粒子のほかに，水素イオンH^+と塩化物イオンCl^-も含まれる。これを半透膜に入れて純水に浸すと，H^+とCl^-は半透膜を通過して純水中へ出ていくが，$FeO(OH)$のコロイド粒子は半透膜内に残る。このようにしてコロイド溶液を精製する操作を**透析**という。

(3) 青色リトマス紙の赤変からH^+が確認できる。また，硝酸銀水溶液による白濁は塩化銀$AgCl$が生成したためであり，Cl^-が確認できる。

(4) **$FeO(OH)$は正の電荷をもつので，価数の大きい陰イオンほど凝析の効果が大きい。**

ただし，ゼラチンは**保護コロイド**としてはたらくので，加えると凝析が起こりにくくなる。

9 (1) 単位格子の各頂点にあるイオンは$\frac{1}{8}$個分，各辺の中心にあるイオンは$\frac{1}{4}$個分，各面の中心にあるイオンは$\frac{1}{2}$個分，内部にあるイオンは1個分が単位格子に含まれるから，

Na^+；$\frac{1}{4}\times12+1=4$ → 4個

Cl^-；$\frac{1}{8}\times8+\frac{1}{2}\times6=4$ → 4個

(2) $NaCl$のモル質量は58.5 g/molであるから，Na^+ 1個とCl^- 1個の質量の和は，

$\frac{58.5\ \mathrm{g/mol}}{6.0\times10^{23}/\mathrm{mol}}=\frac{58.5}{6.0\times10^{23}}\ \mathrm{g}$

よって，結晶の密度は，

$\frac{単位格子の質量}{単位格子の体積}=\frac{\frac{58.5}{6.0\times10^{23}}\ \mathrm{g}\times4}{(5.6\times10^{-8}\ \mathrm{cm})^3}$

$\fallingdotseq2.2\ \mathrm{g/cm^3}$

2編 化学反応とエネルギー

練習問題

1章 化学反応と熱・光

1 (1) H_2O(固) ⟶ H_2O(液)　$\Delta H = 6.0$ kJ

(2) C_4H_{10}(気) ＋ $\frac{13}{2}O_2$(気) ⟶ $4CO_2$(気) ＋ $5H_2O$(液)　$\Delta H = -2880$ kJ

(3) NaCl(固) ＋ aq ⟶ NaClaq　$\Delta H = 3.9$ kJ

(4) H_2(気) ＋ $\frac{1}{2}O_2$(気) ⟶ H_2O(液)　$\Delta H = -286$ kJ

(5) 6C(黒鉛) ＋ $3H_2$(気) ⟶ C_6H_6(液)　$\Delta H = 49$ kJ

2 (1) 中和エンタルピー　(2) 蒸発エンタルピー　(3) 生成エンタルピー

(4) 燃焼エンタルピー　(5) 溶解エンタルピー

3 (1) H_2…20.0 mol　CH_4…12.0 mol　CO_2…8.00 mol　(2) 1.64×10^4 kJ

4 (1) 0.966 kJ　(2) 14.5 kJ/mol

5 (1) −242 kJ/mol　(2) −292 kJ/mol

6 −85 kJ/mol

7 (1) −46 kJ/mol　(2) 391 kJ/mol　(3) 946 kJ/mol

8 416 kJ/mol

解き方

1 熱化学反応式では，着目する物質の係数が1になるように，化学反応式を書く。また，**発熱反応では$\Delta H < 0$，吸熱反応では$\Delta H > 0$**となる。なお，特に指示がない限り，物質は25℃，1.0×10^5 Paでの状態と考えてよい。

(2) C_4H_{10}のモル質量は58 g/molであるから，5.8 gの物質量は，

$$\frac{5.8\ \text{g}}{58\ \text{g/mol}} = 0.10\ \text{mol}$$

C_4H_{10} 1 molあたりの発熱量は，

$$\frac{288\ \text{kJ}}{0.10\ \text{mol}} = 2880\ \text{kJ/mol}$$

(4) 水素H_2 11.2 Lの物質量は，

$$\frac{11.2\ \text{L}}{22.4\ \text{L/mol}} = 0.50\ \text{mol}$$

H_2 1 molあたりの発熱量は，

$$\frac{143\ \text{kJ}}{0.50\ \text{mol}} = 286\ \text{kJ/mol}$$

(5) 反応物の炭素の単体には，黒鉛を用いる。

3 (1) それぞれの物質量は，

$$H_2；\frac{896\ \text{L} \times \frac{50.0}{100}}{22.4\ \text{L/mol}} = 20.0\ \text{mol}$$

$$CH_4；\frac{896\ \text{L} \times \frac{30.0}{100}}{22.4\ \text{L/mol}} = 12.0\ \text{mol}$$

$$CO_2；\frac{896\ \text{L} \times \frac{20.0}{100}}{22.4\ \text{L/mol}} = 8.00\ \text{mol}$$

(2) H_2 1 molが燃焼すると286 kJ，CH_4 1 molが燃焼すると891 kJの熱が発生するから，

$286\ \text{kJ/mol} \times 20.0\ \text{mol} + 891\ \text{kJ/mol} \times 12.0\ \text{mol}$
$\fallingdotseq 1.64 \times 10^4$ kJ

4 (1) 尿素が水に溶解し始めると吸熱し，温度が低下する。溶解し終わると吸熱がなくなり，熱が一定の割合で流入するため，温度がゆるやかに上昇する。しかし，実際には，尿素の溶解に伴って温度が低下している間も，熱は一定の割合で流入している。

混合の瞬間に溶解が終わり，熱がまったく流入しなかったと仮定したときの温度は，冷却曲線の直線部分を混合した瞬間まで延長して求められるから，15.4℃である。

よって，水が放出した熱量は，

熱量＝比熱×質量×温度変化

$=4.2\ \mathrm{J/(g\cdot K)}\times(46.0+4.0)\ \mathrm{g}\times(20.0-15.4)\ \mathrm{K}$

$=966\ \mathrm{J}=0.966\ \mathrm{kJ}$

(2) 尿素のモル質量は60 g/molであるから，4.0 gの物質量は，

$\dfrac{4.0\ \mathrm{g}}{60\ \mathrm{g/mol}}=\dfrac{4.0}{60}\ \mathrm{mol}$

尿素1 molあたりの吸熱量は，

$\dfrac{0.966\ \mathrm{kJ}}{\dfrac{4.0}{60}\ \mathrm{mol}}\fallingdotseq 14.5\ \mathrm{kJ/mol}$

5 問題中の3つの熱化学反応式を，上から順に(i)式，(ii)式，(iii)式とする。

(1) H_2O(気)の生成エンタルピーは，次のように表すことができる。

$H_2 + \frac{1}{2}O_2 \longrightarrow H_2O$(気)　$\Delta H=x$〔kJ〕

この反応式は，(i)式＋(iii)式で得られるので，反応エンタルピーについても同様の計算を行うと，

$\Delta H=(-286\ \mathrm{kJ})+44\ \mathrm{kJ}=-242\ \mathrm{kJ}$

(2) H_2O(固)の生成エンタルピーは，次のように表すことができる。

$H_2 + \frac{1}{2}O_2 \longrightarrow H_2O$(固)　$\Delta H=x$〔kJ〕

この反応式は，(i)式－(ii)式の後，H_2O(固)を右辺に移項すれば得られるので，反応エンタルピーについても同様の計算を行うと，

$\Delta H=(-286\ \mathrm{kJ})-6.0\ \mathrm{kJ}=-292\ \mathrm{kJ}$

別解　エンタルピー図から求めてもよい。

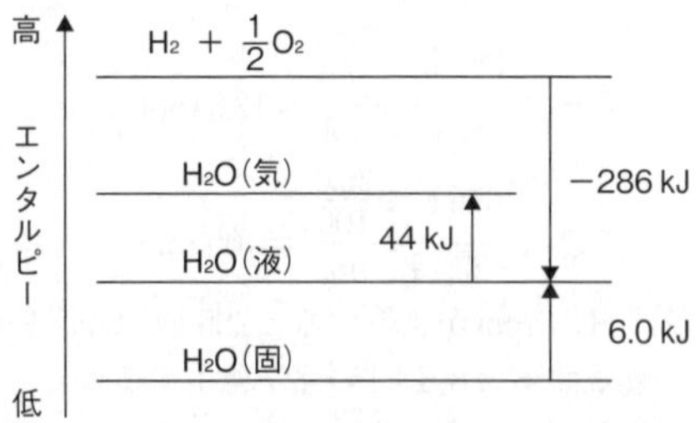

6 問題中の3つの熱化学反応式を，上から順に(i)式，(ii)式，(iii)式とする。また，C_2H_6の生成エンタルピーは，次のように表すことができる。

$2C$(黒鉛) $+ 3H_2 \longrightarrow C_2H_6$　$\Delta H=x$〔kJ〕

(iii)式について，**(反応エンタルピー)＝(生成物の生成エンタルピーの総和)－(反応物の生成エンタルピーの総和)**より，

$-1561\ \mathrm{kJ}=\{(-394\ \mathrm{kJ})\times2+(-286\ \mathrm{kJ})\times3\}-(x+0\ \mathrm{kJ})$

$x=-85\ \mathrm{kJ}$

別解　C_2H_6の生成エンタルピーを表す反応式は，(i)式×3＋(ii)式×2－(iii)式を計算した後，C_2H_6を右辺に移項すれば得られるので，反応エンタルピーについても同様の計算を行うと，

$\Delta H=(-286\ \mathrm{kJ})\times3+(-394\ \mathrm{kJ})\times2-(-1561\ \mathrm{kJ})$

$=-85\ \mathrm{kJ}$

別解　エンタルピー図から求めてもよい。

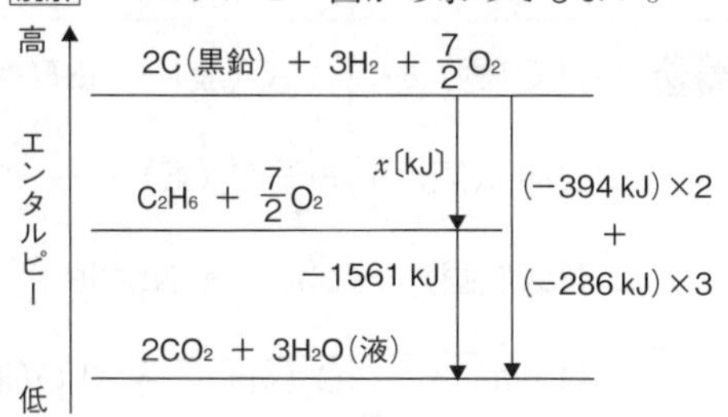

7 (1) NH_3 2 molが生成するときのエンタルピー変化が−92 kJなので，NH_3の生成エンタルピーは，

$\dfrac{-92\ \mathrm{kJ}}{2\ \mathrm{mol}}=-46\ \mathrm{kJ/mol}$

(2) NH_3 1分子にはN−H結合が3個含まれるので，NH_3 2 molにはN−H結合が6 mol含まれる。エンタルピー図より，N−H結合の結合エンタルピーは，

$\dfrac{2254\ \mathrm{kJ}+92\ \mathrm{kJ}}{6\ \mathrm{mol}}=391\ \mathrm{kJ/mol}$

(3) N≡N結合の結合エンタルピーをx〔kJ/mol〕とおく。

$N_2 + 3H_2 \longrightarrow 2NH_3$　　$\Delta H=-92\ \mathrm{kJ}$

について，**(反応エンタルピー)＝(反応物の結合エンタルピーの総和)－(生成物の結合エンタルピーの総和)**より，

$-92\ \mathrm{kJ}=(x+436\ \mathrm{kJ}\times3)-(391\ \mathrm{kJ}\times6)$

$x=946\ \mathrm{kJ}$

8 CH_4 1分子にはC−H結合が4個含まれる。ここで，C−H結合の結合エンタルピーをx〔kJ/mol〕とおくと，問題中の熱化学反応式について，**(反応エンタルピー)＝(反応物の結合エンタルピーの総和)－(生成物の結合エンタルピーの総和)**より，

$-75\ \mathrm{kJ}=(717\ \mathrm{kJ}+436\ \mathrm{kJ}\times2)-(x\times4)$

$x=416\ \mathrm{kJ}$

別解　エンタルピー図から求めてもよい。

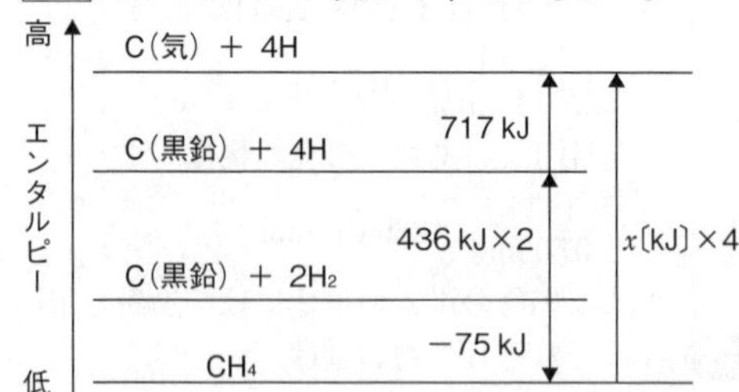

2章　電池と電気分解

1 (1) 亜鉛板　(2) 負極…$Zn \longrightarrow Zn^{2+} + 2e^-$　正極…$Cu^{2+} + 2e^- \longrightarrow Cu$　(3) SO_4^{2-}
(4) 小さくなる。

2 ① 活物質　② Zn^{2+}　③ MnO_2　④ 1.5　⑤ 一次電池

3 (1) ① Pb　② PbO_2　③ $PbSO_4$　(2) $Pb + PbO_2 + 2H_2SO_4 \longrightarrow 2PbSO_4 + 2H_2O$
(3) 1.93×10^4 C　(4) 0.200 mol　(5) 9.60 gの増加

4 (1) ア，イ，エ　(2) イ，ウ，エ　(3) ア

5 (1) $Cu^{2+} + 2e^- \longrightarrow Cu$　(2) 0.635 g　(3) 0.112 L

6 (1) $Cu \longrightarrow Cu^{2+} + 2e^-$　(2) $Ag^+ + e^- \longrightarrow Ag$　(3) 2.54 g
(4) 0.45 L

解き方

1 (1)　イオン化傾向が大きい亜鉛Zn板が負極になる。

(2)　**イオン化傾向の大きいZnが溶け出し，電極に電子を残す**(負極)。電子は，導線を通って銅Cu板に移動し，電解液中の銅(Ⅱ)イオンCu^{2+}が受け取る(正極)。

(3)　素焼き板は，2種類の電解液が混ざるのを防ぐが，イオンは細孔を通って移動することができる。

放電を行うと，硫酸亜鉛$ZnSO_4$水溶液中では，亜鉛イオンZn^{2+}が多くなる。一方，硫酸銅(Ⅱ)$CuSO_4$水溶液中では，Cu^{2+}が少なくなり，硫酸イオンSO_4^{2-}が多くなる。そのため，**電気的中性を保つように，Zn^{2+}が$CuSO_4$水溶液へ移動し，硫酸イオンSO_4^{2-}が$ZnSO_4$水溶液へ移動する。**

(4)　(Zn−Cu)を(Ni−Cu)に変えると，**イオン化傾向の差が小さくなり，起電力が低下する。**

3 (1)，(2)　鉛蓄電池の放電時の各電極での反応式は，次の通りである。

負極：$Pb + SO_4^{2-} \longrightarrow PbSO_4 + 2e^-$
正極：$PbO_2 + SO_4^{2-} + 4H^+ + 2e^- \longrightarrow PbSO_4 + 2H_2O$

両式を足し合わせて電子e^-を消去すると，

$Pb + PbO_2 + 2H_2SO_4 \longrightarrow 2PbSO_4 + 2H_2O$

(3)　鉛Pbのモル質量は207 g/molなので，鉛20.7 gの物質量は，

$$\frac{20.7\ \text{g}}{207\ \text{g/mol}} = 0.100\ \text{mol}$$

負極の反応式より，流れたe^-は0.200 molなので，その電気量は，

$$9.65 \times 10^4\ \text{C/mol} \times 0.200\ \text{mol} = 1.93 \times 10^4\ \text{C}$$

(4)　全体の反応式より，消費される硫酸H_2SO_4は0.200 molである。

(5)　**負極では，Pb**(モル質量207 g/mol)**1 molが硫酸鉛(Ⅱ)$PbSO_4$**(モル質量303 g/mol)**1 molに変化する**から，その質量は

$$(303 - 207)\ \text{g/mol} \times 0.100\ \text{mol} = 9.60\ \text{g}$$

増加する。

4 **陰極では還元反応が起こり**，銀イオンAg^+や銅(Ⅱ)イオンCu^{2+}など，イオン化傾向が小さい金属のイオンが電子e^-を受け取る。ナトリウムイオンNa^+やカリウムイオンK^+など，イオン化傾向が大きい金属のイオンは電子を受け取らず，かわりに水H_2Oや水素イオンH^+がe^-を受け取り，水素H_2が発生する。

陽極では酸化反応が起こり，陰イオンがe^-を放出する。ただし，硝酸イオンNO_3^-や硫酸イオンSO_4^{2-}はe^-を放出せず，かわりにH_2Oや水酸化物イオンOH^-が電子を放出し，酸素O_2が発生する。

ア　陰極：$2H^+ + 2e^- \longrightarrow H_2$
　　陽極：$2Cl^- \longrightarrow Cl_2 + 2e^-$
イ　陰極：$2H_2O + 2e^- \longrightarrow H_2 + 2OH^-$
　　陽極：$4OH^- \longrightarrow O_2 + 2H_2O + 4e^-$
ウ　陰極：$Ag^+ + e^- \longrightarrow Ag$
　　陽極：$2H_2O \longrightarrow O_2 + 4H^+ + 4e^-$
エ　陰極：$2H_2O + 2e^- \longrightarrow H_2 + 2OH^-$
　　陽極：$2H_2O \longrightarrow O_2 + 4H^+ + 4e^-$
オ　陰極：$Cu^{2+} + 2e^- \longrightarrow Cu$
　　陽極：$2Cl^- \longrightarrow Cl_2 + 2e^-$

5 陰極：$Cu^{2+} + 2e^- \longrightarrow Cu$
陽極：$2H_2O \longrightarrow O_2 + 4H^+ + 4e^-$

(2)　流れた電子e^-の物質量は，

$\frac{0.200\ \text{A} \times 9650\ \text{s}}{9.65 \times 10^4\ \text{C/mol}} = 0.0200\ \text{mol}$

陰極の反応式より，析出する銅Cuは0.0100 molである。Cuのモル質量は63.5 g/molなので，その質量は，

63.5 g/mol×0.0100 mol＝0.635 g

(3) 陽極の反応式より，発生する酸素O_2は0.00500 molである。その標準状態での体積は，

22.4 L/mol×0.00500 mol＝0.112 L

6 陽極A；$Cu \longrightarrow Cu^{2+} + 2e^-$

陰極B；$Cu^{2+} + 2e^- \longrightarrow Cu$

陽極C；$2H_2O \longrightarrow O_2 + 4H^+ + 4e^-$

陰極D；$Ag^+ + e^- \longrightarrow Ag$

電解槽を直列に接続しているので，電極A～Dに流れる電子e^-の物質量はすべて等しい。

(3) 流れたe^-の物質量は，

$\frac{2.6\ \text{A} \times 2970\ \text{s}}{9.65 \times 10^4\ \text{C/mol}} = 0.0800\cdots\ \text{mol}$

陰極Bの反応式より，析出する銅Cuは0.0400 molであるから，その質量は，

63.5 g/mol×0.0400 mol＝2.54 g

(4) 陽極Cの反応式より，発生する酸素O_2は0.0200 molである。その標準状態での体積は，

22.4 L/mol×0.0200 mol＝0.448 L≒0.45 L

定期テスト対策問題

1	2：1							
2	(1)	68 kJ	(2)	−278 kJ/mol				
3	(1)	44.1 kJ	(2)	−56.5 kJ/mol	(3)	−100.6 kJ		
4	(1)	$Pb + PbO_2 + 2H_2SO_4 \longrightarrow 2PbSO_4 + 2H_2O$						
	(2)	イ，エ	(3)	正極	32 gの増加	負極	48 gの増加	
5	(1)	386秒	(2)	①	2.90×10^3 C	②	0.168 L	
6	(1)	3.86×10^3 C	(2)	0.224 L	(3)	4.32 g		
7	ニッケル	7.4％	銀	0.63％				
8	(1)	イオン交換膜法	(2)	① Cl_2	②	Na^+	③	OH^-
	(3)	8.0×10^{-3} mol/L						
9	(1)	① 酸化アルミニウム	②	一酸化炭素◆	③	二酸化炭素◆	④	溶融塩電解（融解塩電解）
	(2)	酸化アルミニウムの融点を下げるはたらき。	(3)	3.35×10^9 C				

◆ (1)②と③は順不同

解き方

1 混合気体中のC_2H_6とC_3H_8の物質量をx〔mol〕，y〔mol〕とする。

混合気体の体積より，

$x + y = \frac{22.4\ \text{L}}{22.4\ \text{L/mol}} = 1.00\ \text{mol}$

完全燃焼したときの発熱量より，

1560 kJ/mol×x＋2220 kJ/mol×y＝1780 kJ

これらを解いて，

$x = \frac{2}{3}\ \text{mol} \quad y = \frac{1}{3}\ \text{mol}$

物質量の比は，

$C_2H_6 : C_3H_8 = \frac{2}{3}\ \text{mol} : \frac{1}{3}\ \text{mol} = 2 : 1$

2 問題中の3つの熱化学反応式を，上から順に(i)式，(ii)式，(iii)式とする。

(1) C_2H_5OHのモル質量は46 g/molであるから，2.3 gの物質量は，

$\frac{2.3\ \text{g}}{46\ \text{g/mol}} = 0.050\ \text{mol}$

C_2H_5OHの燃焼エンタルピーは−1368 kJ/molであるから，0.050 molが完全燃焼したときの発熱量は，

1368 kJ/mol×0.050 mol≒68 kJ

(2) C_2H_5OHの生成エンタルピーは，次のように表すことができる。

$$2C(\text{黒鉛}) + 3H_2 + \frac{1}{2}O_2 \longrightarrow C_2H_5OH \quad \Delta H = x\,[\text{kJ}]$$

この反応式は，(i)式×2＋(ii)式×3－(iii)式の後，C_2H_5OHを右辺に移項すれば得られるので，反応エンタルピーにも同様の計算を行うと，

$\Delta H = (-394\ \text{kJ})\times 2 + (-286\ \text{kJ})\times 3 - (-1368\ \text{kJ})$
$= -278\ \text{kJ}$

別解　エンタルピー図から求めてもよい。

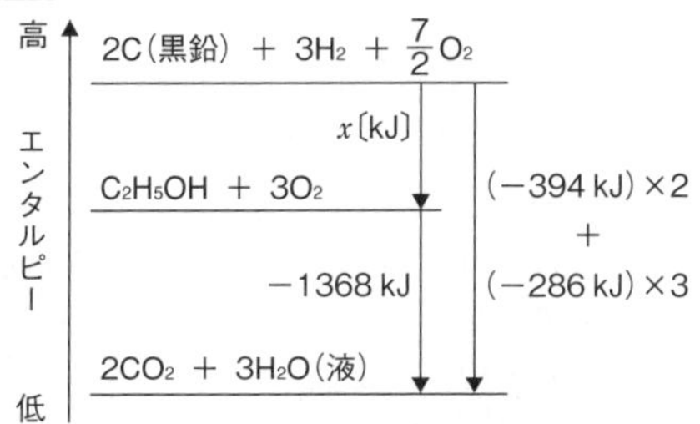

3 (1) NaOHのモル質量は40 g/molなので，1.00 molの質量は40.0 gである。

熱量＝比熱×質量×温度変化
$= 4.2\ \text{J/(g·K)} \times (485+40.0)\ \text{g} \times (35.0-15.0)\ \text{K}$
$= 44.1\ \text{kJ}$

(2) 領域Bについても，領域Aと同様に補正すると，溶液の温度は43.0℃まで上昇したことになる。よって，発熱量は，

$4.2\ \text{J/(g·K)} \times (525\ \text{g} + 1.02\ \text{g/mL} \times 500\ \text{mL}) \times (43.0-30.0)\ \text{K}$
$\fallingdotseq 56.5\ \text{kJ}$

(3) (1)，(2)より，

$NaOH(\text{固}) + aq \longrightarrow NaOHaq \quad \Delta H = -44.1\ \text{kJ}$ ………(i)

$NaOHaq + HClaq \longrightarrow NaClaq + H_2O(\text{液}) \quad \Delta H = -56.5\ \text{kJ}$ ………(ii)

問題中に与えられた反応式は，(i)式＋(ii)式で得られるから，反応エンタルピーについても同様の計算を行うと，

$\Delta H = (-44.1\ \text{kJ}) + (-56.5\ \text{kJ}) = -100.6\ \text{kJ}$

別解　エンタルピー図から求めてもよい。

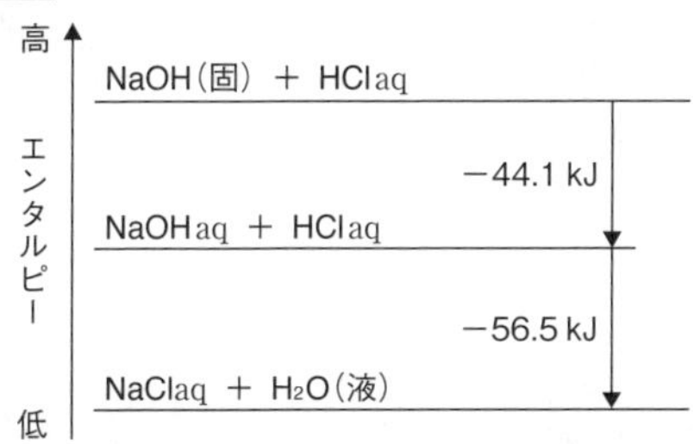

4 (2) **ア**　放電によって電解液中の硫酸H_2SO_4がH_2Oに変化するので，密度は小さくなる。

イ　放電時は，負極では電子を放出する反応(酸化反応)が起こる。

ウ　充電時は，負極は外部電源の負極と接続されるので，電子を受け取る反応(還元反応)が起こる。

エ　放電時は，鉛蓄電池の負極から外部へ電子が流れ出ていたので，充電時は，外部電源から鉛蓄電池の負極に電子を流しこめばよい。

(3) 電子1 molが流れたとき，正極では，酸化鉛(Ⅳ)PbO_2 0.5 molが硫酸鉛(Ⅱ)$PbSO_4$ 0.5 molに変化する。また，陰極では，鉛Pb 0.5 molが$PbSO_4$ 0.5 molに変化する。

Pb，PbO_2，$PbSO_4$のモル質量はそれぞれ207 g/mol，239 g/mol，303 g/molであるから，質量の変化は，

正極；$(303-239)\ \text{g/mol} \times 0.5\ \text{mol} = 32\ \text{g}$

負極；$(303-207)\ \text{g/mol} \times 0.5\ \text{mol} = 48\ \text{g}$

5 (1) 陰極；$Cu^{2+} + 2e^- \longrightarrow Cu$

陽極；$2H_2O \longrightarrow O_2 + 4H^+ + 4e^-$

銅Cuのモル質量は64 g/molであるから，0.320 gの物質量は，

$$\frac{0.320\ \text{g}}{64\ \text{g/mol}} = 5.00\times 10^{-3}\ \text{mol}$$

陰極の反応式より，流れた電子e^-は1.00×10^{-2} molである。電流を流した時間をt〔s〕とすると，

$2.50\ \text{A} \times t = 9.65\times 10^4\ \text{C/mol} \times 1.00\times 10^{-2}\ \text{mol}$

$t = 386\ \text{s}$

(2) 陰極；$2H^+ + 2e^- \longrightarrow H_2$

陽極；$2H_2O \longrightarrow O_2 + 4H^+ + 4e^-$

① 標準状態で336 mLの水素H_2の物質量は，

$$\frac{336\times 10^{-3}\ \text{L}}{22.4\ \text{L/mol}} = 1.50\times 10^{-2}\ \text{mol}$$

陰極の反応式より，流れた電子e^-は3.00×10^{-2} molである。よって，流れた電気量は，

$9.65\times 10^4\ \text{C/mol} \times 3.00\times 10^{-2}\ \text{mol}$
$= 2895\ \text{C} \fallingdotseq 2.90\times 10^3\ \text{C}$

② 陽極の反応式より，発生した酸素O_2の物質量は7.50×10^{-3} molである。標準状態での体積は，

$22.4\ \text{L/mol} \times 7.50\times 10^{-3}\ \text{mol} = 0.168\ \text{L}$

6 陽極A；$2Cl^- \longrightarrow Cl_2 + 2e^-$

陰極B；$Cu^{2+} + 2e^- \longrightarrow Cu$

陽極C；$2H_2O \longrightarrow O_2 + 4H^+ + 4e^-$

陰極D；$Ag^+ + e^- \longrightarrow Ag$

電解槽を直列に接続しているので，電極A～Dに流れる電子e^-の物質量はすべて等しい。

(1) 銅Cuのモル質量は63.5 g/molなので，陰極Bに析出したCuの物質量は，

$$\frac{1.27\ \text{g}}{63.5\ \text{g/mol}} = 2.00\times 10^{-2}\ \text{mol}$$

陰極Bの反応式より，流れた電子e^-の物質量

は4.00×10^{-2} molであるから，その電気量は，

9.65×10^4 C/mol$\times 4.00 \times 10^{-2}$ mol

$= 3.86 \times 10^3$ C

(2) 陽極Cの反応式より，発生した酸素O_2は1.00×10^{-2} molである。その体積は，

22.4 L/mol$\times 1.00 \times 10^{-2}$ mol$=0.224$ L

(3) 陰極Dの反応式より，析出した銀Agは4.00×10^{-2} molである。Agのモル質量は108 g/molなので，その質量は，

108 g/mol$\times 4.00 \times 10^{-2}$ mol$=4.32$ g

7 不純物としてニッケルNiと銀Agを含む銅Cuを電解精錬すると，次のようになる。

Cu；$Cu \longrightarrow Cu^{2+} + 2e^-$

Ni；$Ni \longrightarrow Ni^{2+} + 2e^-$

Ag；陽極泥として沈殿する。

よって，粗銅3.20 g中のAgの質量は0.020 gであり，その割合は，

$\frac{0.020\ \text{g}}{3.20\ \text{g}} \times 100 \fallingdotseq 0.63$ → 0.63 %

流れた電気量は，

2.0 A×(80×60+25) s=9650 C

したがって，流れた電子e^-の物質量は，

$\frac{9650\ \text{C}}{9.65 \times 10^4\ \text{C/mol}} = 0.10$ mol

ここで，粗銅中のCuとNiの物質量をx〔mol〕，y〔mol〕とすると，反応式より，CuとNiが1 mol溶解するとき，電子2 molが流れるから，

$2x + 2y = 0.10$ mol

CuとNiのモル質量はそれぞれ64 g/mol，59 g/molであるから，溶解したCuとNiの質量について，

64 g/mol$\times x +$59 g/mol$\times y = 3.18$ g

これらを解いて，

$x = 0.046$ mol　$y = 0.0040$ mol

よって，粗銅中のNiの質量は，

59 g/mol×0.0040 mol=0.236 g

その割合は，

$\frac{0.236\ \text{g}}{3.20\ \text{g}} \times 100 \fallingdotseq 7.4$ → 7.4 %

8 (1)，(2) 塩化ナトリウムNaCl水溶液を電気分解すると，各電極では次の変化が起こる。

陽極(C)；$2Cl^- \longrightarrow Cl_2 + 2e^-$

陰極(Fe)；$2H_2O + 2e^- \longrightarrow H_2 + 2OH^-$

陽イオン交換膜は陽イオンだけを通すので，**陽極側のナトリウムイオンNa^+は陰極側に移動できるが，陰極側の水酸化物イオンOH^-は陽極側に移動できない**。そのため，電気分解が進むにつれて，陰極側のNa^+とOH^-の濃度が大きくなり，純度の高い水酸化ナトリウムNaOHが得られる。

このようなNaOHの工業的製法を**イオン交換膜法**という。

(3) 流れた電気量は，

4.0 A×(32×60+10) s$=7.72 \times 10^3$ C

したがって，流れた電子e^-の物質量は，

$\frac{7.72 \times 10^3\ \text{C}}{9.65 \times 10^4\ \text{C/mol}} = 8.00 \times 10^{-2}$ mol

反応式より，陰極側に存在するOH^-は8.00×10^{-2} molであるから，生成するNaOHの物質量も8.00×10^{-2} molである。陰極側の電解槽の水溶液の体積は10 Lであるから，モル濃度は，

$\frac{8.00 \times 10^{-2}\ \text{mol}}{10\ \text{L}} = 8.0 \times 10^{-3}$ mol/L

9 (1)，(2) ボーキサイトの主成分は酸化アルミニウムAl_2O_3である。Al_2O_3は非常に融点が高い(2000 ℃以上)ので，氷晶石Na_3AlF_6(融点約1000 ℃)の融解液に少しずつ加えながら溶かして**溶融塩電解**を行う。すると，陰極で融解したアルミニウムAlが得られる。このようなAlの工業的製法を**ホール・エルー法**という。

陽極では，酸化物イオンO^{2-}が高温のために電極の炭素Cと反応して，一酸化炭素COや二酸化炭素CO_2の混合気体が発生する。

陰極；$Al^{3+} + 3e^- \longrightarrow Al$

陽極；$C + O^{2-} \longrightarrow CO + 2e^-$

$C + 2O^{2-} \longrightarrow CO_2 + 4e^-$

(3) Al 250 kgの物質量は，

$\frac{250 \times 10^3\ \text{g}}{27\ \text{g/mol}} = \frac{250}{27} \times 10^3$ mol

反応式より，Alが受け取る電子e^-の物質量は，

$\frac{250}{27} \times 10^3\ \text{mol} \times 3 = \frac{250}{9} \times 10^3$ mol

必要な電気量をx〔C〕とすると，そのうちの80 %が電気分解に使われることから，

$\frac{250}{9} \times 10^3\ \text{mol} = \frac{x}{9.65 \times 10^4\ \text{C/mol}} \times \frac{80}{100}$

$x \fallingdotseq 3.35 \times 10^9$ C

3編 化学反応の速さと化学平衡

練習問題

1章 化学反応の速さ

1 (1) エ (2) 8.3×10^{-2} L^2/(mol^2·s)

2 ① 衝突 ② 濃度(モル濃度) ③ 遷移状態(活性化状態) ④ 活性化エネルギー ⑤ 小さ ⑥ 高 ⑦ 小さ ⑧ 触媒

3 (1) c (2) e (3) a (4) f

解き方

1 (1) 実験の1と2の結果を比べると，[A]を一定にして[B]を2倍にすると，vが4倍になっている。よって，vは[B]の2乗に比例すると考えられる。

実験の2と3の結果を比べると，[B]を一定にして[A]を2倍にすると，vが2倍になっている。よって，vは[A]に比例すると考えられる。

したがって，反応速度式は，比例定数kを用いて，$v=k[A][B]^2$と表せる。

(2) 実験1の結果を反応速度式に代入すると，

$$0.036\ \mathrm{mol/(L \cdot s)} = k \times 0.30\ \mathrm{mol/L} \times (1.20\ \mathrm{mol/L})^2$$

$$k \fallingdotseq 8.3 \times 10^{-2}\ \mathrm{L^2/(mol^2 \cdot s)}$$

別解 実験の2や3の結果を反応速度式に代入してもよい。

2 **反応が起こるためには，反応物の粒子が一定以上のエネルギーで衝突する必要がある。**反応の途中で原子間の結合の組み換えが起こる，エネルギーの高い状態を**遷移状態**といい，反応物と遷移状態のエネルギー差を活性化エネルギーという。**触媒を用いると，活性化エネルギーの小さい反応経路を通って反応が進むようになるので，反応速度が大きくなる。**

気体どうしの反応では，圧力や濃度を大きくすると，単位体積あたりの分子の数が増加するため，分子どうしの衝突が起こりやすくなり，反応速度が大きくなる。

3 (1)〜(3) 反応物($2SO_2 + O_2$)よりも生成物($2SO_3$)のほうがエネルギーが小さいので，

$$2SO_2 + O_2 \longrightarrow 2SO_3$$

の反応は発熱反応である。このエネルギー差が反応エンタルピーである。

活性化エネルギーは，反応物($2SO_2 + O_2$)と遷移状態(図における山の頂上)のエネルギーの差で，**触媒があるときのほうが遷移状態のエネルギーが小さいため，活性化エネルギーが小さくなる。**

(4) (2)とは逆の反応であるが，遷移状態は同じである。よって，反応物($2SO_3$)と遷移状態のエネルギーの差が活性化エネルギーである。

2章 化学平衡

1 ①,② 正反応，逆反応(順不同) ③ 停止 ④ 減少量 ⑤ 平衡の移動 ⑥ 小さ ⑦ 吸熱 ⑧ 増加

2 (1) 4.0 (2) 0.42 mol (3) 右

3 (1) イ (2) ア (3) エ (4) ウ (5) ウ (6) イ

4 (1) ア (2) エ (3) キ

5 (1) d (2) b (3) a

6 ① 発熱 ② 低 ③ 減少 ④ 低 ⑤ 大き(高) ⑥ 反応速度 ⑦ 触媒 ⑧ 10

解き方

1 A ＋ B $\rightleftarrows$ C の可逆反応が**平衡状態**にあるとき，Cの生成速度をv_1，分解速度をv_2とすると，$v_1=v_2$が成り立つ。したがって，各物質の物質量や濃度が一定に保たれる。

ある可逆反応が平衡状態にあるとき，濃度，温度，圧力などの条件を変化させると，その影響を打ち消す方向に平衡が移動する。これを**ルシャトリエの原理(平衡移動の原理)**という。

2 (1) 反応による各物質の物質量の変化は，次のようになる。

	CH_3COOH	＋ C_2H_5OH $\rightleftarrows$	$CH_3COOC_2H_5$	＋ H_2O
反応前	3.0 mol	3.0 mol	0 mol	0 mol
変化量	−2.0 mol	−2.0 mol	+2.0 mol	+2.0 mol
反応後	1.0 mol	1.0 mol	2.0 mol	2.0 mol

反応容器の容積をV〔L〕とすると，化学平衡の法則より，

$$K=\frac{[CH_3COOC_2H_5][H_2O]}{[CH_3COOH][C_2H_5OH]}=\frac{\frac{2.0\,mol}{V}\times\frac{2.0\,mol}{V}}{\frac{1.0\,mol}{V}\times\frac{1.0\,mol}{V}}$$

$=4.0$

(2) 平衡状態における酢酸エチルの物質量をx mol(xは単位を含まない値)とすると，反応式より，酢酸，エタノール，水の物質量は，それぞれ$(0.50-x)$ mol，$(1.0-x)$ mol，x molである。よって，

$$4.0=\frac{\frac{x\,mol}{V}\times\frac{x\,mol}{V}}{\frac{(0.50-x)\,mol}{V}\times\frac{(1.0-x)\,mol}{V}}$$

$3x^2-6x+2=0$

$0<x<0.50$より，$x=\frac{3-\sqrt{3}}{3}\fallingdotseq 0.42$

(3) 平衡定数の式にそれぞれの値を代入すると，

$$\frac{[CH_3COOC_2H_5][H_2O]}{[CH_3COOH][C_2H_5OH]}=\frac{\frac{1.5\,mol}{V}\times\frac{1.0\,mol}{V}}{\frac{1.0\,mol}{V}\times\frac{2.0\,mol}{V}}$$

$=0.75$

この値は，(1)で求めた平衡定数$K=4.0$より小さい。よって，反応は，この値が4.0に近づくように，すなわち，右向きに進む。

3 固体を含む平衡の移動は，固体成分を除外し，気体成分だけで考えるとよい。

(1) 吸熱反応の方向(右)へ平衡が移動する。

(2) 気体分子の総数が減少する方向(左)へ平衡が移動する。

(3) (1)，(2)より，温度を上げれば右向き，圧力を上げれば左向きに平衡が移動する。問題文からは，温度と圧力のどちらの影響が大きいかは読み取れないので，平衡移動の向きは判断できない。

(4) 触媒は反応速度を大きくするが，平衡の移動には関係しない。

(5) **Arを加えても体積が一定なので，平衡に関係する気体の分圧は変化しない。**よって，平衡は移動しない。

(6) **圧力一定でArを加えると，気体全体の体積が増加し，平衡に関係する気体の分圧が減少する**ので，気体分子の総数が増加する方向(右)へ平衡が移動する。

4 温度一定で**高圧にすると，気体分子の数が減少する方向へ平衡が移動する。**また，圧力一定で**高温にすると，吸熱反応の方向へ平衡が移動する。**

(1) 右向きの反応が起こると，気体4分子から気体2分子が生じる。すなわち，気体分子の数が減少する。また，反応エンタルピーが負の値なので，発熱反応である。

よって，高圧にすると，平衡が右に移動してNH_3の生成量が増える。また，高温にすると，平衡が左に移動してNH_3の生成量が減る。

(2) 右向きの反応が起こると，気体1分子から気体2分子が生じる。すなわち，気体分子の数が増加する。また，反応エンタルピーが正の値なので，吸熱反応である。

よって，高圧にすると，平衡が左に移動してNO_2の生成量が減る。また，高温にすると，平衡が右に移動してNO_2の生成量が増える。

(3) 右向きの反応が起こると，気体2分子から気体2分子が生じる。すなわち，気体分子の数は変化しない。また，反応エンタルピーが負の値なので，発熱反応である。

よって，高圧にしても，平衡は移動せず，HIの生成量は変化しない。また，高温にすると，平衡が左に移動してHIの生成量が減る。

5 反応速度の変化はグラフの傾き，平衡の移動はグラフの水平部の高さによって表される。

	反応速度	平衡の移動
(1)	大	左
(2)	大	右
(3)	大	移動なし

6 ルシャトリエの原理によれば，NH_3の生成には，**低温・高圧**が有利である。しかし，400℃では反応速度が小さく，なかなか平衡に達しない。一方，600℃では短時間で平衡に達するが，NH_3の生成量は少ない。そこで，平衡に不利にならない500℃前後の温度に設定し，反応速度の低下を補うため，Fe_3O_4などの触媒を利用して，NH_3を製造している(**ハーバー・ボッシュ法**)。

⑧ N_2 1 mol, H_2 3 molから反応を始め，N_2 x mol (xは単位を含まない値)が反応した場合，反応

による各物質の物質量の変化は，次のようになる。

	N_2 +	$3H_2$ ⇄	$2NH_3$	
反応前	1 mol	3 mol		
変化量	$-x$ mol	$-3x$ mol	$+2x$ mol	
反応後	$(1-x)$ mol	$(3-3x)$ mol	$2x$ mol	合計 $(4-2x)$ mol

グラフより，平衡時のNH_3の割合は60％であるから，

$$\frac{2x\ \text{mol}}{(4-2x)\ \text{mol}}\times 100=60 \qquad x=0.75$$

よって，平衡時のN_2の割合は，

$$\frac{(1-0.75)\ \text{mol}}{(4-2\times 0.75)\ \text{mol}}\times 100=10 \rightarrow 10\ \%$$

3章　電解質水溶液の平衡

1 ア，ウ，オ

2 ① 電離平衡　② $\dfrac{[CH_3COO^-][H^+]}{[CH_3COOH]}$　③ 電離定数　④ 6.0×10^{-3}　⑤ 1.8×10^{-5}　⑥ 2.7

3 (1) 右　(2) 左　(3) 左　(4) 左　(5) 右　(6) 移動しない

4 (1) 2.8　(2) 10.7　(3) 0.5

5 ① 電離平衡　② 強電解質　③ 1　④ 大き　⑤ 酢酸イオン　⑥ 中和　⑦ 緩衝液

6 (1) 4.3　(2) 4.9

7 (1) ① 小さ　② 溶解度積　③ 大き　④ 大き

(2) $6.5\times 10^{-29}\ \text{mol/L}<[S^{2-}]\leqq 2.2\times 10^{-17}\ \text{mol/L}$

解き方

1 ア　弱酸の濃度が小さいほど，その電離度は大きい。

ウ　濃度が極めて小さい場合を除いて，1価の弱酸の水素イオン濃度$[H^+]$は，モル濃度cと電離定数K_aを用いて，

$[H^+]=\sqrt{cK_a}$

と近似できる。

オ　一般に，多価の酸は段階的に電離し，段階を追うごとに電離度が小さくなる。

2 酢酸CH_3COOHのモル濃度をc，電離度をα，電離定数をK_aとする。

④　$[H^+]=c\alpha$より，

$$\alpha=\frac{[H^+]}{c}=\frac{3.0\times 10^{-3}\ \text{mol/L}}{0.50\ \text{mol/L}}=6.0\times 10^{-3}$$

⑤　$K_a=\dfrac{[CH_3COO^-][H^+]}{[CH_3COOH]}=\dfrac{c\alpha\times c\alpha}{c(1-\alpha)}=\dfrac{c\alpha^2}{1-\alpha}$

④より，$1-\alpha\fallingdotseq 1$と近似できるから，

$$K_a=c\alpha^2=0.50\ \text{mol/L}\times(6.0\times 10^{-3})^2$$
$$=1.8\times 10^{-5}\ \text{mol/L}$$

⑥　$K_a=c\alpha^2$より，$\alpha=\sqrt{\dfrac{K_a}{c}}$

$$[H^+]=c\alpha=\sqrt{cK_a}$$
$$=\sqrt{0.20\ \text{mol/L}\times 1.8\times 10^{-5}\ \text{mol/L}}$$
$$=\sqrt{36\times 10^{-7}}\ \text{mol/L}$$
$$=6.0\times 10^{-\frac{7}{2}}\ \text{mol/L}$$

よって，

$$\text{pH}=-\log_{10}[H^+]=-\log_{10}(6.0\times 10^{-\frac{7}{2}})$$
$$=-\log_{10}2.0-\log_{10}3.0+\frac{7}{2}\fallingdotseq 2.7$$

3 (1)　中和によってOH^-が減少するから，OH^-が増加する方向(右)へ平衡が移動する。

(2)　OH^-が増加するから，OH^-が減少する方向(左)へ平衡が移動する。

(3)　高温になるとNH_3の水への溶解度が小さくなるから，NH_3を生成する方向(左)へ平衡が移動する。

(4)　NH_4^+が増加するから，NH_4^+が減少する方向(左)へ平衡が移動する。

(5)　H_2Oが増加するから，H_2Oが減少する方向(右)へ平衡が移動する。

(6)　Na^+とCl^-が増加するが，どちらも共通イオンではないから，平衡は移動しない。

4 (1)　$[H^+]=\sqrt{cK_a}$

$$=\sqrt{0.10\ \text{mol/L}\times 2.7\times 10^{-5}\ \text{mol/L}}$$
$$=\sqrt{27\times 10^{-7}}\ \text{mol/L}$$
$$=3^{\frac{3}{2}}\times 10^{-\frac{7}{2}}\ \text{mol/L}$$

$$\text{pH}=-\log_{10}[H^+]=-\log_{10}(3^{\frac{3}{2}}\times 10^{-\frac{7}{2}})$$
$$=-\frac{3}{2}\log_{10}3.0+\frac{7}{2}\fallingdotseq 2.8$$

(2)　$[OH^-]=\sqrt{cK_b}$

$$=\sqrt{0.010\ \text{mol/L}\times 2.3\times 10^{-5}\ \text{mol/L}}$$
$$=\sqrt{2.3\times 10^{-7}}\ \text{mol/L}$$
$$=2.3^{\frac{1}{2}}\times 10^{-\frac{7}{2}}\ \text{mol/L}$$

$pOH = -\log_{10}[OH^-] = -\log_{10}(2.3^{\frac{1}{2}} \times 10^{-\frac{7}{2}})$

$= -\frac{1}{2}\log_{10} 2.3 + \frac{7}{2} = 3.32$

$pH + pOH = 14$ より，

$pH = 14 - 3.32 \fallingdotseq 10.7$

(3) 中和後に残っている水素イオンH^+は，

$1.0\ mol/L \times \frac{100}{1000}\ L - 1.0\ mol/L \times \frac{50}{1000}\ L$

$= 0.050\ mol$

混合後の水溶液の体積は，

$100\ mL + 50\ mL = 150\ mL = 0.15\ L$

よって，

$[H^+] = \frac{0.050\ mol}{0.15\ L} = \frac{1}{3}\ mol/L$

$pH = -\log_{10}[H^+] = -\log_{10} 3^{-1} = \log_{10} 3 \fallingdotseq 0.5$

5 ④ 酢酸水溶液に酢酸ナトリウムを加えると，酢酸ナトリウムの電離で生じた酢酸イオンCH_3COO^-の**共通イオン効果**により，酢酸の電離平衡が左に移動して，水溶液中のH^+が減少する。つまり，溶液のpHは混合前に比べて大きくなる。

6 (1) 緩衝液では，CH_3COOHの電離はほぼ無視できるから，

$[CH_3COOH] = 0.40\ mol/L \times \frac{1.0\ L}{2.0\ L}$

$= 0.20\ mol/L$

$[CH_3COO^-] = 0.20\ mol/L \times \frac{1.0\ L}{2.0\ L}$

$= 0.10\ mol/L$

$K_a = \frac{[CH_3COO^-][H^+]}{[CH_3COOH]}$ より，

$[H^+] = K_a \times \frac{[CH_3COOH]}{[CH_3COO^-]}$

$= 2.7 \times 10^{-5}\ mol/L \times \frac{0.20\ mol/L}{0.10\ mol/L}$

$= 2.0 \times 2.7 \times 10^{-5}\ mol/L$

$pH = -\log_{10}[H^+]$

$= -\log_{10}(2.0 \times 2.7 \times 10^{-5})$

$= -\log_{10} 2.0 - \log_{10} 2.7 + 5 \fallingdotseq 4.3$

(2) 次の中和反応が起こる。

$CH_3COOH + OH^- \longrightarrow CH_3COO^- + H_2O$

よって，中和後の物質量は，

CH_3COOH；$0.40\ mol/L \times 1.0\ L - 0.20\ mol$

$= 0.20\ mol$

CH_3COO^-；$0.20\ mol/L \times 1.0\ L + 0.20\ mol$

$= 0.40\ mol$

したがって，

$[CH_3COOH] = \frac{0.20\ mol}{2.0\ L} = 0.10\ mol/L$

$[CH_3COO^-] = \frac{0.40\ mol}{2.0\ L} = 0.20\ mol/L$

$[H^+] = 2.7 \times 10^{-5}\ mol/L \times \frac{0.10\ mol/L}{0.20\ mol/L}$

$= \frac{2.7}{2} \times 10^{-5}\ mol/L$

$pH = -\log_{10}[H^+] = -\log_{10}(2.7 \times 2^{-1} \times 10^{-5})$

$= -\log_{10} 2.7 + \log_{10} 2 + 5 \fallingdotseq 4.9$

7 (1) H_2Sの電離平衡は，次式で表される。

$H_2S \rightleftarrows 2H^+ + S^{2-}$ ………………(i)

酸性が強くなると，(i)式の平衡は左へ移動して，$[S^{2-}]$が小さくなる。逆に，塩基性が強くなると，(i)式の平衡は右へ移動して，$[S^{2-}]$が大きくなる。

CuSの溶解度積は，ZnSの溶解度積に比べてかなり小さい。よって，$[S^{2-}]$が小さい酸性溶液中でも，$[Cu^{2+}][S^{2-}]$の値がCuSの溶解度積$K_{sp(CuS)}$より大きくなり，CuSの沈殿を生じる。しかし，$[Zn^{2+}][S^{2-}]$の値はZnSの溶解度積$K_{sp(ZnS)}$に達せず，ZnSは沈殿しない。

溶液のpHを大きくしていくと$[S^{2-}]$がしだいに大きくなる。すると，$[Zn^{2+}][S^{2-}]$の値が$K_{sp(ZnS)}$より大きくなり，ZnSの沈殿を生じるようになる。

(2) CuSが沈殿し始めるとき，

$K_{sp(CuS)} = [Cu^{2+}][S^{2-}]$

が成り立つから，

$6.5 \times 10^{-30}\ mol^2/L^2 = 0.10\ mol/L \times [S^{2-}]$

$[S^{2-}] = 6.5 \times 10^{-29}\ mol/L$

また，ZnSが沈殿し始めるとき，

$K_{sp(ZnS)} = [Zn^{2+}][S^{2-}]$

が成り立つから，

$2.2 \times 10^{-18}\ mol^2/L^2 = 0.10\ mol/L \times [S^{2-}]$

$[S^{2-}] = 2.2 \times 10^{-17}\ mol/L$

したがって，CuSだけが沈殿するのは，

$6.5 \times 10^{-29}\ mol/L < [S^{2-}] \leqq 2.2 \times 10^{-17}\ mol/L$

定期テスト対策問題

1

①	減少	②	生成物	③	濃度	④	衝突回数
⑤	温度	⑥	熱運動	⑦	活性化エネルギー	⑧	圧力(分圧)
⑨	表面積	⑩	小さく				

2

(1)	c	(2)	0.33倍	(3)	c	(4)	c	(5)	イ

3

(1)	オ	(2)	カ	(3)	エ	(4)	ア	(5)	ウ

4

(1)	0.20 mol	(2)	1.6×10^{-2}mol/L	(3)	64	(4)	右

5

(1)	イ	(2)	ア	(3)	イ	(4)	ウ	(5)	ア	(6)	ウ

6

(1)	発熱反応	理由	低温ほどCの生成量が増加するので，正反応が発熱反応である。
(2)	ア	理由	高圧ほどCの生成量が増加するので，正反応で気体の分子数が減少する。

7

10.7

8

①	白	②	1.8×10^{-8}	③	赤褐	④	2.0×10^{-4}	⑤	9.0×10^{-7}

解き方

1 気体どうしの反応では，圧力を高くすると反応物の濃度が大きくなるので，分子どうしの衝突回数が増加し，反応速度は大きくなる。

固体が関与する反応では，粉末にするとその表面積が大きくなり，反応できる粒子の数が増加して反応速度は大きくなる。

触媒を使うと，活性化エネルギーの小さい別の反応経路で反応が進むようになり，反応速度が増加する。ただし，触媒には，反応エンタルピーや平衡定数(平衡状態)を変える作用はない。

2 (1) 反応速度は，各曲線上にとった2点の傾きで表される。例えば，反応開始から1分間を考えた場合，2点の傾きが最も大きいのは**c**である。

(2) 初濃度1.0 mol/Lが半分になる時間を比較すると，**a**は3分，**c**は1分なので，分解速度は，

$$\frac{1\ \text{min}}{3\ \text{min}}\fallingdotseq 0.33 \rightarrow 0.33倍$$

(3) **d**の初濃度が半分になるのは1分後で，**c**と等しい。よって，**c**と同一温度となる。

(4) **a**～**c**はすべて初濃度が1.0 mol/Lなので，高温ほど分解速度は大きい。

(5) 高温になるほど，反応物の粒子のエネルギー分布曲線が高エネルギー方向にずれ，活性化エネルギーを上回るエネルギーをもった分子の割合が増加するため，反応速度が大きくなる。

3 (1) 濃硝酸HNO_3は，光や熱によって，次のように分解する。

$$4HNO_3 \longrightarrow 4NO_2 + 2H_2O + O_2$$

よって，光を遮る褐色びんに入れて保存する。

(2) 酸化マンガン(Ⅳ)MnO_2のほか，鉄(Ⅲ)イオンFe^{3+}も過酸化水素H_2O_2の分解反応の触媒となる。

(3) 亜鉛Zn(固体)の表面積が大きいほど，反応物の粒子の衝突回数が多くなり，反応速度は大きくなる。

(5) 同濃度の塩酸(強酸)と，酢酸(弱酸)を比較すると，塩酸のほうが水素イオンH^+の濃度が大きく，Znとの反応速度も大きい。

4 H_2とI_2の反応は，次の化学反応式で表される。

$$H_2 + I_2 \rightleftarrows 2HI$$

(1) グラフより，平衡状態におけるH_2は0.20 molである。反応式のH_2とI_2の係数は等しいので，I_2も0.20molである。

(2) 反応による各物質の物質量の変化は，次のようになる。

	H_2	+	I_2	$\rightleftarrows$	2HI
反応前	1.0 mol		1.0 mol		0 mol
変化量	−0.80 mol		−0.80 mol		+1.6 mol
反応後	0.20 mol		0.20 mol		1.6 mol

よって，HIのモル濃度は，

$$[HI]=\frac{1.6\ \text{mol}}{100\ \text{L}}=1.6\times10^{-2}\text{mol/L}$$

(3) 平衡時のH_2とI_2のモル濃度は，

$$[H_2]=[I_2]=\frac{0.20\ \text{mol}}{100\ \text{L}}=2.0\times10^{-3}\text{mol/L}$$

化学平衡の法則より，

$$K=\frac{[HI]^2}{[H_2][I_2]}$$

$$=\frac{(1.6\times10^{-2}\,\mathrm{mol/L})^2}{2.0\times10^{-3}\,\mathrm{mol/L}\times2.0\times10^{-3}\,\mathrm{mol/L}}=64$$

(4) H_2 0.20 mol と HI 0.40 mol を追加した直後のモル濃度は，

$$[H_2]=\frac{0.20\,\mathrm{mol}+0.20\,\mathrm{mol}}{100\,\mathrm{L}}=4.0\times10^{-3}\,\mathrm{mol/L}$$

$$[I_2]=2.0\times10^{-3}\,\mathrm{mol/L}$$

$$[HI]=\frac{1.6\,\mathrm{mol}+0.40\,\mathrm{mol}}{100\,\mathrm{L}}=2.0\times10^{-2}\,\mathrm{mol/L}$$

$$\frac{[HI]^2}{[H_2][I_2]}=\frac{(2.0\times10^{-2}\,\mathrm{mol/L})^2}{4.0\times10^{-3}\,\mathrm{mol/L}\times2.0\times10^{-3}\,\mathrm{mol/L}}=50$$

この値は，(3)で求めた平衡定数$K=64$より小さい。よって，反応は，この値が64に近づくように，すなわち，右向きに進む。

5 (1) 気体分子の総数が減少する方向(右)へ平衡が移動する。

(2) 吸熱反応の方向(左)へ平衡が移動する。

(3) SO_3を生成する方向(右)へ平衡が移動する。

(4) 触媒は，平衡を移動させない。

(5) 全圧を一定に保ちながら，平衡には無関係なN_2を加えていくと，気体の体積はしだいに増加する。すると，平衡に関係する各気体の分圧は減少し，気体分子の総数が増加する方向(左)へ平衡が移動する。

(6) 体積一定で，平衡に無関係なN_2を加えても，平衡に関係する各気体の分圧は一定である。よって，平衡は移動しない。

6 (1) 温度が高いほど，Cの体積百分率が小さくなっている。発熱反応では，低温ほど右向きの反応が進み，Cの生成量が大きくなる。

(2) 圧力が大きいほど，Cの体積百分率が大きくなっている。**反応の前後で気体分子の総数が変化する場合，圧力が高くなると，気体分子の総数が減少する方向へ平衡が移動する。**

7 溶解したNH_3の物質量をn〔mol〕とすると，気体の状態方程式より，

$$1.0\times10^5\,\mathrm{Pa}\times0.248\,\mathrm{L}=n\times8.3\times10^3\,\mathrm{Pa\cdot L/(K\cdot mol)}\times298\,\mathrm{K}$$

$$n=1.00\cdots\times10^{-2}\,\mathrm{mol}$$

これが水1.0 Lに溶解しているので，NH_3水のモル濃度は，

$$\frac{1.00\times10^{-2}\,\mathrm{mol}}{1.0\,\mathrm{L}}=1.00\times10^{-2}\,\mathrm{mol/L}$$

ここで，電離平衡に達したときの，水酸化物イオン濃度$[OH^-]$をx mol/L（xは単位を含まない値）とすると，NH_3とNH_4^+の濃度は，

$$[NH_3]=(1.00\times10^{-2}-x)\,\mathrm{mol}$$

$$[NH_4^+]=x\,\mathrm{mol}$$

$$K_b=\frac{[NH_4^+][OH^-]}{[NH_3]}\ より，$$

$$2.3\times10^{-5}\,\mathrm{mol/L}=\frac{(x\,\mathrm{mol/L})^2}{(1.00\times10^{-2}-x)\,\mathrm{mol/L}}$$

NH_3は弱塩基で，濃度がさほど薄くないから，$(1.00\times10^{-2}-x)\,\mathrm{mol/L}\fallingdotseq1.00\times10^{-2}\,\mathrm{mol/L}$と近似できる。よって，

$$2.3\times10^{-5}\,\mathrm{mol/L}=\frac{(x\,\mathrm{mol/L})^2}{1.0\times10^{-2}\,\mathrm{mol/L}}$$

$$x^2=2.3\times10^{-5}\times1.0\times10^{-2}=2.3\times10^{-7}$$

$x>0$より，

$$x=\sqrt{2.3\times10^{-7}}=2.3^{\frac{1}{2}}\times10^{-\frac{7}{2}}$$

したがって，

$$\mathrm{pOH}=-\log_{10}[OH^-]=-\log_{10}(2.3^{\frac{1}{2}}\times10^{-\frac{7}{2}})$$

$$=-\frac{1}{2}\log_{10}2.3+\frac{7}{2}=3.32$$

pH＋pOH＝14より，

$$\mathrm{pH}=14-3.32\fallingdotseq10.7$$

別解　NH_3は弱塩基で，濃度がさほど薄くないことから，次のようにして$[OH^-]$を求めてもよい。

$$[OH^-]=\sqrt{cK_b}$$

$$=\sqrt{1.00\times10^{-2}\,\mathrm{mol/L}\times2.3\times10^{-5}\,\mathrm{mol/L}}$$

$$=\sqrt{2.3\times10^{-7}}\,\mathrm{mol/L}$$

$$=2.3^{\frac{1}{2}}\times10^{-\frac{7}{2}}\,\mathrm{mol/L}$$

8 **水溶液中に存在する陽イオンと陰イオンの濃度の積が，それらのイオンからできる塩の溶解度積K_{sp}を超えると，沈殿が生じる。**

AgClが沈殿し始めるとき，

$$K_{sp(AgCl)}=[Ag^+][Cl^-]=1.8\times10^{-10}\,\mathrm{mol^2/L^2}$$

$[Cl^-]=1.0\times10^{-2}\,\mathrm{mol/L}$を代入すると，

$$[Ag^+]=1.8\times10^{-8}\,\mathrm{mol/L}$$

Ag_2CrO_4が沈殿し始めるとき，

$$K_{sp(Ag_2CrO_4)}=[Ag^+]^2[CrO_4^{2-}]=3.6\times10^{-12}\,\mathrm{mol^3/L^3}$$

$[CrO_4^{2-}]=9.0\times10^{-5}\,\mathrm{mol/L}$を代入すると，

$$[Ag^+]^2=\frac{3.6\times10^{-12}\,\mathrm{mol^3/L^3}}{9.0\times10^{-5}\,\mathrm{mol/L}}=4.0\times10^{-8}\,\mathrm{mol^2/L^2}$$

$$[Ag^+]=2.0\times10^{-4}\,\mathrm{mol/L}$$

よって，先に沈殿するのはAgCl，後から沈殿するのはAg_2CrO_4である。

⑤ Ag_2CrO_4が沈殿し始めたとき，溶液中にはAgClの沈殿が存在するから，

$$\mathrm{AgCl(固)}\rightleftarrows Ag^+ + Cl^-$$

の溶解平衡が成立し，

$$K_{sp(AgCl)}=[Ag^+][Cl^-]=1.8\times10^{-10}\,\mathrm{mol^2/L^2}$$

の関係式が成立する。

ここへ，$[Ag^+]=2.0\times10^{-4}\,\mathrm{mol/L}$を代入すると，

$$[Cl^-]=\frac{1.8\times10^{-10}\,\mathrm{mol^2/L^2}}{2.0\times10^{-4}\,\mathrm{mol/L}}=9.0\times10^{-7}\,\mathrm{mol/L}$$

$[Cl^-]$は$AgNO_3$を加える前の9.0×10^{-5}倍になっており，AgClはほぼ沈殿し終わったとみなすことができる。

4編 無機物質

練習問題

1章 非金属元素の性質

1 (1)イ，ウ，オ　(2)エ　(3)ア，カ，キ，ク　(4)キ　(5)ク

2 (1) $MnO_2 + 4HCl \longrightarrow MnCl_2 + Cl_2 + 2H_2O$　(2)① 塩化水素　② 濃硫酸　③ 下方置換

3 (1)① サ　② イ　③ カ　④ コ　⑤ ク　⑥ キ　⑦ ア　⑧ ウ

(2)ⓐ $S + O_2 \longrightarrow SO_2$　ⓑ $Cu + 2H_2SO_4 \longrightarrow CuSO_4 + 2H_2O + SO_2$

ⓒ $FeS + H_2SO_4 \longrightarrow FeSO_4 + H_2S$

4 イ

5 ウ，オ

6 (1)エ，シ　(2)イ，セ　(3)オ，タ　(4)ア，シ

解き方

1 **ア，イ**　1族の元素で，第1周期の**ア**は水素H，第2周期以降の**イ**は**アルカリ金属**である。水素やアルカリ金属の原子は，1価の陽イオンになりやすい。

ウ　2族の元素で，**アルカリ土類金属**である。アルカリ土類金属の原子は，2価の陽イオンになりやすい。

エ　3～12族の元素である。一般に，3族～12族の元素を**遷移元素**といい，すべて金属元素である。遷移元素以外をまとめて，**典型元素**という。

オ，カ　13～16族の元素で，上側の**カ**が非金属元素，下側の**オ**は金属元素である。

キ　17族の元素で，**ハロゲン**である。ハロゲンの原子は，1価の陰イオンになりやすい。

ク　18族の元素で，**貴ガス**である。貴ガスの原子は電子配置が安定で，陽イオンにも陰イオンにもなりにくい。

2 (1)　酸化マンガン(Ⅳ) MnO_2 は酸化剤としてはたらき，自身は還元されて塩化マンガン(Ⅱ) $MnCl_2$ となる。一方，塩化水素 HCl は酸化され，塩素 Cl_2 となる。

(2)　濃塩酸を加熱しているので，**塩素とともに塩化水素と水蒸気が発生する。**

発生した気体は，まず**水に通し，水に溶けやすい塩化水素を吸収させて除く。**次に，**濃硫酸(乾燥剤)に通して水蒸気を除く。**

塩素は水に溶けやすく，空気より重い気体なので**下方置換**で捕集する。

なお，発生した気体を濃硫酸→水の順に通すと，水を通したときに気体に水蒸気が混じるので，純粋な塩素を捕集できない。

3　二酸化硫黄 SO_2 は無色・刺激臭の有毒な気体で，硫黄を燃焼させるか，銅に熱濃硫酸(酸化剤)を作用させると発生する。

濃硫酸には，水分を吸収する**吸湿性**のほか，有機化合物から水素原子と酸素原子を水の形で奪う**脱水作用**がある。例えば，スクロースに濃硫酸を滴下すると脱水が起こり，黒色の炭素が遊離する。

$$C_{12}H_{22}O_{11} \longrightarrow 12C + 11H_2O$$

硫化水素 H_2S は無色・腐卵臭の有毒な気体で，硫化鉄(Ⅱ)に希硫酸や希塩酸を加えてつくる(弱酸の遊離)。

4 **ア**　アルミニウムと**不動態**を形成するのは濃硝酸である。

ウ　塩酸には酸化作用はない。

エ　光で分解しやすいのは濃硝酸である。

オ　濃硝酸は揮発性の酸である。

5 **イ**　ダイヤモンドは**不導体**で，電気を通さない。ケイ素は**半導体**としての性質をもち，いくぶんか電気を通す。

ウ　炭素には，ダイヤモンド，黒鉛のほかに，フラーレン，カーボンナノチューブ，グラフェンなどの**同素体**が発見されている。

オ　一酸化炭素 CO は**酸性酸化物ではなく**，水酸化ナトリウムとは反応しない。酸性酸化物なのは二酸化炭素 CO_2 である。

$$CO_2 + 2NaOH \longrightarrow Na_2CO_3 + H_2O$$

6　気体の発生については，加熱が必要かどうか

と，試薬が液体か固体かに着目する。一般に，固体どうしの反応や，濃硫酸のもつさまざまな性質を用いる反応では，加熱が必要である。

気体の捕集については，発生する気体の水への溶解性と密度(空気との比較)に着目する。

(1) 硫酸H_2SO_4の**不揮発性**を利用して，塩化水素HClを発生させる。

$NaCl + H_2SO_4 \longrightarrow NaHSO_4 + HCl$

HClは水に溶けやすく，空気より密度が大きいので，**下方置換**で捕集する。

(2) 亜鉛Znは水素H_2よりイオン化傾向が大きいので，酸を加えるとH_2が発生する。

$Zn + H_2SO_4 \longrightarrow ZnSO_4 + H_2$

H_2は水に溶けにくいので，**水上置換**で捕集する。

(3) 強塩基の水酸化カルシウム$Ca(OH)_2$によって，弱塩基のアンモニアNH_3を遊離させる(**弱塩基の遊離**)。

$2NH_4Cl + Ca(OH)_2 \longrightarrow CaCl_2 + 2H_2O + 2NH_3$

NH_3は水に溶けやすく，空気より密度が小さいので，**上方置換**で捕集する。

(4) 銅Cuは水素H_2よりイオン化傾向が小さいので，ふつうの酸には溶けないが，熱濃硫酸などの酸化力が強い酸には溶ける。

$Cu + 2H_2SO_4 \longrightarrow CuSO_4 + 2H_2O + SO_2$

二酸化硫黄SO_2は水に溶け，空気より密度が大きいので，**下方置換**で捕集する。

2章 典型金属元素の性質

1 (1) 溶融塩電解(融解塩電解)

(2) 空気中の酸素によって酸化されやすく，常温の水とも激しく反応するから。

(3) K，Na，Li　(4) K，Na，Li　(5) Li…赤色　Na…黄色　K…赤紫色

2 ①キ　②オ　③ク　④シ　⑤コ　⑥ケ　⑦サ

3 ①ウ　②ア　③オ　④イ　⑤エ

4 (1) エ　(2) ア　(3) イ　(4) カ　(5) オ　(6) ウ

5 (1) ① 不動態　② 両性水酸化物　③ 水酸化鉛(Ⅱ)

(2) $2Al + 2NaOH + 6H_2O \longrightarrow 2Na[Al(OH)_4] + 3H_2$

(3) Ⓑ $Al^{3+} + 3OH^- \longrightarrow Al(OH)_3$　Ⓒ $Al(OH)_3 + 3H^+ \longrightarrow Al^{3+} + 3H_2O$

Ⓓ $Al(OH)_3 + OH^- \longrightarrow [Al(OH)_4]^-$

解き方

1 (2) アルカリ金属の単体は，**ただちに空気中の水分や酸素と反応**して水酸化物や酸化物に変化するので，石油中に保存する。

(3) アルカリ金属の単体の融点は，原子番号が大きいものほど低くなる。これは，**原子番号が大きいほど，価電子がより外側の電子殻に存在するため，原子半径が大きくなり**，金属結合が弱くなるからである。

(4) **アルカリ金属のイオン化エネルギーは，原子番号が大きくなるほど小さくなり**，単体の反応性も大きくなる。

Liは穏やかに水と反応するだけで発火はしないが，Naはかなり激しく水と反応し，Kは激しく水と反応してただちに発火する。

2 **アンモニアソーダ法(ソルベー法)**は，飽和食塩NaCl水と石灰石$CaCO_3$を原料とした炭酸ナトリウムNa_2CO_3の工業的製法で，同時に塩化カルシウム$CaCl_2$が得られる。

Aは，アンモニアソーダ法の主反応である。水溶液中にはナトリウムイオンNa^+，塩化物イオンCl^-，アンモニウムイオンNH_4^+，炭酸水素イオンHCO_3^-が存在するが，これらのイオンの組み合わせで生じる物質のうち，**最も水に溶解しにくい炭酸水素ナトリウム$NaHCO_3$が沈殿として生じ**，水溶液中には塩化アンモニウムNH_4Clが残る。

$NaCl + NH_3 + CO_2 + H_2O \longrightarrow NaHCO_3 + NH_4Cl$

この$NaHCO_3$を熱分解すると，Na_2CO_3が得

られる(**B**)。

$2NaHCO_3 \longrightarrow Na_2CO_3 + CO_2 + H_2O$

発生したCO_2は，**A**の工程で再利用されるが，量が不足する。そこで，石灰石$CaCO_3$を熱分解してCO_2を補う。

$CaCO_3 \longrightarrow CaO + CO_2$

副生する酸化カルシウムCaOを水と反応させると，水酸化カルシウム$Ca(OH)_2$となる。これを**A**の工程で生じたNH_4Clと反応させると，$CaCl_2$とNH_3が得られる(**弱塩基の遊離**)。

$2NH_4Cl + Ca(OH)_2 \longrightarrow CaCl_2 + 2NH_3 + 2H_2O$

このNH_3も，**A**の工程で再利用される。

3 ① 塩化ナトリウム$NaCl$水溶液を電気分解すると，陰極では水素H_2，陽極では塩素Cl_2が生じる。

陰極；$2H_2O + 2e^- \longrightarrow H_2 + 2OH^-$

陽極；$2Cl^- \longrightarrow Cl_2 + 2e^-$

水溶液中のナトリウムイオンNa^+は陰極に引き寄せられるので，陰極付近の水溶液から水酸化ナトリウム$NaOH$が得られる。

② $NaOH$水溶液と二酸化炭素CO_2が中和すると，炭酸ナトリウムNa_2CO_3が得られる。

$2NaOH + CO_2 \longrightarrow Na_2CO_3 + H_2O$

③ **アンモニアソーダ法の主反応**である。

$NaCl + NH_3 + CO_2 + H_2O \longrightarrow NaHCO_3 + NH_4Cl$

④ 炭酸水素ナトリウム$NaHCO_3$に塩酸HClを加えると，弱酸のCO_2が遊離し，強酸の塩である$NaCl$が得られる。

$HCl + NaHCO_3 \longrightarrow NaCl + CO_2 + H_2O$

⑤ $NaHCO_3$を熱分解すると，Na_2CO_3が得られる。

$2NaHCO_3 \longrightarrow Na_2CO_3 + CO_2 + H_2O$

4 (1) 塩化カルシウム$CaCl_2$は**中性の乾燥剤**として用いられる。また，水に溶けるとかなり発熱するので，道路の融雪剤にも用いられる。

$CaCl_2 + aq \longrightarrow CaCl_2aq \quad \Delta H = -81\,kJ$

(2) 酸化カルシウムCaOと水の反応は，次の熱化学反応式で表される。

$CaO + H_2O \longrightarrow Ca(OH)_2 \quad \Delta H = -63\,kJ$

このときの発熱が，発熱剤として利用される。

(3) アルカリ土類金属の水酸化物のうち，**水酸化カルシウム$Ca(OH)_2$や水酸化バリウム$Ba(OH)_2$は強塩基性を示す**。なお，$Ca(OH)_2$の飽和水溶液が**石灰水**である。

(4) 炭酸カルシウム$CaCO_3$は石灰石や大理石の主成分で，酸に溶けて二酸化炭素CO_2を発生する。

$CaCO_3 + 2HCl \longrightarrow CaCl_2 + H_2O + CO_2$

また，二酸化炭素を含む水には，炭酸水素カルシウム$Ca(HCO_3)_2$となって溶ける。

$CaCO_3 + CO_2 + H_2O \rightleftarrows Ca(HCO_3)_2$

(5) 硫酸カルシウム$CaSO_4$の半水和物は**焼きセッコウ**とよばれ，吸水しながら二水和物である**セッコウ**に変化し，硬化する。

(6) 硫酸バリウム$BaSO_4$は極めて水に溶けにくく，X線撮影の造影剤として利用される。

5 (1)① アルミニウムや鉄，ニッケルなどは，濃硝酸中では表面に緻密な酸化被膜を生じるため，溶けない。このような状態を**不動態**という。

② 酸や強塩基の水溶液と反応する金属(単体)，酸化物，水酸化物を，それぞれ**両性金属**，**両性酸化物**，**両性水酸化物**という。アルミニウムやスズ，鉛，亜鉛は，代表的な両性金属である。

(2)，(3) アルミニウムの単体や酸化物，水酸化物が強塩基の水溶液に溶けるときは，**テトラヒドロキシドアルミン酸イオン$[Al(OH)_4]^-$**という錯イオンが生じることを覚えておくと，反応式を書きやすい。

3章　遷移元素の性質

1 (1) ① 12　② 2　③ トタン　④ 黄銅(真ちゅう)　⑤ 両性金属

(2) Ⓐ $Zn + 2HCl \longrightarrow ZnCl_2 + H_2$

Ⓑ $Zn + 2NaOH + 2H_2O \longrightarrow Na_2[Zn(OH)_4] + H_2$

2 (1) ① 赤鉄鉱　② 空気　③ 一酸化炭素　④ 銑鉄　⑤ スラグ　⑥ 鋼

(2) $Fe_2O_3 + 3CO \longrightarrow 2Fe + 3CO_2$

3 (1) ① 化学式…$Fe(OH)_2$，色…緑白色　② 化学式…$FeO(OH)$，色…赤褐色

(2) A…ア　B…エ

4 (1) ① 化学式…CuS，色…黒色　② 化学式…$Cu(OH)_2$，色…青白色

③ 化学式…$[Cu(NH_3)_4]^{2+}$，色…深青色

(2) A…ア　B…エ　(3) 加熱

5 (1) B　(2) A　(3) C　(4) B

6 (1) カ　(2) ア　(3) エ　(4) ウ，オ

7 (1) A；色…白色，化学式…AgCl　B；色…黒色，化学式…CuS

D；色…赤褐色，化学式…$FeO(OH)$

(2) c…$[Zn(NH_3)_4]^{2+}$　d…$[Al(OH)_4]^-$

解き方

1 (1)③　鋼板を亜鉛でめっきしたものが**トタン**，スズでめっきしたものが**ブリキ**である。

トタンは，**めっき部分の亜鉛が内部の鉄よりも先に酸化される**ことで，内部の鉄を保護する。

(2)　亜鉛の単体や酸化物，水酸化物が強塩基の水溶液に溶けるときは，**テトラヒドロキシド亜鉛(Ⅱ)酸イオン$[Zn(OH)_4]^{2-}$**という錯イオンが生じることを覚えておくと，反応式を書きやすい。

2 (1)②～④　コークスの主成分である炭素Cが燃焼すると二酸化炭素CO_2が発生する。CO_2が高温のCに触れると，一酸化炭素COを生じる。

$C + O_2 \longrightarrow CO_2$

$CO_2 + C \longrightarrow 2CO$

このCOが鉄鉱石中の酸化鉄(Ⅲ)を段階的に還元し，単体の鉄(**銑鉄**)が得られる。

Fe_2O_3(酸化数＋3)

→Fe_3O_4(酸化数＋2と＋3)

→FeO(酸化数＋2)

→Fe(酸化数0)

⑤　石灰石$CaCO_3$は熱分解して酸化カルシウムCaOとなり，これが鉄鉱石中の二酸化ケイ素SiO_2(不純物)と反応して**スラグ**となる。

$CaO + SiO_2 \longrightarrow CaSiO_3$

⑥　銑鉄は炭素を約4％含み，硬いがもろい。銑鉄中の炭素や不純物を酸素と反応させ，炭素含有量を2～0.02％に減らしたものが**鋼**である。鋼は強靭で粘りがあり，建材などとして広く利用される。

3 (1)　鉄(Ⅱ)イオンFe^{2+}を含む水溶液は**淡緑色**で，塩基を加えると水酸化鉄(Ⅱ)$Fe(OH)_2$の**緑白色沈殿**が生じる。

$Fe^{2+} + 2OH^- \longrightarrow Fe(OH)_2$

一方，鉄(Ⅲ)イオンFe^{3+}を含む水溶液は**黄褐色**で，塩基を加えると酸化水酸化鉄(Ⅲ)$FeO(OH)$の**赤褐色沈殿**が生じる。

$Fe^{3+} + 3OH^- \longrightarrow FeO(OH) + H_2O$

(2)　Fe^{2+}は，ヘキサシアニド鉄(Ⅲ)酸イオン$[Fe(CN)_6]^{3-}$と反応して，ターンブルブルーとよばれる濃青色沈殿を生じる。

一方，Fe^{3+}は，ヘキサシアニド鉄(Ⅱ)酸イオン$[Fe(CN)_6]^{4-}$と反応して，プルシアンブルーとよばれる濃青色沈殿を生じる。

なお，ターンブルブルーとプルシアンブルーは，同一の組成をもつ化合物である。

4 (1)②　銅(Ⅱ)イオンCu^{2+}を含む水溶液に塩基の

水溶液を加えると，水酸化銅(Ⅱ)$Cu(OH)_2$の青白色沈殿が生じる。

$Cu^{2+} + 2OH^- \longrightarrow Cu(OH)_2$

③ $Cu(OH)_2$は，過剰のアンモニアNH_3水には**テトラアンミン銅(Ⅱ)イオン$[Cu(NH_3)_4]^{2+}$**という錯イオンをつくって溶ける。

$Cu(OH)_2 + 4NH_3 \longrightarrow [Cu(NH_3)_4]^{2+} + 2OH^-$

(2)A　酸化銅(Ⅱ)CuOは，水素H_2で還元されて，銅Cuとなる。

$CuO + H_2 \longrightarrow Cu + H_2O$

B　Cuは塩酸や希硫酸には溶けないが，硝酸のように強い酸化力をもつ酸には溶ける。なお，希硝酸のときと濃硝酸のときでは，起こる反応や発生する気体が異なる。

$3Cu + 8HNO_3$(希) $\longrightarrow 3Cu(NO_3)_2 + 4H_2O + 2NO$

$Cu + 4HNO_3$(濃) $\longrightarrow Cu(NO_3)_2 + 2H_2O + 2NO_2$

(3)　$Cu(OH)_2$は加熱によって容易に脱水し，CuOに変化する。

$Cu(OH)_2 \longrightarrow CuO + H_2O$

5 (1)　銅は，赤色の金属光沢を示す。

(2)　銅は，湿った空気中では**緑青**とよばれる緑色のさび(主成分$CuCO_3 \cdot Cu(OH)_2$)を生じる。

銀は貴金属で，空気中では酸化されにくい。なお，銀製品が黒ずむのは，空気中にわずかに含まれる硫化水素H_2Sなどと反応して，硫化銀Ag_2Sとなるからである。

(3)　銅も銀も金属元素なので，単体は電気や熱をよく伝える。

(4)　ハロゲン化銀に光を当てると，分解して銀が遊離する。このような性質を**感光性**という。

$2AgCl \longrightarrow 2Ag + Cl_2$

6 (1)　常温の水と反応するのは，**アルカリ金属**のナトリウムNaである。

(2)　塩酸や水酸化ナトリウム水溶液に溶けるのは，**両性金属**である。そのうち，濃硝酸には**不動態**をつくって溶けないのは，アルミニウムAlである。

(3)　塩酸や希硫酸に溶けるので，イオン化傾向が水素H_2より大きい。また，濃硝酸には**不動態**をつくって溶けず，水酸化ナトリウム水溶液には溶けないので，両性金属ではない。これらをすべて満たすのは，鉄Feである。

(4)　塩酸や希硫酸には溶けないが，熱濃硫酸や硝酸などの強い酸化力をもつ酸には溶けるのは，イオン化傾向がH_2より小さい銅Cuと銀Agである。

7　5種類の金属陽イオンのうち，塩酸HClを加えると沈殿するのは，Ag^+である(沈殿A)。

$Ag^+ + Cl^- \longrightarrow AgCl\downarrow$

ろ液aは塩酸によって酸性になっており，ここに硫化水素H_2Sを加えると，Cu^{2+}が沈殿する(沈殿B)。また，Fe^{3+}がH_2Sによって還元され，Fe^{2+}に変化する。

$Cu^{2+} + S^{2-} \longrightarrow CuS\downarrow$

煮沸して未反応のH_2Sを追い出した後，硝酸を加えると，Fe^{2+}が酸化されてFe^{3+}に戻る。

ここにアンモニアNH_3水を加えると，Fe^{3+}，Al^{3+}，Zn^{2+}はいずれも沈殿するが，過剰に加えると，水酸化亜鉛$Zn(OH)_2$は錯イオンをつくって溶ける(沈殿C，ろ液c)。

$Fe^{3+} + 3OH^- \longrightarrow FeO(OH)\downarrow + H_2O$

$Al^{3+} + 3OH^- \longrightarrow Al(OH)_3\downarrow$

$Zn^{2+} + 2OH^- \longrightarrow Zn(OH)_2\downarrow$

$Zn(OH)_2 + 4NH_3 \longrightarrow [Zn(NH_3)_4]^{2+} + 2OH^-$

酸化水酸化鉄(Ⅲ)FeO(OH)と水酸化アルミニウム(Ⅲ)$Al(OH)_3$の沈殿に過剰の水酸化ナトリウムNaOH水溶液を加えると，FeO(OH)は溶けないが(沈殿D)，**両性水酸化物**である$Al(OH)_3$は錯イオンをつくって溶ける(ろ液d)。

$Al(OH)_3 + OH^- \longrightarrow [Al(OH)_4]^-$

定期テスト対策問題

1								
(1)	$MnO_2 + 4HCl \longrightarrow MnCl_2 + Cl_2 + 2H_2O$			(2)	A	ア	B	ウ
(3)	A	HCl	B	H_2O	(4)	塩素は水に溶け，空気より重いから。		

2									
(1)	イ	(2)	イ	(3)	エ	(4)	オ	(5)	ウ

3						
(1)	①	白金	②	一酸化窒素	③	二酸化窒素
	④	赤褐		⑤	オストワルト法	
(2)	Ⓐ	$2NO + O_2 \longrightarrow 2NO_2$		Ⓑ	$3NO_2 + H_2O \longrightarrow 2HNO_3 + NO$	

4									
(1)	化学式	NO_2	性質	ア	(2)	化学式	HCl	性質	エ
(3)	化学式	NO	性質	オ	(4)	化学式	NH_3	性質	ウ

5						
(1)	塩化ナトリウム			炭酸カルシウム		
(2)	①	$NaHCO_3$	②	Na_2CO_3	③	$CaCl_2$
(3)	I	$NaCl + NH_3 + CO_2 + H_2O \longrightarrow NaHCO_3 + NH_4Cl$				
	V	$2NH_4Cl + Ca(OH)_2 \longrightarrow CaCl_2 + 2NH_3 + 2H_2O$				

6						
(1)	①	アルカリ土類金属	②	ベリリウム◆	③	マグネシウム◆
	④	石灰水	⑤	炭酸カルシウム	⑥	炭酸水素カルシウム
(2)	Ⓐ	$Ca(OH)_2 + CO_2 \longrightarrow CaCO_3 + H_2O$	Ⓑ	$CaCO_3 + CO_2 + H_2O \longrightarrow Ca(HCO_3)_2$		

◆ (1)②と③は順不同

7				
(1)	物質	ウ	反応式	$Cu(OH)_2 + 4NH_3 \longrightarrow [Cu(NH_3)_4]^{2+} + 2OH^-$
(2)	物質	オ	反応式	$BaCl_2 + Na_2SO_4 \longrightarrow BaSO_4 + 2NaCl$
(3)	物質	ア	反応式	$AgNO_3 + HCl \longrightarrow AgCl + HNO_3$
(4)	物質	イ	反応式	$ZnSO_4 + 2NH_3 + 2H_2O \longrightarrow Zn(OH)_2 + (NH_4)_2SO_4$

8										
(1)	b	化学式	$BaSO_4$	色	白色	c	化学式	CuS	色	黒色
	d	化学式	FeO(OH)	色	赤褐色					
(2)	A	化学式	$[Ag(NH_3)_2]^+$	色	無色	B	化学式	$[Cu(NH_3)_4]^{2+}$	色	深青色
(3)	K^+	ろ液④				Al^{3+}	ろ液④			

解き方

1 (2)，(3) 濃塩酸を加熱しているので，**塩素とともに塩化水素と水蒸気が発生する。**

発生した気体は，まず**水に通し，水に溶けやすい塩化水素を吸収させて除く。次に，濃硫酸(乾燥剤)に通して水蒸気を除く。**

なお，発生した気体を濃硫酸→水の順に通すと，水を通したときに気体に水蒸気が混じるので，純粋な塩素を捕集できない。

(4) 塩素は水に溶けやすく，空気より重い気体なので**下方置換**で捕集する。

2 (1) 希硫酸は**強酸**で，イオン化傾向が水素H_2より大きい金属と反応し，H_2を発生させる。

$Fe + H_2SO_4 \longrightarrow FeSO_4 + H_2$

(2) 希硫酸は**強酸**で，弱酸の塩から弱酸を遊離させる。

$FeS + H_2SO_4 \longrightarrow FeSO_4 + H_2S$

(3) 濃硫酸には**脱水作用**があり，有機化合物から水素原子と酸素原子を水H_2Oの形で奪う。

$C_{12}H_{22}O_{11} \longrightarrow 12C + 11H_2O$

(4) 熱濃硫酸は**酸化作用**をもち，イオン化傾向が水素H_2より小さい金属とも反応し，溶解させる。

$2Ag + 2H_2SO_4$
$\longrightarrow Ag_2SO_4 + 2H_2O + SO_2$

(5) 濃硫酸は**不揮発性**で，揮発性の酸の塩とともに熱すると，揮発性の酸が発生する。

$NaCl + H_2SO_4 \longrightarrow NaHSO_4 + HCl$

3 **オストワルト法**による硝酸HNO_3の製造工程は，次の通りである。

アンモニアNH_3を白金Ptを触媒として酸化し，一酸化窒素NOを得る。

$4NH_3 + 5O_2 \longrightarrow 4NO + 6H_2O$ ………(i)

NOを空気中の酸素O_2で酸化し，二酸化窒素NO_2とする。

$2NO + O_2 \longrightarrow 2NO_2$ ……………………(ii)

得られたNO_2を水H_2Oに吸収させて，HNO_3とする。

$3NO_2 + H_2O \longrightarrow 2HNO_3 + NO$ ……(iii)

なお，(iii)の反応で副生したNOは回収され，(ii)の反応に再利用される。

(i)$\times\frac{1}{4}$+(ii)$\times\frac{3}{4}$+(iii)$\times\frac{2}{4}$より，オストワルト法の反応は，次の式にまとめられる。

$NH_3 + 2O_2 \longrightarrow HNO_3 + H_2O$

4 (1) $Cu + 4HNO_3$
$\longrightarrow Cu(NO_3)_2 + 2H_2O + 2NO_2$

二酸化窒素NO_2は赤褐色の気体で，水に溶けて硝酸HNO_3となる。

$3NO_2 + H_2O \longrightarrow 2HNO_3 + NO$

(2) $NaCl + H_2SO_4 \longrightarrow NaHSO_4 + HCl$

塩化水素HClは無色・刺激臭の気体で，水に溶けやすい。水溶液は塩酸とよばれ，強酸性を示す。

(3) $3Cu + 8HNO_3$
$\longrightarrow 3Cu(NO_3)_2 + 4H_2O + 2NO$

一酸化窒素NOは無色の気体で，空気中の酸素O_2によって容易に酸化され，赤褐色のNO_2になる。

$2NO + O_2 \longrightarrow 2NO_2$

(4) $2NH_4Cl + Ca(OH)_2$
$\longrightarrow CaCl_2 + 2H_2O + 2NH_3$

アンモニアNH_3は無色・刺激臭の気体で，水に溶けやすい。また，塩基性を示す唯一の気体である。

5 **アンモニアソーダ法(ソルベー法)**による炭酸ナトリウムNa_2CO_3の製造工程は，次の通りである。

Ⅰ 飽和食塩NaCl水にアンモニアNH_3を溶かした後，二酸化炭素CO_2を通じ，炭酸水素ナトリウム$NaHCO_3$を沈殿させる。

$NaCl + NH_3 + CO_2 + H_2O$
$\longrightarrow NaHCO_3 + NH_4Cl$ ……(i)

Ⅱ $NaHCO_3$を熱分解し，Na_2CO_3を得る。

$2NaHCO_3 \longrightarrow Na_2CO_3 + CO_2 + H_2O$
………(ii)

Ⅲ 炭酸カルシウム$CaCO_3$を熱分解し，酸化カルシウムCaOを得る。副生するCO_2は，回収後，Ⅰで再利用する。

$CaCO_3 \longrightarrow CaO + CO_2$ ……………(iii)

Ⅳ CaOを水と反応させ，水酸化カルシウム$Ca(OH)_2$を得る。

$CaO + H_2O \longrightarrow Ca(OH)_2$ …………(iv)

Ⅴ $Ca(OH)_2$をⅠで副生したNH_4Clと反応させ，塩化カルシウム$CaCl_2$を得る。副生するNH_3は，回収後，Ⅰで再利用する。

$2NH_4Cl + Ca(OH)_2$
$\longrightarrow CaCl_2 + 2NH_3 + 2H_2O$ ……(v)

(i)×2+(ii)+(iii)+(iv)+(v)より，アンモニアソーダ法の反応は，次の式にまとめられる。

$2NaCl + CaCO_3 \longrightarrow Na_2CO_3 + CaCl_2$

6 (1)①～③ 2族元素を**アルカリ土類金属**というが，**ベリリウムBe，マグネシウムMgと，その他の元素では，少し性質が異なる。**

元素	Be，Mg	Ca，Ba
炎色反応	示さない	示す
単体と常温の水の反応	反応しない	反応する
水酸化物	水に溶けにくい（弱塩基）	水に溶ける（強塩基）
硫酸塩	水によく溶ける	水に溶けにくい

④～⑥ 水酸化カルシウム$Ca(OH)_2$の飽和水溶液は**石灰水**とよばれ，二酸化炭素CO_2によって白濁する。この反応は，CO_2の検出に利用される。

$Ca(OH)_2 + CO_2 \longrightarrow CaCO_3 + H_2O$

炭酸カルシウム$CaCO_3$は石灰石や大理石の主成分で，水に溶けにくい。しかし，CO_2を含んだ水には，炭酸水素カルシウム$Ca(HCO_3)_2$を生じてわずかに溶ける。

$CaCO_3 + CO_2 + H_2O \rightleftarrows Ca(HCO_3)_2$

石灰水が白濁した後も二酸化炭素を通じ続けると，白濁が消えるのは，$CaCO_3$が，$Ca(HCO_3)_2$となって溶けるからである。

7 (1) 青色の溶液や沈殿は，銅Cuを含むイオンや化合物に特徴的である。

銅(Ⅱ)イオンCu^{2+}を含む水溶液に塩基を加えると，水酸化銅(Ⅱ)$Cu(OH)_2$の青白色沈殿が生じる。

$Cu^{2+} + 2OH^- \longrightarrow Cu(OH)_2$

これに過剰のアンモニアNH_3水を加えると，$Cu(OH)_2$が錯イオンとなって溶け，深青色溶液となる。

$Cu(OH)_2 + 4NH_3$

$\longrightarrow [Cu(NH_3)_4]^{2+} + 2OH^-$

(2) **黄緑色の炎色反応**を示すことから，バリウムBaの化合物である。

バリウムイオンBa^{2+}は硫酸イオンSO_4^{2-}と白色沈殿をつくる。

$Ba^{2+} + SO_4^{2-} \longrightarrow BaSO_4$

硫酸バリウム$BaSO_4$は，水にも酸にも溶けないので，X線撮影の造影剤として利用される。

(3) 塩化物イオンCl^-と白色沈殿をつくるのは銀イオンAg^+である。

$Ag^+ + Cl^- \longrightarrow AgCl$

また，Ag^+を含む水溶液に塩基を加えると，酸化銀Ag_2Oの褐色沈殿が生じる。

$2Ag^+ + 2OH^- \longrightarrow Ag_2O + H_2O$

(4) 塩基を加えると白色沈殿が生じるが，過剰のNH_3水を加えると錯イオンをつくって溶けるのは，亜鉛イオンZn^{2+}である。

$Zn^{2+} + 2OH^- \longrightarrow Zn(OH)_2$

$Zn(OH)_2 + 4NH_3$

$\longrightarrow [Zn(NH_3)_4]^{2+} + 2OH^-$

Cu^{2+}とAg^+も塩基を加えると沈殿が生じ，過剰のNH_3水を加えると沈殿が溶けるが，(1)，(3)のように，生じる沈殿が白色ではない。

テトラアンミン亜鉛(Ⅱ)イオン$[Zn(NH_3)_4]^{2+}$を含む塩基性溶液に硫化水素H_2Sを通じると，硫化亜鉛ZnSの白色沈殿が生じる。

$Zn^{2+} + S^{2-} \longrightarrow ZnS$

8 5種類の金属陽イオンのうち，塩酸HClを加えると沈殿するのは，Ag^+である(沈殿**a**)。

$Ag^+ + Cl^- \longrightarrow AgCl\downarrow$

これに過剰のアンモニアNH_3水を加えると，塩化銀AgClはジアンミン銀(Ⅰ)イオン$[Ag(NH_3)_2]^+$となって溶ける(水溶液**A**)。

$AgCl + 2NH_3 \longrightarrow [Ag(NH_3)_2]^+ + Cl^-$

ろ液①に希硫酸H_2SO_4を加えると，Ba^{2+}が硫酸バリウム$BaSO_4$となって沈殿する(沈殿**b**)。

$Ba^{2+} + SO_4^{2-} \longrightarrow BaSO_4$

ろ液②は酸性になっており，ここに硫化水素H_2Sを通じると，硫化銅(Ⅱ)CuSの黒色沈殿が生じる(沈殿**c**)。

$Cu^{2+} + S^{2-} \longrightarrow CuS$

生じたCuSを，強い酸化力をもつ酸である希硝酸HNO_3で溶かしてCu^{2+}にした後，過剰のNH_3水を加えると，**テトラアンミン銅(Ⅱ)イオン$[Cu(NH_3)_4]^{2+}$の深青色溶液**となる(水溶液**B**)。

$Cu^{2+} + 4NH_3 \longrightarrow [Cu(NH_3)_4]^{2+}$

ろ液②中のFe^{3+}はH_2Sで還元され，ろ液③中では鉄(Ⅱ)イオンFe^{2+}となっている。そこで，煮沸して未反応のH_2Sを追い出した後，HNO_3で酸化してFe^{3+}に戻す。ここに水酸化ナトリウムNaOH水溶液を加えると，酸化水酸化鉄(Ⅲ)FeO(OH)と水酸化亜鉛$Zn(OH)_2$が沈殿するが，NaOH水溶液を過剰に加えると，$Zn(OH)_2$はテトラヒドロキシド亜鉛(Ⅱ)酸イオン$[Zn(OH)_4]^{2-}$となって溶ける(沈殿**d**，ろ液④)。

$Fe^{3+} + 3OH^- \longrightarrow FeO(OH) + H_2O$

$Zn^{2+} + 2OH^- \longrightarrow Zn(OH)_2$

$Zn(OH)_2 + 2OH^- \longrightarrow [Zn(OH)_4]^{2-}$

(3) アルカリ金属の陽イオンは沈殿を生じないので，K^+は，ろ液①→ろ液②→ろ液③→ろ液④と移動する。

また，Al^{3+}は，HCl，H_2SO_4，H_2Sとは沈殿をつくらず，過剰のNaOH水溶液にはテトラヒドロキシドアルミン酸イオン$[Al(OH)_4]^-$となって溶けるので，ろ液①→ろ液②→ろ液③→ろ液④と移動する。

$Al^{3+} + 3OH^- \longrightarrow Al(OH)_3$

$Al(OH)_3 + OH^- \longrightarrow [Al(OH)_4]^-$

5編 有機化合物

練習問題

1章 有機化合物の特徴

1 $CH_3-CH_2-CH_2-CH_2-CH_3$　$CH_3-CH(CH_3)-CH_2-CH_3$　$CH_3-C(CH_3)_2-CH_3$

2 ①CH_3-CH_2Cl　②CH_2Cl-CH_2Cl　③$CH_2=CHCl$　④ $\text{-}[CH_2-CH_2]_n\text{-}$

3 ①$CaC_2 + 2H_2O \longrightarrow C_2H_2 + Ca(OH)_2$　②$CH_2=CH_2$　③CH_3-CH_3

④$CH_2=CH-OH$（CHにOHが結合）　⑤$CH_3-C(=O)-H$　⑥$CH_2=CHCl$　⑦$CHBr=CHBr$　⑧$CHBr_2-CHBr_2$

4 (1) イ　(2) エ

（解き方）

1 炭素骨格のうち，最も長い部分を**主鎖**，短い炭素鎖で枝にあたる部分を**側鎖**という。**異性体を考えるときは，主鎖の炭素数が多いものから順に書く。**炭素数が5の場合，主鎖は炭素数3～5が考えられる。

(i)まず，直鎖状のものを書く。

C−C−C−C−C

(ii)主鎖の炭素数を4とし，側鎖1つを両端以外の炭素につける。

C−C−C(−C)−C　　C−C−C(−C)−C は，(i)と同じ。

(iii)主鎖の炭素数を3とし，側鎖2つを両端以外の炭素につける。

C−C(C)(C)−C

2 エチレンの二重結合は，結合力の強い結合とやや弱い結合からなる。エチレンに反応性が高い物質を作用させると，弱いほうの結合が切れて単結合になる。このとき，各炭素原子にほかの原子・原子団が新たに結合する。この反応を**付加反応**という。

① $CH_2=CH_2 + HCl \longrightarrow CH_3-CH_2Cl$（クロロエタン）

② $CH_2=CH_2 + Cl_2 \longrightarrow CH_2Cl-CH_2Cl$（1,2-ジクロロエタン）

③ $CH_2Cl-CH_2Cl \xrightarrow[\text{NaOHaq}]{\text{加熱}} CH_2=CHCl + HCl$（塩化ビニル）

④ エチレン分子どうしが，付加反応を繰り返しながらつながり合う反応を**付加重合**といい，分子量の大きなポリエチレンが生成する。

3 アセチレンには，三重結合が存在する。アセチレンもエチレンとほぼ同様に付加反応が起こるが，二段階の付加反応が特徴である。

アセチレンは塩化水素HCl，酢酸CH_3COOHなどと付加反応してビニル化合物をつくる。

アセチレンに硫酸水銀(Ⅱ)$HgSO_4$を触媒として水を付加して生じたビニルアルコールは不安定で，H原子の分子内移動により，ただちにアセトアルデヒドに変わる。

$CH\equiv CH + H-OH \xrightarrow{(HgSO_4)} [CH_2=CHOH] \longrightarrow CH_3CHO$

アセチレンに塩化水素が付加すると塩化ビニルを生じる。

$CH\equiv CH + H-Cl \longrightarrow CH_2=CHCl$

アセチレンに臭素(ハロゲン)は触媒なしで付加する。

$CH\equiv CH + Br-Br \longrightarrow CHBr=CHBr$（1,2-ジブロモエチレン）

$CHBr=CHBr + Br-Br \longrightarrow CHBr_2-CHBr_2$（1,1,2,2-テトラブロモエタン）

4 (1) 炭素原子と水素原子の数の比は，

$$C : H = \frac{85.7}{12} : \frac{14.3}{1.0} \fallingdotseq 1 : 2$$

よって，Aの組成式はCH_2である。

(2) Aは組成式および，臭素の赤褐色を脱色することから，**アルケン**である。アルケン1分子には，臭素1分子が付加するから，

C_nH_{2n} ＋ Br_2 ⟶ $C_nH_{2n}Br_2$

付加反応によって分子量は$14n$から$14n+160$に変化するから，

$$\frac{14n+160}{14n}=4.81 \qquad n≒3$$

よって，Bの分子式は$C_3H_6Br_2$である。

2章　酸素を含む有機化合物

1 (1) ウ　(2) オ　(3) イ

2 (1) ア，ウ，キ　(2) イ，オ　(3) ウ，オ，カ

3 (1) キ，ク　(2) ケ，コ　(3) ア，イ　(4) ウ

4 A；示性式…CH_3CH_2COOH　名称…プロピオン酸

B；示性式…CH_3COOCH_3　名称…酢酸メチル

C；示性式…CH_3OH　名称…メタノール　D；示性式…CH_3COONa　名称…酢酸ナトリウム

E；示性式…HCHO　名称…ホルムアルデヒド　F；示性式…HCOOH　名称…ギ酸

5 (1) A；$CH_3-CH_2-CH_2-CH_2-OH$　B；$CH_3-CH(CH_3)-CH_2-OH$

C；$CH_3-CH(OH)-CH_2-CH_3$　D；$CH_3-C(CH_3)(OH)-CH_3$　E；$(CH_3)_2CH-O-CH_3$

F；$CH_3-CH_2-CH_2-O-CH_3$　G；$CH_3-CH_2-O-CH_2-CH_3$

(2) 鏡像異性体(光学異性体)　(3) 水素　(4) アルデヒド

(5) $CH_3CH_2CH_2CH_2OH + CH_3COOH \longrightarrow CH_3COOCH_2CH_2CH_2CH_3 + H_2O$

(6) エタノール

6 (1) ① 3　② けん化　③ セッケン　④ 疎水(親油)　⑤ 親水　⑥ ミセル　⑦ 塩基

(2) ステアリン酸…$C_{17}H_{35}COOH$　オレイン酸…$C_{17}H_{33}COOH$

解き方

1 (1)　1分子中に**ヒドロキシ基－OHを2個もつアルコール**を2価アルコールという。

(2)　**－OHが結合した炭素原子Cに3個の炭化水素基が結合しているアルコール**を第三級アルコールという。

(3)　**第一級アルコールを酸化すると，アルデヒドが得られる。**

$R-CH_2-OH \longrightarrow R-CHO$

酸化するとアセトアルデヒドCH_3CHOになるのは，エタノールCH_3CH_2OHである。

2 (1)　ホルミル基－CHOをもつ有機化合物をアルデヒドという。**アルデヒドは還元性をもつため，**銀鏡反応を示す。

(2)　アルコールはナトリウムと反応して水素を発生する。

$2ROH + 2Na \longrightarrow 2RONa + H_2$

(3)　ヨードホルム反応を示すのは，**アセチル基CH_3CO-をもつケトンやアルデヒドと，$CH_3CH(OH)-$の構造をもつアルコール**である。

3 各物質の構造は，次の通りである。

ア　CH_3CH_2OH　イ　$CH_3CH_2CH_2OH$

ウ　$CH_3CH(OH)CH_3$

エ　CH_3CHO　オ　CH_3COCH_3

カ　$CH_3CH_2OCH_3$　キ　$CH_2=CH_2$

ク　$CH≡CCH_3$　ケ　HCOOH

コ　CH_3COOH

(1)　不飽和結合(C＝C結合とC≡C結合)に臭素Br_2が付加すると，臭素水が脱色される。

(2)　酸性を示すのは，カルボン酸RCOOHである。

(3)　**酸化するとアルデヒドが得られるのは，第一級アルコールである。**

(4)　**酸化するとケトンが得られるのは，第二級アルコールである。**

❹　Aは，**水に溶けて酸性を示すので，カルボキシ基－COOHをもつカルボン酸**である。したがって，プロピオン酸CH_3CH_2COOHとわかる。

Bは，水酸化ナトリウム水溶液を加えて加熱すると，加水分解される。これは**けん化**である。したがって，Bはエステル，Cはアルコール，Dはカルボン酸のナトリウム塩である。

Cを酸化するとEを経てFを生じるので，Cは第一級アルコール，Eはアルデヒド，Fはカルボン酸である。

Fは銀鏡反応を示す，すなわち**還元性をもつカルボン酸なので，ギ酸HCOOH**とわかる。よって，EはホルムアルデヒドHCHO，CはメタノールCH_3OHである。

したがって，Bの構造は$RCOOCH_3$と表され，分子式より，RはCH_3である。よって，Bは酢酸メチルCH_3COOCH_3，Dは酢酸ナトリウムCH_3COONaである。

❺　分子式から，A～Gはアルコールまたはエーテルで，ナトリウムと反応するA～Dはアルコール，反応しないE～Gはエーテルである。

酸化されるとアルデヒドを経てカルボン酸になるA，Bは第一級アルコール，ケトンになるCは第二級アルコール，酸化されにくいDは第三級アルコールである。アルキル基の枝分かれのようすから，A～Dの構造は次のように決まる。

A；$CH_3-CH_2-CH_2-CH_2-OH$

B；$CH_3-CH(CH_3)-CH_2-OH$

C；$CH_3-C^*H(OH)-CH_2-CH_3$

D；$CH_3-C(CH_3)(OH)-CH_3$

Eは，枝分かれのあるアルキル基をもつエーテルなので，構造は次のように決まる。

E；$(CH_3)_2CH-O-CH_3$

Gは，１種類のアルコールから生じるエーテルなので，構造は次のように決まる。

G；$CH_3-CH_2-O-CH_2-CH_3$

したがって，Fの構造も決まる。

F；$CH_3-CH_2-CH_2-O-CH_3$

(2)　2-ブタノール$CH_3CH_2C^*H(OH)CH_3$には，**不斉炭素原子C***が１個存在し，１対の**鏡像異性体**が存在する。

(5)　アルコールとカルボン酸からエステルが生じる反応（**エステル化**）である。

❻　(1)　セッケンRCOONaは，高級脂肪酸をNaOH水溶液で中和するか，油脂$(RCOO)_3C_3H_5$をNaOH水溶液で**けん化**すると得られる。

セッケン水は一定以上の濃度になると，数十～百個程度の分子が集合した**ミセル**とよばれるコロイド粒子をつくる。

(2)　飽和脂肪酸の一般式は$C_nH_{2n+1}COOH$で，ステアリン酸の炭素数は18であるから，$n=17$で，示性式は$C_{17}H_{35}COOH$である。

オレイン酸は二重結合を１個含むので，飽和脂肪酸より水素原子が２個少なく，示性式は$C_{17}H_{33}COOH$である。

3章　芳香族化合物

❶

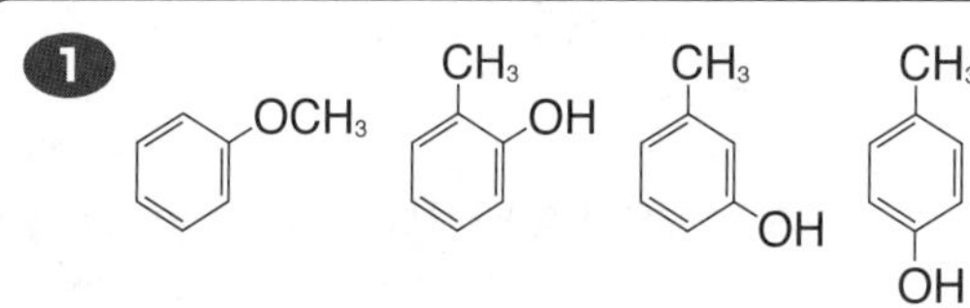

❷　イ

❸　①ク　②ウ　③ア　④イ　⑤カ　⑥オ　⑦エ

❹　A；（ベンゼン環）$-NH_2$　B；（ベンゼン環）$-NO_2$　C；（ベンゼン環）$-N=N-$（ベンゼン環）$-OH$　D；（ベンゼン環）$-COOCH_3$，$-OH$

❺　(1) 無水酢酸と水が反応して酢酸となり，アセチルサリチル酸の収量が減少するのを防ぐため。

(2) 過剰の無水酢酸を加水分解することにより，アセチルサリチル酸の結晶化を促すため。

(3) (サリチル酸: OH, COOH) ＋ $(CH_3CO)_2O$ ⟶ (アセチルサリチル酸: $OCOCH_3$, COOH) ＋ CH_3COOH　(4) 74%

6 (1) (2,6-ジメチルフェノール: CH_3, OH, CH_3)　(3,5-ジメチルフェノール: CH_3, HO, CH_3)　(2,4-ジメチルフェノール: CH_3, CH_3, OH)　(2) (エチルベンゼン: CH_2CH_3)

7 A…アニリン　B…安息香酸　C…フェノール　D…トルエン

解き方

1 ベンゼンの一置換体の場合，置換基の化学式はCH_3Oである。アルコール以外で考えられるのは，エーテルである。

ベンゼンの二置換体の場合，置換基の化学式はCH_3とOHである。**二置換体では，*o*−，*m*−，*p*−の3種類の構造異性体が存在する。**

2 **塩化鉄(Ⅲ)水溶液による呈色は，フェノール類の検出反応である。**ベンジルアルコール$C_6H_5CH_2OH$はヒドロキシ基−OHがベンゼン環に結合していないので，フェノール類ではなく，アルコールである。

3 Ⅰはクメン法，Ⅱはベンゼンスルホン酸を経由するフェノールの製法である。

① ベンゼンとプロペンを反応させてクメンをつくる。

② クメンを空気酸化して，過酸化物のクメンヒドロペルオキシドをつくる。

③ クメンヒドロペルオキシドを希硫酸で分解すると，フェノールとアセトンができる。

④ ベンゼンに濃硫酸を加えて加熱すると，**スルホン化**が起こる。

⑤ スルホン酸は酸性の物質で，塩基と中和して塩となる。

⑥ 水酸化ナトリウムの固体と融解状態で反応させる(**アルカリ融解**)。

⑦ **酸の強さは二酸化炭素＞フェノール**である。したがって，フェノールの塩の水溶液に二酸化炭素を吹きこむと，弱い方の酸であるフェノールが遊離する。

4 (1) **ニトロ基$-NO_2$が還元されてアミノ基$-NH_2$になる。**実際に生じるのはアニリン塩酸塩$C_6H_5NH_3Cl$なので，**強塩基の水酸化ナトリウム水溶液を加え，弱塩基のアニリン$C_6H_5NH_2$を遊離させる。**

(2) ベンゼンに混酸(濃硝酸と濃硫酸の混合物)を作用させる**ニトロ化**の反応である。ニトロ化では，反応の主薬は濃硝酸で，濃硫酸は触媒として作用する。

(3) アニリンの**ジアゾ化**とナトリウムフェノキシドとの**ジアゾカップリング**により，赤橙色の*p*−ヒドロキシアゾベンゼンが生じる。

(4) サリチル酸のカルボキシ基−COOHとメタノールのヒドロキシ基−OHの間で**エステル化**が起こり，サリチル酸メチルが生じる。

5 (2) 生成したアセチルサリチル酸は，未反応の無水酢酸に溶けこんでいる。無水酢酸を加水分解することで，そこに溶けこんでいたアセチルサリチル酸が析出する。

(4) サリチル酸(モル質量138 g/mol) 0.50 gから生じるアセチルサリチル酸(モル質量180 g/mol)の理論上の質量は，

$$0.50\ \text{g} \times \frac{180\ \text{g/mol}}{138\ \text{g/mol}} = 0.652\cdots\ \text{g}$$

よって，収率は，

$$\frac{0.48\ \text{g}}{0.652\ \text{g}} \times 100 = 73.6\cdots \ \rightarrow\ 74\%$$

6 分子式C_8H_{10}の芳香族化合物には，次の①〜④の構造異性体が存在する。

① C_2H_5　② CH_3, CH_3　③ CH_3, CH_3　④ CH_3, CH_3

エチルベンゼン　*o*−キシレン　*m*−キシレン　*p*−キシレン

(1) ①〜④のベンゼン環のHを−OHで置換した化合物の異性体は，①は3種類，②は2種類，③は3種類，④は1種類(←で−OHの置換位置を示す)である。よって，Aは④の*p*−キシレンである。

A，Bを酸化すると，同じ分子式の化合物になるので，BはAと同様にベンゼンの二置換体である。よって，Bは③の*m*−キシレンである。

(2) 残るCは，①か②のいずれかである。Cの酸化生成物であるDのベンゼン環のHを−OHで置換した化合物の異性体が3種類なので，Dは安息香酸である。よって，Cは①のエチルベンゼンである。

なお，Cが②の*o*−キシレンだとすると，Dのベンゼン環のHを−OHで置換した化合物の異性体は2種類なので，不適である。

7　**トルエンは中性の物質，フェノールと安息香酸は酸性の物質，アニリンは塩基性の物質**である。

① 塩酸を加えると，中和によって塩基性のアニリンが塩(アニリン塩酸塩)になり，水層に移動する。

② アニリンは弱塩基，水酸化ナトリウムは強塩基なので，アニリン塩酸塩に水酸化ナトリウム水溶液を加えると，弱塩基のアニリンが遊離する。

③ 水酸化ナトリウム水溶液を加えると，中和によって酸性のフェノールと安息香酸が塩(ナトリウムフェノキシドと安息香酸ナトリウム)になり，水層に移動する。

④ **酸の強さは安息香酸＞二酸化炭素(炭酸)＞フェノール**なので，ナトリウムフェノキシドと安息香酸ナトリウムの水溶液に二酸化炭素を吹きこむと，酸として弱いほうのフェノールが遊離し，エーテル層に移動する。

⑤ 安息香酸は弱酸，塩酸は強酸なので，安息香酸ナトリウムに塩酸を加えると，弱酸の安息香酸が遊離する。

定期テスト対策問題

1

(1)	6種類	(2)	5種類

2

(1)	14.4 mg	(2)	CH_2O	(3)	$C_2H_4O_2$	(4)	CH_3COOH

3

A	CH_3-CH_2-OH	B	CH_2Br-CH_2Br	C	$CH_2=CH-OCOCH_3$	D	$CH_3-C(=O)-H$
①	脱水反応(脱離反応)	②	付加重合	③	付加反応	④	付加重合

4

(1)	$2ROH + 2Na \longrightarrow 2RONa + H_2$	(2)	46	(3)	CH_3CH_2OH

5

(1)	アルコール	(2)	Cu_2O

(3)						
	A	$CH_3-CH(OH)-CH_2-CH_3$	B	$CH_3-CH(CH_3)-CH_2-OH$	C	$CH_3-C(CH_3)(OH)-CH_3$
	D	$CH_3-CH_2-CH_2-CH_2-OH$	E	$CH_3-CH_2-C(=O)-CH_3$		

6

(1)	A	$C_6H_5-CH_2-CH_2-OH$	B	$C_6H_5-CH(OH)-CH_3$	C	$C_6H_4(CH_2-OH)(CH_3)$
(2)	ポリスチレン		(3)	B		

7

(1)	B	$C_6H_5-CH=CH_2$	F	$C_6H_5-NHCOCH_3$	M	$C_6H_4(COOH)(OCOCH_3)$	(2)	$C_6H_5-N=N-C_6H_4-OH$			
(3)	①	ウ	②	ク	③	イ	④	オ	⑤	ケ	(4) 1.7 g

8

(1)	①	ウ	②	ア	③	イ
(2)	a	$C_6H_5-NH_3Cl$	c	$C_6H_5-COONa$	B	C_6H_6
	C	C_6H_5-OH				

解き方

1 (1)　C_4H_8は一般式でC_nH_{2n}と表されるので，シクロアルカンかアルケンである。

シクロアルカンには，次の2つの構造異性体が存在する。

H_2C-CH_2　　　CH_2
H_2C-CH_2　$H_2C-CH-CH_3$

アルケンについては，二重結合の位置と炭素骨格の違いによって3種類の**構造異性体**が存在する。そのうち，$CH_3-CH=CH-CH_3$には，**シス-トランス異性体**が存在する。これを区別すると，アルケンとしては，次の4種類の異性体が存在する。

$CH_2=CH-CH_2-CH_3$

(H)(H_3C)C=C(H)(CH_3)　　(H_3C)(H)C=C(H)(CH_3)

$CH_2=C(CH_3)-CH_3$

(2)　ベンゼンの一置換体では，置換基の化学式はCH_3Oで，アルコールとエーテルが考えられる。

ベンジルアルコール　　メチルフェニルエーテル

ベンゼンの二置換体では，置換基の化学式はCH_3とOHで，o-，m-，p-の3種類の構造異性体が存在する。

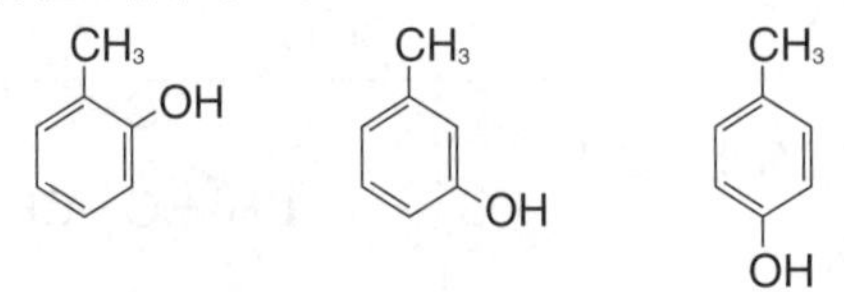

o-クレゾール　　m-クレゾール　　p-クレゾール

2 (1)　CO_2とH_2Oの分子量は，それぞれ44，18なので，

$$Cの質量=52.8\ mg\times\frac{12}{44}=14.4\ mg$$

$$Hの質量=21.6\ mg\times\frac{2.0}{18}=2.4\ mg$$

$$Oの質量=36.0\ mg-(14.4\ mg+2.4\ mg)=19.2\ mg$$

(2)　C，H，Oの原子数の比は，

$$C:H:O=\frac{14.4\ mg}{12}:\frac{2.4\ mg}{1.0}:\frac{19.2\ mg}{16}=1:2:1$$

よって，組成式はCH_2Oである。

(3)　組成式の式量は30，分子量は60なので，

$30n=60$　　$n=2$

よって，分子式は$C_2H_4O_2$である。

3 ①$C_2H_5OH \longrightarrow CH_2=CH_2 + H_2O$

②$nCH_2=CH_2 \longrightarrow [CH_2-CH_2]_n$

③$CH\equiv CH + H_2 \longrightarrow CH_2=CH_2$

④$nCH_2=CH(OCOCH_3) \longrightarrow [CH_2-CH(OCOCH_3)]_n$

多数の小さな分子が結合して，分子量の大きな分子を生じる反応を**重合**という。②と④はどちらも付加反応による重合なので，**付加重合**という。

4 (1)　アルコールにナトリウムを加えると，水素が発生し，ナトリウムアルコキシドを生じる。

(2)　1価の飽和アルコールの一般式は$C_nH_{2n+1}OH$である。(1)より，アルコールと発生した水素の物質量の比は2：1であるから，このアルコールのモル質量をM〔g/mol〕とすると，

$$\frac{2.3\ g}{M}:\frac{0.56\ L}{22.4\ L/mol}=2:1 \qquad M=46\ g/mol$$

(3)　一般式$C_nH_{2n+1}OH$より，

$14n+18=46$　　$n=2$

よって，このアルコールはC_2H_5OHである。

5　分子式$C_4H_{10}O$の化合物は，アルコールとエーテルが考えられる。A～Dはナトリウムと反応することからアルコールで，次の構造のいずれかである（－Hは省略）。

① C－C－C－C(OH)　　② C－C－C(OH)－C

③ C－C(C)－C(OH)　　④ C－C(C)(OH)－C

二クロム酸カリウム水溶液で酸化されなかったCは，第三級アルコールなので④である。

酸化された物質がフェーリング液を還元したBとDは，第一級アルコールなので①か③である。炭化水素基の枝分かれのようすから，枝分かれのあるBが③，枝分かれのないDが①である。

したがって，Aは②と決まる。②は第二級アルコールで，酸化されると$CH_3COCH_2CH_3$で表されるケトンEを生じる。EはCH_3CO-の構造をもつので，塩基性の水溶液中でヨウ素と反応し，ヨードホルムCHI_3の黄色沈殿を生じる（**ヨードホルム反応**）。

6 (1)　Ⅰより，A～Cはナトリウムと反応するので，エーテルではなく，塩化鉄(Ⅲ)水溶液で呈色しないので，フェノール類でもなく，アルコールである。アルコールとして考えられるのは，次の5種類である。

① $C_6H_5-CH_2-CH_2-OH$

② $CH(OH)-CH_3$（ベンゼン環に結合）

③ CH_2-OH，CH_3（o-位）

④ CH_2-OH，CH_3（m-位）

⑤ $CH_3-C_6H_4-CH_2-OH$

Ⅱ とⅢより，A とCは第一級アルコールで，B は第二級アルコールである。したがって，B は②である。また，Ⅳより，A とB は分子内脱水して同じ化合物Gになるので，A はB と同様にベンゼンの一置換体で，①であることがわかる。

C は，③～⑤のいずれかである。V より，酸化生成物を加熱すると**分子内脱水**をするので，*o*-位に置換基をもつ③である。

7
A $C_6H_5-CH_2CH_3$　B $C_6H_5-CH=CH_2$

C $C_6H_5-NO_2$　D $C_6H_5-NH_3Cl$

E $C_6H_5-NH_2$　F $C_6H_5-NHCOCH_3$

G $C_6H_5-N_2Cl$　H $C_6H_5-SO_3H$

I $C_6H_5-SO_3Na$　J C_6H_5-ONa

K C_6H_5-OH　L $C_6H_4(COOH)(OH)$

M $C_6H_4(COOH)(OCOCH_3)$　N $C_6H_5-CH_3$

(4) サリチル酸と無水酢酸の反応は，次の化学反応式で表される。

$$C_6H_4(COOH)(OH) + (CH_3CO)_2O \longrightarrow C_6H_4(COOH)(OCOCH_3) + CH_3COOH$$

反応式より，反応する無水酢酸と生成するアセチルサリチル酸の物質量は等しい。無水酢酸とアセチルサリチル酸のモル質量は，それぞれ102 g/mol，180 g/molであるから，無水酢酸の質量をx〔g〕とすると

$$\frac{x}{102\ \mathrm{g/mol}}=\frac{3.0\ \mathrm{g}}{180\ \mathrm{g/mol}} \qquad x=1.7\ \mathrm{g}$$

8 ベンゼンは中性の物質，アニリンは塩基性の物質，フェノールと安息香酸は酸性の物質である。

操作①では，塩酸を加えて，**塩基性の物質であるアニリンをアニリン塩酸塩として水層aに移す。**

操作②では，エーテル層Aに水酸化ナトリウム水溶液を加えて，**酸性の物質であるフェノールと安息香酸を塩として水層に移す。**エーテル層Bには，中性の物質であるベンゼンが残る。

操作③では，水層bに二酸化炭素を十分に吹き込んでから，エーテルを加えて振り混ぜることにより，**炭酸より弱い酸であるフェノールを遊離させ**，エーテル層Cに移す。炭酸より強い酸である安息香酸は，安息香酸ナトリウムとして，そのまま水層cに残る。

6編 高分子化合物

練習問題

1章 天然高分子化合物

1 (1)エ，オ，キ　(2)ウ，ク　(3)ア，イ，カ　(4)ウ　(5)ア，イ，エ，オ，カ　(6)ク
(7)ウ，エ，ク

2 ① デンプン　② α-グルコース　③ らせん　④ アミロペクチン　⑤ アミロース
⑥ ヨウ素デンプン反応　⑦ セルロース　⑧ β-グルコース　⑨ 直線　⑩グリコーゲン
⑪ 赤褐

3 (1) 6.0×10^{-4}mol　(2) 5.3%

4 (1) ① カルボキシ　② グリシン　③ アラニン　④ システイン　⑤ 鏡像(光学)　⑥ 等電点
⑦ ペプチド　⑧ タンパク質　⑨ ニンヒドリン　⑩ アミノ
(2) (i) $CH_2(NH_3^+)COOH$　(ii) $CH_2(NH_2)COO^-$　(iii) $CH_2(NH_3^+)COO^-$

5 (1) 名称…ビウレット反応　A群…ウ　B群…ケ
(2) 名称…キサントプロテイン反応　A群…オ　B群…シ
(3) 名称…変性　A群…エ　B群…×
(4) 名称…硫黄反応　A群…ア　B群…ク

6 (1) a…デオキシリボース　b…リン酸　c…ヌクレオチド
(2) ① シトシン　② チミン　③ アデニン　④ グアニン
(3) 二重らせん構造　(4) ワトソン，クリック

解き方

1 グルコース(**ア**)，フルクトース(**イ**)，ガラクトース(**カ**)は**単糖類**(**単糖**)，マルトース(**エ**)，ラクトース(**オ**)，スクロース(**キ**)は**二糖類**(**二糖**)，セルロース(**ウ**)，デンプン(**ク**)は**多糖類**(**多糖**)である。

(1) 二糖類は単糖類$C_6H_{12}O_6$ 2分子が脱水縮合したもので，分子式は$C_{12}H_{22}O_{11}$で表される。

(2) 多糖類は，多数の単糖類が縮合重合した高分子化合物である。

(3) それ以上加水分解されない糖を単糖類という。

(4) 単糖類や二糖類は，水に溶けやすい。多糖類は水に溶けにくいものが多いが，デンプンは熱水には溶ける。セルロースは熱水にも溶けない。

(5) **単糖類はすべて還元性を示す。**二糖類の多くは還元性を示すが，スクロースやトレハロースは還元性を示さない。**多糖類はすべて還元性を示さない。**

(7) マルトースはグルコース2分子が縮合したものである。また，セルロースやデンプンは多数のグルコースが縮合重合したものである。

2 ①～⑥ デンプンには，2種類の成分がある。直鎖状のものは**アミロース**といい，熱水に溶ける。枝分かれ構造のものは**アミロペクチン**といい，熱水にも溶けない。どちらも**らせん構造**をもち，**ヨウ素デンプン反応**を示す。

3 (1) 発生したアンモニアの物質量をx〔mol〕とおくと，中和の量的関係より，

$$2\times0.050\,\text{mol/L}\times\frac{20}{1000}\text{L}=x+0.050\,\text{mol/L}\times\frac{28}{1000}\text{L}$$

$$x=6.0\times10^{-4}\,\text{mol}$$

(2) アンモニアNH_3 1分子中には，窒素原子Nが1個含まれる。N=14より，アンモニア6.0×10^{-4}molに含まれる窒素の質量は，

$14\,g/mol \times 6.0 \times 10^{-4}\,mol = 8.4 \times 10^{-3}\,g$

食品中のタンパク質の割合をx〔%〕とすると，タンパク質の窒素含有率は16％であるから，

$1.0\,g \times \frac{x}{100} \times \frac{16}{100} = 8.4 \times 10^{-3}\,g$

$x = 5.25 \rightarrow 5.3\,\%$

4 (1)⑤ グリシン以外のα−アミノ酸では，**カルボキシ基−COOHやアミノ基$-NH_2$が結合している炭素原子が不斉炭素原子になる**ため，少なくとも1対の鏡像異性体が存在する。

⑨，⑩ **ニンヒドリン反応**は，アミノ酸やタンパク質の$-NH_2$とニンヒドリン2分子が縮合することにより，紫色に呈色する。

(2) アミノ酸は，等電点付近の水溶液中では，主にH^+が−COOHから$-NH_2$に移った**双性イオン**として存在する。等電点より酸性側になると，$-COO^-$がH^+を受け取って−COOHとなり，$-NH_3^+$が残った陽イオンの割合が多くなる。一方，等電点より塩基性側になると，$-NH_3^+$がH^+を失って$-NH_2$となり，$-COO^-$が残った陰イオンの割合が多くなる。

5 (1) **ビウレット反応**は，2個以上のペプチド結合が銅(Ⅱ)イオンと錯イオンをつくることで，赤紫色に呈色する。

(2) **キサントプロテイン反応**は，タンパク質中のベンゼン環がニトロ化されることによって，黄色に呈色する。反応液を塩基性にすると，呈色が強くなって橙黄色になる。

(3) タンパク質は，強酸，強塩基，有機溶媒(アルコール)，重金属イオン，熱などによって凝固・沈殿する。この現象をタンパク質の**変性**という。

(4) **硫黄反応**では，タンパク質中の硫黄が硫化鉛(Ⅱ)PbSの黒色沈殿になる。

6 (1) **核酸**は，五炭糖，窒素を含む環状構造の塩基(核酸塩基)，リン酸の各1分子が結合した化合物(**ヌクレオチド**)が縮合重合してできる**ポリヌクレオチド**である。核酸のうち，五炭糖がデオキシリボース$C_5H_{10}O_4$であるものを**DNA(デオキシリボ核酸)**といい，リボース$C_5H_{10}O_5$であるものを**RNA(リボ核酸)**という。

(2)，(3) DNAをつくる4種類の塩基は，A(アデニン)とT(チミン)，およびG(グアニン)とC(シトシン)という決まった相手と塩基対になり，水素結合を形成する。この関係を塩基の**相補性**という。DNAは，この水素結合により，2本のヌクレオチド鎖が大きならせん状になっている(**二重らせん構造**)。

2章 合成高分子化合物

1 (1) ① アジピン酸 ② 縮合 ③ 開環 ④ エチレングリコール(1,2−エタンジオール) ⑤ 付加 ⑥ アクリル繊維

(2) 隣り合った分子鎖のアミド結合間に多数の水素結合が形成されるから。

(3) ⓑ $\left[CO-(CH_2)_5-NH \right]_n$ ⓒ $\left[CO-C_6H_4-COO-(CH_2)_2-O \right]_n$

2 (1) $n ClCO(CH_2)_4COCl + n H_2N(CH_2)_6NH_2 \longrightarrow \left[CO(CH_2)_4CO-NH(CH_2)_6NH \right]_n + 2n HCl$

(2) 溶液Aは溶液Bより密度が小さいため。 (3) 1.8×10^3個

3 (1) ① 付加反応 ② 付加重合 ③ けん化(加水分解) ④ アセタール化

(2) A…ポリ酢酸ビニル B…ポリビニルアルコール C…ホルムアルデヒド

(3) 分子中に親水性のヒドロキシ基がかなり残っているから。

4 ① 熱可塑性樹脂 ② 二重結合 ③ 付加重合 ④ 縮合重合 ⑤ 鎖状 ⑥ 熱硬化性樹脂 ⑦ 立体網目

5 (1) ① 共重合 ② 濃硫酸 ③ スルホ ④ 水素 (2) 強酸の水溶液を流す。

6 (1) ① イソプレン ② シス ③ 硫黄 ④ 架橋 ⑤ 加硫 ⑥ 付加重合 ⑦ スチレン−ブタジエンゴム ⑧共重合

(2) ⓐ $CH_2=CH-CH=CH_2$ ⓑ $CH_2=CCl-CH=CH_2$ (3) 2.5×10^3

解き方

1 (1)①〜③ **ナイロン66**はアジピン酸とヘキサメチレンジアミンの縮合重合，**ナイロン6**はε-カプロラクタムの開環重合でつくられる合成繊維である。ナイロンのように，多数の**アミド結合−CO−NH−**をもつ合成繊維は，**ポリアミド系合成繊維**とよばれる。

④ **ポリエチレンテレフタラート**は，テレフタル酸とエチレングリコールの縮合重合でつくられる合成繊維である。ポリエチレンテレフタラートのように，多数の**エステル結合−COO−**をもつ合成繊維は，**ポリエステル系合成繊維**とよばれる。

⑤，⑥ **アクリル繊維**は，アクリロニトリルの付加重合でつくられる合成繊維である。アクリル繊維は，炭素繊維の原料としても利用される。

(2) アミド結合の−NH−の部分が，隣り合う分子のアミド結合の−CO−の部分との間で**水素結合**を形成するため，ナイロンは強度や耐久性の大きな合成繊維となる。

2 (2) **A**の水溶液の密度は約1.0 g/cm³，**B**の水溶液の密度は約1.3 g/cm³である。

(3) ナイロン66の繰り返し単位の式量は226であるから，

$2.0\times10^5=226n \qquad n=884.9\cdots$

繰り返し単位の中にはアミド結合が2個含まれるから，アミド結合の総数は，

$884\times2=1768\fallingdotseq1.8\times10^3$

3 ポリ酢酸ビニルをけん化すると，ポリビニルアルコールになる。**ポリビニルアルコールは多数のヒドロキシ基−OHをもつため，水に溶けやすい。**そこで，−OHの一部をホルムアルデヒドで処理して，疎水性の$-O-CH_2-O-$の構造に変えると，水に溶けないが，適度な吸湿性をもつ**ビニロン**が得られる。

なお，ビニルアルコールは不安定な物質で，すぐにアセトアルデヒドに変化するため，ビニルアルコールから直接ポリビニルアルコールを合成することはできない。

4 ①〜⑤ 付加重合で得られる高分子や，官能基を2つもつ単量体の縮合重合で得られる高分子は，**鎖状構造となるため熱可塑性樹脂**である。

⑥，⑦ 官能基を3つ以上もつ単量体の重合で得られる高分子は，**立体網目状構造となるため熱硬化性樹脂**である。

5 (1) スチレンと*p*-ジビニルベンゼンの共重合体に強酸性のスルホ基$-SO_3H$などを導入したものを**陽イオン交換樹脂**という。陽イオン交換樹脂に電解質水溶液を流すと，樹脂中の水素イオンH^+と水溶液中の陽イオンが交換される。

(2) イオン交換の反応は可逆反応なので，イオン交換後の樹脂に強酸の水溶液を流すと，樹脂に吸着した陽イオンと水溶液中のH^+が交換され，陽イオン交換樹脂が再生される。

6 (1)①，② 天然ゴムはイソプレンC_5H_8が付加重合した$\text{-}[CH_2-C(CH_3)=CH-CH_2]\text{-}_n$の構造をもつ。イソプレン中の$C=C$結合はすべてシス形でつながっているため，分子は折れ曲がっており，全体としては丸まった形状となる。このため，天然ゴムはのび縮みしやすい特徴をもつ。

③〜⑤ 天然ゴムに数%の硫黄を加えて加熱すると，硫黄原子が天然ゴムの分子のところどころに**架橋構造**をつくる。これによって，鎖状のポリイソプレンが立体網目状になるので，弾性が大きくなるとともに，化学的に強くなる。この操作を**加硫**という。

⑥〜⑧ 1,3-ブタジエンなど，イソプレンによく似た構造の単量体を付加重合させると，弾性をもつ高分子化合物が得られる。これを**合成ゴム**という。1,3-ブタジエンにスチレンを混ぜて共重合させると，機械的な強度に優れたスチレン-ブタジエンゴムが得られ，アクリロニトリルを混ぜて共重合させると，耐油性に優れたアクリロニトリル-ブタジエンゴムが得られる。

(2) 繰り返し単位の式量は68であるから，

$1.7\times10^5=68n \qquad n=2.5\times10^3$

定期テスト対策問題

1

(1)	①	平衡	②	銀鏡	③	フェーリング	④	ホルミル (アルデヒド)
(2)	A	α-グルコース	B	β-グルコース	(3)	a OH	b	CHO

2

①	ビスコース	②	ビスコースレーヨン	③	セロハン
④	シュワイツァー試薬 (シュバイツァー試薬)	⑤	銅アンモニアレーヨン (キュプラ)	⑥	トリアセチルセルロース
⑦	ジアセチルセルロース	⑧	アセテート繊維		

3

(1)	A	$CH_3CH(NH_3^+)COOH$	B	$CH_3CH(NH_3^+)COO^-$	C	$CH_3CH(NH_2)COO^-$
(2)	6.0					

4

(1)	①	触媒	②	タンパク質	③	基質特異性
(2)	①	最適温度	②	酵素をつくるタンパク質が変性するから。		
(3)	①	C	②	A	③	B

5

(1)	A	(2)	C	(3)	D	(4)	B	(5)	A	(6)	A

6

(1)	A	$CH_2=CHCl$	B	$CH_2=CHC_6H_5$	C	$CH_2=CHCH_3$
	D	ε-カプロラクタム	E	テレフタル酸，エチレングリコール(1,2-エタンジオール)		
(2)	E		(3)	1.9×10^3		

7

(1)	イ	カ	(2)	ウ	ケ	(3)	エ	キ	(4)	ア	ク

8

①	付加重合	②	二重	③	シス	④	加硫
⑤	架橋	⑥	合成ゴム	⑦	共重合		

解き方

1 (1) **鎖状のグルコースがホルミル基－CHOをもつ**ため，グルコースは還元性を示す。

(2) 6位のCH_2OHを環の上側に置いたとき，1位の炭素原子に結合する－OHが環の下側にあるものを**α-グルコース**，上側にあるものを**β-グルコース**という。

2 ①～⑤ **レーヨン**は，パルプなどから取り出した比較的短いセルロースを溶かし，長いセルロースとして再生したものである。レーヨンは吸湿性や独特の光沢を示す。**ビスコースレーヨン**は衣料品など，**銅アンモニアレーヨン**は衣類の裏地などに用いられる。

⑥ トリアセチルセルロースは燃えにくいため，写真のフィルムなどに用いられる。

⑦，⑧ **アセテート繊維**は，絹に似た光沢をもつが，絹と比べて吸湿性が小さい。

3 (1) Aが水素イオンH^+を失うとB，BがH^+を失うとCになるので，Aは陽イオン，Bは**双性イオン**，Cは陰イオンである。

(2) **等電点は，アミノ酸全体の電荷が0となるpH**である。双性イオンは分子内の正の電荷と負の電荷が等しいので，等電点は陽イオンと陰イオンの電荷が等しくなるpHであるといえる。したがって，等電点では[A]＝[C]である。

ここで，$K_1=\dfrac{[B][H^+]}{[A]}$，$K_2=\dfrac{[C][H^+]}{[B]}$であるから，

$$K_1\cdot K_2=\frac{[B][H^+]}{[A]}\cdot\frac{[C][H^+]}{[B]}=\frac{[C][H^+]^2}{[A]}$$

[A]＝[C]より，

$$K_1\cdot K_2=[H^+]^2$$

$$[H^+]=\sqrt{K_1\cdot K_2}$$
$$=\sqrt{5.0\times10^{-3}\,\mathrm{mol/L}\times2.0\times10^{-10}\,\mathrm{mol/L}}$$
$$=\sqrt{1.0\times10^{-12}\,(\mathrm{mol/L})^2}$$
$$=1.0\times10^{-6}\,\mathrm{mol/L}$$

よって，pHは6.0である。

4 (1) **酵素**は生物体内の化学反応を促進する触媒としてはたらく物質で，主成分はタンパク質であ

る。酵素が作用する物質を**基質**といい，酵素の基質が結合する部分を**活性部位**という。酵素は活性部位にうまく合致する基質だけにはたらく。酵素と基質のこのような関係を**基質特異性**という。

(2) 酵素が最もよくはたらく温度を**最適温度**といい，ふつうは35～40℃である。高温になると，酵素をつくるタンパク質の立体構造が変化する(**変性**)ため，酵素はその活性を失う(**失活**)。

(3) 酵素が最もよくはたらくpHを**最適pH**といい，アミラーゼなど，大部分の酵素ではpH 7付近である。ただし，胃酸に含まれるペプシンはpH 2付近，すい液に含まれるトリプシンはpH 8付近が最適pHである。

5 **核酸**は，五炭糖にリン酸と環状構造の塩基が結合した**ヌクレオチド**を単量体とする高分子化合物で，炭素C，水素H，酸素O，窒素N，リンPの5元素からなる。核酸には，遺伝子の本体である**デオキシリボ核酸(DNA)**と，タンパク質の合成に関係する**リボ核酸(RNA)**がある。

(1) DNAは主に核に存在し，RNAは主に細胞質に存在する。

(4) 構成する五炭糖は，DNAではデオキシリボース$C_5H_{10}O_4$，RNAではリボース$C_5H_{10}O_5$である。

(5) 構成する塩基はそれぞれ4種類で，アデニン(A)，グアニン(G)，シトシン(C)は共通である。もう1種類は，DNAではチミン(T)，RNAではウラシル(U)である。

(6) DNAは**二重らせん構造**をとるが，RNAは通常，一本鎖構造で存在する。

6 (1)，(2) ポリ塩化ビニル，ポリスチレン，ポリプロピレンは，いずれも**ビニル基**$CH_2=CH-$をもつ化合物(**ビニル化合物**)の付加重合で得られる高分子化合物である。

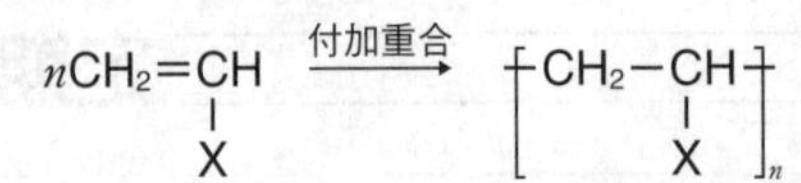

ナイロン6は，ε-カプロラクタムの開環重合で得られる。

ポリエチレンテレフタラートは，テレフタル酸とエチレングリコールの縮合重合で得られる。

(3) 繰り返し単位$-CH_2-CHC_6H_5-$の式量は104であるから，平均重合度をnとすると，

$2.0\times10^5=104n$　　$n\fallingdotseq1.9\times10^3$

7 (1) **グリプタル樹脂**は，無水フタル酸とグリセリンの縮合重合で得られる。

(2) **フェノール樹脂**は，フェノールとホルムアルデヒドの付加縮合で得られる。

(3) **メラミン樹脂**は，メラミンとホルムアルデヒドの付加縮合で得られる。

(4) **尿素樹脂(ユリア樹脂)**は，尿素とホルムアルデヒドの付加縮合で得られる。

8 ①～③ 天然ゴムはイソプレンC_5H_8がシス形でつながった構造で，分子は折れ曲がっており，全体としては丸まった形状となる。これがゴム弾性のもととなる。

④，⑤ **加硫**によって天然ゴムの分子のところどころに**架橋構造**ができるため，弾性が大きくなるとともに，化学的に強くなる。

⑥～⑧ **合成ゴム**は，イソプレンによく似た構造の単量体を付加重合させて得られる。

1,3-ブタジエンにスチレンを混合して共重合させて得られる**スチレン-ブタジエンゴム**は，機械的な強度が大きい。一方，1,3-ブタジエンにアクリロニトリルを混合して共重合させて得られる**アクリロニトリル-ブタジエンゴム**は，耐油性が大きい。

②